高等教育规划教材

Linux 操作系统原理与应用

赵国生　王健　等编著

机械工业出版社

本书以 Red Hat Enterprise Linux 6.2 为平台，介绍了 Linux 操作系统的基本原理以及应用实践，全面讲解了系统的基本概念和操作，以及系统在进程、存储、设备、文件等方面的运行原理，之后，对系统管理与网络配置管理进行了详解，结合实际操作步骤及完整的项目案例说明了在 Linux 平台下服务器的配置与应用，并配以系统安全的介绍，帮助读者完成一个层次递进、由浅入深的学习过程。

本书根据知识体系结构和读者特点的不同，在内容编写上遵循从理论到实践的过程，在基本理论基础上，配以具体案例，加深对理论知识的理解。本书具有系统全面，结构递进，重点突出，操作性好，实用性强，语言简练流畅等特点。本书配有光盘，包括源代码、服务器配置等内容。

本书适合大中专院校的学生，可以作为计算机、通信等相关专业本科、研究生操作系统理论及应用课程的授课教材，也可作为相关专业技术人员的参考用书。

本书配套授课电子课件，需要的教师可登录 www.cmpedu.com 免费注册，审核通过后下载，或联系编辑索取（QQ：2850823885，电话：010-88379739）。

图书在版编目（CIP）数据

Linux 操作系统原理与应用／赵国生等编著．—北京：机械工业出版社，2015.9（2018.5 重印）
高等教育规划教材
ISBN 978-7-111-52080-1

Ⅰ.①L… Ⅱ.①赵… Ⅲ.①Linux 操作系统－高等学校－教材
Ⅳ.①TP316.89

中国版本图书馆 CIP 数据核字（2015）第 266636 号

机械工业出版社（北京市百万庄大街 22 号　邮政编码 100037）
策划编辑：郝建伟　　责任编辑：郝建伟　张　恒
责任校对：张艳霞　　责任印制：李　昂
三河市宏达印刷有限公司印刷

2018 年 5 月第 1 版·第 2 次
184mm×260mm·21.75 印张·534 千字
3001-4500 册
标准书号：ISBN 978-7-111-52080-1
定价：49.90 元

凡购本书，如有缺页、倒页、脱页，由本社发行部调换

电话服务
服务咨询热线：(010)88379833
读者购书热线：(010)88379649

网络服务
机 工 官 网：www.cmpbook.com
机 工 官 博：weibo.com/cmp1952
教育服务网：www.cmpedu.com
金 书 网：www.golden-book.com

出版说明

当前，我国正处在加快转变经济发展方式、推动产业转型升级的关键时期。为经济转型升级提供高层次人才，是高等院校最重要的历史使命和战略任务之一。高等教育要培养基础性、学术型人才，但更重要的是加大力度培养多规格、多样化的应用型、复合型人才。

为顺应高等教育迅猛发展的趋势，配合高等院校的教学改革，满足高质量高校教材的迫切需求，机械工业出版社邀请了全国多所高等院校的专家、一线教师及教务部门，通过充分的调研和讨论，针对相关课程的特点，总结教学中的实践经验，组织出版了这套“高等教育规划教材”。

本套教材具有以下特点：

1）符合高等院校各专业人才的培养目标及课程体系的设置，注重培养学生的应用能力，加大案例篇幅或实训内容，强调知识、能力与素质的综合训练。

2）针对多数学生的学习特点，采用通俗易懂的方法讲解知识，逻辑性强、层次分明、叙述准确而精炼、图文并茂，使学生可以快速掌握，学以致用。

3）凝结一线骨干教师的课程改革和教学研究成果，融合先进的教学理念，在教学内容和方法上做出创新。

4）为了体现建设“立体化”精品教材的宗旨，本套教材为主干课程配备了电子教案、学习与上机指导、习题解答、源代码或源程序、教学大纲、课程设计和毕业设计指导等资源。

5）注重教材的实用性、通用性，适合各类高等院校、高等职业学校及相关院校的教学，也可作为各类培训班教材和自学用书。

欢迎教育界的专家和老师提出宝贵的意见和建议。衷心感谢广大教育工作者和读者的支持与帮助！

机械工业出版社

前　言

Linux 是一种自由和开放源码的类 UNIX 操作系统，可安装在各种计算机硬件设备中，并可应用于系统管理和维护、系统开发、语言开发及嵌入式软件开发等领域。Linux 存在着许多不同的版本，但它们都使用了 Linux 内核。现阶段 Linux 平台的专业技术人员缺口很大，具有此方面专业技能的人员相对较少，但此领域发展方向很被看好。

本书从初级读者入手，按照知识的体系结构和读者的特点，逐步增加知识点。本书可以引导读者快速掌握 Linux 操作系统的基本原理，进而对 Linux 服务器的配置应用加以实现。教学内容设置由浅入深，同时结合实际操作步骤以及完整的案例项目，并附有示例代码，重点突出，注重理论与实践的结合，以帮助读者快速提高 Linux 的知识水平。

基本内容

在内容编写上，本书以 Red Hat Enterprise Linux 6.2 为平台，在讲述系统的基本概念、操作、原理等基础内容之后，对系统、网络及服务器的配置进行全面讲解，并配以系统安全的介绍，涵盖了 Linux 操作系统从初学到进阶的所有主要内容。

全书分为三大部分共 11 章，各章具体内容如下。

- 第 1 章：概括地介绍了 Linux 操作系统，包括操作系统的功能及分类、Linux 操作系统的发展历史及背景、Linux 操作系统的特点、Linux 的版本等。
- 第 2 章：主要讲解了 Linux 系统的安装与基本配置，包括安装前的准备、安装的步骤以及在 VMware 虚拟机下安装 Linux 系统等。
- 第 3 章：主要从整体上讲解了 Linux 系统的基本操作，包括 Linux 系统的基本操作、Linux 命令、Vi 编辑器的使用等。
- 第 4 章：主要讲解了 Linux 系统的进程管理，包括 Linux 系统中进程的概念、进程的组织方式、Linux 进程调度、进程间通信、Linux 线程等。
- 第 5 章：主要讲解了 Linux 系统的内存管理，包括内存管理概念与技术、存储管理方案、虚拟存储器、Linux 系统的存储管理机制等。
- 第 6 章：主要讲解了 Linux 系统的设备管理，包括设备管理的概念与相关技术、I/O 控制方式、设备的分配及处理、Linux 的设备管理机制等。
- 第 7 章：主要讲解了 Linux 系统的文件管理，包括文件的文件系统、逻辑结构、Linux 文件系统、虚拟文件系统、ext3 文件系统、文件系统的管理、文件的打开与读写等。
- 第 8 章：主要讲解了 Linux 操作系统接口与作业管理，包括 Shell 命令接口、X 图形界面接口、Linux 系统调用接口、Linux 中的用户接口与作业管理等。
- 第 9 章：主要讲解了 Linux 系统管理，包括系统管理概述、用户管理、系统备份与监控、软件安装等。
- 第 10 章：主要讲解了 Linux 系统的网络配置与管理，包括网络配置的相关概念、Linux 网络配置、Samba 服务器的配置与应用、DHCP 服务器的配置与应用、DNS 服务器的配置与应用等。
- 第 11 章：概括地介绍了 Linux 系统安全，包括操作系统安全性概述及安全机制、Linux

系统的安全设置、Linux 系统的防火墙管理等。

主要特点

本书作者多年来一直从事 Linux 相关课程的讲授及理论研究工作，并在多个项目中对 Linux 内核、系统安全等内容进行了深入研究，有着丰富的教学实践和编著经验。

本书采用最新版的 Red Hat Enterprise Linux 6.2 作为学习平台，在整体内容编排上遵循从理论到实践的过程，采用梯度层次化结构由浅入深地系统介绍 Linux 操作系统的原理及应用。每章会有“本章小结”，在学习本章后对所学的内容进行梳理，达到知识的强化作用。对有实践操作要求的章节，配有详实完整的案例，以加深对 Linux 操作系统理论的理解，实现理论知识的实践应用，提高教学效果，能够使读者快速、真正地掌握 Linux 操作系统。

具体地讲，本书具有以下鲜明的特点。

- 从零开始，轻松入门。
- 图解案例，清晰直观。
- 图文并茂，操作简单。
- 实例引导，专业经典。
- 学以致用，注重实践。

读者对象

- 学习 Linux 的初级读者。
- 具有一定 Linux 基础知识，希望进一步深入掌握 Linux 系统配置与管理的中级读者。
- 大中专院校计算机相关专业的学生。
- Linux 平台的专业技术人员。

配套资源

同时，本书得到以下项目支持：国家自然科学基金项目“基于认知循环的任务关键系统可生存性自主增长模型与方法（61403109）”，国家自然科学基金项目“可生存系统的自主认知模式研究”（61202458），高等学校博士点专项基金项目“任务关键系统可信性增强的自律机理研究”（20112303120007）。

本书主要由哈尔滨师范大学赵国生和哈尔滨理工大学王健编写，宋一兵主审。赵国生老师编写第 1 ~6 章的内容，王健老师编写 7 ~ 11 章的内容。参与编写的还有管殿柱、王献红、李文秋、赵景波、谈世哲、曹立文、初航。

由于时间仓促，书中难免有疏漏之处，请读者批评指正，并提出宝贵意见。

编　者

目　录

第 1 章　Linux 操作系统概述

操作系统（Operating System，OS）是计算机重要的系统软件，它的功能是实现计算机软硬件资源管理和隐藏计算机硬件操作细节，并以接口的方式向应用程序提供通用底层服务，为应用程序搭建一个友好的开发和运行平台。当今主流的操作系统主要有 Windows、UNIX 以及 iOS 等。本章在讨论操作系统相关概念基础上，主要介绍的是长久以来非常流行，一直占有较大市场份额且具有较好的市场应用前景的操作系统——Linux 操作系统。Linux 是一套免费使用和自由传播的类 UNIX 操作系统，具有良好的应用前景。

1.1　认识操作系统

操作系统是管理和控制计算机硬件与软件资源的计算机程序，是直接运行在“裸机”上的最基本的系统软件，其他任何软件都必须在操作系统的支持下才能运行。

1.1.1　操作系统的诞生

操作系统是一个从无到有、从简单到复杂的发展过程。本节从操作系统的演变、硬件和软件的发展轨迹来介绍操作系统的发展。

1. 操作系统的演变

在计算机诞生的初期，硬件价格昂贵，没有操作系统。每一个用户都要自行编写涉及硬件的源代码。程序通过卡片输入计算机，一次只能完成一个功能（计算、I/O、用户思考/反应），工作效率非常低。最早出现的操作系统是简单的单道批处理系统，它能串行执行预先组织好的一组任务。这种系统避免了此前系统一次只能运行一个任务，每个任务必须先装入系统，执行完之后才能装入下一个任务而浪费了装入时间的现象，提高了系统效率。

但是，程序运行到 I/O 操作期间，CPU 总是需要停下来等待数据传输完成，而 I/O 操作时间比 CPU 处理数据时间要高出数十倍（往往是 20 倍以上），因此无形中浪费了大量的 CPU 时间，也使得任务组中后续程序的执行被延迟，那么，如何避免数据传输等待所带来的时间浪费？能否在传输期间解放 CPU，使其可以去执行其他的任务？为解决这个问题，单道批处理系统发展成为多道批处理系统。所谓多道，就是指处理器（指单处理器系统）可以交错运行多个程序，在某个任务挂起时运行另一个程序。这样就解决了 CPU 等待数据传输所浪费的时间，进一步提高了系统的运行效率。

当计算机所处理的任务不再仅仅局限于科学计算，而是越来越多地涉及办公和日常活动时，程序在执行过程中常常需要和用户不断交互，任务执行结果随时都会因为用户的选择而改变，而且往往需要多个用户同时使用系统。由于这种交互模式和共享模式需要任务响应时间尽可能短（如果超过 20 秒，人的思维就容易被打断或变得不耐烦），为了让多数用户满意，操作系统开始采用分时技术，将处理器的运行时间分成数片，平均或依照一定权重分发给系统中的各用户使用。这种使处理器虚拟地由多个用户共同使用的方式，不但可以满足快速响应的要求，也可以使所有用户产生计算机完全是在仅为自己服务的感觉。

上面给出了操作系统发展的几个主要阶段：单道批处理，多道批处理，分时系统。除此以外，现在还出现了分布式操作系统、嵌入式操作系统，不过总体技术思路仍然脱离不了多道、分时等概念。

2. 硬件的发展轨迹

操作系统理论是在计算机的应用中诞生并成长的，它的发展与计算机硬件的发展是密不可分的，表 1-1 是从硬件角度展现操作系统的发展轨迹。

表 1-1 从硬件角度看操作系统发展轨迹

年　代	硬件特点	操作系统特点	背　景
机械计算机时代（17 世纪 ~20 世纪初）	纯机械结构，低速只能进行简单的数学运算	纯手工操作	从计算尺到差分机再到分析机发展了数百年
第一代计算机（1946 年 ~ 20 世纪 50 年代末）电子管计算机	体积大，能耗高，故障多，价格高难以普及应用	无操作系统（程序以机器码编写，载体从插件板到卡片与纸带）	1906 年发明电子管；1946 年第一台电子管计算机 ENIAC 研制成功
第二代计算机（20 世纪 50 年代末 ~ 60 年代中期）晶体管计算机	采用印制电路；稳定性与可靠性大大提高批量生产成为可能；进入实际应用领域但数量有限	单道批处理系统以监督的软件形式出现，任务按顺序处理	1947 年发明晶体管
第三代计算机（20 世纪 60 年代中期 ~ 70 年代初）集成电路计算机	体积减小，性价比迅速提高；小型计算机发展迅速；进入商业应用领域，但尚不适合家庭应用的需求	涌现大批操作系统，包括多道批处理系统、分时系统和实时系统形成了现代操作系统的基本框架	1958 年发明集成电路；1971 年 Intel 公司发明微处理器
第四代计算机（20 世纪 70 年代中期至今）大规模集成电路计算机	性能大幅度提高，价格不断下降；个人计算机成为市场的主流；计算机迅速普及；计算机应用进入高速发展的轨道	操作系统的理论基本完善；系统与网络通信一体化（分布式操作系统和网络操作系统）；人机交互成为设计重点，操作系统性能日渐稳定	1981 年 IBM – PC 诞生；1993 年 Internet 开始商业化运作

从表 1-1 可以看出：

- 在硬件的性价比较低时，操作系统设计追求硬件的使用率，从批处理系统发展到分时系统。
- 随着硬件性价比越来越高，操作系统的设计开始追求系统的可靠性和稳定性，出现了多处理器系统和分布式系统。
- 计算机普及后，操作系统的设计开始追求用户界面的友好。
- 第一代和第二代计算机系统应用范围很小，操作系统的发展非常缓慢，直到第三代计算机系统出现后，才得以高速发展。
- 从第三代到第四代计算机，操作系统的功能模块划分没有变化，说明计算机硬件结构已经稳定，操作系统的发展逐渐摆脱随硬件一起发展的状况，形成自己的理论体系。
- 进入第四代计算机系统后，分布式系统和多处理器系统虽然极大地扩充了操作系统理论，但其系统结构并没有变化，只是各功能模块得以进一步完善。

总的来讲，随着操作系统理论的不断发展，操作系统设计中与硬件相关部分所占的比重越来越小，渐渐走出软件依附于硬件的局面，至今操作系统设计已经支撑起一个庞大的软件产业。

3. 软件的发展轨迹

操作系统首先是一个软件，它的设计脱离不了软件的范畴。从纯软件发展的角度对其进行考察，有助于了解操作系统的历史，表 1–2 从软件设计的角度给出了操作系统的发展轨迹。

表 1–2 软件设计角度下操作系统的发展轨迹

时期	主流操作系统	系统特点	计算机语言	软件特点	背景
无软件时期	无	手工操作	无编程语言，直接使用机器代码	手工操作	1936 年图灵提出图灵机模型
系统雏形期	单道批处理系统	作业运行的监督程序	编程语言雏形期	无交互机制	1957 年 FORTRAN 语言开发成功
操作系统理论的成形期	多道批处理系统、分时系统实时系统、多处理系统	操作系统结构确立，分为处理机管理、内存管理、设备管理、文件管理等模块	编程语言大量涌现，结构化程序设计C 语言逐渐成为主导	字符人机交互界面，操作命令繁多	20 世纪 60 年代的软件危机引发了软件工程的发展；1969 年 UNIX 诞生；1972 年推出 C 语言
现代操作系统时期	类 UNIX 系列、Windows 系列	人机交互成为主题；可视化界面；多媒体技术	面向对象语言成为主流	过渡至图形界面，注重操作可视化	20 世纪 80 年代中期，面向对象技术开始逐步发展
网络时代	网络操作系统分布式操作系统	微内核技术兴起	Java 语言和脚本语言兴起	追求设计个性化；注重感官效果	1995 年推出 Java
开源软件时代	嵌入式系统	单内核与微内核竞争激烈	编程工具向跨平台方向发展	可移植性成为主题	1991 年发布了免费的操作系统 Linux

分析表 1–2，可以了解：

- 程序设计理论约束着操作系统设计，操作系统发展滞后于计算机语言的发展。从结构化设计到对象化设计，操作系统总是最后应用新编程理论的软件之一。
- 人机交互技术主要是为用户考虑，这是操作系统设计方面的变革。
- 以 Linux 为代表的开源软件的出现，打破了带有神秘色彩的、传统的封闭式开发模式。

4. 单内核操作系统与微内核操作系统

(1) 单内核操作系统

单内核操作系统也叫集中式操作系统。整个系统是一个大模块，可以被分为若干逻辑模块，即处理器管理模块、存储器管理模块、设备管理模块和文件管理模块，其模块间的交互是通过直接调用其他模块中的函数实现的。

单内核模型以提高系统执行效率为设计理念，因为整个系统是一个统一的内核，所以其内部调用效率很高。单内核的缺点也正是由于其源代码是一个整体而造成的，通常各模块之间的界限并不特别清晰，模块间的调用比较随意，所以进行系统修改或升级时，往往“牵一发而动全身”，导致工作量加大，使其难于维护。

(2) 微内核操作系统

微内核操作系统是指把操作系统结构中的内存管理、设备管理、文件系统等高级服务功能尽可能地从内核中分离出来，变成几个独立的非内核模块，而在内核中只保留少量最基本的功能，使内核变得简洁可靠，因此叫微内核。

微内核实现的基础是操作系统理论层面的逻辑功能的划分。几大功能模块在理论上是相互独立的，形成比较明显的界限，其优点如下。

- 充分的模块化，可独立更换任一模块而不会影响其他模块，从而方便第三方开发、设计模块。

- 未被使用的模块功能不必运行，因而能大幅度减少对系统的内存需求。
- 具有很高的可移植性，理论上只需要单独对各微内核部分进行移植修改即可。由于微内核的体积通常很小，而且互不影响，因此工作量很小。

但是，因为各个模块与微内核之间是通过通信机制进行交互的，微内核系统运行效率较低。微内核是面向对象理论在操作系统设计中的产物，在实际应用中，微内核尚处于发展阶段。

1.1.2 操作系统的目的及作用

可以从不同的角度来认识操作系统的目的和作用。从使用者的角度看，操作系统使得计算机易于使用；从程序员的角度看，操作系统把软件开发人员从与硬件打交道的烦琐事务中解放出来；从设计者的角度看，有了操作系统，就可以方便地对计算机系统中的各种软、硬件资源进行有效的管理。

1. 从使用者角度

人们对操作系统的认识一般是从使用开始的，打开计算机，呈现在眼前的首先是操作系统。如果用户打开的是操作系统字符界面，就可以通过命令行完成需要的操作。例如，要在Linux下复制一个文件，则输入：

```
cp /floppy/TEST mydir/test
```

上述命令可以把/floppy目录下的TEST文件复制到mydir目录下，并更名为test。

为什么可以这么方便地复制文件？操作系统为此做了什么工作？首先，文件这个概念是从操作系统中衍生出来的。如果没有文件这个实体，就必须指明数据存放的具体物理位置，即位于哪个柱面、哪个磁道、哪个扇区。其次，数据转移过程是复杂的I/O操作，一般用户无法关注这些具体的细节。最后，这个命令的执行还涉及其他复杂的操作，但是，因为有了操作系统，用户只需要知道文件名，其他烦琐的事务完全由操作系统来处理。

如果用户在图形界面下操作，上述处理就更加容易。实际上，图形界面的本质也是执行各种命令，例如，如果复制一个文件，那么就要调用cp命令，而具体的复制操作最终还是由操作系统去完成。因此，不管是敲击键盘或者单击鼠标，这些简单的操作在指挥着计算机完成复杂的处理过程。正是操作系统把烦琐留给自己，把简单留给用户。

2. 从程序开发者角度

从程序开发者的角度看，不必关心如何在内存存放变量、数据，如何从外存存取数据，如何把数据在输出设备上显示出来等。例如，cp命令的C语言实现片段如下。

```
inf = open("/floppy/TEST",O_RDONLY,0);
out = open("/mydir/test",O_WRONLY,0600);
do{
    l = read(inf,buf,4096);
    write(outf,buf,l);
} while(l);
close(outf);
close(inf);
```

在这段程序中，用到4个函数open()，close()，write()和read()，它们都是C语言函数库中的函数。进一步研究可知，这些函数都要涉及 I/O 操作，因此，它们的实现必须调用操作系统所提供的接口，也就是说，打开文件、关闭文件、读写文件的真正操作是由操作系统完成的。这些操作非常烦琐，对于不同的操作系统其具体实现过程也可能不同，程序开发者不必关心这些具体操作。

3. 从操作系统在整个计算机系统中所处位置

计算机系统层次结构示意如图 1-1 所示。

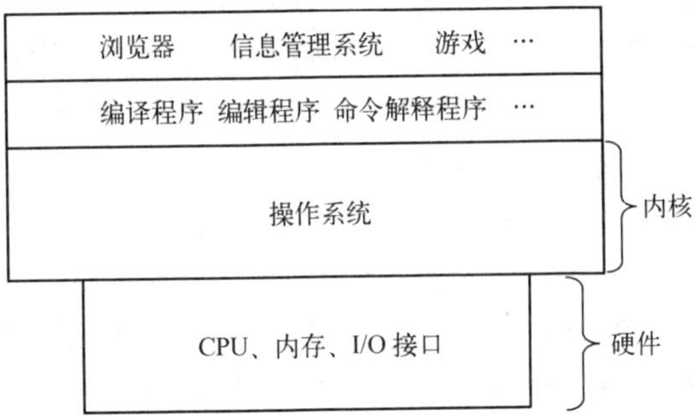

图 1-1 计算机系统层次结构示意图

因为操作系统这个术语越来越大众化，因此许多用户把它们在显示器上看到的东西理所当然地认为是操作系统，例如 Windows 中的图形界面、IE 浏览器、系统工具集等，这些都是操作系统的一部分。但是，本书讨论的操作系统是指内核（Kernel）。用户界面是操作系统的外在表象，而内核是操作系统的内在核心，由它真正完成用户程序所要求的操作。从图 1-1 可以看出，一方面，操作系统是上层软件与硬件相联系的窗口和桥梁；另一方面，操作系统是其他所有用户程序运行的基础。

下面以一个名为 test. c 的 C 程序的执行过程为例，了解一下操作系统的具体作用。

```
#include < stdio. h >
main( )
{
  printf( "Hello world\n" ) ;
}
```

用户对上述程序编译、连接后，生成一个可执行的二进制文件，其机器执行过程如下。

1）用户告诉操作系统执行 test 程序。

2）操作系统通过文件名找到该程序。

3）检查其类型，检查程序首部，找出代码和数据存放的位置。

4）文件系统找到第一个磁盘块。

5）操作系统建立程序的执行环境。

6）操作系统把程序从磁盘装入内存，并跳到程序开始处开始执行。

7）操作系统检查字符串的位置是否正确。

8）操作系统找到字符串被送往的设备。

9）操作系统将字符串送往该设备，窗口系统确定这是一个合法的操作，然后将字符串转换成像素。

10）窗口系统将像素写入存储映像区。

11）视频硬件将像素表示转换成一组模拟信号，用于控制显示器（重画屏幕）。

12）显示器发射电子束，在显示器上显示“Hello world”。

从这个简单的例子可以看出，任何一个程序的运行只有借助于操作系统才能得以顺利完成。因此，从本质上说，操作系统是应用程序运行的基础设施。

4. 从操作系统设计者的角度

操作系统是一个庞大、复杂的系统软件，其设计目标有两个：一是尽可能地方便用户使用计算机；二是让各种软件资源和硬件资源高效、协调地运转。

笼统地说，计算机的硬件资源包括 CPU、存储器和各种外部设备。其中，外部设备种类繁多，如磁盘、鼠标、网络接口、打印机等。操作系统对外部设备的操作是通过 I/O 接口进行的，软件资源主要指存放在存储介质上的文件。

假设在一台计算机上有 3 道程序同时运行，并试图在一台打印机上输出运算结果，这意味着必须考虑以下问题：①3 道程序在内存中如何存放？②什么时候让某个程序占用 CPU？③怎样有序地输出各个程序的运算结果？这些问题的解决都必须求助于操作系统，也就是说，操作系统必须对内存、CPU 进行管理，当然也包括对外部设备的管理。因此，从操作系统设计者的角度考虑，一个操作系统必须包含以下几部分：操作系统接口、CPU 管理、内存管理、设备管理、文件管理。

综上所述，操作系统是计算机系统中的一个系统软件，是一些程序模块的集合——它们能以尽量有效、合理的方式组织和管理计算机的软、硬件资源，合理的组织计算机的工作流程，控制程序的执行，并向用户提供各种服务功能，使得用户能够灵活、方便、有效地使用计算机，使整个计算机系统能高效、顺畅地运行。

1.1.3 操作系统的主要功能

操作系统的主要功能是资源管理、程序控制和人机交互等。计算机系统的资源可分为设备资源和信息资源两大类。设备资源指的是组成计算机的硬件设备，如中央处理器、主存储器、磁盘存储器、打印机、磁带存储器、显示器、键盘和鼠标等。信息资源指的是存放于计算机内的各种数据，如文件、程序库、知识库、系统软件和应用软件等。

操作系统位于底层硬件与用户之间，是两者沟通的桥梁。用户可以通过操作系统的用户界面，输入命令。操作系统则对命令进行解释，驱动硬件设备，实现用户要求。以现代观点而言，一个标准个人计算机的 OS 应该提供如下的功能。

- 进程管理。
- 内存管理。
- 文件系统。
- 网络通信。
- 安全机制。
- 用户界面。
- 驱动程序。

1. 资源管理

系统的设备资源和信息资源都是操作系统根据用户需求按一定的策略来进行分配和调度的。操作系统的存储管理就负责把内存单元分配给需要内存的程序以便其执行，在程序执行结束后将它占用的内存单元收回以便再使用。对于提供虚拟存储的计算机系统，操作系统还要与硬件配合以做好页面调度工作，根据执行程序的要求分配页面，执行页面调入和调出内存以及回收页面等操作。

处理器管理，也称处理器调度，是操作系统资源管理功能的另一个重要内容。在一个允许多道程序同时执行的系统中，操作系统会根据一定的策略将处理器交替地分配给系统内等待运行的程序。一道等待运行的程序只有在获得了处理器资源后才能运行。一道程序在运行中若遇到某个事件，例如启动外部设备或一个外部事件的发生等，操作系统就要来处理相应的事件，然后再将处理器资源重新分配。

操作系统的设备管理功能主要是分配和回收外部设备以及控制外部设备按用户程序的要求进行操作等。对于非存储型外部设备，如打印机、显示器等，它们可以直接作为一个设备分配给一个用户程序，在使用完毕后回收以便给另一个有需求的用户使用。对于存储型的外部设备，如磁盘、磁带等，则是提供存储空间给用户，用来存放文件和数据。存储性外部设备的管理与信息管理是密切结合的。

信息管理是操作系统的一个重要的功能，主要是向用户提供一个文件系统。一般来说，一个文件系统向用户提供创建文件、撤销文件、读写文件、打开和关闭文件等功能。有了文件系统后，用户可按文件名存取数据而无须知道这些数据存放在哪里。这种做法不仅便于用户使用而且还有利于用户共享公共数据。此外，由于文件建立时允许创建者规定使用权限，这就可以保证数据的安全性。

2. 程序控制

一个用户程序的执行自始至终是在操作系统的控制下进行的。一个用户将他要解决的问题用某一种程序设计语言编写了一个程序，然后就将该程序连同对它执行的要求输入到计算机内，操作系统就根据要求控制这个用户程序的执行直到结束。操作系统控制用户的执行主要有以下一些内容：调入相应的编译程序，将用某种程序设计语言编写的源程序编译成计算机可执行的目标程序，分配内存等资源将程序调入内存并启动，按用户指定的要求处理执行中出现的各种事件以及与操作员联系请示有关意外事件的处理等。

3. 人机交互

操作系统的人机交互功能是决定计算机系统“友善性”的一个重要因素。人机交互功能主要靠可输入/输出的外部设备和相应的软件来完成。可供人机交互使用的设备主要有键盘、显示器、鼠标、各种模式识别设备等。与这些设备相应的软件就是操作系统提供人机交互功能的部分。人机交互功能的主要作用是控制有关设备的运行和理解并执行通过人机交互设备传来的有关的各种命令和要求。

4. 进程管理

不管是常驻程序或者应用程序，它们都以进程为标准执行单位。当年运用冯·诺依曼架构设计建造第一台电子计算机时，每个 CPU 最多只能同时执行一个进程。早期的 OS（例如 DOS）不允许任何程序打破这个限制，且 DOS 同时也只有一个进程被执行。现代的操作系统，即使只拥有一个 CPU，也可以利用多进程（Multitask）功能同时执行多个进程。进程管理指的是操作系统调整多个进程执行顺序的功能。

由于大部分的计算机只包含一个 CPU，在单内核的情况下多进程只是简单迅速地切换各进程，让每个进程都能够被执行；在多内核或多处理器的情况下，所有进程通过多种协同技术在各处理器或内核上转换。越多进程同时被执行，每个进程能分配到的时间比率就越小。很多操作系统在遇到此问题时会出现诸如音效断续或鼠标跳格的情况（称作崩溃，一种操作系统只能不停地执行自己的管理程序并耗尽系统资源的状态，其他使用者或硬件的程序皆无法执行)。进程管理通常实现了分时的概念，大部分的操作系统可以利用指定不同的特权等级(Priority)，为每个进程改变所占的分时比例。特权越高的进程，执行优先级越高，单位时间内占的比例也越高。交互式操作系统也提供某种程度的回馈机制，让直接与使用者交互的进程拥有较高的特权值。

5. 内存管理

内存是计算机中最重要的资源之一，通常情况下，物理内存无法容纳所有的进程。虽然物理内存的增长到了十几个 GB，但比物理内存增长还快的是程序的内存需求，所以操作系统如何有效地管理内存显得尤为重要。

在早期的操作系统中，并没有引入内存抽象的概念，程序直接访问和操作的对象都是物理内存，除去操作系统所用的内存之外，全部供用户程序，或者驱动程序使用。在现代的操作系统中，同一时间经常运行多个进程，为了解决直接操作内存带来的各种问题，引入了地址空间(Address Space)，它允许每个进程拥有自己的地址。但还有一个问题，内存大小不能满足所有并发进程的内存需求。因此，交换（Swapping）技术应运而生。交换的基本思想是，将闲置的进程交换出内存，暂存在硬盘中，待执行时再交换回内存。上述理论都是假设进程所占的内存空间是固定的，但实际情况下，进程运行过程中往往会动态增长，如果内存分配多了会产生内部碎片，浪费了内存，而分配少了会造成内存溢出。解决方法是在进程创建的时候，多分配一些内存空间用于进程的增长。具体地，一种是直接多分配一点内存空间用于进程在内存中的增长，另一种是将增长区域分为数据段和栈（用于存放返回地址和局部变量）。

6. 虚拟内存

虚拟内存是现代操作系统普遍使用的一种技术。在单用户单任务操作系统（如 DOS）中，每台计算机只有一个用户，每次运行一个程序，单个程序完全可以存放在实际内存中，这时虚拟内存并没有太大的用处。但随着程序占用存储器容量的增长和多用户多任务操作系统的出现，在程序设计时，在程序所需要的存储量与计算机系统实际配备的主存储器的容量之间往往存在着矛盾。内存抽象满足了多进程的要求，但很多情况下，现有内存无法满足仅仅一个大进程的内存要求（如很多游戏，都是 10 GB 以上的内存需求）。早期的操作系统曾使用覆盖(overlays)技术来解决这个问题，将一个程序分为多个块，基本思想是先将块 0 加入内存，块 0 执行完后，将块 1 加入内存，依次往复。这种解决方案最大的问题是需要程序员对程序进行分块，这是一个费时费力的过程。之后，这种解决方案的改进版就是虚拟内存。

虚拟内存的基本思想是，每个进程有独立的逻辑地址空间，内存被分为大小相等的多个块，称为页（Page），每个页都是一段连续的地址。它使得应用程序认为它拥有连续的可用的内存（一个连续完整的地址空间），而实际上，它通常是被分隔成多个物理内存碎片，还有部分暂时存储在外部磁盘存储器上，在需要时再交换进来。

7. 用户接口

用户接口包括作业一级接口和程序一级接口。作业一级接口为了便于用户直接或间接地控制自己的作业而设置，它通常包括联机用户接口与脱机用户接口。程序一级接口是为用户程序在执行中访问系统资源而设置的，通常由一组系统调用组成。

1.1.4 操作系统的分类

一般可以把操作系统分为 3 种基本类型，即批处理系统、分时系统和实时系统。随着计算机体系结构的发展，又出现了许多类型的操作系统，它们是个人操作系统、网络操作系统、分布式操作系统和嵌入式操作系统。

1. 批处理操作系统

（1）基本工作方式

批处理操作系统的基本工作方式是：用户将作业交给系统操作员，系统操作员在收到作业后，并不立即将作业输入计算机，而是在收到一定数量的用户作业之后，组成一批作业，再把这批作业输入到计算机中。

（2）特点与分类

批处理操作系统的特点是成批处理。批处理操作系统追求的目标是系统资源利用率高、作业吞吐率高。依据系统的复杂程度和出现时间的先后，可以把批处理操作系统分类为简单批处理系统和多道批处理系统。

（3）设计思想

简单批处理系统是在操作系统发展的早期出现的，因此它又被称为早期批处理系统，也称为监控程序。其设计思想是：在监控程序启动之前，操作员有选择地把若干作业合并成一批作业，将这批作业安装在输入设备上，然后启动监控程序，监控程序将自动控制这批作业的执行。

（4）作业控制说明书

在批处理系统中，作业控制说明书是用操作系统提供的作业控制语言编写的一段程序，通常存放在被处理作业的前面。在运行过程中，监控程序读入并解释作业前面的这段作业控制说明书中的语句，以控制各个作业步的执行。

（5）一般指令和特权指令

特权指令包括输入/输出指令、停机指令等待，只有监控程序才能执行特权指令。用户程序只能执行一般指令。一旦用户程序需要执行特权指令，处理器会通过特殊的机制将控制权移交给监控程序。

（6）系统调用的过程

系统调用的过程如下。首先，当系统调用发生时，处理器通过一种特殊的机制，通常是中断或者异常处理，把控制流程转移到监控程序内的一些特定的位置，同时，处理器模式转变为特权模式；其次，由监控程序执行被请求的功能代码，这个功能代码代表着对一段标准程序段的执行，用以完成所请求的功能；然后，等处理结束后，监控程序恢复系统调用之前的现场，把运行模式从特权模式恢复成为用户方式；最后，将控制权转移回原来的用户程序。

（7）SPOOLing 技术

真正引发并发机制的是多道批处理系统。在多道批处理系统中，关键技术就是多道程序运行、假脱机（SPOOLing）技术等。

假脱机（Simultaneous Peripheral Operating On - Line，SPOOLing）技术的全称是“同时的外部设备联机操作”。这种技术的基本思想是用共享设备作为主机的直接输入/输出设备，主机直接从共享设备上选取作业运行，作业的执行结果也存在共享设备上；相应地，通道则负责将用户作业从卡片机上动态地写入共享设备，而这一操作与主机并行。

2. 分时操作系统

从操作系统的发展历史上看，分时操作系统出现在批处理操作系统之后。它是为了弥补批处理方式不能向用户提供交互式快速服务的缺点而发展起来的。

（1）基本工作方式

在分时操作系统中，一台计算机主机连接了若干个终端，每个终端可由一个用户使用。用户通过终端交互式地向系统提出命令请求，系统接受用户的命令之后，采用时间片轮转方式处理服务请求，并通过交互方式在终端上向用户显示结果。用户根据系统送回的处理结果发出下一道交互命令。

（2）设计思想

分时操作系统将 CPU 的时间划分成若干个小片段，称为时间片。操作系统以时间片为单位，轮流为每个终端用户服务。

（3）特点

总体上看，分时操作系统具有多路性、交互性、独占性和及时性的特点。多路性是指有多个用户在同时使用一台计算机。交互性是指用户根据系统响应的结果提出下一个请求。独占性是指用户感觉不到计算机也为其他人服务，就好像整个系统被他所独占一样。及时性是指系统能够对用户提出的请求及时给予响应。

分时操作系统追求的目标是及时响应用户输入的交互命令。一般通用操作系统结合了分时系统与批处理系统两种系统的特点。典型的通用操作系统是 UNIX 操作系统。在通用操作系统中，对于分时与批处理的处理的原则是：分时优先，批处理在后。

3. 实时操作系统

实时操作系统（Real Time Operating System，RTOS）是指，使计算机能在规定的时间内，及时响应外部事件的请求，同时完成以该事件的处理，并能够控制所有实时设备和实时任务协调一致地工作的操作系统。实时操作系统主要目标是：在严格时间范围内，对外部请求做出响应，系统具有高度的可靠性。

实时操作系统主要有两类：第一类是硬实时系统。硬实时系统对关键外部事件的响应和处理时间有着极严格的要求，系统必须满足这种严格的时间要求，否则会产生严重的不良后果；第二类是软实时系统。软实时系统对事件的响应和处理时间有一定的时间范围要求，如不能满足相关的要求则会影响系统的服务质量，但是通常不会引发灾难性的后果。

实时系统为了能够实现硬实时或软实时的要求，除了具有多道程序系统的基本能力外，还需要有以下几方面的能力。

（1）实时时钟管理

实时系统的主要设计目标是对实时任务能够进行实时处理。实时任务根据时间要求可以分为两类：第一类是定时任务，它依据用户的定时启动并按照严格的时间间隔重复运行；第二类是延时任务，它非周期性地运行，允许被延后执行，但是往往有一个严格的时间界限。

（2）过载防护

实时系统在出现过载现象时，要有能力在大量突发的实时任务中，迅速分析判断并找出最重要的实时任务，然后通过抛弃或者延后次要任务的方式以保证最重要任务成功地执行。

（3）高可靠性

高可靠性是实时系统的设计目标之一。实时操作系统的任何故障，都有可能对整个应用系统带来极大的危害。所以实时操作系统需要有很强的鲁棒性。

4. 个人计算机操作系统

个人计算机操作系统（Personal Computer Operating System）是一种单用户的操作系统。个人计算机操作系统主要供个人使用，功能强，价格便宜，在几乎任何地方都可安装使用。它能满足一般人操作、学习、游戏等方面的需求。个人计算机操作系统的主要特点是：计算机在某一时间内为单个用户服务；采用图形界面人机交互的工作方式，界面友好；使用方便，用户无需具备专门知识，也能熟练地操纵系统。

5. 网络操作系统

为计算机网络配置的操作系统称为网络操作系统（Network Operating System，NOS）。网络操作系统是基于计算机网络的、在各种计算机操作系统之上按网络体系结构协议标准设计开发的软件，它包括网络管理、通信、安全、资源共享和各种网络应用。

网络操作系统把计算机网络中的各个计算机有机地连接起来，其目标是实现相互通信及资源共享。

6. 分布式操作系统

将大量的计算机通过网络连接在一起，可以获得极高的运算能力及广泛的数据共享，这样一种系统称作为分布式系统（Distributed System），为分布式系统配置的操作系统称为分布式操作系统（Distributed Operating System）。

分布式操作系统具备如下特征。

1）分布式操作系统是一种统一的操作系统，在系统中的所有主机使用的是同一个操作系统。

2）实现资源的深度共享。

3）透明性。在网络操作系统中，用户能够清晰地感觉到本地主机和非本地主机之间的区别。

4）自治性。即处于分布式系统中的各个主机都处于平等的地位，各个主机之间没有主从关系。一个主机的失效一般不会影响整个分布式系统。

分布式系统的优点在于它的分布式，分布式系统可以较低的成本获得较高的运算性能。分布式系统的另一个优势是可靠性。机群是分布式系统的一种，一个机群通常由一群处理器密集构成，机群操作系统专门服务于这样的机群。

网络操作系统与分布式操作系统在概念上的主要不同之处，在于网络操作系统可以构架于不同的操作系统之上，也就是说它可以在不同的本机操作系统上通过网络协议实现网络资源的统一配置。分布式操作系统强调单一操作系统对整个分布式系统的管理和调度。

1.2 Linux 概述

Linux 是一种类 UNIX 计算机操作系统，最早由 Linus Torvalds（林纳斯·托瓦兹）开发的，如图 1-2 所示。

图 1-2 林纳斯·托瓦兹

1.2.1 Linux 成长的历史背景

介绍 Linux 的历史就不得不提及 UNIX。1965 年在美国国防部高级研究计划署 DARPA 的支持下，麻省理工学院、贝尔实验室和通用电气公司决定开发一种“公用计算服务系统”，希望能够同时支持整个波士顿所有的分时用户。该系统称作 MULTICS（MULTiplexed Information and Computing Service）。MULTICS 被认为是 UNIX 操作系统的鼻祖，MULTICS 的研制难度超出了所有人的预料，尽管如此最终，经过多年的努力，MULTICS 成功地应用了，从而引入了许多现代操作系统领域的概念雏形，对随后的操作系统特别是 UNIX 的成功有着巨大的影响。

UNIX 的开发始于移植精简的 MULTICS 版本，从而开发出一个小型计算机上的操作系统 PDP－7，并且让这个新操作系统能支持一种新的文件系统，即 UNIX 文件系统的第一个版本。由 Ken Thompson 开发的 UNIX 操作系统在 1970 年，被移植到 PDP－11 上，经修改后能支持更多的用户，这就是 UNIX 第 1 版。在 1973 年发布的 UNIX 第 4 版，由 Ken Thompson 和 Dennis Ritchie 用 C 语言重写内核。这就让操作系统脱离了纯汇编语言，并打开了操作系统可移植性的大门。20 世纪 80 年代出现了个人计算机，工作站当时只用在企业和大学中。大量 UNIX 变体衍生而来。这些变体包括 Berkeley UNIX（BSD）和 AT&T UNIX System III 和 System V，其中 BSD 是由加利福尼亚大学伯克利分校开发的。每个变体又会演变出其他系统，如 NetBSD 和 OpenBSD（BSD 的变体）以及 AIX（IBM 的 System V 变体）。事实上，UNIX 的所有商用变体都来源于 System V 或 BSD。

不过，因为 UNIX 最终变为一个商业操作系统，购买 UNIX 的价格令人望而却步，只有那些能负担得起许可费的企业才用得起，这限制了它的应用范围，这也孕育了 Linux 的出现。

Linux 的诞生可以追溯到 1991 年，当时 Linus 还是芬兰赫尔辛基大学的一名学生，他对当时为教学而设计的 Minix 操作系统提供的功能不满意，于是决定自己编写比 Minix 更强大的操作系统来取代 Minix。有了这个伟大的想法后，Linus 开始通过自己的工作来进行试验，他把 Minix 当作基础来开发新的系统。由于 Linus 经常要用终端仿真器去访问大学主机上的新闻组和邮件，为了方便读写和下载文件，他又不得不编写一个磁盘驱动程序，同时还要编写文件系统。这样有了任务转换功能、有了文件系统和设备驱动程序，几个月后 Linux 就诞生了。Linux 操作系统开始时被林纳斯·托瓦兹取名为 FREAX，英文含义是怪诞的、怪物、异想天开。但在他将新的系统上传到 FTP 服务器上时，管理员 Ari Lemke 很不喜欢这个名称，即取 Linus 的谐音 Linux 作为该操作系统的目录，于是称为 Linux 系统。

Linux 是一个免费开放源代码的类 UNIX 操作系统，目前由来自世界各地的爱好者开发和维护，是目前世界上使用最多的类 UNIX 操作系统。Linux 是一套遵从 POSIX（Portable Operating System Inferface 可移植操作系统接口）规范的操作系统，它兼容于 UNIX System V 以及 BSD UNIX 操作系统。BSD UNIX 和 UNIX System V 是 UNIX 操作系统的两大主流，以后的 UNIX 系统都是这两种系统的衍生产品。对于 System V 系统而言，软件程序源代码在 Linux 下重新编译之后就可以运行，而对于 BSD UNIX 系统而言，它的可执行文件可以直接在 Linux 环境下运行。但要注意的是，Linux 源代码不是源于任何版本的 UNIX，即 Linux 并不是 UNIX，而是仅模仿 UNIX 的用户界面和功能，是一个类似于 UNIX 的产品。自 Linux 诞生以来，凭借其稳定、安全、高性能和高扩展性等优点，得到广大用户的欢迎，成为目前最为流行的操作系统之一。

Linux 以它的高效性和灵活性著称，Linux 模块化的设计结构，使得它既能在工作站上运行，也能够在 PC 上实现全部的 UNIX 特性，具有多任务、多用户的能力。Linux 是在 GNU 公共许可权限下免费获得的，是一个符合 POSIX 标准的操作系统。Linux 操作系统软件包不仅包括完整的 Linux 操作系统，而且还包括了文本编辑器、高级语言编译器等应用软件。它还包括带有多个窗口管理器的 X－Windows 图形用户界面，如同我们使用 Windows NT 一样，允许使用窗口、图标和菜单对系统进行操作。

🕮 POSIX 表示可移植操作系统接口（Portable Operating System Interface）。该标准由 IEEE 制定，并由国际标准化组织（ISO）接受为国际标准。到目前为止，POSIX 已成为一个涵盖范围很广的标准体系，已经颁布了 20 多个相关标准，其中 POSIX 1003.1 标准定义了一个最小的 UNIX

操作系统接口，Linux 设计遵循 POSIX 1003.1 标准，因此，凡是在 UNIX 上运行的应用程序几乎都可以在 Linux 上运行，这也是 Linux 得以流行的原因之一。

提到 Linux 就不得不说一说“Tux”（一只企鹅，全称为 tuxedo）是 Linux 的标志，如图 1-3 所示。这个企鹅图案在“最佳 Linux 图标竞赛”中被选中。Tux 的设计者是 Larry Ewing，他于 1996 年，利用 GIMP 软件设计出了这个企鹅。Tux 已经成为 Linux 和开源社区的象征。

图 1-3　Linux 的标志 Tux

1.2.2　Linux 的特点

Linux 的基本思想有两点：第一，一切对象都视作文件；第二，每个软件都有确定的用途，也就是说系统中的所有内容都归结为一个文件，包括命令、硬件和软件、操作系统、进程等对于操作系统的内核而言，都被视为各种类型的文件。

Linux 最大的优势在于其作为服务器的强大功能，它有健壮和稳定的网络功能这也是众多用户选择使用它的根本原因。作为网络操作系统 Linux 有诸多特点，主要有如下几点。

1. 多用户多任务管理

Linux 是一种抢占式、多任务、多用户操作系统，具有优异的内存和多任务管理能力，不仅可让用户同时执行数十个应用程序，还允许远程用户联机登录，并运行程序。既然是多用户多任务系统，对于用户账号的管理自然不在话下，包括权限、磁盘空间限制等，都有完善的工具可以使用。

根据硬件和计算机所执行任务的不同，Linux 操作系统可支持一个到上千个不同的用户，其中每个用户可同时运行不同的程序集合。若多个用户同时使用一台计算机，那么平均到每个用户上的费用比一个用户单独使用这台计算机的费用要低。因为单个用户通常不能充分利用计算机所提供的资源。例如，任何人都不可能做到：使打印机一直处于打印状态；使系统内存完全被占用；使磁盘一直忙于读写操作；使 Internet 连接一直处于使用状态；使终端同时处于忙碌状态。而多用户操作系统允许多个用户可几乎同时使用所有的系统资源。这样，系统资源可最大程度地被利用，相应地，每个用户的花费就将减到最小。这正是多用户操作系统的根本目标所在。

Linux 是一个完全受保护的多任务操作系统，允许每个用户同时运行多个作业。进程间可相互通信，但每个进程是受到完全保护的，即不会受到其他进程的干扰，就如内核不会受到其他任何进程干扰一样。用户在集中精力于当前显示器所显示作业的同时，在后台还可运行其他作业，而且还可以在这些作业之间来回切换。如果运行的是 X - Window 系统，那么同一显示器上的不同窗口可运行不同的程序，并且可监视它们。这一功能提高了用户的工作效率。

2. 图形集成界面

很多人认为只有微软的 Windows 系列才拥有图形用户接口（Graphical User Interface，GUI）。其实，想找到“完全没有图形用户界面”的操作系统还真是困难，大多数的操作系统都拥有图形界面，如比较有名的操作系统 FreeBSD、Solaris 和 SCO UNIX 等都拥有各自的图形用户界面。Linux 配置有特殊的图形用户界面 X - Window，这是 UNIX 系统的标准图形界面，最早由 MIT（麻省理工学院）开发。X - Window 提供多种窗口管理程序，结合对象集成环境，让用户能以灵活的方式来管理窗口和使用软件。随着 Linux 版本的升级，越来越多的 Linux 程序都提供了窗口界面。

X－Window 系统的一部分是由麻省理工学院的研究人员开发的，这为 Linux 中的 GUI 奠定了基础。对于支持 X－Window 的终端或者工作站显示器，用户可以通过屏幕上的多个窗口实现与计算机的交互；也可以显示图形信息；或者使用专门的应用程序来画图、监视进程和预览格式化的输出。X－Window 是一种跨网络的协议，它允许用户在工作站或者某台计算机上打开一个由远离他们的某个 CPU 生成的窗口。X－Window 通常有两层：桌面管理器和窗口管理器。桌面管理器是一个面向图画的用户接口，其通过控制图标而不用输入 Shell 的对应命令来实现与系统程序的交互。GNOME 和 KDE 是比较流行的桌面管理器。

窗口管理器是运行在桌面管理器下的程序，主要负责：窗口的打开和关闭；程序的启动和运行；鼠标的设置，使系统根据点击方式和位置的不同来完成不同的工作。窗口管理器可实现个性化显示。微软公司的 Windows 只允许改变窗口关键元素的颜色，而 X－Window 的窗口管理器可允许整个窗口外观和感觉的改变，如通过修改窗口的边框、按钮和滚动条来改变窗口的外观和工作方式，还允许建立虚拟桌面和创建菜单等。

3. 广泛的协议支持

Linux 内核支持很多的协议，主要的通信协议在内核中都有所支持，以下列举部分协议。

- TCP/IP 通信协议。
- IPX/SPX 通信协议。
- AppleTalk 通信协议：X.25、Frame－relay。
- ISDN 通信协议。
- PPP、SLIP 和 PLIP 等通信协议。
- ATM 通信协议。

4. 完善的网络功能

Linux 沿袭 UNIX 系统，使用 TCP/IP 作为主要的网络通信协议，内建 FTP、Telnet、Mail 和 Apache 等各种功能。再加上稳定性高，因此许多互联网服务提供商（Internet Service Provider，ISP）都采用 Linux 系统架设 Mail、HTTP 和 FTP 等服务器。Linux 系统支持的服务，列举部分如下。

- 支持 FTP 服务和客户端。
- 支持电子邮件服务和客户端程序。
- 支持 DNS 和 DHCP 服务。
- 支持网络信息服务（NIS）。
- 支持认证服务。

5. 支持多种应用程序及开发工具

程序设计师最关心的是如何在 Linux 中开发软件，由于 Linux 非常稳定，因此也成为一个优秀的开发平台。目前，运行在 UNIX 操作系统下的工具大部分已经被很好地移植到 Linux 操作系统上，包括几乎所有 GNU 的软件和库以及多种不同来源的 X 客户端软件。所谓移植通常指直接在 Linux 机器上编译源程序而不需修改，或只需进行很小的修改，这是因为 Linux 系统完全遵循 POSIX 标准。在 Linux 下已经有越来越多的客户端和服务器端的应用软件。典型的应用如下所示。

- ATM 通信协议。
- 语言及编程环境：C、C++、Java、Perl 和 Fortran 等。

- 图形环境：GNOME、KDE、GIMP、WindowMaker 和 IceWM 等。
- 编辑器：Xemacs、Vim、Gedit 和 pico 等。
- Shells：bash、tcsh、ash、csh 等。
- 文字处理软件：OpenOffice、Kword 和 abiWord 等。
- 数据库：MySQL、PostgreSQL 和 Oracle 等。

6. 可便捷获得升级子程序

由于 Linux 是免费的操作系统，所以世界上有很多支持自由软件的人士通过不懈努力来使 Linux 日趋完美，使其功能更加完善，因此其版本的升级很快。另外互联网上有很多 Linux 网站提供 Linux 的各种服务，越来越多的人也逐渐喜欢上了 Linux，现在很多公司的服务器，都用 Linux 作为操作系统，一方面因为 Linux 功能强大，性能非常稳定；另一方面也不会因为版权问题引起纠纷。

7. 文件系统下良好的兼容性

Linux 与当前主要的网络操作系统有着良好的兼容性，“文件与打印共享”服务可兼容的环境有 Apple 环境、Windows 环境、Novell 环境和 UNIX 环境等。

8. 具有内核编程接口

Linux 内核是 Linux 操作系统的核心，负责分配计算机资源和调度用户作业，尽可能使每个作业都能平等地使用系统资源，如对 CPU 的访问，对磁盘、DVD、CD－ROM 存储器、打印机和磁带驱动器等外部设备的使用等。应用程序通过系统调用与内核交互，程序员可使用一个系统调用实现与多种设备的交互。例如，系统调用函数 write( ) 只有一个，由系统提供，与设备无关。当某个程序发出 write( ) 请求时，内核将根据程序的上下文把请求传递给相应的设备。这种灵活性可以将程序较容易地移植到新版本的操作系统中，具有较好的向前兼容特性。

1.2.3 GNU 与 Linux

GNU（“GNU's Not UNIX”的递归缩写）计划是由 Richard Stallman 在 1983 年 9 月 27 日公开发起的。是自由软件基金会（Free Software Foundation，FSF）的一个项目，该项目的目标是开发一个自由的 UNIX 版本，这一版本称为 HURD。尽管 HURD 尚未完成，但 GNU 项目已经开发了许多高质量的编程工具，包括 Emacs 编辑器、著名的 GNU C 和 C++ 编译器（gcc 和 g++），这些编译器可以在任何计算机系统上运行。

为保证 GNU 软件可以自由地“使用、复制、修改和发布”，所有 GNU 软件都有一份在禁止其他人添加任何限制的情况下授权所有权利给任何人的协议条款，GNU 通用公共许可证（GNU General Public License，GPL），即“反版权”（或称 Copyleft）概念。所有的 GNU 软件和派生工作均适用 GNU 通用公共许可证，即 GPL。GPL 允许软件作者拥有软件版权，但授予其他任何人以合法复制、发行和修改软件的权利。

Linux 的开发使用了许多 GNU 工具，Linux 系统上用于实现 POSIX.2 标准的工具几乎都是由 GNU 项目开发的。Linux 内核、GNU 工具以及其他一些自由软件组成了人们常说的 Linux 系统或 Linux 发布版，包括以下部分。

- 符合 POSIX 标准的操作系统内核、Shell 和外部工具。
- C 语言编译器和其他开发工具及函数库。
- X－Window 窗口系统。
- 各种应用软件，包括字处理软件、图像处理软件等。

• 其他各种 Internet 软件，包括 FTP 服务器、WWW 服务器等。
• 关系数据库管理系统等。

在本书后续章节中，为了表述方便，当使用 Linux 这个字眼时，统一指 Linux 内核。在容易引起混淆的地方，会具体说明是指整个 Linux 系统还是内核。

1.2.4 Linux 的版本

Linux 的版本可以分为 Linux 内核版本和发行版。内核版本是严格的操作系统的不同版本，不包括外部的各种应用程序，对操作系统来说这是最重要的。发行版由个人、商业机构和志愿者组织编写。它们通常包括了其他的系统软件和应用软件，一个用来简化系统初始安装的安装工具，以及让软件安装升级的集成管理器。大多数系统还包括了像提供 GUI 界面的 XFree86 之类的曾经运行于 BSD 的程序。一个典型的 Linux 发行版包括 Linux 内核，一些 GNU 程序库和工具，命令行 Shell，图形界面的 X - Window 系统和相应的桌面环境，如 KDE 或 GNOME，并包含数千种从办公套件，编译器，文本编辑器到科学工具的应用软件。

1. Linux 内核的概念

操作系统是一个用来和硬件打交道并为用户程序提供一个有限服务集的低级支撑软件。一个计算机系统是一个硬件和软件的共生体，它们互相依赖，不可分割。计算机的硬件，含有外部设备、处理器、内存、硬盘和其他的电子设备，但是没有软件来操作和控制它，自身是不能工作的。完成这个控制工作的软件就称为操作系统，在 Linux 的术语中被称为“内核”，也可以称为“核心”。从技术上说 Linux 是一个内核。内核指的是一个提供硬件抽象层、磁盘及文件系统控制、多任务等功能的系统软件。Linux 内核的主要模块分以下几个部分：存储管理、CPU 和进程管理、文件系统、设备管理和驱动、网络通信、系统的初始化（引导）、以及系统调用等。一个内核不是一套完整的操作系统，一套基于 Linux 内核的完整的操作系统才叫作 Linux 操作系统，其中包括各种应用。

2. Linux 内核版本

Linux 内核使用 3 种不同的版本编号方式。第一种方式用于 1.0 版本之前（包括 1.0）。第 1 个版本是 0.01，紧接着是 0.02、0.03、0.10、0.11、0.12、0.95、0.96、0.97、0.98、0.99 和之后的 1.0。第 2 种方式用于 1.0 之后到 2.6，数字由 3 部分如“A. B. C”，A 代表主版本号，B 代表次主版本号，C 代表较小的末版本号。只有在内核发生很大变化时（历史上只发生过两次，1994 年的 1.0，1996 年的 2.0），A 才变化。可以通过数字 B 来判断 Linux 是否稳定，偶数的 B 代表稳定版，奇数的 B 代表开发版。C 代表一些 Bug 修复，安全更新，代表新特性和驱动的更新次数。以版本 2.4.0 为例，2 代表主版本号，4 代表次版本号，0 代表改动较小的末版本号。在版本号中，序号的第 2 位为偶数的版本表明这是一个可以使用的稳定版本，如 2.2.5，而序号的第 2 位为奇数的版本一般有一些新的东西加入，是个不一定很稳定的测试版本，如 2.3.1。这样稳定版本来源于上一个测试版升级版本号，而一个稳定版本发展到完全成熟后就不再发展。第 3 种方式从 2004 年 2.6.0 版本开始，使用“time - based”的方式。3.0 版本之前，是一种“A. B. C. D”的格式。7 年里，前两个数字 A. B 即“2.6”保持不变，C 随着新版本的发布而增加，D 代表一些 Bug 修复，安全更新，添加新特性和驱动的次数。3.0 版本之后是“A. B. C”格式，B 随着新版本的发布而增加，C 代表一些 Bug 修复，安全更新，添加新特性和驱动的次数。第 3 种方式中不使用偶数代表稳定版，奇数代表开发版的命名方式。举个例子：3.7.0 代表的不是开发版，而是稳定版。

Linux 各个内核版本如表 1-3 所示。

表 1-3　Linux 各个内核版本

内核	初始发行日期	当前版本	维护者	支　持
2.0	1996 年 6 月 9 日	2.0.40	David Weinehall	EOL（已不再支持）
2.2	1999 年 1 月 26 日	2.2.27 - rc2	Marc - Christian Petersen（前维护者 Alan Cox）	EOL（已不再支持）
2.4	2001 年 1 月 4 日	2.4.37.11	Willy Tarreau（前维护者 Marcelo Tosatti）	EOL（已不再支持）
2.6.16	2006 年 3 月 20 日	2.6.16.62	Adrian Bunk	EOL（已不再支持）
2.6.27	2008 年 10 月 9 日	2.6.27.62	葛雷格·克罗哈曼	EOL（已不再支持）
2.6.32	2009 年 12 月 3 日	2.6.32.61	Willy Tarreau（前维护者葛雷格·克罗哈曼）	长期支持版本，2009 年 12 月 ~2014 年
2.6.34	2010 年 5 月 16 日	2.6.34.14	Paul Gortmaker（前维护者 Andi Kleen）	长期支持版本，2010 年 ~2013 年
2.6.39	2011 年 5 月 19 日	2.6.39.4	林纳斯·托瓦兹	2.6 核心系列最后稳定版 EOL
3.0	2011 年 7 月 22 日	3.0.100	葛雷格·克罗哈曼	长期支持版本，2011 年 7 月 ~2013 年 10 月
3.2	2012 年 1 月 5 日	3.2.51	Ben Hutchings	长期支持版本，2011 年 12 月 ~2016 年
3.4	2012 年 5 月 21 日	3.4.66	葛雷格·克罗哈曼	长期支持版本，从 2012 年 5 月 ~2014 年 10 月
3.5	2012 年 7 月 21 日	3.5.7	葛雷格·克罗哈曼	EOL
3.6	2012 年 10 月 1 日	3.6.11	葛雷格·克罗哈曼	EOL
3.7	2012 年 12 月 11 日	3.7.10	葛雷格·克罗哈曼	EOL
3.8	2013 年 2 月 19 日	3.8.13	葛雷格·克罗哈曼	EOL
3.9	2013 年 4 月 29 日	3.9.11	葛雷格·克罗哈曼	EOL
3.10	2013 年 6 月 30 日	3.10.16	葛雷格·克罗哈曼	长期支持版本，从 2013 年 6 月 ~2015 年
3.11	2013 年 9 月 2 日	3.11.5	葛雷格·克罗哈曼	最新的稳定版本
3.12		3.12 - rc5	林纳斯·托瓦兹	最新的测试版本
Linux - next		next - 20130927		最新的开发版本

3. Linux 发行版本

在 Linux 内核的发展过程中，还需要说明一下各种 Linux 发行版本（Distribution）的作用，它们对 Linux 的推动应用，从而也让更多的人开始关注 Linux。一些组织或厂家，将 Linux 系统的内核与外围实用程序软件和文档包装起来，并提供一些系统安装界面和系统配置、设定与管理工具，就构成了一种发行版本，Linux 的发行版本其实就是 Linux 核心再加上外围的实用程序组成的一个大的软件包。相对于 Linux 操作系统内核版本，发行版本的版本号随发布者的不同而不同，与 Linux 系统内核的版本号是相对独立的。因此把 SUSE、Red Hat、Ubuntu、Slackware 等直接说成是 Linux 是不确切的，它们是 Linux 的发行版本，更确切地说，应该称为“以 Linux 为核心的操作系统软件包”。根据 GPL 准则，这些发行版本虽然都源自一个内核，并且都有自己各自的贡献，但都没有自己的版权。Linux 的各个发行版本，都是使用 Linux 内核，只是版本不同而已，因此在内核层不存在兼容性问题。

20 世纪 90 年代初期 Linux 刚开始出现时，仅仅是以源代码形式出现，用户需要在其他操作系统下编译之后才能使用。后来出现了一些正式版本。目前最流行的几个正式版本有：SUSE、Red Hat、Debian、Ubuntu、Slackware、Gentoo 等。

（1） Red Hat Linux

Red Hat 是一个比较成熟的 Linux 版本，无论在销量上还是装机量上都比较可观。该版本从 4.0 开始可以同时支持 Intel、Alpha 及 Sparc 硬件平台，并且可以轻松地进行软件升级、彻底地卸载应用软件和系统部件。Red Hat 最早由 Bob Young 和 Marc Ewing 在 1995 年创建，目前分为两个系列，即由 Red Hat 公司提供收费技术支持和更新的 Red Hat Enterprise Linux，以及由社区开发的免费的 Fedora Core。Fedora Core 1 发布于 2003 年年末，定位为桌面用户。Fedora Core 提供了最新的软件包，同时版本更新周期也非常短，仅 6 个月。目前最新版本为 Fedora Core 22，适用于服务器的版本是 Red Hat Enterprise Linux。由于 Red Hat Enterprise Linux 是收费的操作系统，所以国内外许多企业或网络公司选择 CentOS。CentOS 可以说是 Red Hat Enterprise Linux 的复制版，但是是免费的，其官方主页是 http://www.redhat.com/。

（2） Debian

Debian 最早由 Ian Murdock 于 1993 年开发，可以算是迄今为止最遵循 GNU 规范的 Linux 系统。Debian 系统分为 3 个版本分支，即 Stable、Testing 和 Unstable。截至 2005 年 5 月，这 3 个版本分支分别对应的具体版本为 Woody、Sarge 和 Sid。其中，Unstable 为最新的测试版本，包括最新的软件包。但是也有相对较多的 Bug，适合桌面用户 Testing 的版本都经过 Unstable 中的测试，相对较为稳定，也支持了不少新技术，比如对称多处理系统（Symmetric Multi Processing，SMP）等。而 Woody 一般只用于服务器，其中的软件包大部分都有些过时，但是稳定性能和安全性能都非常高，是如此多的用户痴迷于 Debian、Apt - Get 和 Dpkg 原因之一。Dpkg 是 Debian 系列特有的软件包管理工具，它被誉为所有 Linux 软件包管理工具（比如 RPM）中最强大的，配合 Apt - Get 在 Debian 上安装、升级、删除和管理软件变得异常容易。许多 Debian 的用户都开玩笑地说，Debian 将他们养懒了，因为只要输入“Apt - Get Upgrade && Apt - Get Upgrade”，计算机上所有的软件就会自动更新。其官方主页是 http://www.debian.org/。

（3） Ubuntu

简单而言，Ubuntu 就是一个拥有 Debian 所有的优点，以及有自己所加强优点的近乎完美的 Linux 操作系统。Ubuntu 是一个相对较新的发行版，它的出现改变了许多潜在用户对 Linux 的看法。也许，以前人们会认为 Linux 难以安装并难以使用，但是 Ubuntu 出现后这些都成为了历史。Ubuntu 基于 Debian Sid，所以拥有 Debian 的所有优点，包括 Apt - Get。然而不仅如此，Ubuntu 默认采用的 GNOME 桌面系统也将 Ubuntu 的界面装饰得简易而不失华丽。当然如果你是一个 KDE 的拥护者的话，Ubuntu 也同样适合。Ubuntu 的安装非常人性化，只要按照提示一步一步地进行，安装的操作过程与 Windows 操作系统同样简便。Ubuntu 被誉为是对硬件支持最好最全面的 Linux 发行版之一，许多在其他发行版上无法使用或者默认配置时无法使用的硬件，在 Ubuntu 上可以轻松实现。并且它采用自行加强的内核，安全性方面更加完善。Ubuntu 默认不能直接 Root 身份登录，必须由第 1 个创建的用户通过 Su 或 Sudo 来获取 Root 权限（这也许不太方便，但无疑增加了安全性，避免用户由于粗心而损坏系统）。Ubuntu 的版本发行周期为 6 个月，弥补了 Debian 更新缓慢的不足，其官方主页是 http://www.ubuntuLinux.org/。

（4） Slackware

Slackware 由 Patrick Volkerding 创建于 1992 年，应当是历史最悠久的 Linux 发行版。它曾

经非常流行，但是当 Linux 越来越普及，用户的技术层面越来越广（更多的新手）后，渐渐地被人们所遗忘。在其他主流发行版强调易用性时，Slackware 依然固执地追求最原始的效率——所有的配置均要通过配置文件来进行。尽管如此，Slackware 仍然深入人心（大部分都是比较有经验的 Linux 用户）。它稳定且安全，所以仍然有大批的忠实用户。由于 Slackware 尽量采用原版的软件包而不进行任何修改，所以制造新 Bug 的概率便低了很多。其版本更新周期较长（大约 1 年），但是新版本仍然不间断地供用户下载，其官方主页是 http://www.slackware.com/。

（5）SUSE

SUSE 是起源于德国的最著名的 Linux 发行版，在全世界范围中也享有较高的声誉，其自主开发的软件包管理系统 YaST 也大受好评。SUSE 于 2003 年年末被 Novell 收购，SUSE 8.0 之后的发布显得比较混乱，比如 9.0 版本是收费的，而 10.0 版本（也许由于各种压力）又免费发布。这使得一部分用户感到困惑，也转而使用其他发行版本。但是瑕不掩瑜，SUSE 仍然是一个非常专业且优秀的发行版，其官方主页是 http://www.suse.com/。

（6）Gentoo

Gentoo Linux 最初由 Daniel Robbins（前 Stampede Linux 和 FreeBSD 的开发者之一）创建，由于开发者对 FreeBSD 的熟识，所以 Gentoo 拥有媲美 FreeBSD 的广受美誉的 ports 系统——portage（ports 和 portage 都是用于在线更新软件的系统，类似于 apt - get，但还是有很大不同）。Gentoo 的首个稳定版本发布于 2002 年，其出名是因为高度的自定制性，它是一个基于源代码的发行版。尽管安装时可以选择预先编译好的软件包，但是大部分用户都选择自己手动编译，这也是为什么 Gentoo 适合比较有 Linux 使用经验的用户使用的原因。但是要注意的是，由于编译软件需要消耗大量的时间，所以如果所有的软件都自己编译并安装，可能需要几天时间，其官方主页是 http://www.gentoo.org/。

（7）其他

Linux 世界最不缺乏的可能就是发行版本了，目前全球至少有 386 个不同的发行版本，了解 Linux 发行版的最佳方法是查看 Linux 流行风向标的网站（www.distrowatch.com）。Linux 的变化日新月异，需要不断地保持信息的更新以得到更多更好的新技术。

1.2.5 Linux 的应用与发展

近几年来，迅速崛起的 Linux 成为 IT 产业最为引人注目的焦点之一。Linux 的发展速度远远超过以往同类型开放式操作系统，其良好的稳定性、优异的性能、低廉的价格和开放的源代码，给全球的软件行业带来了巨大的影响，使得 Linux 操作系统的应用日趋广泛。

Linux 开放源代码的特性降低了相对于封闭源代码软件潜在的安全性的忧虑，这使得 Linux 操作系统有着更广泛的应用领域。目前，Linux 的应用领域主要包括以下 3 个方面。

（1）桌面应用领域

目前，众所周知，Windows 操作系统在桌面应用中一直占据绝对的优势，但是随着 Linux 操作系统在图形用户接口方面和桌面应用软件方面的发展，Linux 在桌面应用方面的发展也得到了显著的提高，越来越多的桌面用户转而使用 Linux。事实也证明，Linux 已经能够满足用户办公、娱乐和信息交流的需求。

（2）高端服务器领域

由于 Linux 内核具有稳定性、开放源代码等特点，使用者不必支付大笔的使用费用，所以 Linux 获得了 IBM、戴尔、康柏、SUN 等世界著名厂商的支持。

目前，常用的服务器操作系统有 UNIX、Linux 和 Windows，根据调查，Linux 操作系统在服务器市场上的占有率已超过50%。由于 Linux 可以提供企业网络环境所需的各种网络服务，加上 Linux 的服务器可以提供虚拟专用网络（VPN）或充当路由器（Router）与网关（Gateway），因此在不同操作系统相互竞争的情况下，企业只需要掌握 Linux 技术并配合系统整合与网络等技术，便能够享有低成本、高可靠性的网络环境。

（3）嵌入式应用领域

通常情况下，信息家电等嵌入式操作系统支持所有的运算功能，但是需要根据实际的应用对其内核进行定制和裁剪，以便为专用的硬件提供驱动程序，并且在此基础上进行应用开发。目前，能够支持嵌入式的常见操作系统有 Palm OS、嵌入式 Linux 和 Windows CE。

虽然 Linux 在嵌入式领域刚刚起步，但是 Linux 的特性正好符合因特尔架构（Intel Architecture，IA）产品的操作系统小、稳定、实时与多任务等需求，而且 Linux 开放源代码，不必支付许可证费用，许多世界知名厂商包括 IBM、新力等纷纷在其 IA 中采用 Linux 开发视频电话和数字监控系统等。

1.3 本章小结

在计算机应用的过程中，人们接触最频繁的是操作系统，例如磁盘操作系统 DOS、易于使用的图形界面操作系统 Windows、开放源代码的操作系统 Linux 等。但是，操作系统往往是比较复杂的系统软件，相对于使用而言，要掌握它的运行机制就不是那么容易。本章主要讲述了操作系统的发展、功能、分类及具有良好应用前景的操作系统的背景、特点、版本及应用等问题。在学习完本章之后，读者可以掌握 Linux 操作系统的整个发展过程，并对 Linux 6 的特点和应用有初步了解。

本章主要知识点包括：

- 操作系统的原理与功能。
- Linux 操作系统的背景。
- Linux 操作系统的特点。
- Linux 操作系统的应用。

1.4 思考与练习

（1）什么是操作系统？并简述操作系统的分类。

（2）Linux 和 UNIX 系统各有什么特点？二者之间有什么联系？

（3）Linux 一般有哪 3 个主要部分？

（4）如何升级当前系统的内核？或者是重新编译当前版本的内核，以便定制其中的一些功能？

（5）简述一些较为知名的 Linux 发行版本。

第 2 章　Linux 的安装与配置

Red Hat（红帽）是目前世界上应用广泛的 Linux 操作系统。因为它具备良好的图形界面以及运行环境，无论是安装、配置还是使用都十分方便，而且运行稳定，因此不论是新手还是老用户都对它有很高的评价，在某种意义上 Red Hat 几乎成了 Linux 的代名词。本章以 Red Hat 公司正式推出的 Red Hat Enterprise Linux 6（简称 RHEL6）为例，讲解其安装和配置的全过程。

2.1　Linux 的安装准备

Linux 系统跟 Windows 系统的安装过程不太一样，有许多需要注意的地方，在实际中有不少用户在 Linux 的安装过程中会出现这样那样的状况，所以需要准确清晰地掌握安装全过程以及一些注意事项，确保能够正确地安装系统。

2.1.1　获取 Linux 的安装程序

获取红帽企业版 Linux 可以有两个途径：一是购买系统光盘，Red Hat Enterprise Linux 6 保留了以前版本中的字符模式安装界面，并同时具有 GUI 图形化界面，在开始安装时会对光盘介质进行检测，以防止在安装过程中的因光盘无法读取等情况造成安装失败；二是从硬盘安装，从硬盘安装 Linux 操作系统，首先要准备安装包，Linux 操作系统的安装包通常是一个或多个 ISO 镜像文件（一般可以通过网络下载得到）。

如果用户有红帽订阅，用户则可以在红帽客户门户网站的软件下载中心下载红帽企业版 Linux 6 的 ISO 映像文件，具体步骤如下。

1）访问客户门户网站 https://access. redhat. com/login，并输入登录口令和密码。

2）进入界面单击【下载】按钮访问软件下载中心。

3）在红帽企业版 Linux 部分，单击【下载您的软件】链接，获得目前支持的所有红帽企业版 Linux 产品列表。

4）选择红帽企业版 Linux 的一个版本并单击该版本的链接。注意：只需要选择该产品的最新版本。每个发行版都是操作系统的完整功能版本，因此不需要之前的发行版本。如果要在服务器中安装红帽企业版 Linux，则选择“server”发行版；如果要在客户端中安装，则选择“desktop”发行版，也可以选择 32 位或 64 位版本。红帽企业版 Linux 的每个下载版本都是单张 DVD 的 ISO 映像文件，大小约为 3 GB ~ 4 GB，如图 2-1 所示。

🕮 注意：每个映像文件的链接都有 MD5 和 SHA-256 校验码。下载完成后，使用校验码工具如 md5 sum 或 sha256 sum 来生成本地文件的检验码，如果生成的值和网站上的值相匹配，则这个映像文件就是真实的且未被破坏的。

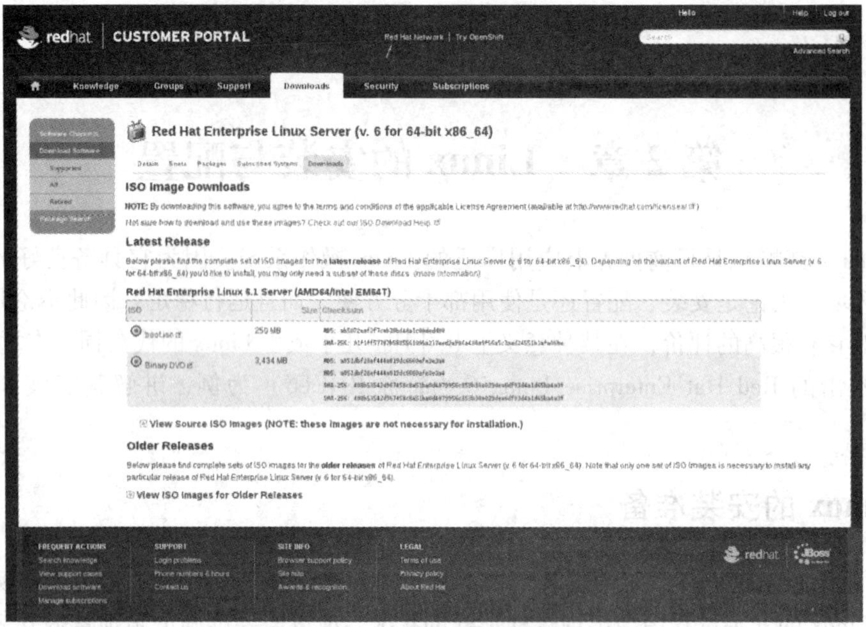

图 2-1　下载 ISO 映像文件

2.1.2　明确系统硬件信息

Linux 可以运行在多个硬件平台上，由于每个平台都有其自身的特性，因此安装程序是不通用的，必须根据计算机的硬件平台选择合适的安装文件，但安装过程大同小异。

Linux 设计之初衷就是用较低的系统配置提供高效率的系统服务。早期的 Linux 对硬件的要求很低，与同时期的 Microsoft 操作系统形成鲜明的对比，因此也使一部分人误解 Linux 是低档次的操作系统。目前随着功能和应用的不断扩充，Linux 对硬件的要求也在逐步提高。

在单机安装的情况下，如果用户有一个较老的系统，或者用户的系统是自己构建的，则硬件兼容性在这些情况下就显得格外重要。红帽企业版 RHEL6 支持所有 Intel 微架构 P6 以上、AMD 微架构 Atholon 以上的 32 位和 64 位的处理器。RHEL6 可以很好地与最近几年内出品的多数硬件兼容，然而由于硬件技术规范的快速变化，很难百分之百保证硬件的兼容性。因此安装操作系统之前，先了解一下自己选择的版本对硬件的要求。最新的硬件支持列表可以在 https://hardware.redhat.com/中查到，目前 RHEL 已经可以很好地支持大多数主流硬件 。

目前主流的计算机配置都能满足 RHEL6 的安装需要。根据经验最佳配置一般要求计算机内存要 2 GB 以上，硬盘空间 30 GB 以上。如果在虚拟机里安装，为了保证流畅运行，硬件设施还要再提高配置，若条件许可，尽量使用更大的内存和硬盘以及更快的处理器。当然除此以外，其他外设的性能提升也可以使系统运行得更加流畅。

2.1.3　选择安装方式

Red Hat Enterprise Linux 支持多种安装方式，具体如下。

- DVD/CD ROM 方式。

  获取 DVD－ROM 或者 CD－ROM 安装光盘，然后在 CMOS 中设置第一引导设备为 DVD－ROM 或 CD－ROM，保存退出，把安装光盘放入光驱，并且重新引导系统。也可以从网络下载红帽企业版 Linux 6 的 ISO 映像文件，通过刻录软件写入 DVD 中，从而通过光驱进行安装。

● 可引导安装程序的最小引导 CD 或者 DVD 方式。

最小引导介质是包含引导系统并启动安装程序的 CD、DVD 或者 USB 闪存驱动器，但不包含必须要传送到系统以便创建红帽企业版 Linux 安装的软件。如果您使用最小引导介质引导选项引导安装，那么请使用键盘中的箭头键选择安装方法，如图 2-2 所示，选中合适的方法，按〈Tab〉键移动到“OK”按钮并按〈Enter〉键确认。

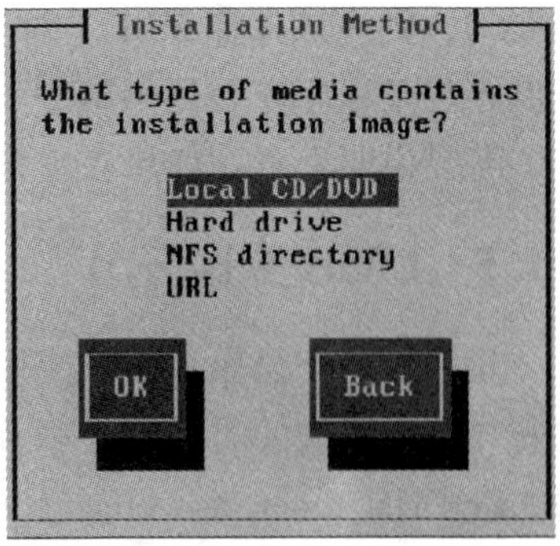

图 2-2　下载 ISO 映像文件

● 硬盘引导安装方式。

这种方式需要提前建立一个 FAT32 分区，将安装镜像文件放置到该分区上。这种方式在多系统安装中比较常用，安装速度比较快，而且没有光盘安装时要求更换光盘的麻烦。比如先安装一个 Microsoft 的操作系统，然后将 Linux 安装文件放到第一逻辑分区（即 D 分区），该分区在 Linux 下的设备文件为/dev/hda5 或者/dev/sda5 上。而后将第一张安装光盘下的/images/boot. iso 刻录到光盘上。而后用该光盘引导，在安装过程中会提示选择安装位置，这时选择“Hard Drive”，然后指明安装文件所在的分区和路径就可以了。

● 网络安装方式。

通过网络安装所要使用的 NFS、FTP 或 HTTP 服务器必须是一台能够安装光盘上完整内容的单独计算机。在执行网络安装时，必须确保安装光盘不在系统的光驱内，否则会引发不可预料的错误。

2.1.4　硬盘的组织结构

用户可以在下面两个位置之一安装引导装载程序。

（1）主引导记录

主引导记录（Master Boot Record，MBR）是推荐安装引导装载程序的默认位置，除非 MBR 已经在启动另一个操作系统的引导装载程序。MBR 是硬盘驱动器上的一个特殊区域，它会被计算机的 BIOS 自动载入，并且是引导装载程序控制引导进程的初始点。当系统引导在 MBR 上安装引导装载程序时，GRUB（或 LILO）会出现一个引导提示，然后便可以根据提示引导 Red Hat Enterprise Linux 6 或其他任何用户配置要引导的操作系统。

GRUB（GRand Unified Bootloader）是一个功能强大的启动管理器，它可用来引导 Linux、BSD、OS/2、BeOS 与 Windows95/98/NT 等众多操作系统。GRUB 是一个独立于操作系统之外的开机引导程序；GRUB 最显著的特点是其灵活性，该引导装载器可以识别多种文件系统和内核可执行文件格式，并提供了一个功能强大、命令丰富的交互界面；用户利用这些命令可以很容易地获取系统核心文件的内容。GRUB 提供了强大的安全功能，可以设置启动项的安全功能，使得普通用户无法编辑启动菜单，或只有输入正确的密码才能启动相应的操作系统。

（2）引导分区的第一个扇区

如果用户已在系统上使用另一个引导装载程序，则推荐选用该位置。在这种情况下，其他的引导装载系统会首先取得控制权，然后用户可以通过配置引导分区的第一个扇区来启动 GRUB（或 LILO），继而引导 Red Hat Enterprise Linux 6。如果系统只使用 Red Hat Enterprise Linux 6，则应该选择 MBR。对于还带有 Windows 2003 或者其他的操作系统版本来说，也应该把引导装载程序安装到 MBR，因为它可以引导两个操作系统。

需要说明一点，如果在虚拟机下单独学习使用 Linux，则对引导程序没有要求。

2.1.5　Linux 分区方案

几乎每一个操作系统都使用磁盘分区（Disk Partition）的概念，Linux 操作系统也是如此，在安装操作系统的时间，必须和其他操作系统使用的分区隔离开，否则会破坏该分区上的数据。Red Hat Enterprise Linux 6 至少需要 3 个分区，分别是根分区（/）、交换分区（swap）和启动分区（/boot）。下面介绍两种创建方式。

📖注意：在安装 Linux 之前，必须保证磁盘上有足够的未分区空间，或计划好在安装过程中删除哪一个现存分区以获得充足的空间，当然要提前对该分区上的数据做好备份工作。

（1）常规分区方式

利用空闲磁盘空间创建 3 个分区，分别为/boot、/和 swap 分区。

- /boot 分区。/boot 分区主要是存放引导镜像文件以及启动管理器 GRUB 的配置文件；/分区是整个系统的根，是系统的起点；swap 分区主要是作为虚拟存储器使用。
- /根分区。根分区（/）要容纳系统的其他文件，所以该分区空间要足够大，根分区存放了大量的系统数据和应用文件，Red Hat Enterprise Linux 6 全部安装后大约占据 12GB 的存储空间，该分区可以不设置为主分区。
- swap 交换分区。交换分区的容量一般设置为本机物理内存容量的两倍。和 Windows 对虚拟内存空间的管理方式不同，在 Windows 中是作为一个文件来管理的，而在 Linux 中是作为一个分区来管理和使用的。

（2）逻辑卷集划分方式（Logical Volume Group，LVM）

逻辑卷集划分方式对系统有多个磁盘的情况特别有效，可以把多个磁盘的空间统一管理，它也是 Red Hat Enterprise Linux 6 默认的方式。这种方式的操作思路及要点如下。

- 在各个单独的物理磁盘上划分物理卷。
- 将多个物理分区组合成为一个逻辑卷集（LVM）。
- 在逻辑卷集里创建 Linux 所需要的分区（/boot 分区由于要引导系统，所以不能在逻辑卷集里创建，必须单独创建）。

2.2　Linux 的安装

对于初学者来说，Linux 的安装往往会遇到各种各样的问题，只有熟悉安装的各种步骤与细节才能顺利安装系统。

2.2.1　Linux 的安装步骤

用系统安装盘成功引导后出现安装界面。

1）在如图 2-3 所示的安装界面，选择第一项“Install or upgrade an existing system”，安装或升级现有的系统后按〈Enter〉键。

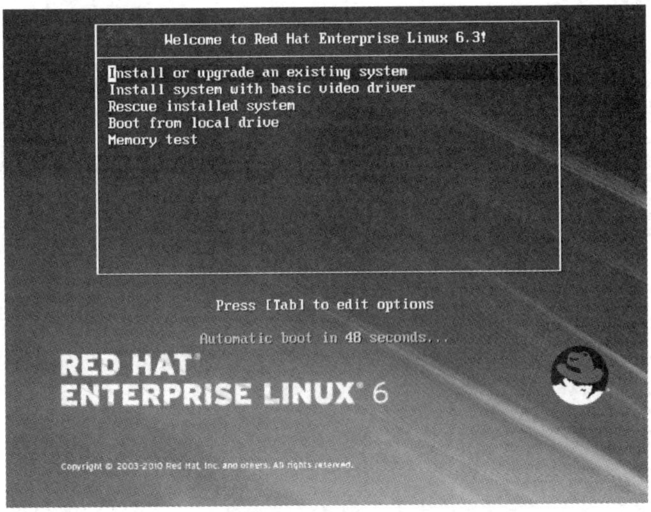

图 2-3　安装界面

界面说明：

- Install or upgrade an existing system，安装或升级现有的系统。
- install system with basic video driver，安装过程中采用基本的显卡驱动。
- Rescue installed system，进入系统修复模式。
- Boot from local drive，退出安装从硬盘启动。
- Memory test，内存检测。

2）在检查光盘的兼容性界面，选择“Skip”跳过检测，如图 2-4 所示，按〈Enter〉键后出现如图 2-5 所示界面，直接单击“Next”。

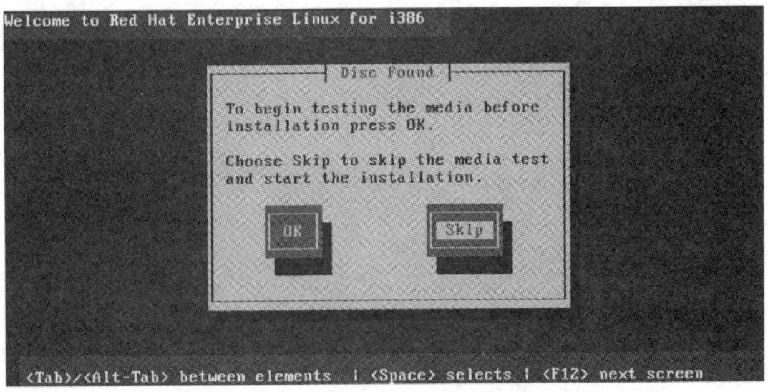

图 2-4　光盘兼容性检测选择界面

图 2-5　跳过光盘兼容性检查界面

3）在语言选择界面选择“简体中文”，如图 2-6 所示，之后单击“Next”。

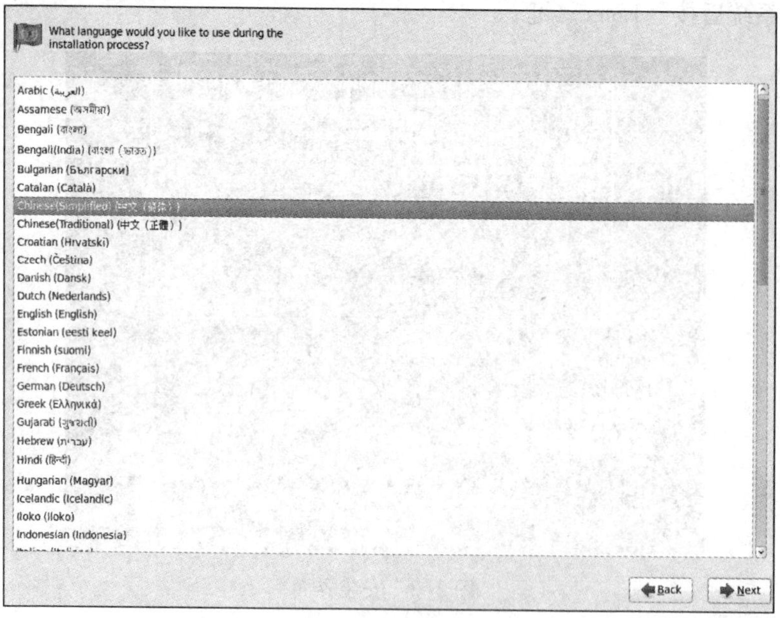

图 2-6　语言选择界面

🕮为防止在正式环境中出现乱码，在语言选择界面建议选择“English”。

4）在键盘模式界面选择“美国英语式”即 US. English 模式，如图 2-7 所示，选择后单击“下一步”。

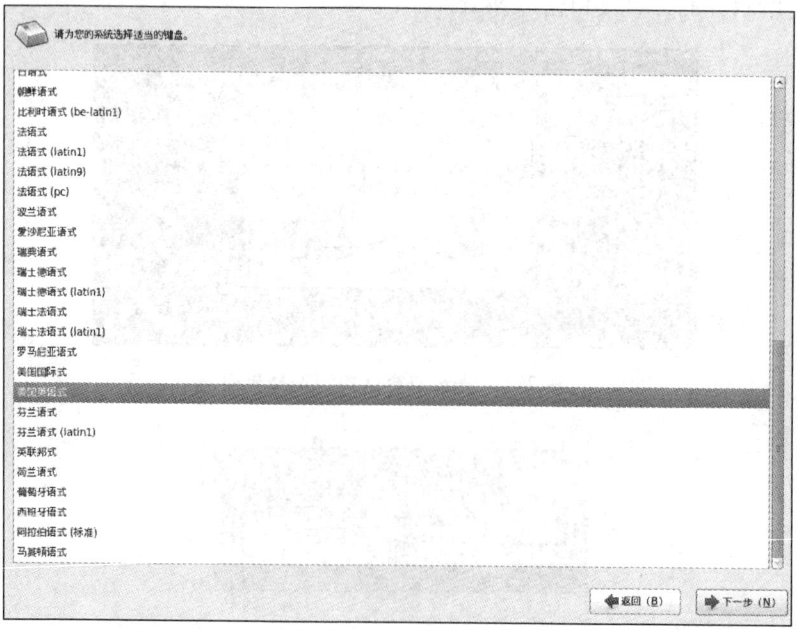

图 2-7　键盘模式界面

5）在存储设备模式中选择默认的“基本存储设备”，如图 2-8 所示。单击“下一步”，后弹出“存储设备警告”，单击“是，忽略所有数据”，如图 2-9 所示。

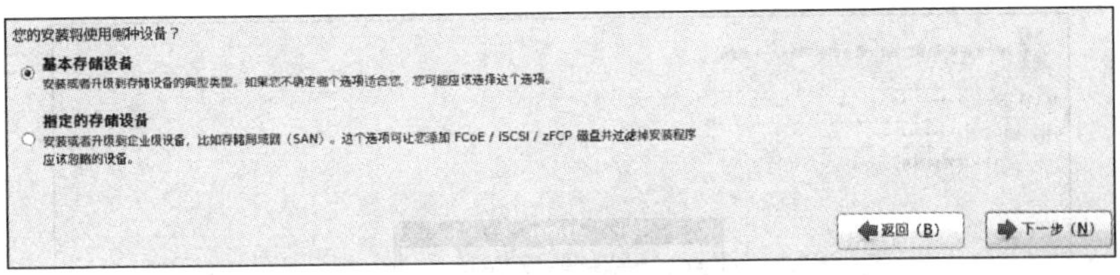

图 2-8　存储设备模式选择

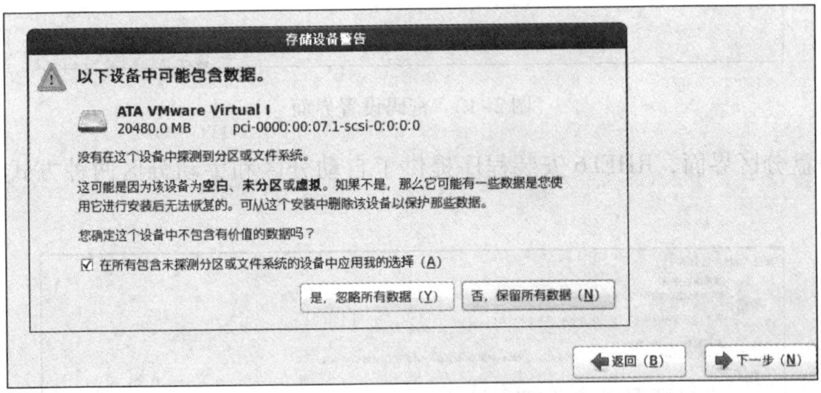

图 2-9　存储设备警告界面

6）采用默认主机名即可，如图 2-10 所示，直接单击“下一步”。

图 2-10　设置主机名

7）在时区选择界面选择“亚洲/上海”，同时不勾选左下角的“系统时钟使用 UTC 时间”，如图 2-11 所示。

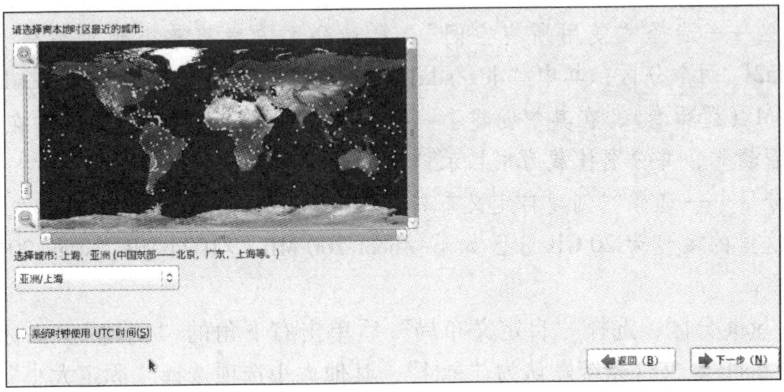

图 2-11　时区选择界面

8）在密码设置界面中设置密码，如图 2-12 所示，当密码设置过于简单时会有“脆弱密码”提示，选择“无论如何都使用”。

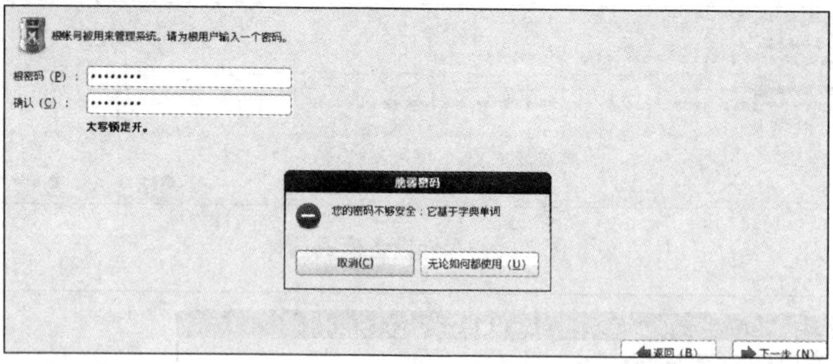

图 2-12　密码设置界面

9）在磁盘分区界面，RHEL6 安装程序提供了自动分区和手动分区两种方式，如图 2-13 所示。

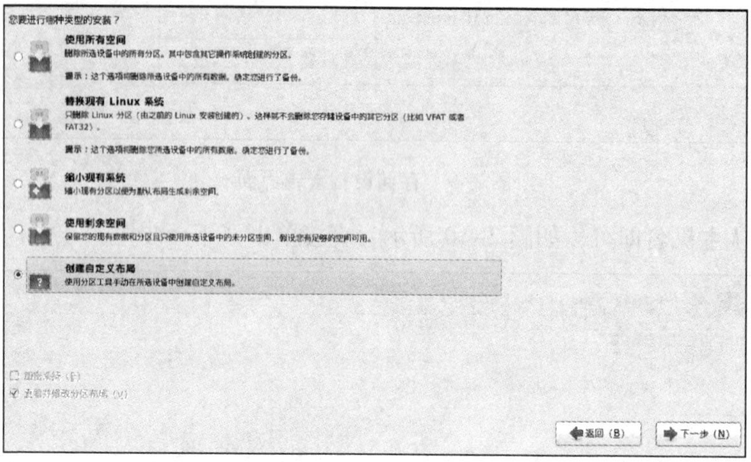

图 2-13　磁盘分区

📖 Tips：勾选左下角的“查看并修改分区布局”

- 自动分区——选择“使用所有空间”。自动分区方案将整个硬盘划分为“dev/sda1”“dev/sda2”两个分区，其中“dev/sda1”挂载到“/boot”目录，“dev/sda2”则被转换成了 LVM（逻辑卷），在其中创建了一个名为“VolGroup”的卷组，并在该卷组中创建了两个逻辑卷，并分别挂载为根目录“/”和 swap 交换分区。
- 自定义分区——选择“创建自定义布局”。自定义分区方案分区之前，先要规划好怎么分区，这里的磁盘为 20 GB 分区如下:/boot 200 MB，/1024 MB，swap 2048 MB，/home 剩余所有。

10）创建/boot 分区，选择“自定义布局”后单击右下角的“创建”/“标准分区”，挂载点中选择“/boot”，文件系统默认为“ext4”，其他大小选项选择“固定大小”，大小选项输入“200”，勾选“强制为主分区”，单击“确定”，如图 2-14 ~ 图 2-17 所示。

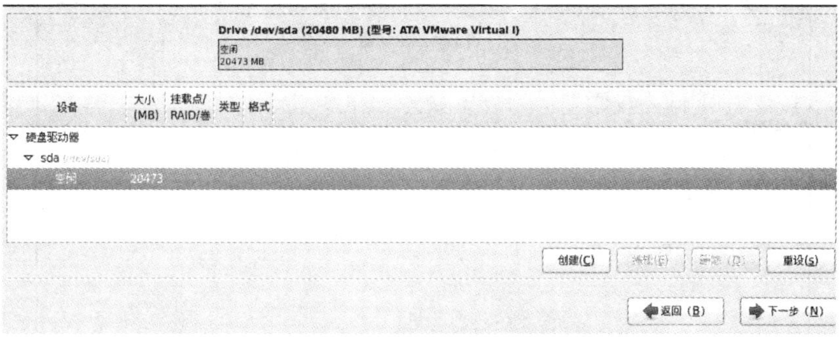

图 2-14　选择自定义布局

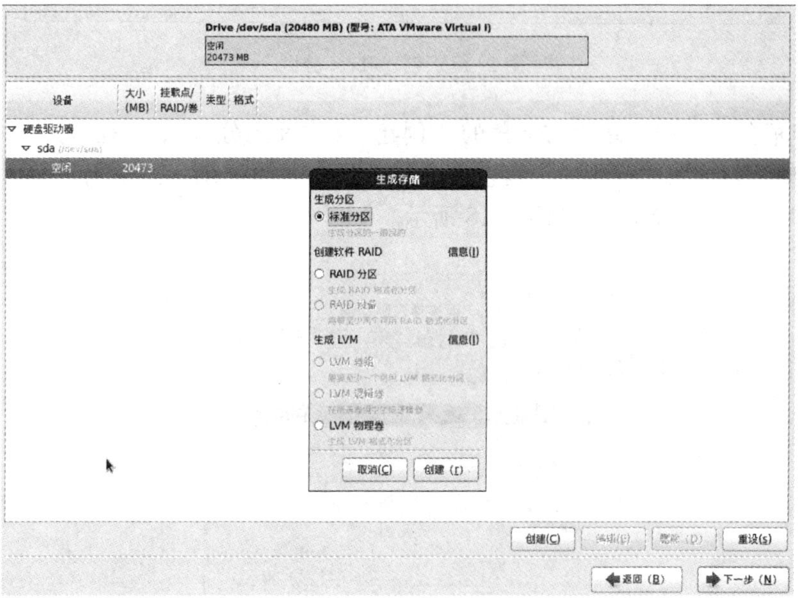

图 2-15　创建标准分区

图 2-16　/boot 分区设置界面

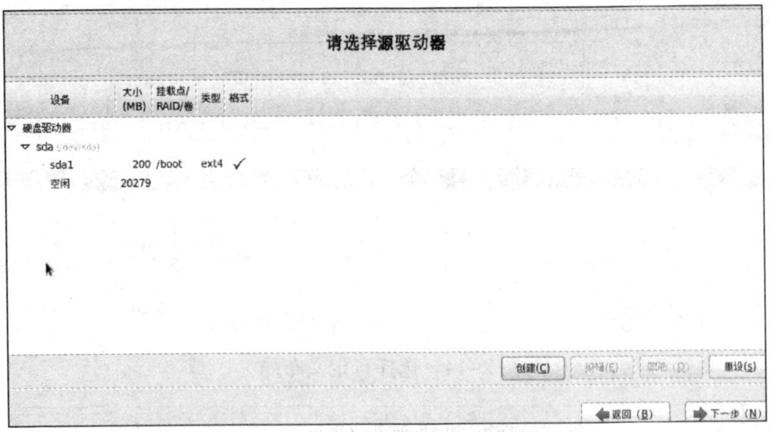

图 2-17　创建/boot 分区

11）创建根分区（/），单击右下角的“创建”/“标准分区”，“挂载点”中选择“/”，“文件系统类型”默认为“ext4”，“其它大小选项”中选择“固定大小”，“大小”文本框中输入“10240”，单击“确定”，如图 2-18 所示。

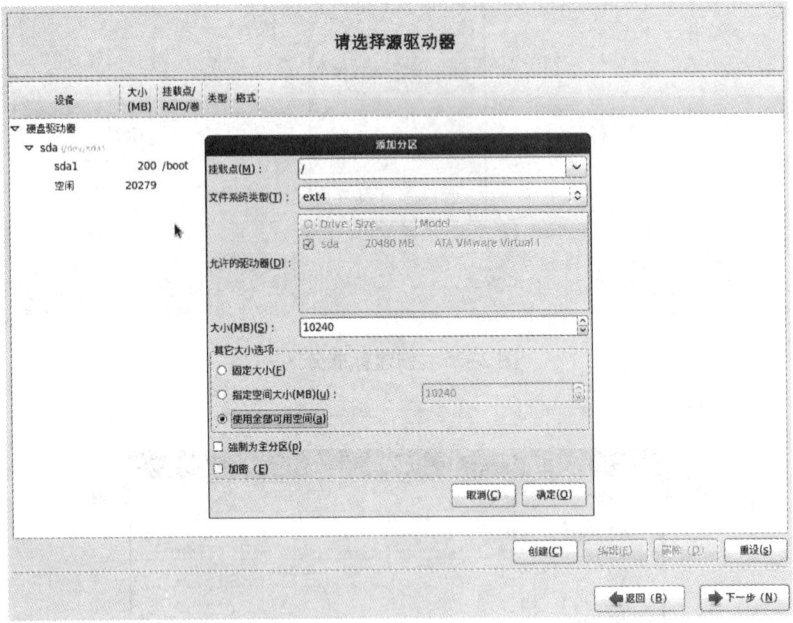

图 2-18　创建根分区

12）创建 swap 分区，单击右下角的“创建”/“标准分区”，“文件系统类型”默认为“swap”，“其它大小选项”中选择“固定大小”，“大小”文本框中输入“2048”，单击“确定”，如图 2-19 所示。

13）创建/home 分区，单击右下角的“创建”/“标准分区”，“挂载点”中选择“/home”，“文件系统类型”默认为“ext4”，“其它大小”选项中选择“使用全部可用空间”，单击“确定”，如图 2-20和图 2-21 所示。

图 2–19　创建 swap 分区

图 2–20　/home 分区设置界面

图 2–21　创建/home 分区

14）单击“下一步”后弹出格式化警告，选择“格式化（F）”→“将修改写入磁盘”，如图 2–22 和图 2–23 所示。

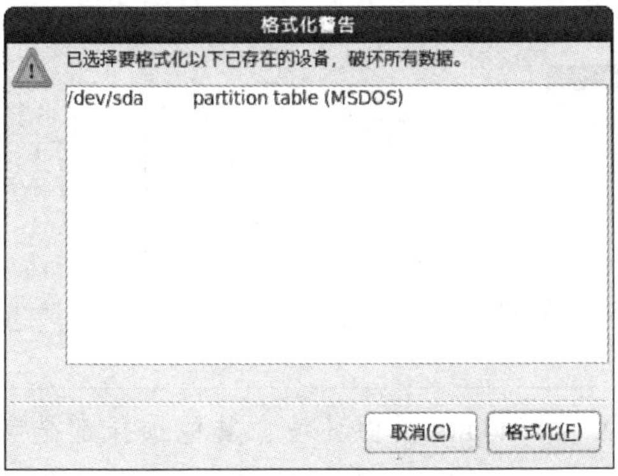

图 2–22　格式化警告界面

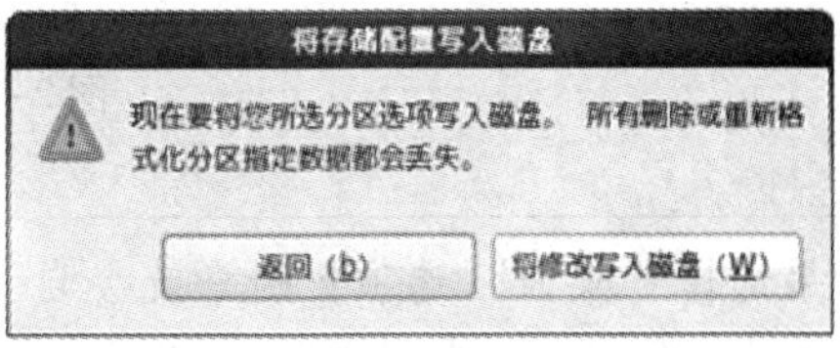

图 2–23　格式化设置界面

15）格式化完成后进入引导系统加载项，默认即可，单击“下一步”，如图 2–24 所示。

16）根据服务器类型选择不同的安装环境，建议使用“桌面”，单击“下一步”，所有软件包安装完成后，单击“重新引导”后机器重启，如图 2–25 ~ 图 2–27 所示。

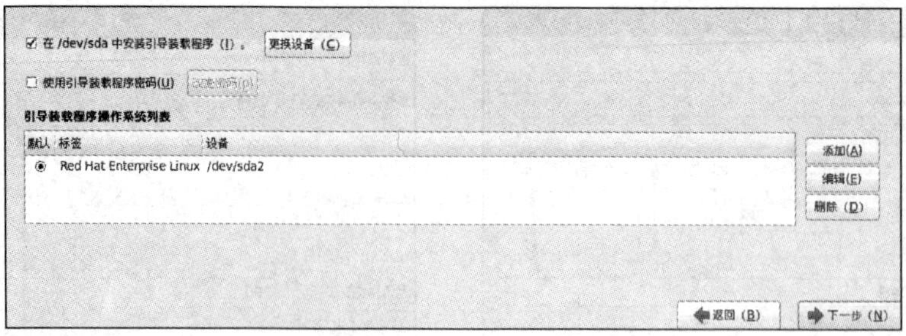

图 2-24　引导系统加载项

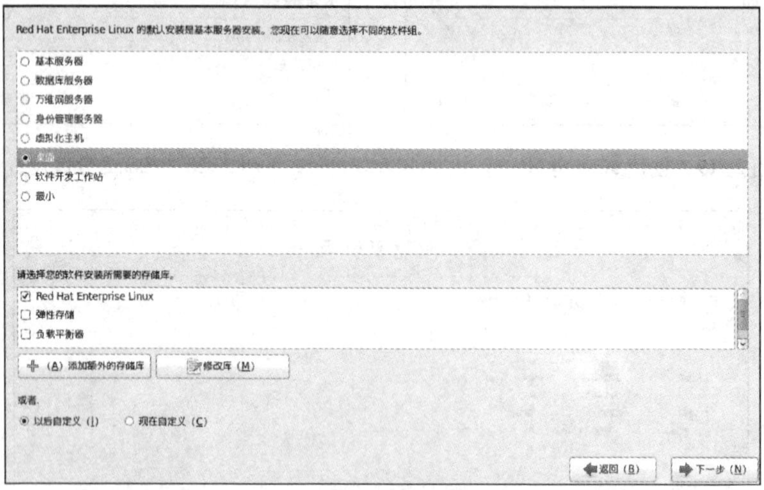

图 2-25　选择安装环境

图 2-26　启动安装过程

🕮 如果选择“桌面”选项，则系统会自动安装 X－Windows 桌面环境，其他选择都是字符界面，左下角有“以后自定义”和“现在自定义”，如果勾选“现在自定义”，显示组件的详细安装选项，以便进一步进行软件包的定制。在定制界面中，可以查看到默认选择安装的各种应用软件。另外，建议将定制界面下“开发”中的“开发工具”选项勾选上，以方便系统的使用。至于其他的软件可以在以后系统使用过程中根据需要随时安装，这里选择“以后自定义”。

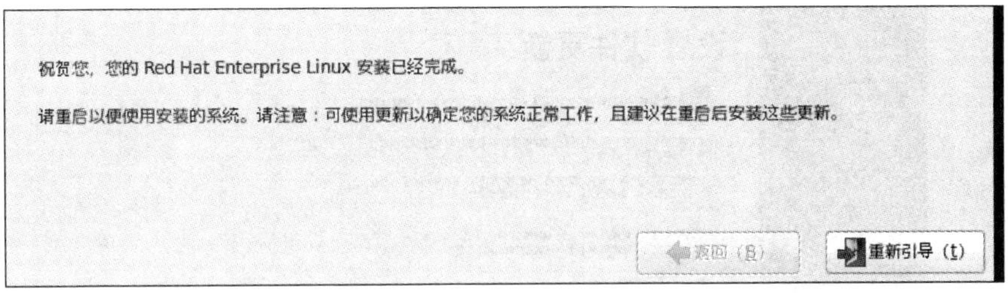

图 2-27　安装完成

2.2.2　Linux 首次运行的设置步骤

1）重启机器后进入以下界面，单击“前进”，选择“是，我同意该许可协议”，再单击“前进”，如图 2-28～图 2-30 所示。

图 2-28　重启进入界面

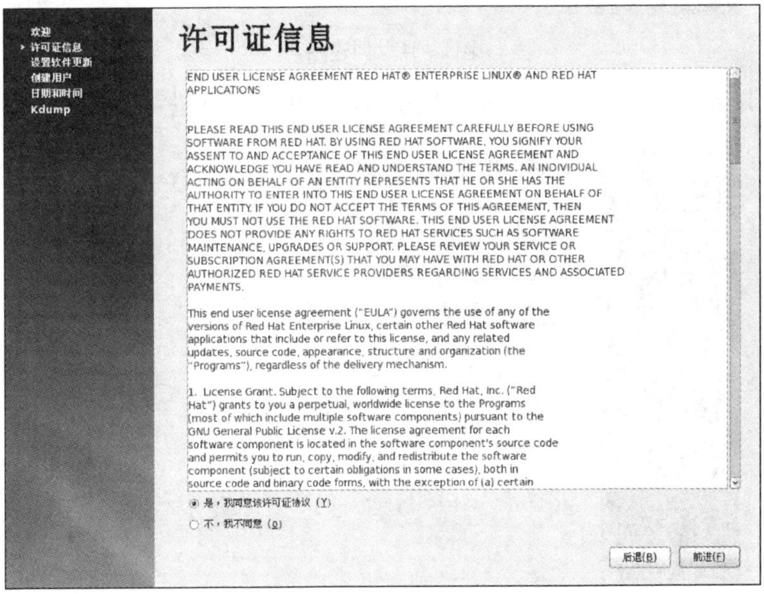

图 2-29　许可证信息

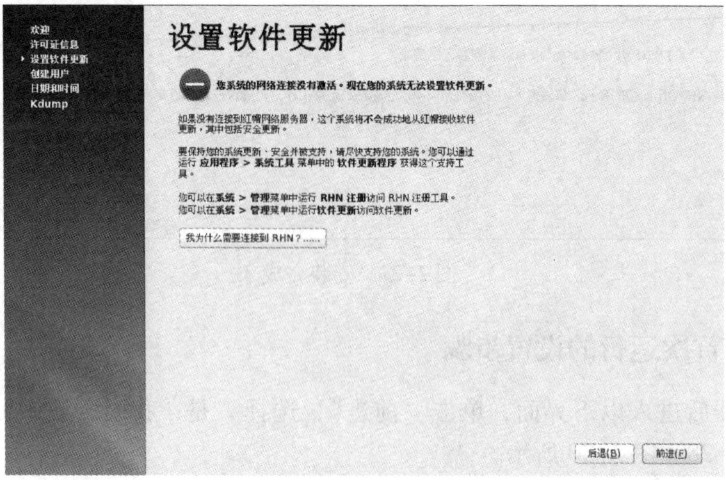

图 2-30　设置软件更新

2）进入创建用户界面，创建一个用户，如图 2-31 所示。

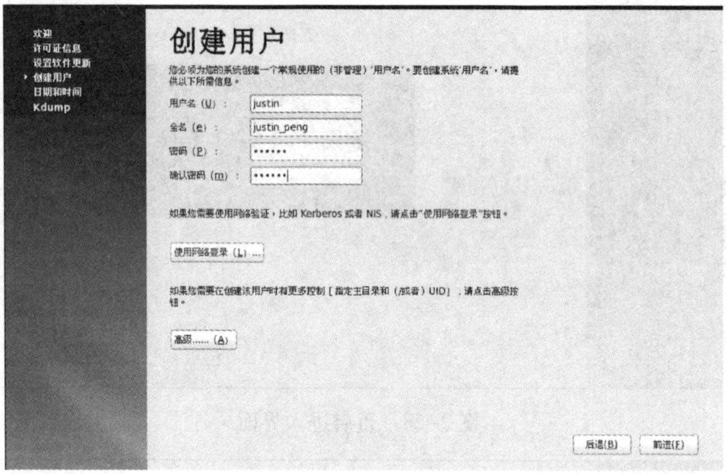

图 2-31　创建用户

3）进入日期界面，如图 2-32 所示，默认即可，单击“前进”。

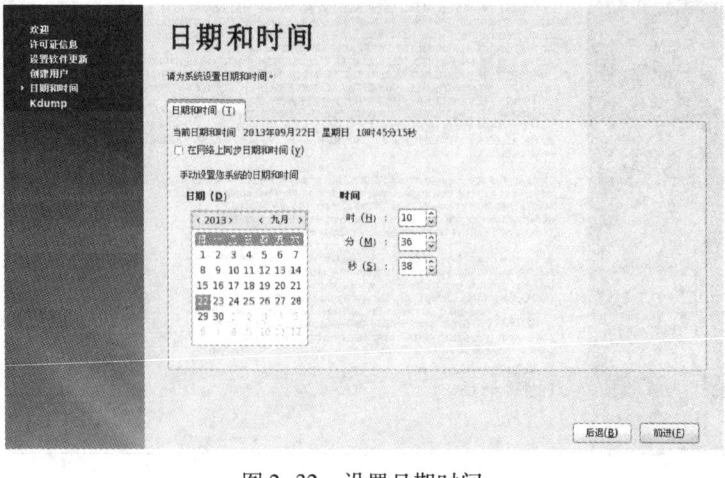

图 2-32　设置日期时间

4）单击“确定”→“完成”，如图 2-33、图 2-34 所示。

图 2-33　设置 kdump

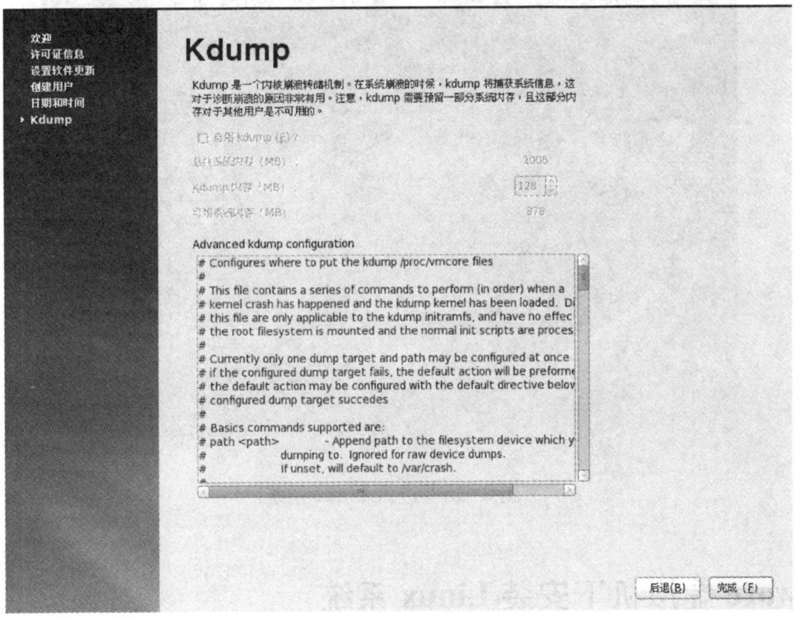

图 2-34　设置完成

5）系统加载后进入以下登录界面，选择好用户，按〈Enter〉键后输入用户名和密码，即可进入 Linux 系统，如图 2-35、图 2-36 所示。

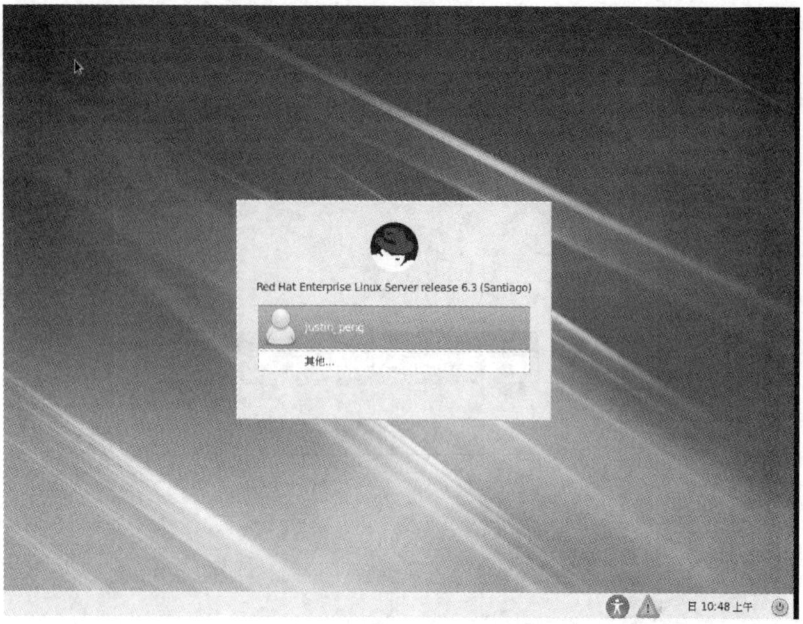

图 2-35　选择用户

图 2-36　进入 Linux 系统

2.3　VMware 虚拟机下安装 Linux 系统

虚拟机（Virtual Machine，VM）指通过软件模拟具有完整硬件系统功能、运行在一个完全隔离环境中的完整计算机系统，下面具体讲解 RHEL6 在 VMware Workstation 9 中的安装过程。

2.3.1　VMware 简介

通过虚拟机软件，可以在一台物理计算机上模拟出一台或多台虚拟的计算机，这些虚拟机完全就像真正的计算机那样可以进行工作，例如可以安装操作系统、安装应用程序、访问网络资源等。对于用户而言，虚似机只是运行在物理计算机上的一个应用程序，但是对于在虚拟机中运行的应用程序而言，它就是一台真正的计算机。因此，如果用户在虚拟机中进行软件评测时，系统可能一样会崩溃；但是，崩溃的只是虚拟机上的操作系统，而不是物理计算机上的操作系统，并且，使用虚拟机的“Undo”（恢复）功能，可以马上恢复虚拟机到安装软件之前的状态。

常用的虚拟机有如下几种。

1. VMware

VMware（中文名“威睿”）虚拟机软件，是全球桌面系统到数据中心虚拟化解决方案的领导厂商。它的产品可以使用户在一台机器上同时运行两个或更多 Windows、DOS、Linux 系统。与“多启动”系统相比，VMware 采用了完全不同的概念。多启动系统在一个时刻只能运行一个系统，在系统切换时需要重新启动机器。VMware 是真正“同时”运行，多个操作系统在主系统的平台上，就像标准 Windows 应用程序那样切换。而且在每个操作系统中，都可以进行虚拟的分区、配置而不影响真实硬盘的数据，甚至还可以通过网卡将几台虚拟机连接为一个局域网。安装在 VMware 上的操作系统性能上比直接安装在硬盘上的低不少，因此，比较适合学习和测试。本书就采用 VMware Workstation 9 作为操作的虚拟机。

2. Virtual PC

Virtual PC 允许用户在一个工作站上同时运行多个 PC 操作系统。转向一个新操作系统时，可以为运行传统应用提供一个安全的环境以保持兼容性。Virtual PC 在使用 PowerPC 处理器的 Mac OS X 版本上使用时，其模拟机“使用” Intel Pentium 4 处理器及 440BX 系列的主板；而在 Windows 版本上使用时，会使用计算机本身的处理器。

3. VMLite

VMLite 是全球首款中国人自己设计的高速虚拟机，VMLite 发布的短短几周内已经吸引了全球上万名虚拟机用户注册下载并使用。

VMLite 是一个虚拟机软件，其附带的 VMLite XP 模式与微软推出的 Windows XP 模式几乎一模一样，但是却不要求 CPU 必须支持虚拟化才能运行。VMLite 允许用户直接使用从微软网站上下载的 Windows XP 模式安装文件，建立 Windows XP 虚拟机。VMLite XP 模式配置完成后，在 Windows 7 的“开始”菜单中也会出现虚拟机中安装的软件的快捷方式；在虚拟机中运行的程序，可以无缝地在 Windows 7 桌面上显示，看起来就像在本机中运行一样。

目前为止，VMLite 系列产品已经包括 VMLite XP Mode、VMLite Workstation、MyOldPCs、VMLite VirtualApps Studio、VMLite VirtualApps Player、VBoot 6 大产品，非常全面。

2.3.2 VMware Workstation 网络的工作模式

VMware Workstation 9 中提供了 4 种网络模式，分别是 NAT、bridged、host - only、无网络，创建新的虚拟机时，系统会询问选择何种模式的联网方式。虚拟机安装之后会默认安装（VMnet 0 ~ VMnet 9）10 个网络设备。有人对网络不是非常清楚，其实如果把这些虚拟网络设备当成是“虚拟交换机”就很容易理解了。如果之前创建虚拟机的时候选择了不合适的网络模式，也可以通过自带的“虚拟网络编辑器”进行手动调整而不需要重新安装虚拟机，如图 2-37 所示。

在实际的工作中，由于用户的需求不同、调试环境的要求不同，多数时间需要选择能联网的联网模式。先来简单看下 VMware Workstation 的 3 种联网模式及内容。

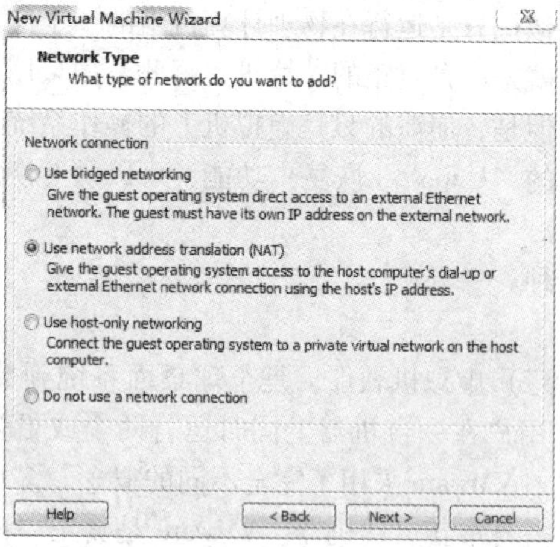

图 2-37　联网模式

1. NAT（网络地址转换模式）

使用 NAT 模式，就是让虚拟系统借助 NAT 功能，通过宿主机器所在的网络来访问公网。也就是说，使用 NAT 模式可以实现在虚拟系统里访问互联网。NAT 模式下的虚拟系统的 TCP/IP 配置信息是由 VMnet8（NAT 模式）虚拟网络的 DHCP 服务器提供的，无法进行手工修改，因此虚拟系统也就无法和局域网中的其他真实主机进行通信。采用 NAT 模式最大的优势是虚拟系统接入互联网非常简单，不需要进行任何其他的配置，只需要宿主机器能访问互联网即可。如果想利用 VMware 安装一个新的虚拟系统，并且在虚拟系统中不用进行任何手工配置就能直接访问互联网，那么建议采用 NAT 模式。

2. Bridged（桥接模式）

在桥接模式下，VMware 虚拟出来的操作系统就像是局域网中的一台独立的主机，它可以访问网内任何一台机器。在桥接模式下，需要手工为虚拟系统配置 IP 地址、子网掩码，而且还要和宿主机器处于同一网段，这样虚拟系统才能和宿主机器进行通信。同时，由于这个虚拟系统是局域网中的一个独立的主机系统，那么就可以手工配置它的 TCP/IP 配置信息，以实现通过局域网的网关或路由器访问互联网。使用桥接模式的虚拟系统和宿主机器的关系，就像连接在同一个集线器上的两台计算机。想让它们相互通信，就需要为虚拟系统配置 IP 地址和子网掩码，否则无法通信。如果想利用 VMware 在局域网内新建一个虚拟服务器，为局域网用户提供网络服务，则应该选择桥接模式。

3. Host - Only（主机模式）

在某些特殊的网络调试环境中，要求将真实环境和虚拟环境隔离开，这时就可采用 Host - Only 模式。在 Host - Only 模式中，所有的虚拟系统是可以相互通信的，但虚拟系统和真实的网络是被隔离开的。在 Host - Only 模式下，虚拟系统和宿主机器系统是可以相互通信的，相当于这两台机器通过双绞线互联。在 Host - Only 模式下，虚拟系统的 TCP/IP 配置信息（如 IP 地址、网关地址、DNS 服务器等）都是由 VMnet1（Host - Only 模式）虚拟网络的 DHCP 服务器来动态分配的。如果想利用 VMware 创建一个与网内其他机器相隔离的虚拟系统，进行某些特殊的网络调试工作，则可以选择 Host - Only 模式。

作为初学者可以选择 NAT 模式，方便主机互联的同时又可以上网，而且设置相对简单。

2.3.3　VMware Workstation 的下载和安装

要想获得 VMware Workstation 软件，需要在 VMware 官方网站用邮箱注册一个账户，用此账户登录即可以下载 VMware Workstation 正式版及 30 天免费试用序列号。

1）登录 VMware Workstation 的网站（http://www.VMware.com/cn），如图 2-38 所示。

图 2-38　VMware 首页

2）在“下载”列表中，选择需要的产品，这里选择“VMware Workstation”，过程如图 2-39 ~ 2-42 所示。

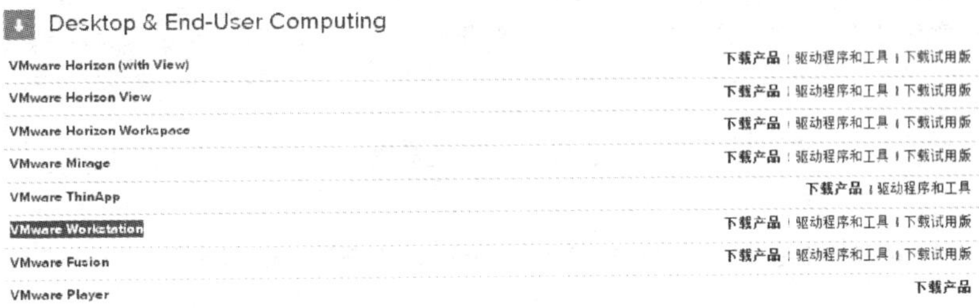

图 2-39　选择 VMware 产品

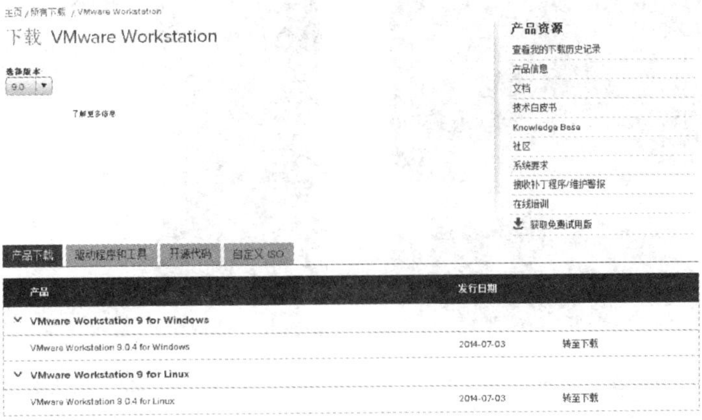

图 2-40　选择对应版本

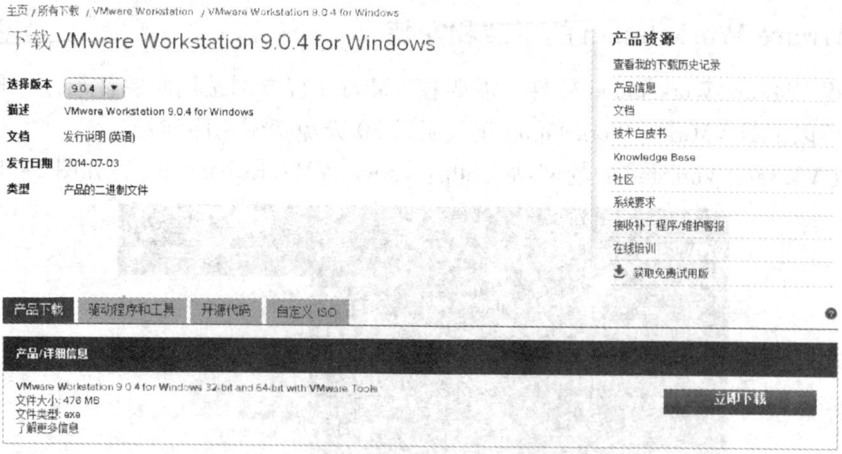

图 2-41　选择客户端适合的版本

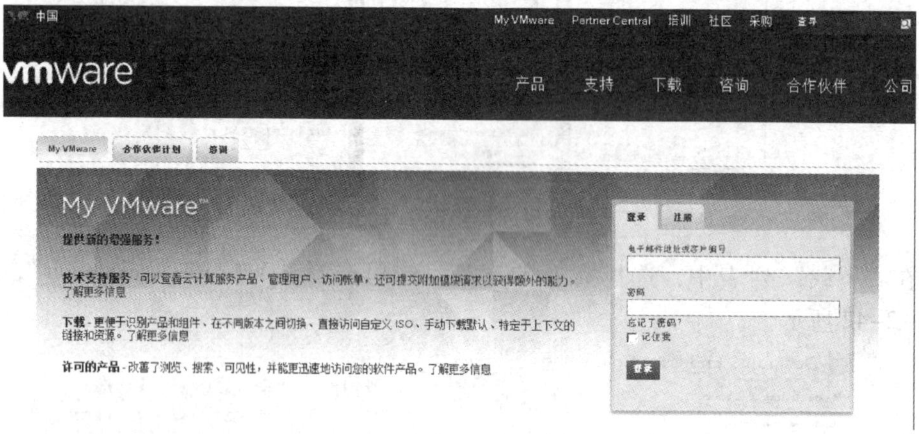

图 2-42　登录系统

3）下载 VMware 软件之后需要在本地进行安装，安装步骤如图 2-43 ~ 2-53 所示。

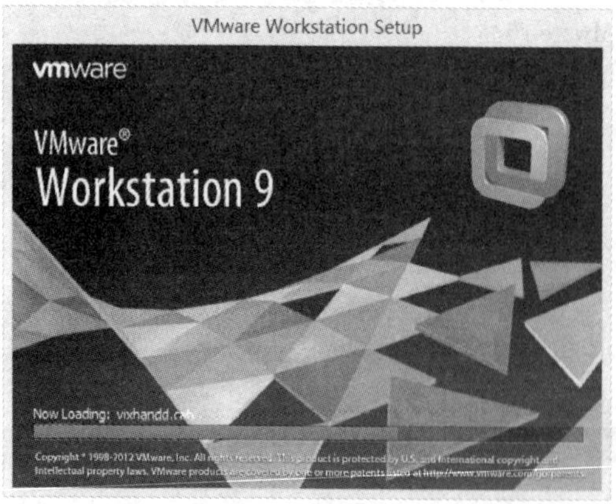

图 2-43　欢迎界面

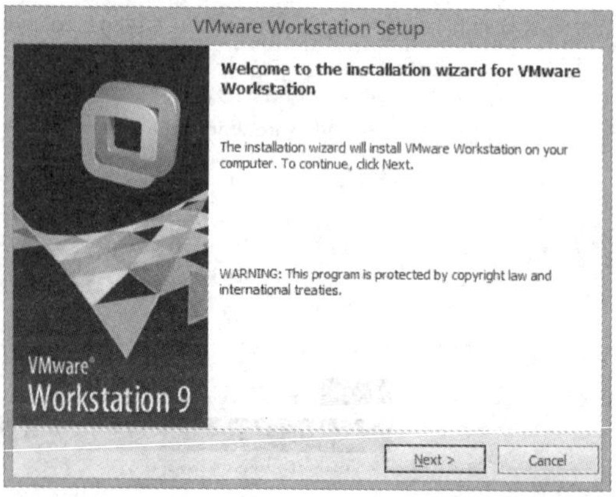

图 2-44　进入安装向导

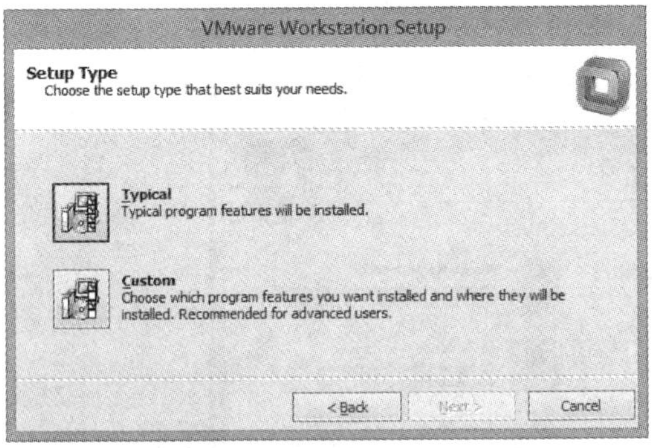

图 2-45　选择安装类型

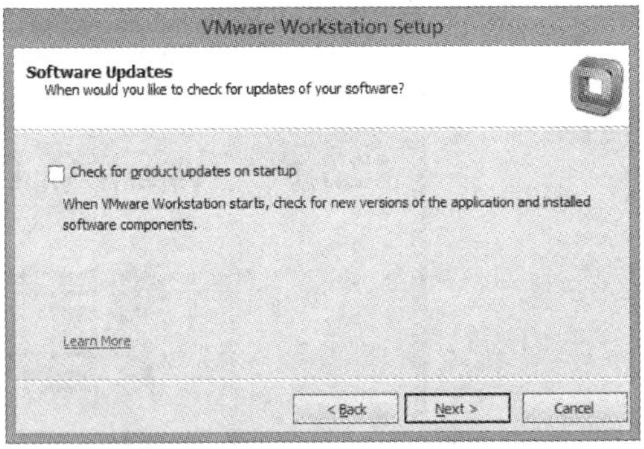

图 2-46　选择是否更新软件

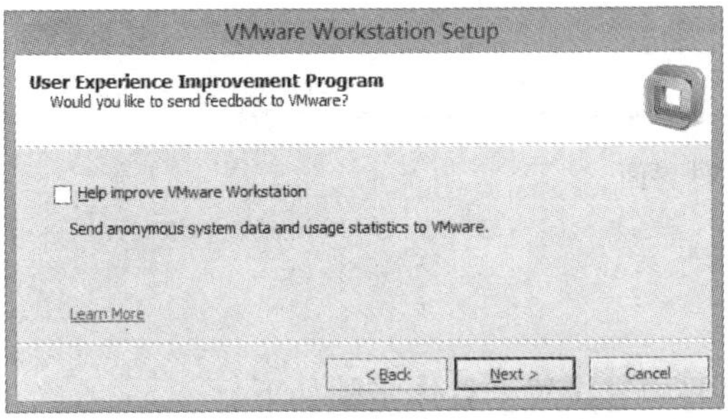

图 2-47　是否通过用户体验改进软件

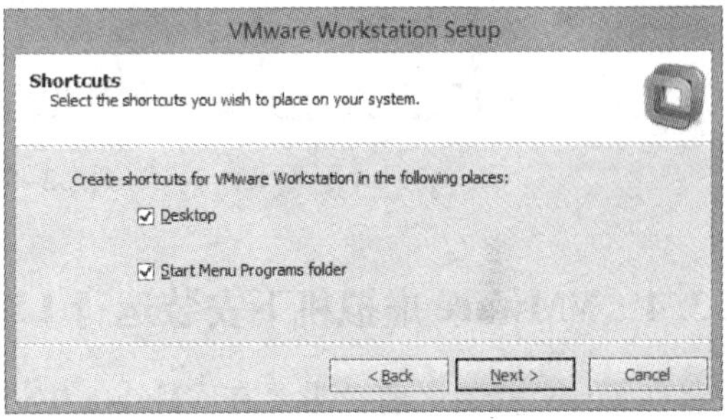

图 2-48　快捷方式设置

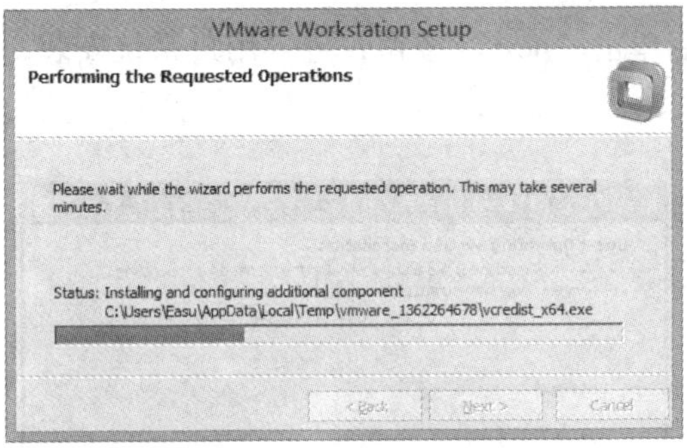

图 2-49　开始安装

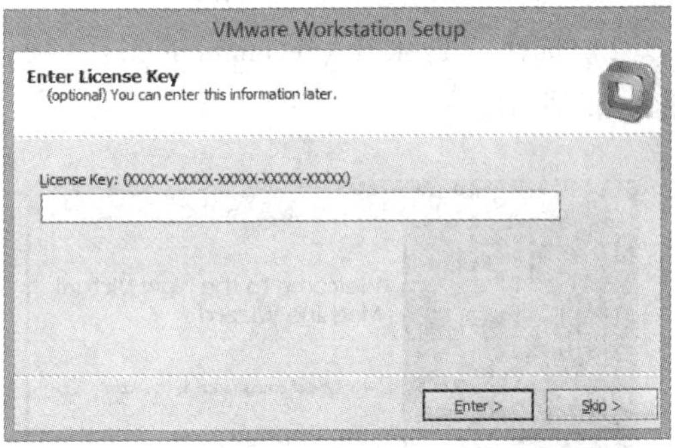

图 2-50　输入序列号

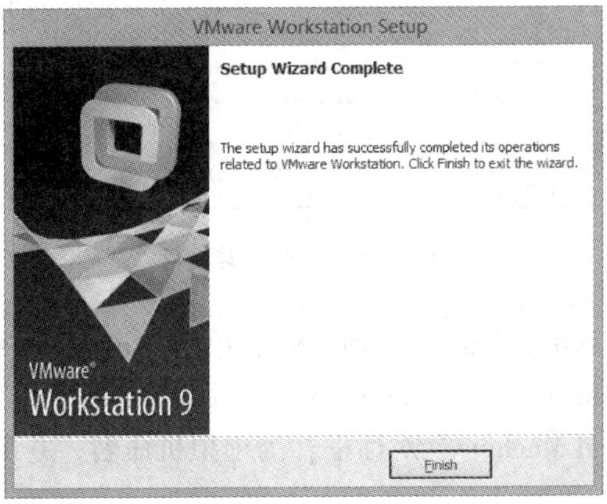

图 2-51　安装结束

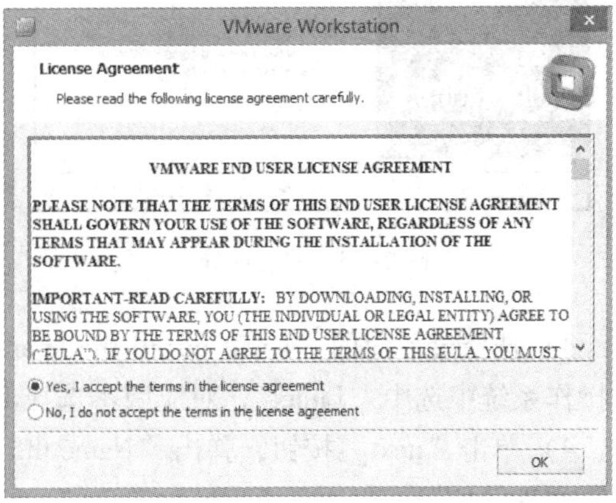

图 2-52　软件协议

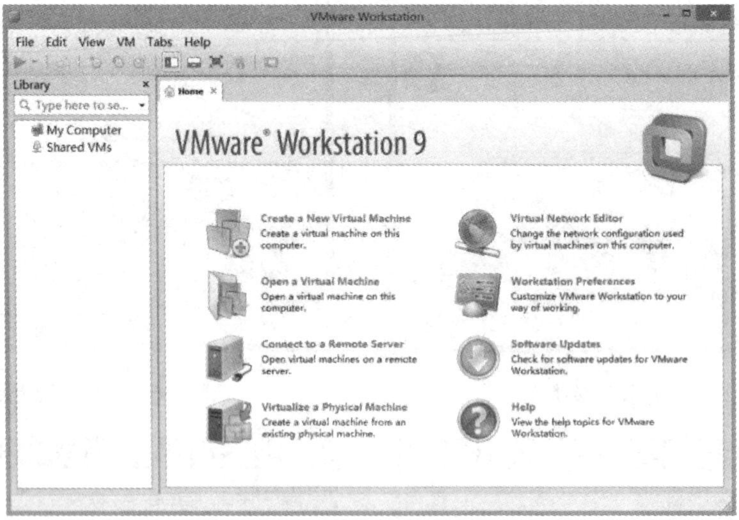

图 2-53　软件界面

2.3.4　VMware 虚拟机下安装运行 Linux

在 Linux 安装之前，需要在 VMware 中进行一些内容设置，具体步骤如下。

1）进入虚拟机主界面，单击“create a new virtual machine”选项来创建新的虚拟机，出现向导对话框，如图 2-54 所示。

2）选择“Typical（recommended）”项，然后单击“next”按钮，进入用户系统安装，如图 2-55 所示。

图 2-54　安装向导

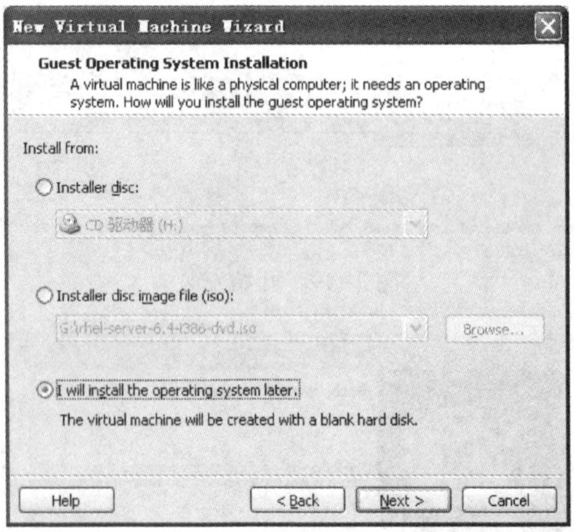

图 2-55　选择安装文件

3）选择最下面的“I will install the operating system later”选项，然后单击“next”按钮，在操作系统中选中“Linux”，对应版本选择 Red Hat Enterprise Linux 6，如图 2-56 所示。

4）单击“next”按钮，弹出“Name the Virtual Machine”对话框，为虚拟机命名，并设置安装文件的位置，如图 2-57 所示。

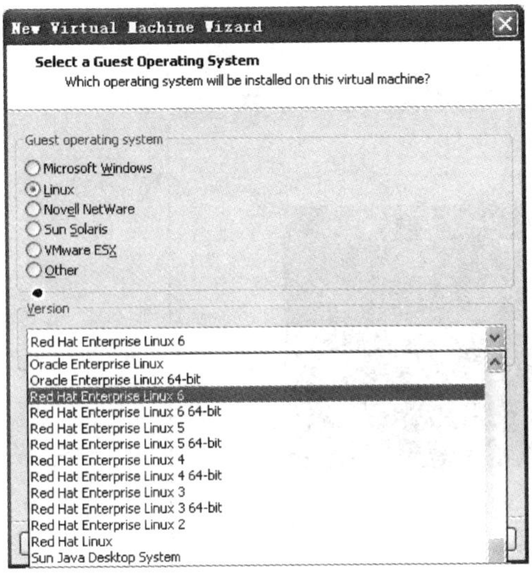

图 2-56　选择操作系统

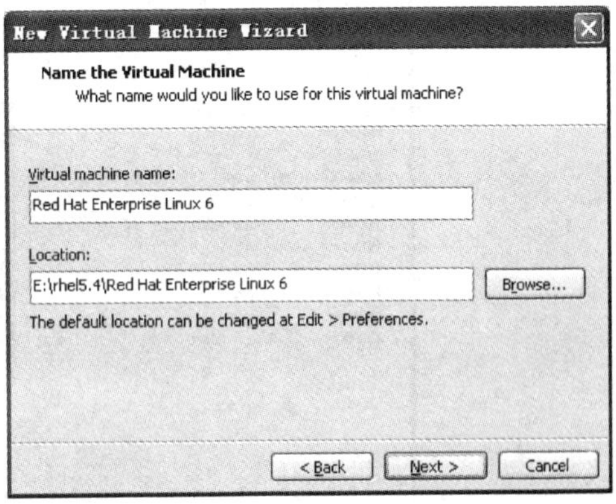

图 2-57　设置虚拟机名称及位置

5）单击“next”按钮，弹出“Specify Disk Capacity”对话框，如图 2-58 所示，要求设置虚拟机的磁盘空间大小。此处的空间划分不是真正的硬盘空间的划分，如果所在的机器允许，可以适当分配大一些，而且该数值只是虚拟机所能分配空间的上限，具体要根据虚拟机的情况而定。

6）单击“next”按钮，弹出“Ready to Create Virtual Machine”对话框，如图 2-59 所示，根据以上的设置创建虚拟机。此处可以定制一些硬件的参数，如果此处不设置，以后也可以在虚拟机中进行操作。

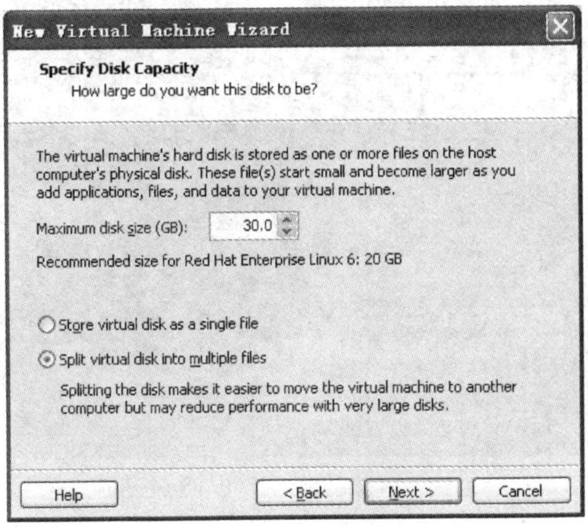

图 2-58　分配虚拟机空间

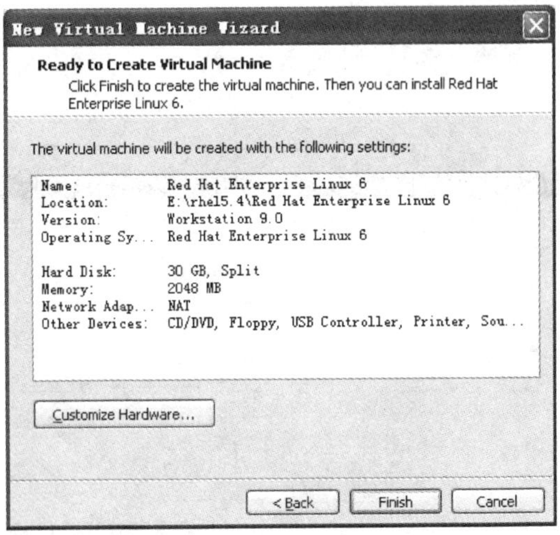

图 2-59　准备创建虚拟机

7）单击“Finish”按钮，开始创建虚拟机。

8）虚拟机创建成功后，进入其主界面，如图 2-60 所示。

9）虚拟机下安装 Linux 操作系统，需要设置 ISO 镜像文件的路径。进入设置界面如图 2-61 所示，单击列表框中“CD/DVD（IDE）”选项，然后选中单选按钮“Use ISO image file”选项，

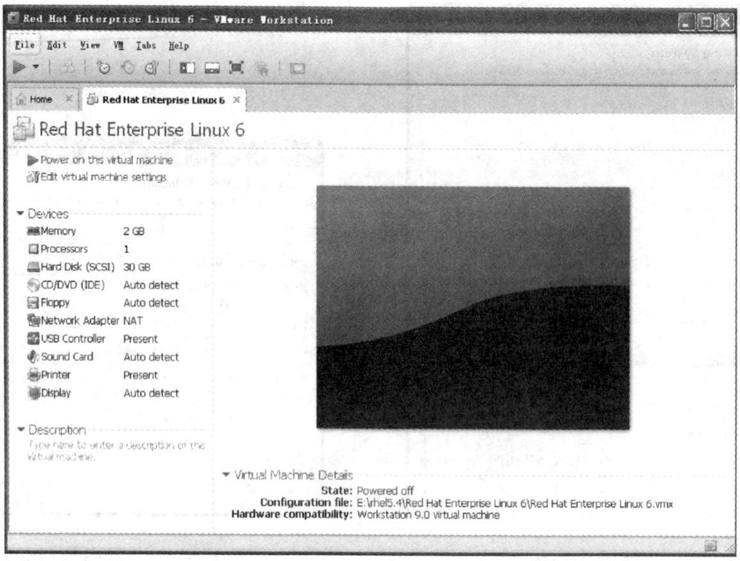

图 2-60　VMware 虚拟机主界面

单击“Browse”按钮，找到预先下载的 ISO 镜像的文件及所在路径，该路径即被设置为 Linux 系统盘所在位置，设置完毕信息源后可以进行安装 Linux 系统。

10）虚拟机的安装完毕之后，回到 VMware 主界面，如图 2-62 所示，单击左上角的绿色三角符号则可以开始操作系统的安装，具体安装步骤如第 2.2 节所述。

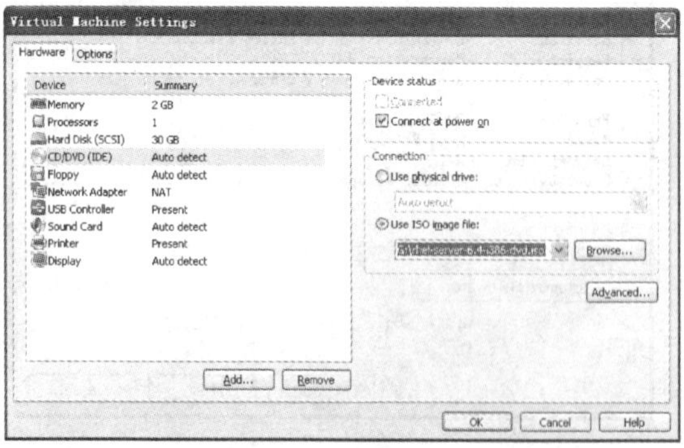

图 2-61　设置 ISO 文件路径

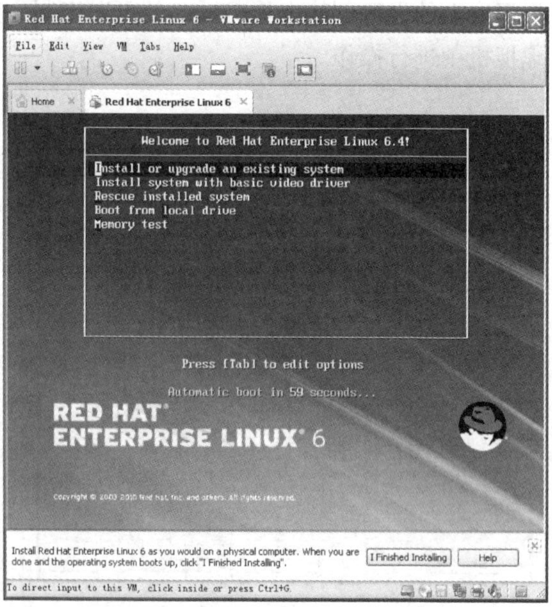

图 2-62　安装界面

Linux 操作系统安装完毕之后，就可以运行系统了，具体步骤如下。

1）首先需要登录，如图 2-63 所示。

2）登录界面，选择“其他”，输入用户名 root ，密码登录系统，说明一点，如果配置服务器要求必须以 root 的身份登录，否则没有配置权限，如图 2-64 所示。

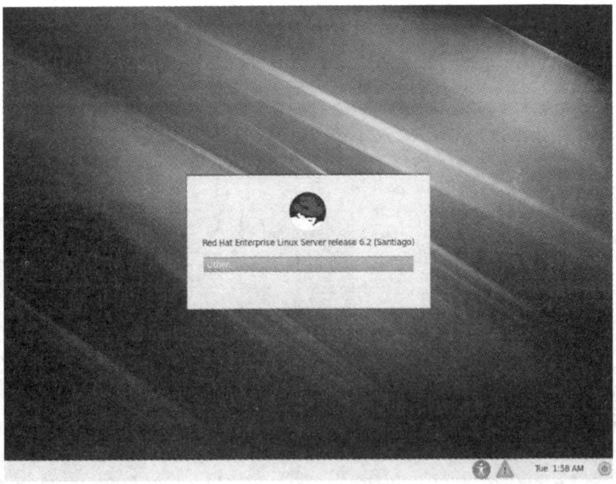

图 2-63　用户登录

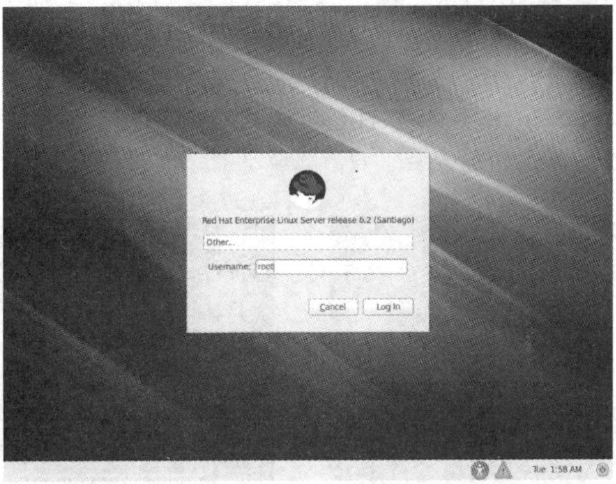

图 2-64　root 身份

3）进入登录界面，选择登录名，输入密码进行登录，如图 2-65 所示。进入系统界面，如图 2-66 所示，说明成功登录。

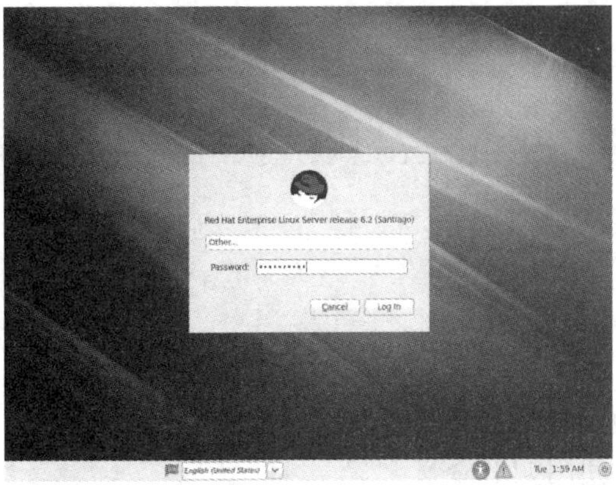

图 2-65　输入口令

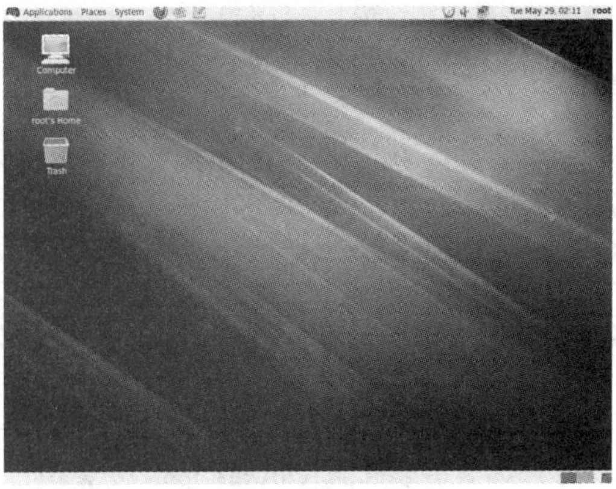

图 2-66　Linux 主界面

4）由于使用虚拟机，所以系统会提示安装 VMware tools，该软件的安装可以更方便用户使用虚拟机。单击菜单“VM”→“Install VMware Tools”命令，如图 2-67 所示。

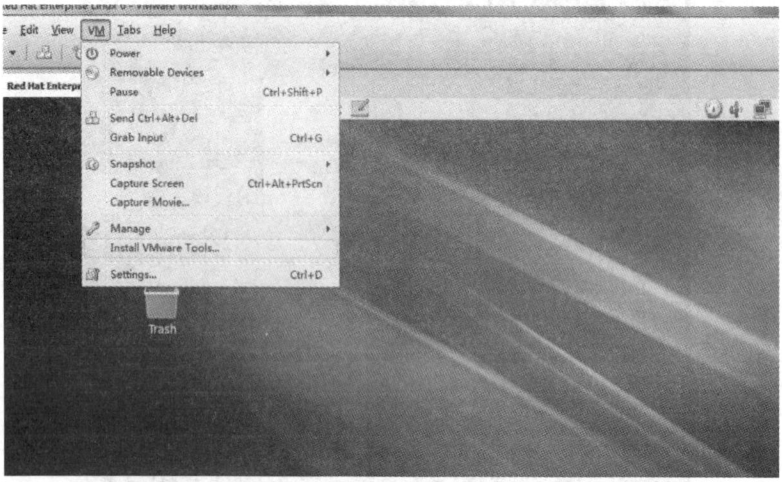

图 2-67　进入“install VMware Tools”菜单

5）接下来会自动将 VMware Tools 软件包以光驱的形式挂载，打开其内容，如图 2-68 所示。解压缩到其他目录，然后进行安装，查看该驱动器，如图 2-69 所示。

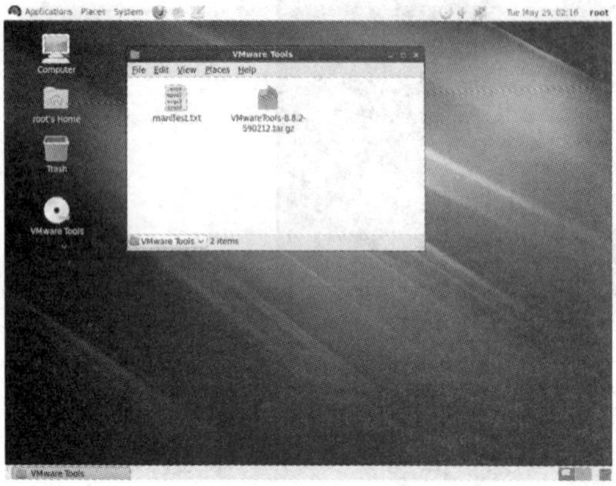

图 2-68　VMware Tools 安装包

图 2-69　安装 VMware Tools

安装 VMware Tools 软件包具体指令如下：

```
#cd/media/VMwareTools/
#cpVMwareTools/VMwareTools - 8. x. tar. gz /tmp
#cd/tmp
#tarzxvf VMwareTools - 8. x. tar. gz
#cdVMware - tools - distrib
#. /VMware  - install. pl
```

6）执行安装脚本过程中全部按默认选项即可，最后出现“Enjoy”，表示安装完毕。

7）如果需要卸载 VMware tools 安装包，可以使用如下命令：

```
# cd /tmp/VMware - tools - distrib/bin
# ./VMware - uninstall - tools. pl
```

2.4 本章小结

在使用任何操作系统之前，都必须对整个安装过程进行规划，成功安装并进行合理配置。本章以 Red Hat Enterprise Linux 6 为例，讲解了 Linux 的安装和配置过程。在学习完本章之后，用户可以顺利安装 Linux 操作系统并对 GRUB 管理器做适当的设置。本章主要内容包括：

- 安装前的准备
- Linux 安装及配置过程
- 虚拟机简介
- 在虚拟机中安装 RHEL 6

2.5 思考与练习

(1) 计算机的引导过程是怎么样的？有哪些流行的启动管理器？各有什么特点？
(2) 采用 LVM 分区管理方式有什么优越性？应该如何设置？
(3) 在 Linux 系统中，安装应用软件有哪些方法？各自怎么使用？
(4) 在 VMware 虚拟机中安装 Red Hat Enterprise Linux 6 Server 操作系统。

第3章　Linux 操作基础

Linux 是一套可自由使用的类 UNIX 操作系统，与 Windows 相比，Linux 具有安全、开源、稳定等特点。掌握 Linux 系统的使用、管理、维护及相关原理，需要先了解如何对这个系统进行基本的操作。同时，Linux 拥有功能强大的命令功能，这些命令可以满足系统管理与用户应用的需要，从而极大地提高用户的工作效率。本章将介绍 Linux 系统的登录、启动及关机等基本操作技巧，以及 Linux 命令行、vi 编辑器的使用等，掌握这些内容是 Linux 系统维护和服务器配置等操作的重要基础。

3.1　Linux 基本操作

为了真正地驾驭 Linux 环境，需要首先熟悉 Linux 系统相关的基本操作，本节将介绍 Linux 系统的登录方法、运行级别、启动及关机过程等。

3.1.1　图形界面登录

使用 Linux 系统，首先要进行登录，系统登录的过程实际上是一个身份验证的过程。Linux 系统启动后，会出现登录界面，输入用户名后，按〈Enter〉键，系统会提示输入用户的口令，如图 3-1 所示。

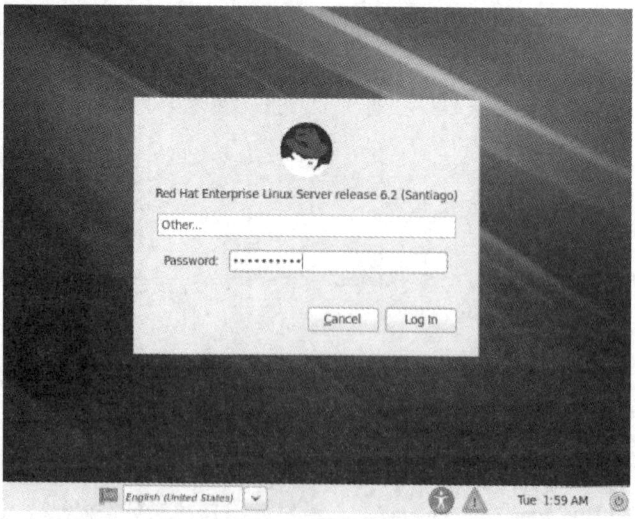

图 3-1　输入用户名和口令

如果口令正确，就会自动启动图形化桌面，如图 3-2 所示。

图 3-2　Linux 图形界面

3.1.2　修改密码

恢复 root 密码需要在单用户模式下对 root 账户进行初始化，具体过程如下所示。

1）开机运行，当出现如图 3-3 所示的界面时，立即按〈E〉键，之后出现如图 3-4 所示的界面。

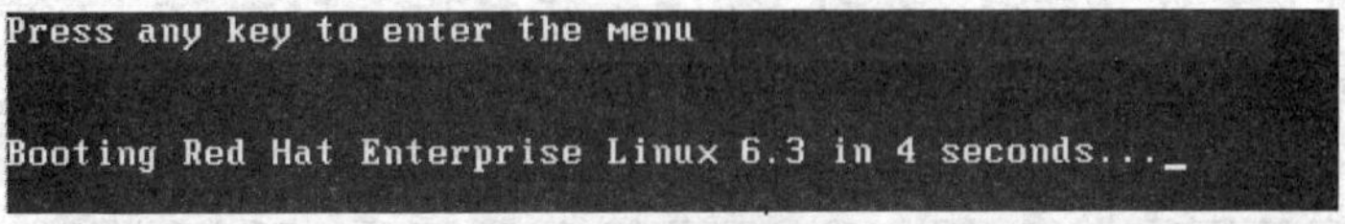

图 3-3　系统启动按〈E〉键

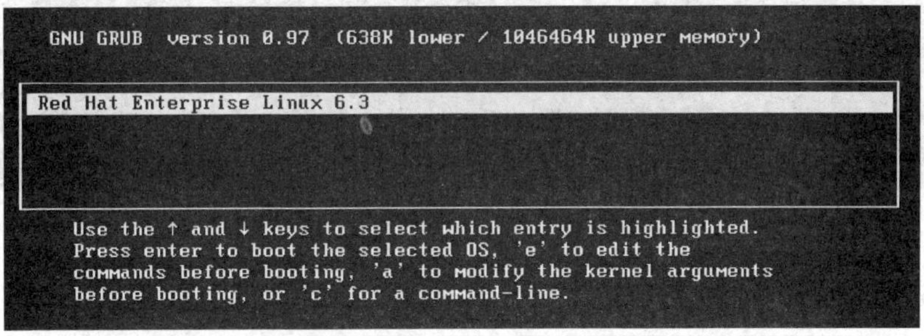

图 3-4　按〈E〉键后界面

2）在以上界面再按〈E〉键，进入如图 3-5 所示的界面。

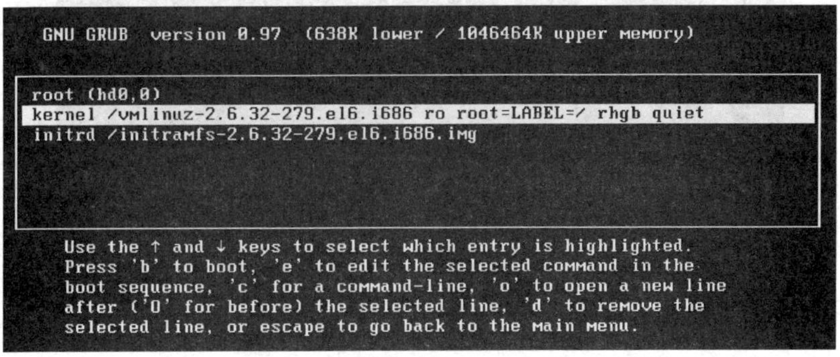

图 3-5　再按〈E〉键后界面

3）在上述界面选中第二行（kernel /vm...）后，再按〈E〉键后进入如图 3-6 所示界面。

图 3-6　选中第二行再按〈E〉键后界面

4）在上述界面输入空格和数字 1，如图 3-7 所示。

图 3-7　输入空格和数字 1 后界面

5）按〈Enter〉键进入如图 3-8 所示界面。

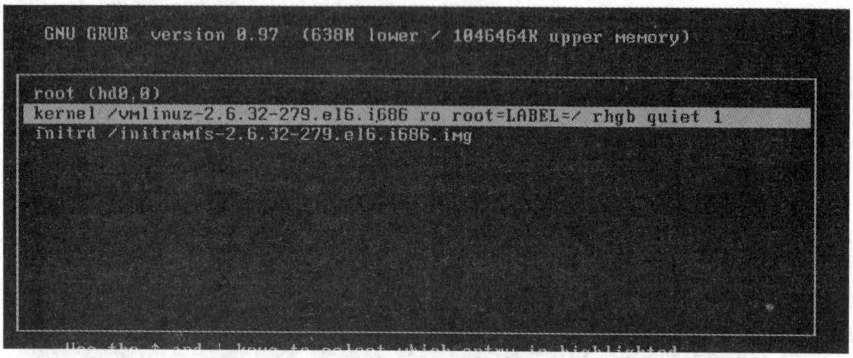

图 3-8　按〈Enter〉键后界面

6）在上述界面中按〈B〉键，进入如图 3-9 所示界面，然后修改需要修改的账户。

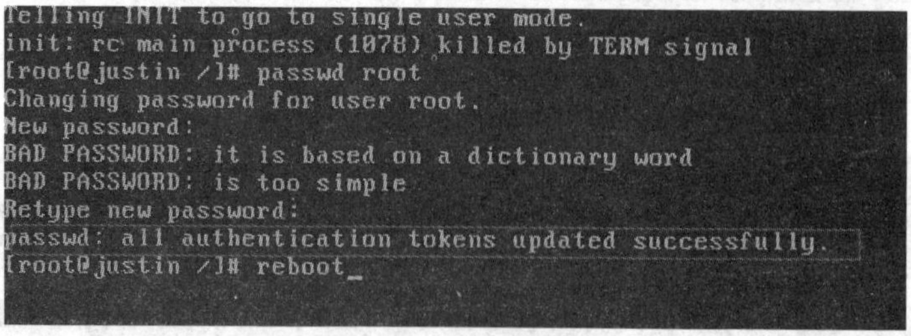

图 3-9　按〈B〉键后界面

7）重启后即可用修改后的密码登录。

3.1.3　Linux 运行级别

简单来说，运行级别就是操作系统当前正在运行的功能级别。级别是从 0 到 6，具有不同的功能，这些级别定义在/ect/inittab 文件中。这个文件是 init 程序寻找的主要文件，最先运行的服务是那些放在/ect/rc. d 目录下的文件。

1. 运行级别及原理

Linux 下的 7 个运行级别如表 3-1 所示。

表 3-1 /etc/inittab 运行级别

级　别	说　明
0	halt
1	single user mode（单用户维护模式）
2	multi user mode，without NFS（不支持 NFS 功能）
3	multi user mode，text mode（字符界面）
4	reserved（系统保留）
5	multi user mode，graphic mode（图形化界面）
6	reboot（重启）

0：系统停机状态，系统默认运行级别不能设置为 0，否则不能正常启动。

1：单用户工作状态，root 权限，用于系统维护，禁止远程登录，类似 Windows 下的安全模式登录。

2：多用户状态，没有 NFS 支持。

3：完整的多用户模式，有 NFS 支持，登录后进入控制台命令行模式。

4：系统未使用，保留一般不用，在一些特殊情况下可以用它来做一些事情。例如在笔记本式计算机的电池用尽时，可以切换到这个模式来进行一些设置。

5：X11 控制台，登录后进入图形 GUI 模式的 X - Window 系统。

6：系统正常关闭并重启，默认运行级别不能设为 6，否则不能正常启动。

运行级别原理如下：

- 在目录/etc/rc. d/init. d 下有许多服务器脚本程序，一般称为服务（service）。
- 在/etc/rc. d 下有 7 个名为 rcN. d 的目录，对应系统的 7 个运行级别。
- rcN. d 目录下都是一些符号链接文件，这些链接文件都指向 init. d 目录下的 service 脚本文件，命名规则为“K + nn + 服务名”或“S + nn + 服务名”，其中 nn 为两位数字。
- 系统会根据指定的运行级别进入对应的 rcN. d 目录，并按照文件名顺序检索目录下的链接文件。对于以 K（Kill）开头的文件，系统将终止对应的服务；对于以 S（Start）开头的文件，系统将启动对应的服务。
- 查看运行级别用 runlevel 命令。
- 进入其他运行级别用 initN 命令，如果是 init3 则进入终端模式，是 init5 则又登录图形 GUI 模式。
- 另外 init0 为关机，init6 为重启系统。

标准的 Linux 运行级别为 3 或 5，如果是 3，则系统就在多用户状态；如果是 5，则是运行 X - Window 系统。不同的运行级别有不同的用处，应根据自己的不同情形来设置。例如，如果丢失了 root 口令，那么可以让机器进入单用户状态来设置。在启动后的 lilo 提示符下输入：

```
init = /bin/shrw
```

这样就可以使机器进入运行级别 1，并把 root 文件系统挂为读写。它会滤过所有系统认证，让你使用 passwd 程序来改变 root 口令，然后启动到一个新的运行级。

📖 标准的 Linux 运行级别为 3 或 5。

---

2. chkconfig 用法

chkconfig 命令可以用来检查、设置系统的各种服务，使用语法如下：

```
chkconfig[ --add][ --del][ --list][系统服务]
```

或

```
chkconfig[ --level <等级代号>][系统服务] [on/off/reset]
```

参数用法。

- add：增加所指定的系统服务，让 chkconfig 指令得以管理，并同时在系统启动的叙述文件内增加相关数据。
- del：删除所指定的系统服务，不再由 chkconfig 指令管理，并同时在系统启动的叙述文件内删除相关数据。
- level <等级代号>：指定读系统服务要在哪一个执行等级中开启或关闭。

使用范例。

```
chkconfig --list:列出所有的系统服务。
chkconfig --add httpd:增加 httpd 服务。
chkconfig --del httpd:删除 httpd 服务。
chkconfig --level httpd 2345 on:把 httpd 在运行级别为 2、3、4、5 的情况下都是 on(开启)的状态。
```

chkconfig 命令提供了一种简单的方式来设置一个服务的运行级别。例如，为了设置 MySQL 服务器在运行级别 3 和 4 上运行，必须首先将 MySQL 添加为受 chkconfig 管理的服务：

```
chkconfig --add mysql
```

在级别 3 和 5 上设定服务为“on”：

```
chkconfig --level 35 mysql on
```

在其他级别上设为 off：

```
chkconfig --level 01246 mysql off
```

为了确认配置是否被修改了，可以列出服务将会运行的运行级别，如下所示：

```
#chkconfig --list mysql
```

3.1.4 系统启动过程

RHEL 系统的启动按照如下步骤进行，启动流程如图 3-10 所示。

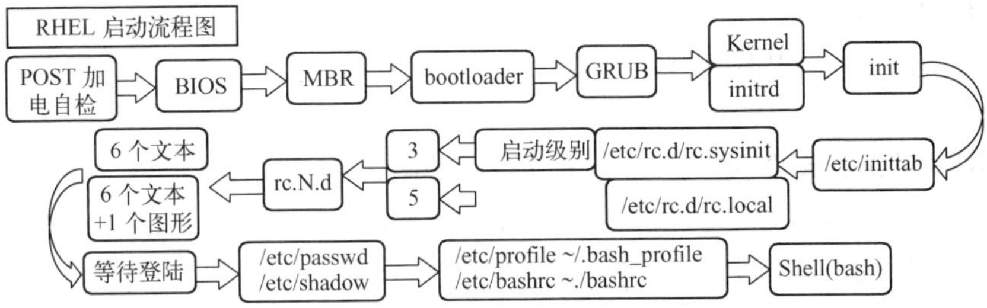

图 3-10　系统启动流程

（1） POST（加电自检），检测硬件

在 CPU 的控制下，将 RAM 芯片中的某个程序映射到 ROM 地址空间，并执行其中的指令以完成系统硬件健康状况检查，例如存储设备、网卡、CPU、声卡等硬件设备是否完好。当检查完成，所有硬件或基本硬件、核心硬件没有问题后，则进入下一个启动流程 BIOS。

（2） BIOS（Boot Sequence），决定启动介质

按照 BIOS 所设定的系统启动流程，根据引导次序（Boot Sequence）自上而下地寻找对应存储设备上操作系统的 MBR，如果 MBR 存在，则会读取 MBR 中的 bootloader。

（3） MBR（bootloader），寻找 GRUB，读取配置文件/etc/grub. conf，决定默认启动项

根据 MBR 所指引的活动分区上寻找系统分区中的 bootloader，bootloader 称为是一段程序，占据 446 B（字节，1 B = 8 bit）。在 bootloader 当中配置了所要引导操作系统的内核所在的位置，因此 BIOS 被载入内存以后，当它实现将控制权限转交给 bootloader 以后，bootloader 接收整个系统的控制权限，而后根据用户的选择去读取相应操作系统中的内核（Kernel），并将内核装载入内存的某个空间位置，解压缩，这时 Kernel 就可以在内存中活动，并根据 Kernel 本身功能在内存当中探索硬件并加载硬件驱动程序并完成内核初始化，bootloader 会将控制权限转交给内核。

（4） Kernel（初始化）

内核会主动调用 init 进程，读取配置文件/etc/inittab，决定启动级别，运行初始化脚本/etc/rc. d/rc. sysinit。

具体执行过程为：探测硬件→加载驱动（initrd）→挂载根文件系统→rootfs（/sbin/init）。其中，initrd 就是一个虚拟的文件系统，里面有/、lib、bin、sbin、usr、proc、sys、var、dev、boot 等一些目录，被称之为虚拟的根文件系统，作用就是将 Kernel 和真正的根文件系统建立关联关系，让 Kernel 去 initrd 中加载根文件系统所需要的驱动程序，并以读写的方式挂载根文件系统，并让用户执行当中第一个进程 init。/sbin/init 启动会用到/etc/inittab 所定义的条目，如：默认登录级别“id:3:initdefault:”，/etc/inittabt 有 0 ~ 6 共 7 个运行级别。系统初始化（/etc/rc. d/rc. sysinit）的步骤如下：

- 检测，并以读写方式挂载根文件系统。
- 设定主机名。
- 检测并挂载/etc/fstab 中其他文件系统。
- 启动 swap 分区。
- 初始化外部硬件设备驱动。
- 根据/etc/sysctl. conf 设定内核参数。
- 激活 udev 和 seLinux。

- 激活 LVM 和 RAID 设备。
- 清理过期锁文件和 PID 文件。
- 装载键映射键盘上每个键的功能。

对于 GRUB 的配置文件/etc/grub. conf 文件，如图 3-11 所示。

```
#
# Note that you do not have to rerun grub after making changes to this file
# NOTICE:  You have a /boot partition.  This means that
#          all kernel and initrd paths are relative to /boot/, eg.
#          root (hd0,0)
#          kernel /vmlinuz-version ro root=/dev/sda2
#          initrd /initrd-[generic-]version.img
#boot=/dev/sda
default=0
#默认的启动项，也就是启动那个title，从0开始计数
timeout=5
#timout=5，就是默认在启动选择界面停留的时间，等待5秒自动进入默认操作系统
splashimage=(hd0,0)/grub/splash.xpm.gz
#grub启动背景画面，这个可以不要
hiddenmenu
#是隐藏菜单只有按上下键才会出现
title Red Hat Enterprise Linux (2.6.32-279.el6.i686)
#title后面就是系统在启动时候显示的名字
        root (hd0,0)
#root指定你的内核所在的分区。hd0表示第一块硬盘设备。   0表示第一个分区   也是/boot所在的分区
        kernel /vmlinuz-2.6.32-279.el6.i686 ro root=UUID=31d213fb-c46d-4b1d-9300-f43c0c7afb94 rd_NO_LUKS  KEYBOARDT
YPE=pc KEYTABLE=us rd_NO_MD crashkernel=auto LANG=zh_CN.UTF-8 rd_NO_LVM rd_NO_DM rhgb quiet
#kernel 内核在哪里：ro 只读：root=UUID=/,root=/LABEL 都是指定根分区位置：rhgb (redhat graphics boot) 图形化显示启动
过程 ：quiet (静默式启动，不显示dmesg信息)
        initrd /initramfs-2.6.32-279.el6.i686.img
#initrd内核镜像的名字
"/etc/grub.conf" 25L, 1444C                                                                     25,1          底端
```

图 3-11 /etc/grub. conf 文件说明

配置文件：

- default = 0：默认启动第一个系统，后面的数值对应一个系统，对应第一个系统，用 0 表示；对应第二个系统，用 1 表示。
- timeout = 5：默认在启动选择界面停留的时间，单位是秒，等待 5 秒自动进入默认操作系统。
- splashimage = (hd0,0)/grub/splash. xpm. gz：GRUB 启动背景画面。
- hiddenmenu：隐藏菜单，只有按上下键才会出现。
- title Red Hat Enterprise Linux (2. 6. 32 - 279. el6. i686)：title 后是系统在启动时显示的名字。
- root(hd0,0)：root 指定内核所在的分区，hd0 表示第一块硬盘设备，0 表示第一个分区，也是/boot 所在的分区。
- kernel/…：内核所在位置和名字。
- initrd/initramfs - 2. 6. 32 - 279. el6. i686. img：initrd 内核镜像的名字。
- rhgb：表示 redhat graphics boot，就是用图片来代替启动过程中显示的文本信息，这些信息在启动后用 dmesg 可以看到。
- quiet：表示在启动过程中只显示重要信息，类似硬件自检的消息不会显示。

3. 1. 5 注销系统与关机

在 Linux 下一些常用的关机/重启命令有 shutdown、halt、reboot 和 init 等，它们都可以达到关机重启系统的目的，但是每一个命令的内部工作过程却是不同的。

1. shutdown：停止系统的妥善方式

shutdown 命令会安全地将系统关机。有些用户使用直接断掉电源的方式来关闭 Linux，这

是十分危险的。因为 Linux 与 Windows 不同，其后台运行着许多进程，所以强制关机可能会导致进程的数据丢失，使系统处于不稳定的状态，在有的系统中甚至会损坏硬件设备。而在系统关机前使用 shutdown 命令，系统管理员会通知所有登录的用户系统将要关闭。并且 login 指令会被冻结，即新的用户不能再登录。直接关机或者延迟一定的时间才关机都是可能的，还可能会重启，这是由所有进程都会收到的系统所送达的信号决定的。这让像 Vi 之类的程序有时间储存目前正在编辑的文档，而像处理邮件和新闻的程序则可以正常地关闭。

shutdown 命令执行的工作是传送信号给 init 程序，要求它改变 runlevel。runlevel 0 被用来停机，runlevel 6 是用来重新激活系统，而 runlevel 1 则是被用来让系统进入管理工作的状态。

shutdown 参数说明如下：

-t 在改变到其他 runlevel 之前，告诉 init 多久以后关机。

-r 重启计算器。

-k 并不真正关机，只是传送警告信号给每位登录者。

-h 关机后关闭电源。

-n 不用 init，而是自己来关机。不建议使用此选项，因为该选项所产生的后果往往是不可预期的。

-c 取消目前正在执行的关机程序。此选项没有时间参数，但是可以输入一个用来解释的消息，而这信息将会送达每位使用者。

-f 在重启时忽略 fsck 检查磁盘。

-F 在重启时强迫 fsck 检查磁盘。

-time 设定关机前的时间。

【例 3-1】 立即关机重启。

命令如下：

```
shutdown -r now
```

【例 3-2】 立即关机。

命令如下：

```
shutdown -h now
```

【例 3-3】 设定 10 分钟后关机，同时发出警告信息给登录的 Linux 用户。

命令如下：

```
shutdown +10 “system will shut down after 10 minutes”
```

2. halt：关闭系统的更简单方式

halt 是最简单的关机命令，其实 halt 就是调用 shutdown -h 命令。halt 执行时，关闭应用进程，执行 sync 系统调用，文件系统写操作执行完成后就会停止内核。

halt 参数说明如下：

-n 防止 sync 系统调用，在关机前不做将记忆体资料写回硬盘的操作。

-w 并不是真正的重启或关机，只是写 wtmp（/var/log/wtmp）记录。

-d 不写 wtmp 记录（已包含在选项［-n］中）。

-f 没有调用 shutdown 而强制关机或重启。

-i 关机（或重启）前，关掉所有的网络接口。

-p 该选项为默认选项，关机时会调用 poweroff。

3. reboot：快速地重新启动

reboot 的工作过程和参数都与 halt 相差不多，只不过它是引发主机重启，而 halt 是关机。

4. telinit：改变 init 的运行级

init 是最高级别的进程，它的进程号始终为 1，发送 TERM 信号给 init 会终止所有用户进程、守护进程等，shutdown 就是使用这种机制。init 定义了 8 个运行级别，init 0 为关机，init 1 为重启。telinit 命令，可以改变 init 运行级别，如 telinit -iS 可使系统进入单用户模式。在使用 telinit 时，不会得到像 shutdown 那样友好的警告信息，也得不到使用 shutdown 时的信息和等待时间，所以很少被使用。不过对于测试 inittab 文件的修改来说，还是比较方便的。

5. poweroff：关闭电源

poweroff 命令等价于 halt，不同之处在于 Linux 关闭后 poweroff 可以向电源管理系统（在有这项功能系统上）发送一则请求来关闭系统的主电源，这项功能易于实现远程关机。Linux 的文件系统缓冲一般在内存中变化，只是偶尔才写回磁盘。这种方案使得磁盘 I/O 的速度更快，但是当系统被强制中止时，这种方式容易使文件系统丢失数据。传统的 UNIX 和 Linux 机器要非常小心地处理关机方式才行，虽然现在的系统已经变得不那么敏感了，尤其是使用 ext3 这样强健的文件系统后，但是妥善关机总是一个好习惯。

即使是在桌面系统上，关闭电源也不是关闭系统的一个好办法，这样做有可能丢失数据和破坏文件系统。许多机器有一个软电源开关，当按下此开关时，机器实际上运行一串命令来执行关闭系统的正确操作。不过，这种情况也是相对的，发生紧急情况时，如果没有足够的时间来妥善关机，那么关闭电源也是可以的。当然，Linux 系统关机更为常用是使用上述 shutdown 命令、halt 或者 reboot 命令、telinit 改变 init 运行级别及 poweroff 命令关闭系统电源等方法。

3.2 Linux 命令

在 Linux 操作系统中，命令处于核心的地位，是学习 Linux 必须掌握的一个部分。Linux 命令行在服务器中一直有着广泛的应用，利用命令行可以对系统进行各种操作，这些操作虽然没有图形化界面那样直观明了，但是却显得快捷而顺畅。同时，Linux 的命令行还有助于初学者了解系统的运行情况和计算机的各种设备。Linux 的命令大概有 600 多个，常用命令有 80 个左右，需要灵活掌握。在 Linux 发行的各个版本中，常用命令基本相同，因此只要掌握了常用的 Linux 命令，就能融会贯通。

3.2.1 命令的格式

Linux 提供了几百条命令，虽然这些命令的功能不同，但它们的使用方式和规则都是统一的，Linux 命令的一般格式如下：

```
Command [option] [argument1] [argument2]…
```

即：命令名 [选项] [参数 1][参数 2]…。

1）命令名由小写的英文字母构成，往往是表示相应功能的英文单词或单词的缩写。例如，date 表示日期；who 表示谁在系统中；cp 是 copy 的缩写，表示复制文件等。

2）选项是对命令的特殊定义，以" - "开始，多个选项可用一个" - " 连起来，如"ls -l -a"与"ls -la"相同。

3）命令行的参数提供命令运行的信息，或者是命令执行过程中所使用的文件名。通常参数是一些文件名，告诉命令从哪里可以得到输入，以及把输出送到什么地方。

4）如果命令行中没有提供参数，命令将从标准输入文件（即键盘）接收数据，输出结果显示在标准输出文件（即显示器）上，而错误信息则显示在标准错误输出文件（即显示器）上。同时，可使用重定向功能对这些文件进行重定向。

5）命令在正常执行后返回一个 0 值，表示执行成功；如果命令执行过程中出错，没有完成全部工作，则返回一个非零值。在 Shell 脚本中，可用命令返回值作为控制逻辑的一部分。

Linux 操作系统的联机帮助对每个命令的准确语法都做了说明，可以使用命令 man 来获取相应的联机说明，如"man ls"。

3.2.2 命令的启动与退出

现在的 Linux 桌面发行版通常都提供了友好的图形化界面，使得习惯了 Windows 的用户不再像数年前那样对 Linux 望而生畏。用户登录系统之后，即可通过鼠标键盘直接对系统进行操作，就像在使用早已熟悉的 Windows 系统一样。但是，在 Linux 中却有很多操作指令在命令行模式下运行得更加快捷，而且，用作服务器的 Linux 系统出于稳定性及安全性方面的考虑是在命令行模式下运行的，这时需要频繁地使用命令对系统进行操作，而对 Linux 系统有一定使用经验的用户也都习惯使用命令对系统进行操作。

1. 字符界面命令行操作

启动桌面发行版的 Linux 系统进入图形界面后，可以通过同时按住〈Ctrl + Alt + F1〉~〈Ctrl + Alt + F6〉组合键进入字符界面，例如同时按住〈Ctrl + Alt + F3〉组合键即可进入虚拟控制台 tty3，此时输入正确的户名及登录密码后即可进行字符界面的命令行操作。

作为服务器的 Linux 系统是运行在命令行下的，用户在输入正确的用户名及登录密码后即进入了字符界面的命令行操作。

📖 注意，Linux 系统不会显示输入的密码，而且不论是输入的用户名错误还是输入的密码不正确，系统都将给出同样的错误信息并提示重新输入用户名和密码。

---

2. 图形界面命令行操作

在图形界面下进行命令行的操作，可以通过单击“程序”，选择“系统工具”选择“终端”启动命令行的图像操作界面。某些 Linux 发行版有右键打开终端的选项，如在桌面上单击鼠标右键，在弹出的快捷菜单中选择“打开终端”命令即可。

3. Linux 远程登录命令行操作

如果没有使用自己的终端、控制台或者其他直接连接到要登录 Linux 系统的设备，那么可以利用一个终端模拟程序通过网络连接到要登录的 Linux 系统，这样用户就可以登录到 Linux 系统了。通常需要用 telnet 和 ssh 命令连接到远程 Linux 系统进行远程登录。telnet 是一种极不安全的服务，原因之一是它通过网络以 ASCII 明文传输方式来发送用户名和密码，这使得登录信息极易被黑客截获。而 ssh 则将所有信息进行加密之后再通过网络发送出去，在主机和客户机两端均使用认证密钥，提供了很强的安全认证，所以，ssh 是一种比 telnet 更好的选择。ssh 工具由两部分组成，一部分是服务器端软件包，另一部分是客户端软件包。以当前 root 用户远程登录本机的 tom 用户进行测试，在命令行中输入命令：

```
ssh tom@ localhost
```

在登录后命令提示符前面的用户名已由 root 变成了 tom，即已经成功远程登录了 tom 的系统。若要查看 ssh 服务器端是否已经正常启动，在命令行中输入命令：

```
Net stat - tl
```

如果看到结果中有“ * : ssh”，就说明服务已经正常启动了。若系统尚未启动 ssh 服务，在命令行中输入命令：

```
/etc/init. d/sshd start
```

此命令需要 root 权限才能运行。

Linux 命令行下的提示符有两种：“$” 和 “#”。通常登录到命令行后看到的提示符为美元符号“$”，即为 Linux 的一种命令提示符（也称 Shell 提示符），代表当前用户具有普通用户权限；如果当前用户是超级用户 root（即以用户名 root 登录系统），将会看到另一种命令行提示符“#”，表示用户拥有最高权限，可对系统做任意修改。

输入命令时，可以使用多个空格符，但是拼写和语法必须是准确的。如果在命令行中出现拼写错误，在按〈Enter〉键之前可以有下列两种修改方式：

用〈Backspace〉键从后向前删除有错误的字符，再输入正确的命令字符串。

用〈Ctrl + U〉组键可以删除光标所在的命令行。如果命令多于一行，首行末尾有反斜线，则只删除当前行。

如要退出 Linux 命令行，则可在命令提示符后面输入命令 exit 或按〈Ctrl + D〉组合键。例如，在命令提示符“#”后输入 exit，然后按〈Enter〉键或〈Ctrl + D〉组合键，将退出登录的系统。

3.2.3 命令的分类

1. 系统设置命令

在系统设置命令中主要是对 Linux 操作系统进行各种配置，如内核载入、启动管理程序，以及设置密码和各种系统参数等，它主要是对系统的运行做初步的设置。部分系统设置的重要命令如表 3-2 所示，命令的使用方法将在后续章节中详细介绍。

2. 系统管理命令

系统管理命令是对 Linux 操作系统进行综合管理和维护的命令，对系统的顺利运行及其功能的发挥有着重要的作用。在 Linux 环境下的系统管理就是对操作系统的有关资源进行有效的计划、组织和控制。操作者合理地对 Linux 操作系统进行管理可以加深对系统的了解和提高其运作的效率及安全性能。部分系统管理的重要命令如表 3-3 所示。

表 3-2 系统设置的重要命令

命令名称	功能说明
apmd	高级电源管理程序
aumix	音效设备设置
bind	显示或设置键盘与其相关的功能
chkconfig	检查及设置系统的各种服务
chroot	改变根目录
dmesg	显示开机信息
enable	启动或关闭 Shell 命令
ntsysv	设置系统的各种服务
passwd	设置密码

表 3-3 系统管理的重要命令

命令名称	功能说明
adduser	建立用户账号
chsh	更换登录系统时使用的 Shell
exit	退出 Shell
free	查看内存状态
halt	关闭系统
id	显示用户 ID
kill	中止执行的程序
login	登录系统
logout	退出系统
swatch	系统监控程序

3. 文件管理命令

文件管理命令主要针对在文件系统下存储在计算机系统中的文件和目录。在 Linux 系统环境下，每一个分区都是一个文件系统，都有自己的目录和层次结构。文件管理命令正是在文件系统中对文件进行各种操作与管理。部分文件管理的重要命令如表 3-4 所示。

4. 磁盘管理命令

在 Linux 操作系统中，为了合理地利用和划分磁盘的空间，需要对磁盘各个分区的使用情况作整体性的了解。磁盘管理命令主要是对磁盘的分区空间及其格式化分区进行综合的管理，在 Linux 环境下有一套较为完善的磁盘管理命令。部分磁盘管理的重要命令如表 3-5 所示。

表 3-4 文件管理的重要命令

命令名称	功能说明
chattr	改变文件的属性
compress	压缩或解压文件
cp	复制文件或目录
cpio	备份文件
find	查找文件
ftp	传输文件
lsattr	显示文件的属性
mktemp	建立临时文件
paste	合并文件的行
patch	修补文件
updatedb	更新文件数据库

表 3-5 磁盘管理的重要命令

命令名称	功能说明
badblocks	检查磁盘中损坏的区域
cfdisk	磁盘分区
hdparm	显示与设置磁盘的参数
losetup	设置循环设备
mkbootdisk	建立当前系统的启动盘
mkswap	建立交换区
sfdisk	磁盘分区工具程序
swapoff	关闭系统的交换区
sync	将内存缓冲区的数据写入磁盘

5. 网络配置与管理命令

任何一种操作系统都不能缺少对网络的支持，Linux 系统提供了完善的网络配置和各种操作功能。在 Linux 环境下对网络的配置主要包括互联网的设置、收发电子邮件和设置局域网。

部分网络配置与管理的重要命令如表 3-6 所示。

6. 文本编辑命令

查看和浏览文档是操作系统必备的功能，在 Linux 操作系统中附带了现成的文本编辑器，用户可以利用这些编辑器对文档进行修改、存储及其他管理。目前的 Linux 环境下，Vi 是比较流行的编辑器之一。部分文本编辑的重要命令如表 3-7 所示。

表 3-6 网络配置与管理的重要命令

命令名称	功能说明
cu	连接系统主机
dip	IP 拨号连接
efax	收发传真
host	DNS 查询工具
ifconfig	显示或设置网络设备
lynx	浏览互联网
mesg	设置终端写入权限
netconfig	设置网络环境
netstat	显示网络状态
route	管理与显示路由表
telnet	远程登录
wget	从互联网下载文件

表 3-7 文本编辑的重要命令

命令名称	功能说明
csplit	分割文件
dd	读取、转换并输出数据
ex	启动 Vim 编辑器
jed	编辑文本文件
look	查找单词
sort	将文本文件内容进行排序
tr	转换字符
wc	计算数字

3.2.4 基本命令

Linux 常用命令是对 Linux 系统进行管理的基本命令。对于 Linux 系统来说，无论是中央处理器、内存、磁盘驱动器、键盘、鼠标，还是用户等都是文件，Linux 系统管理的命令是它正常运行的核心，与之前的 DOS 命令类似。

1. 常用命令集

（1）cp 命令

功能：将给出的文件或目录复制到另一文件或目录中，同 MS - DOS 下的 copy 命令一样，功能十分强大。

语法：

```
cp [选项] 源文件或目录 目标文件或目录
```

说明：该命令把指定的源文件复制到目标文件或把多个源文件复制到目标目录中。

该命令的各选项含义如下：

-a 该选项通常在复制目录时使用。它保留链接、文件属性，并递归地复制目录，其作用等于 dpR 选项的组合。

-d 复制时保留链接。

-f 删除已经存在的目标文件而不提示。

-i 和 f 选项相反，在覆盖目标文件之前将给出提示要求用户确认。肯定回答时目标文件将被覆盖，是交互式复制。

-p 此时 cp 除复制源文件的内容外，还将把其修改时间和访问权限也复制到新文件中。

-r 若给出的源文件是一目录文件，cp 将递归复制该目录下所有的子目录和文件，此时目标文件必须为一个目录名。

-l 不进行复制，只是链接文件。

📖 需要说明的是，为防止用户在不经意的情况下使用 cp 命令破坏另一个文件，如用户指定的目标文件名已存在，用 cp 命令复制文件后，这个文件就会被新源文件覆盖，因此，建议用户在使用 cp 命令复制文件时，最好使用 i 选项。

---

(2) mv 命令

功能：为文件或目录改名或将文件由一个目录移入另一个目录中。该命令如同 MS - DOS 下的 ren 和 move 的组合。

语法：

```
mv [选项] 源文件或目录 目标文件或目录
```

说明：视 mv 命令中第二个参数类型的不同（是目标文件还是目标目录），mv 命令将文件重命名或将其移至一个新的目录中。当第二个参数类型是文件时，mv 命令完成文件重命名，此时，源文件只能有一个（也可以是源目录名），它将所给的源文件或目录重命名为给定的目标文件名；当第二个参数是已存在的目录名称时，源文件或目录参数可以有多个，mv 命令将各参数指定的源文件均移至目标目录中。在跨文件系统移动文件时，mv 先复制，再将原有文件删除，而链至该文件的链接也将丢失。

命令中各选项的含义为：

-i 交互方式操作。如果 mv 操作将导致对已存在的目标文件的覆盖，此时系统询问是否重写，要求用户回答 y 或 n，这样可以避免误覆盖文件。

-f 禁止交互操作。在 mv 操作要覆盖已有的目标文件时不给任何指示，指定此选项后，i 选项将不再起作用。

📖 如果所给目标文件（不是目录）已存在，此时该文件的内容将被新文件覆盖。为防止用户用 mv 命令破坏另一个文件，使用 mv 命令移动文件时，最好使用 i 选项。

---

(3) rm 命令

功能：删除不需要的文件。该命令的功能为删除一个目录中的一个或多个文件或目录，它也可以将某个目录及其下的所有文件及子目录均删除。对于链接文件，只是断开了链接，原文件保持不变。

语法：

```
rm [选项] 文件…
```

说明：如果没有使用 -r 选项，则 rm 不会删除目录。

该命令的各选项含义如下：

-f 忽略不存在的文件，从不给出提示。

-r 指示 rm 将参数中列出的全部目录和子目录均递归地删除。

-i 进行交互式删除。

📖 使用 rm 命令要小心。因为一旦文件被删除，是不能恢复的。为了防止这种情况的发生，可以使用 i 选项来逐个确认要删除的文件。如果输入 y，则文件将被删除。否则任何其他输入，文件都不会被删除。

---

2. 目录的创建与删除命令

（1）mkdir 命令

功能：创建一个目录（类似 MSDOS 下的 md 命令）。

语法：

```
mkdir [选项] dir-name
```

说明：该命令创建由 dir-name 命名的目录。要求创建目录的用户在当前目录中（dir-name 的父目录中）具有写权限，并且不能与当前目录中已有的目录或文件名重名。

命令中各选项的含义为：

-m 对新建目录设置存取权限。也可以用 chmod 命令设置。

-p 可以是一个路径名称。此时若路径中的某些目录尚不存在，加上此选项后，系统将自动建立好那些尚不存在的目录，即一次可以建立多个目录。

（2）rmdir 命令

功能：删除空目录。

语法：

```
rmdir [选项] dir-name
```

说明：dir-name 表示目录名。该命令从一个目录中删除一个或多个子目录项。需要特别注意的是，一个目录被删除之前必须是空的。rm -r dir 命令可代替 rmdir，但是有危险性。删除某目录时也必须具有对父目录的写权限。

命令中各选项的含义为：

-p 递归删除目录 dirname，当子目录删除后其父目录为空时，也一同被删除。如果整个路径被删除或者由于某种原因保留部分路径，则系统在标准输出上会显示相应的信息。

（3）cd 命令

功能：改变工作目录。

语法：

```
cd [directory]
```

说明：该命令将当前目录改变至 directory 指定的目录。若没有指定 directory，则回到主目录。为了改变到指定目录，用户必须拥有对指定目录的执行和读权限。

该命令可以使用通配符。

（4）pwd 命令

功能：在 Linux 层次目录结构中，用户可以在被授权的任意目录下利用 mkdir 命令创建新目录，也可以利用 cd 命令从一个目录转换到另一个目录。然而，没有提示符来告知用户目前处于哪一个目录中。要想知道当前所处的目录，可以使用 pwd 命令，该命令显示整个路径名。

语法：

```
pwd
```

说明：此命令显示出当前工作目录的绝对路径。

（5）ls 命令

功能：ls 是英文单词 list 的简写，其功能为列出目录的内容。这是用户最常用的一个命令之一，因为用户需要不时地查看某个目录的内容。该命令类似于 MS - DOS 下的 dir 命令。

语法：

```
ls [选项][目录或是文件]
```

对于每个目录，该命令将列出其中的所有子目录与文件。对于每个文件，ls 将输出其文件名以及所要求的其他信息。默认情况下，输出条目按字母顺序排序。当未给出目录名或是文件名时，就显示当前目录的信息。

命令中各选项的含义如下：

-a 显示指定目录下所有子目录与文件，包括隐藏文件。

-A 显示指定目录下所有子目录与文件，包括隐藏文件。但不列出“.”和“..”。

-b 对文件名中的不可显示字符用八进制字符显示。

-c 按文件的修改时间排序。

-C 分成多列显示各项。

-d 如果参数是目录，只显示其名称而不显示其下的各文件。往往与 l 选项一起使用，以得到目录的详细信息。

-f 不排序。该选项将使 lts 选项失效，并使 aU 选项有效。

-F 在目录名后面标记“/”，可执行文件后面标记“*”，符号链接后面标记“@”，管道（或 FIFO）后面标记“|”，socket 文件后面标记“=”。

-i 在输出的第一列，显示文件的 i 节点号。

-l 以长格式来显示文件的详细信息。这个选项最常用。

每行列出的信息依次是：文件类型与权限、链接数、文件属主、文件属组、文件大小、建立或最近修改的时间、名字。对于符号链接文件，显示的文件名之后有“→”和引用文件路径名。对于设备文件，其“文件大小”字段显示主、次设备号，而不是文件大小。目录中的总块数显示在长格式列表的开头，其中包含间接块。

-L 若指定的名称为一个符号链接文件，则显示链接所指向的文件。

-m 输出按字符流格式，文件跨页显示，以逗号分开。

-n 输出格式与 l 选项相同，只不过在输出中文件属主和属组是用相应的 UID 号和 GID 号来表示，而不是实际的名称。

-o 与 l 选项相同，只是不显示拥有者信息。

-p 在目录后面加一个“/”。

-q 将文件名中的不可显示字符用“?”代替。

-r 按字母逆序或最早优先的顺序显示输出结果。

-R 递归式地显示指定目录的各个子目录中的文件。

-s 给出每个目录项所用的块数，包括间接块。

-t 显示时按修改时间（最近优先）而不是按名字排序。若文件修改时间相同，则按字典顺序。修改时间取决于是否使用了 c 或 u 选项。默认的时间标记是最后一次修改时间。

-u 显示时按文件上次存取的时间（最近优先）而不是按名字排序。即将 -t 的时间标记修改为最后一次访问的时间。

-x 按行显示出各排序项的信息。

用 ls -l 命令显示的信息中，开头是由 10 个字符构成的字符串，其中第一个字符表示文件类型，它可以是下述类型之一：

- 普通文件。

d 目录。

l 符号链接。

b 块设备文件。

c 字符设备文件。

后面的 9 个字符表示文件的访问权限，分为 3 组，每组 3 位。

第一组表示文件属主的权限，第二组表示同组用户的权限，第三组表示其他用户的权限。每一组的 3 个字符分别表示对文件的读、写和执行权限。

各权限如下所示：

r 读。

w 写。

x 执行。对于目录，表示进入权限。

s 当文件被执行时，把该文件的 UID 或 GID 赋予执行进程的 UID 或 GID。

t 设置标志位。如果该文件是目录，在该目录中的文件只能被超级用户、目录拥有者或文件属主删除。如果它是可执行文件，在该文件执行后，指向其正文段的指针仍留在内存。这样再次执行它时，系统就能更快地装入该文件。

3. 文本处理命令

(1) sort 命令

功能：对文件中的各行进行排序。sort 命令有许多非常实用的选项，这些选项最初是用来对数据库格式的文件内容进行各种排序操作的。实际上，sort 命令可以被认为是一个非常强大的数据管理工具，用来管理类似数据库记录的文件。

sort 命令将逐行对文件中的内容进行排序，如果两行的首字符相同，该命令将继续比较这两行的下一字符，如果还相同，将继续进行比较。

语法：

```
sort [选项] 文件
```

说明：sort 命令对指定文件中所有的行进行排序，并将结果显示在标准输出上。如不指定输入文件或使用“-”，则表示排序内容来自标准输入。

sort 排序是根据从输入行抽取的一个或多个关键字进行比较来完成的。排序关键字定义了用来排序的最小的字符序列。默认情况下以整行为关键字按 ASCII 字符顺序进行排序。

改变默认设置的选项主要有：

-m 若给定文件已排好序，合并文件。

-c 检查给定文件是否已排好序，如果没有，则打印一个出错信息，并以状态值 1 退出。

-u 对排序后，有相同的行，则只留其中一行。

-o 输出文件将排序输出写到输出文件中而不是标准输出，如果输出文件是输入文件之一时，sort 命令先将该文件的内容写入一个临时文件，然后再排序和写输出结果。

改变默认排序规则的选项主要有：

-d 按字典顺序排序，比较时仅字母、数字、空格和制表符有意义。

-f 将小写字母与大写字母同等对待。

-I 忽略非打印字符。

-M 作为月份比较，例如："JAN" < "FEB"

-r 按逆序输出排序。

+posl -pos2 指定一个或几个字段作为排序关键字，字段位置从 posl 开始，到 pos2 为止（包括 posl，不包括 pos2）。如不指定 pos2，则关键字为从 posl 到行尾。字段和字符的位置从 0 开始。

-b 在寻找排序关键字时，忽略每行中前导的空白（空格和制表符）。

-t separator 指定字符 separator 作为字段分隔符。

（2）uniq 命令

功能：文件经过处理后在它的输出文件中可能会出现重复的行。例如，使用 cat 命令将两个文件合并后，再使用 sort 命令进行排序，就可能出现重复行。这时可以使用 uniq 命令将这些重复行从输出文件中删除，只留下每条记录的唯一样本。

语法：

```
uniq [选项] 文件
```

说明：这个命令读取输入文件，并比较相邻的行。在正常情况下，第二个及以后更多个重复行将被删除，行比较是依据所用字符集的排序结果进行的。该命令加工后的结果写到输出文件中。输入文件和输出文件必须不同。如果输入文件用"-"表示，则从标准输入读取。

该命令各选项含义如下：

-c 显示输出中，在每行行首加上本行在文件中出现的次数。它可取代 -u 和 -d 选项。

-d 只显示重复行。

-u 只显示文件中不重复的各行。

-n 前 n 个字段与每个字段前的空白一起被忽略。一个字段是指一个非空格、非制表符的字符串，彼此由制表符和空格隔开（字段从 0 开始编号）。

+n 前 n 个字符被忽略，之前的字符被跳过（字符从 0 开始编号）。

-fn 与 -n 相同，这里 n 是字段数。

-sn 与 +n 相同，这里 n 是字符数。

4. 备份与压缩命令

（1）tar 命令

功能：为文件和目录创建档案。利用 tar，用户可以为某一特定文件创建档案（备份文件），也可以在档案中改变文件，或者向档案中加入新的文件。tar 最初被用来在磁带上创建档案，现在，用户可以在任何设备上创建档案，如软盘。利用 tar 命令，可以把一大堆的文件和目录全部打包成一个文件，这对于备份文件或将几个文件组合成为一个文件以便于网络传输是非常有用的。Linux 中的 tar 命令是 GNU 版本的。

语法：

```
tar [主选项+辅选项] 文件或者目录
```

使用该命令时，主选项是必须要有的；辅选项是辅助使用的，可以选用。

主选项：

c 创建新的档案文件。如果需要备份一个目录或是一些文件，就要选择此选项。

r 把要存档的文件追加到档案文件的末尾。例如用户已经作好备份文件，又发现还有一个目录或是一些文件未曾进行备份，这时可以使用该选项，将未备份的目录或文件追加到备份文件中。

t 列出档案文件的内容，查看已经备份了哪些文件。

u 更新文件。就是说，用新增的文件取代原备份文件，如果在备份文件中找不到要更新的文件，则把它追加到备份文件的最后。

x 从档案文件中释放文件。

辅助选项：

b 该选项是为磁带机设定的。其后跟一数字，用来说明区块的大小，系统预设值为 20（20×512 Bytes）。

f 使用档案文件或设备，这个选项通常是必选的。

k 保存已经存在的文件。例如在把某个文件还原的过程中，遇到相同的文件，则不会进行覆盖。

m 在还原文件时，把所有文件的修改时间设定为现在。

M 创建多卷的档案文件，以便在几个磁盘中存放。

v 详细报告 tar 处理的文件信息。如无此选项，则 tar 不报告文件信息。

w 每一步都要求确认。

z 用 gzip 来压缩/解压缩文件，加上该选项后可以将档案文件进行压缩，但还原时也一定要使用该选项进行解压缩。

（2）gzip 命令

功能：gzip 是在 Linux 系统中经常使用的一个对文件进行压缩和解压缩的命令，既方便又好用。减小文件大小有两个明显的好处，一是可以减少存储空间，二是通过网络传输文件时，可以减少传输的时间。

语法：

```
gzip [选项] 压缩(解压缩)的文件名
```

各选项的含义：

-c 将输出写到标准输出上，并保留原有文件。

-d 将压缩文件解压。

-l 对每个压缩文件，显示下列字段：

压缩文件的大小
未压缩文件的大小
压缩比
未压缩文件的名字
-r 递归式地查找指定目录并压缩其中的所有文件或者是解压缩。
-t 测试，检查压缩文件是否完整。
-v 对每一个压缩和解压的文件，显示文件名和压缩比。
-num 用指定的数字 num 调整压缩的速度，-1 或 --fast 表示最快压缩方法（低压缩比），-9 或 --best 表示最慢压缩方法（高压缩比）。系统默认值为 6。

（3）unzip 命令

功能：用于解压缩扩展名为 zip 的文件。

语法：

```
unzip [选项] 压缩文件名.zip
```

各选项的含义分别为：
-x 文件列表解压缩文件，但不包括指定的 file 文件。
-v 查看压缩文件目录，但不解压。
-t 测试文件有无损坏，但不解压。
-d 目录名把压缩文件解到指定目录下。
-z 只显示压缩文件的注解。
-n 不覆盖已经存在的文件。
-o 覆盖已存在的文件且不要求用户确认。
-j 不重建文档的目录结构，把所有文件解压到同一目录下。

5. 改变文件或目录的访问权限命令

Linux 系统中的每个文件和目录都有访问许可权限，用它来确定谁可以通过何种方式对文件和目录进行访问和操作。

文件或目录的访问权限分为只读、只写和可执行 3 种。以文件为例，只读权限表示只允许读其内容，而禁止对其做任何的更改操作。只写权限表示只能向文件中写入，不能查看文件的内容；可执行权限表示允许将该文件作为一个程序执行。文件被创建时，文件所有者自动拥有对该文件的读、写和可执行权限，以便于对文件的阅读和修改。用户也可根据需要把访问权限设置为需要的任何组合。

有 3 种不同类型的用户可对文件或目录进行访问：文件所有者，同组用户、其他用户。所有者一般是文件的创建者，所有者可以允许同组用户有权访问文件，还可以将文件的访问权限赋予系统中的其他用户。在这种情况下，系统中每一位用户都能访问该用户拥有的文件或目录。

每一文件或目录的访问权限都有 3 组，每组用 3 位表示，分别为文件属主的读、写和执行权限；与属主同组的用户的读、写和执行权限；系统中其他用户的读、写和执行权限。当用 ls -l 命令显示文件或目录的详细信息时，最左边的一列为文件的访问权限。例如：

```
$ls -l sobsrc.tgz
-rw-r--r--1 root root 483997 Jul 15 17:31 sobsrc.tgz
```

横线（空）代表许可。r 代表只读，w 代表写，x 代表可执行。注意这里共有 10 个位置。第一个字符指定了文件类型。在通常意义上，一个目录也是一个文件。如果第一个字符是横线，表示是一个非目录的文件。如果是 d，表示是一个目录。例如：

```
-rw-r--r--
```

是文件 sobsrc.tgz 的访问权限，表示 sobsrc.tgz 是一个普通文件；sobsrc.tgz 的属主有读、写权限；与 sobsrc.tgz 属主同组的用户只有读权限；其他用户也只有读权限。

确定了一个文件的访问权限后，用户可以利用 Linux 系统提供的 chmod 命令来重新设定访问权限。也可以利用 chown 命令来更改某个文件或目录的所有者，利用 chgrp 命令来更改某个文件或目录的用户组，下面分别对这些命令加以介绍。

（1）chmod 命令

功能：chmod 命令是非常重要的，用于改变文件或目录的访问权限。用户用它控制文件或目录的访问权限。该命令有两种用法：一种是包含字母和操作符表达式的文字设定法；另一种是包含数字的数字设定法。

- 文字设定法

```
chmod [who] [+ | - | =] [mode]文件名
```

命令中各选项的含义。

操作对象 who 可以是下述字母中的任一个或者它们的组合：

u 表示“用户（user）”，即文件或目录的所有者。

g 表示“同组（group）用户”，即与文件属主有相同组 ID 的所有用户。

o 表示“其他（others）用户”。

a 表示“所有（all）用户”，它是系统默认值。

操作符号可以是：

+添加某个权限。

-取消某个权限。

=赋予给定权限并取消其他所有权限。

设置 mode 所表示的权限可用下述字母的任意组合：

r 可读。

w 可写。

x 可执行。

x 只有目标文件对某些用户是可执行的或该目标文件是目录时才能追加 x 属性。

s 在文件执行时把进程的属主或组 ID 置为该文件的文件属主。方式“u+s”设置文件的用户 ID 位，“g+s”设置组 ID 位。

t 保存程序的文本到交换设备上。

u 与文件属主拥有一样的权限。

g 与和文件属主同组的用户拥有一样的权限。

o 与其他用户拥有一样的权限。

文件名：以空格分开的要改变权限的文件列表，支持通配符。

在一个命令行中可给出多个权限方式，其间用逗号隔开。例如：

```
chmod g+r,o+r example
```

使同组和其他用户对文件 example 有读权限。

● 数字设定法

数字表示属性的含义：0 表示没有权限，1 表示可执行权限，2 表示可写权限，4 表示可读权限，然后将其相加。所以数字属性的格式应为 3 个从 0 ~ 7 的八进制数，其顺序是（u）(g)(o)。

例如，如果想让某个文件的属主有“读/写”两种权限，则需要把可读和可写权限所对应数字相加，即数字设定为：“4(可读)+2(可写)=6(读/写)”。

数字设定法的一般形式为：

```
chmod [mode]文件名
```

（2）chgrp 命令

功能：改变文件或目录所属的组。

语法：

```
chgrp [选项] group filename?
```

该命令改变指定指定文件所属的用户组。其中 group 可以是用户组 ID，也可以是/etc/group 文件中用户组的组名。文件名是以空格分开的要改变属组的文件列表，支持通配符。如果用户不是该文件的属主或超级用户，则不能改变该文件的组。

该命令的各选项含义为：

-R 递归式地改变指定目录及其下的所有子目录和文件的属组。

（3）chown 命令

功能：更改某个文件或目录的属主和属组。这个命令也很常用。例如 root 用户把自己的一个文件复制给用户 xu，为了让用户 xu 能够存取这个文件，root 用户应该把这个文件的属主设为 xu，否则，用户 xu 无法存取这个文件。

语法：

```
chown [选项] 用户或组 文件
```

说明：chown 将指定文件的拥有者改为指定的用户或组。用户可以是用户名或用户 ID。组可以是组名或组 ID。文件是以空格分开的要改变权限的文件列表，支持通配符。

该命令的各选项含义如下：

-R 递归式地改变指定目录及其下的所有子目录和文件的拥有者。

-v 显示 chown 命令所做的工作。

6. 与用户有关的命令

（1）passwd 命令

功能：出于系统安全考虑，Linux 系统中的每一个用户除了有其用户名外，还有其对应的用户口令。因此使用 useradd 命令增加时，还需使用 passwd 命令为每一位新增加的用户设置口令；用户以后还可以随时用 passwd 命令改变自己的口令。

语法：

```
passwd [用户名]
```

其中，用户名为需要修改口令的用户名。只有超级用户可以使用“passwd[用户名]”修改其他用户的口令，普通用户只能用不带参数的 passwd 命令修改自己的口令。

该命令的使用方法如下。

输入：

```
passwd <Enter>;
```

在（current）UNIX passwd：下输入当前的口令

在 new password：提示下输入新的口令（在屏幕上看不到这个口令）

系统提示再次输入这个新口令。

输入正确后，这个新口令被加密并放入/etc/shdow 文件。选取一个不易被破译的口令是很重要的。

选取口令应遵守如下规则：口令应该至少有 6 位（最好是 8 位）字符；口令应该由大小写字母、标点符号和数字组成。

超级用户修改其他用户（xxq）的口令的过程如下：

```
#passwd root
New UNIX password:
Retype new UNIX password:
passwd: all authentication tokens updated successfully
```

（2） su 命令

功能：这个命令非常重要。它可以让普通用户拥有超级用户或其他用户的权限，也可以让超级用户以普通用户的身份做一些事情。普通用户使用这个命令时必须有超级用户或其他用户的口令。如要离开当前用户的身份，可以输入 exit。

语法：

```
su[ -fmp][ -c command][ -s Shell][ --help][ --version][ - ][USER[ARG]]
```

说明：若没有指定使用者帐号，则系统预设值为超级用户 root。

该命令中各选项的含义分别为：

-f 不必读启动文件（如 csh. cshrc 等），仅用于 csh 或 tcsh 两种 Shell。

-m，-p 执行 su 时不改变环境变数。

-c command 变更账号为 USER 的使用者，并执行指令（command）后再变回原来使用者。

-help 显示说明文件。

-version 显示版本资讯。

USER 欲变更的使用者账号。

ARG 传入新的 Shell 参数。

7. 磁盘管理命令

(1) df 命令

功能：检查文件系统的磁盘空间占用情况。可以利用该命令来获取硬盘空间的占用信息。

语法：

```
df [选项]
```

说明：df 命令可显示所有文件系统对 i 节点和磁盘块的使用情况。

该命令各个选项的含义如下：

-a 显示所有文件系统的磁盘使用情况，包括 0 块（block）的文件系统，如/proc 文件系统。

-k 以 KB 为单位显示。

-i 显示 i 节点信息，而不是磁盘块。

-t 显示各指定类型的文件系统的磁盘空间使用情况。

-x 列出不是某一指定类型文件系统的磁盘空间使用情况（与 t 选项相反）。

-T 显示文件系统类型。

(2) du 命令

du 的英文原义为“disk usage”，含义为显示磁盘空间的使用情况。

功能：统计目录（或文件）所占磁盘空间的大小。

语法：

```
du [选项] [Names…]
```

说明：该命令逐级进入指定目录的每一个子目录并显示该目录占用文件系统数据块（KB）的情况。若没有给出 Names，则对当前目录进行统计。

该命令的各个选项含义如下：

-s 对每个 Names 参数只给出占用的数据块总数。

-a 递归地显示指定目录中各文件及子目录中各文件占用的数据块数。若既不指定 -s，也不指定 -a，则只显示 Names 中的每一个目录及子目录所占的磁盘块数。

-b 以字节为单位列出磁盘空间使用情况（系统默认以 KB 为单位）。

-k 以 KB 为单位列出磁盘空间使用情况。

-c 最后再加上一个总计（系统默认设置）。

-l 计算所有的文件大小，对硬链接文件，则计算多次。

-x 跳过在不同文件系统上的目录，不予统计。

(3) dd 命令

功能：把指定的输入文件复制到指定的输出文件中，并且在复制过程中可以进行格式转换。可以用该命令实现 DOS 下的 diskcopy 命令的作用。先用 dd 命令把软盘上的数据写成硬盘的一个寄存文件，再把这个寄存文件写入第二张软盘上，完成 diskcopy 的功能。需要注意的是，应该将硬盘上的寄存文件用 rm 命令删除。系统默认使用标准输入文件和标准输出文件。

语法：

```
dd [选项]
```

if = 输入文件（或设备名称）。

of = 输出文件（或设备名称）。

ibs = Bytes 一次读取 Bytes，即读入缓冲区的字节数。

skip = blocks 跳过输入缓冲区开头的 ibs × blocks 块。

obs = bytes 一次写入 bytes 字节，即写入缓冲区的字节数。

seek = blocks 跳过输出文件开头的 obs * blocks 块。

bs = bytes 同时设置读/写缓冲区的字节数（等于设置 ibs 和 obs）。

cbs = byte 一次转换 bytes 字节。

count = blocks 只复制输入的 blocks 块。

conv = ASCII 把 EBCDIC 码转换为 ASCIl 码。

conv = ebcdic 把 ASCIl 码转换为 EBCDIC 码。

conv = ibm 把 ASCIl 码转换为 alternate EBCDIC 码。

conv = block 把变动位转换成固定字符。

conv = ublock 把固定位转换成变动位。

conv = ucase 把字母由小写转换为大写。

conv = lcase 把字母由大写转换为小写。

conv = notrunc 不截短输出文件。

conv = swab 交换每一对输入字节。

conv = noerror 出错时不停止处理。

conv = sync 把每个输入记录的大小都调到 ibs 的大小（用 NULL 填充）。

🕮 在 Linux 中，命令行有大小写的区分，且所有的 Linux 命令行和选项都区分大小写，例如 –V 和 –v 是两个不同的命令，这与 Windows 操作系统有所区别。

3.2.5 命令行帮助

Linux 的发行版通常都有丰富的联机帮助文档，man 和 info 命令是查看程序文档的两个基本命令。从 Linux 的早期版本开始，用户就可以通过这两个命令获得 man 页（用户手册）和 info 页的内容。下面将介绍如何获取 Linux 命令行的各种帮助信息。

1. 帮助命令

（1）help 查看内部命令的帮助信息

例如，想要获取 cd 命令的帮助信息，可以在命令提示符后面输入：

```
help cd
```

这样就可以看到 cd 命令的帮助文档了。

help 命令也提供其自身的帮助，例如，在命令提示符后面输入两个 help，即：

```
help help
```

然后，就可以看到 help 命令自身的帮助信息了。

单独使用 help 命令可以获取它所提供的所有命令列表，在命令行中输入：

```
help
```

若 help 命令列表较长而不能在一页内全部显示，能看到的列表其实是 help 命令列表的最后一页，要想看到该命令的所有帮助内容，需要在命令后添加一个选项参数。可以在命令提示符下输入命令：

```
help | more
```

即可以看到 help 命令列表的第一页，再次按〈Enter〉键将一行一行地向后翻页，按空格键将直接跳转到最后一页。

若想在中途退出帮助文档，可以按〈Q〉键，将直接退出文档，回到命令提示符下。

📖 help 命令只能查看内部命令的帮助信息，对于外部命令，大都可以使用一个通用的命令选项“--help”，以查看命令的帮助信息。

（2）man 查看命令的帮助手册

man 命令用于显示系统文档中 man 页（man 为 manual 的简写）的内容，单独使用 man 命令不能获得 man 所提供的帮助命令列表。若要了解某个工具较为详细的信息，可以在 man 命令后接工具名来实现，与 help 命令一样，man 命令也可以查看命令信息，用法与 help 类似。例如，要查看命令 clear 的详细信息，可以在命令提示符下输入：

```
man clear
```

man 命令给出的信息往往非常详细，所占页面较多，通常需要分页显示。与 help 命令不同的是，man 会自动分页，用户可以分页浏览一个文件，按空格键或〈PageDown〉键向后翻页，按〈PageUp〉键向前翻页，按〈Q〉键退出 man 并返回到命令行提示符下。

如果要搜索某个 man 页，可以使用带有 -k 选项的 man 命令。例如搜索与 clear 相关的 man 页，可以在命令行中输入：

```
man -k clear | more
```

由于与 clear 相关的命令可能有很多，这里加上了选项 more 以便分页查看。

要找出关于 man 命令用法的更多信息，可以在命令行中输入：

```
man man
```

即可查看它自己的 man 页。

Linux 的 man 页通常放在/usr/share/man/目录下，在命令行中输入：

```
cd/usr/share/man/
dir
```

即可查看该目录下的内容。在 Linux 系统中 man 分为 10 部分，放在不同的 man 文件夹下，每部分描述了相关工具的使用方法。最常用的是 man1（用户命令）、man5（文件格式）和 man8（系统管理）。有些情况下，不同工具的手册对应相同的名字，例如，在命令行输入 man clear 可以查看 clear 程序的 man 页，而输入 man 3 clear 则可以查看 clear 子程序的 man 页。

🕮 如果要查看更为详尽的帮助信息，可以使用 man 命令查看指定命令的帮助手册；阅读下一行内容按〈Enter〉键，阅读下一屏内容按空格键，退出输入〈q〉。

（3）info 查看工具信息

info 是另一种形式的在线文档，可以显示 GNU 工具更完整、更新的信息。若 man 中包含的某个概要信息在 info 中也有，那么，man 页中会有请用户参考 info 页更详细内容的提示。info 工具是 GNU 项目开发的基于菜单的超文本系统，并由 Linux 发布。

直接使用 info 命令可以获得系统中 info 文档的分类列表，在命令行中输入：

```
info
```

可以看到以超文本的形式列出了 info 文档的分类列表。

在上面示例中可以按以下键进行操作，如表 3-8 所示。

若要用 info 命令显示工具信息，例如查看 dir 命令的信息，可在命令行下输入：

```
dir
```

可以看到 dir 命令的详细信息，以及与之相关的命令。

info 命令还提供了大量的快捷键以便在页面层次结构内移动，最常用的快捷键如表 3-9 所示。

表 3-8　操作键

键	说　明
H	打开 info 的交互式文档
?	列出 info 命令
SPACE	在菜单项之间进行滚动选择
M	接着输入要显示的菜单项名，可查看菜单内容
Q	退出

表 3-9　快捷键

键	说　明
Tab	跳转至当前 info 页的下一个超链接
N	移至 info 页的下一个结点
P	移至 info 页的前一个结点
U	上升一级

（4）通过帮助选项获得帮助

大多数命令均可以使用选项来获取帮助，Shell 命令使用 --help 的选项来获得帮助信息。例如，想获取显示文件命令 dir 的帮助信息，可在命令行下输入：

```
dir --help | more
```

2. 命令行的历史记录和编辑

目前的 Linux 发行版默认使用 Bash Shell，它已成为 Linux 系统的实际标准。Bash Shell 命令行具有非常强大的功能。事实证明，从 Windows 操作系统转向 Linux 操作系统的用户，刚开始都习惯尝试使用图形界面进行操作，但他会逐渐意识到，命令行是执行许多任务的更加快捷方便的方法。Bash Shell 提供了一些特性使命令行的操作变得容易。

（1）命令行的历史记录

可以通过重复按〈↑〉方向键遍历近来在控制台下输入的命令，按〈↓〉方向键可以向前遍历，与 Shift 键联用可以遍历以往在该控制台中的输出。例如，要在命令行下输入命令“dir --help | more”，可以在命令行下重复按向上方向键〈↑〉，直到出现“dir --help | more”为止，然后按〈Enter〉键执行这一命令，如图 3-12 所示。

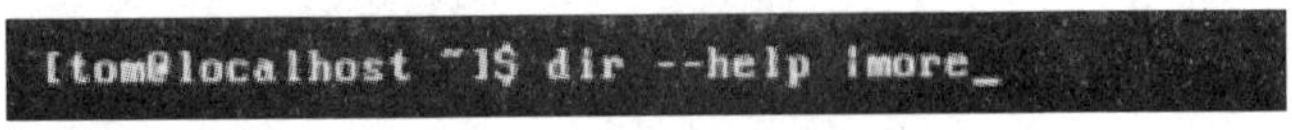

图 3-12　遍历命令行的历史记录

（2）编辑命令行

在命令行下按〈Ctrl + R〉组合键将进入向后增量搜索模式，命令行出现“reverse - i - search`'：”，如图 3-13 所示。

图 3-13　向后增量搜索模式

此时尝试输入以前输入过的命令，每输入一个字符时，命令行都会滚动显示历史命令，当显示到想要查找的命令时，直接按〈Enter〉键就执行了该历史命令。仍以“dir --help | more”命令为例，当输入字符 d 时，搜索出来的命令是 cd，这不是所需要的历史命令，继续输入第二个字符 i，这时就出现了所需要的历史命令“dir --help | more”，然后按〈Enter〉键即执行该命令，如图 3-14 所示。

图 3-14　查找历史命令

在命令行中按〈Ctrl + P〉或者〈Ctrl + N〉组合键可以快速向前或向后滚动查找一个历史命令，这可以快速提取刚刚执行过不久的命令。例如，在命令行下输入如下命令：

```
echo "Hello,Linux world"
```

命令行下将出现字符“Hello，Linux world”，然后按〈Ctrl + P〉组合键，命令行下将出现刚刚输入过的命令，如图 3-15 所示。

通过一些功能键可以快速浏览并编辑命令行，下面给出常用的完成一般编辑的快捷方式，如表 3-10 所示。

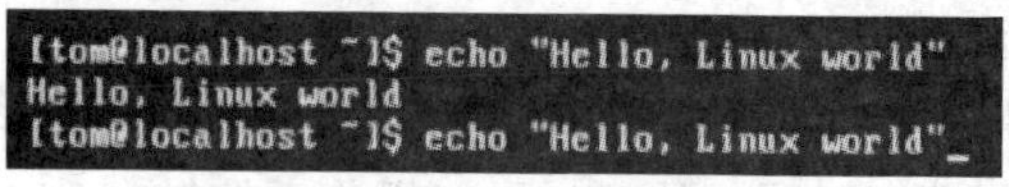

[tom@localhost ~]$ echo "Hello, Linux world"
Hello, Linux world
[tom@localhost ~]$ echo "Hello, Linux world"_

图 3-15　显示上次输入的命令

表 3-10　快捷方式

快捷方式	说　明
Ctrl + K	从光标当前位置删除所有字符至行尾
Ctrl + U	从光标当前位置删除所有字符至行首
Ctrl + W	向后删除一个字，用来修改刚刚输入的错误字
Ctrl + A	跳转至命令行首
Ctrl + E	跳转至命令行尾
Ctrl + Y	粘贴最后一个被删除的字
Ctrl + F	向前跳转一个字符
Ctrl + B	向后跳转一个字符
Alt + D	删除从光标当前位置，到当前字的结尾字符
Alt + F	向前跳转到下一个字的第一个字符
Alt + B	向后跳转到下一个字的第一个字符
! $	重复前一个命令最后的参数

例如，用命令 mkdir 在/home/tom/tmp/下新建一个目录 music，在命令行下输入：

```
mkdir /home/tom/tmp/music
```

在命令行下输入如下命令进入 music 目录：

```
cd ! $
```

也可以在命令行下输入 pwd 命令查看当前工作目录，如图 3-16 所示。

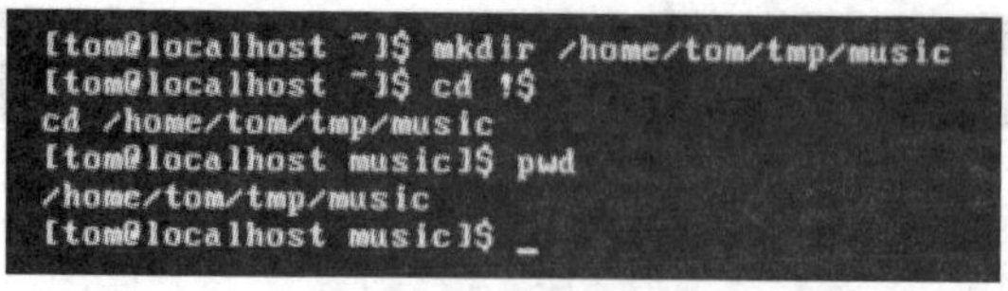

[tom@localhost ~]$ mkdir /home/tom/tmp/music
[tom@localhost ~]$ cd !$
cd /home/tom/tmp/music
[tom@localhost music]$ pwd
/home/tom/tmp/music
[tom@localhost music]$ _

图 3-16　命令行操作

3. 从 Internet 获得帮助

Internet 上提供了许多 Linux 方面的站点以及相关文档，除此以外，还可以利用搜索引擎如百度（www. baidu. com）、Google（www. google. com），输入所遇到的错误信息进行搜索，通常可以找到解决问题的相关办法。

（1）Linux 文档项目

Linux 文档项目（Linux Documentation Project，LDP）提供了大量关于 Linux 的免费发布的电子书籍，其历史几乎和 Linux 一样长，内容有使用指南、FAQ、HOWTO、杂志、man 页等。LDP 的主页是 www. tldp. org，主页支持多种语言，可以进行本地搜索，简单易用。LDP 文档除了提供多语言版本，还提供各种文档格式，比如 PDF（Adobe 的文档格式）、HTML、纯文本、PostScript 以及 XML 相关源码。

（2）GNU

在 GNU 的主页（www. gnu. org）上可以得到很多 GNU 的文档以及其他资源，与 LDP 一样，GNU 的文档也提供多语言版本，在 www. gnu. org/manual 站点可以获得 GNU 的手册页。

（3）各 Linux 发行版官方网站及 BBS 论坛

大多数 Linux 发行版都有其主页和 BBS，上面提供许多文档，若有问题也可以在 BBS 上留言寻求帮助。此外还可以在一些非常优秀的 BBS 上寻求帮助，例如红联（www. linux110. com）、中国 Linux 论坛（www. linuxforum. net）、ChinaUnix（www. chinaunix. net）、www. linuxsir. org 等。

3.3 Vi 编辑器的使用

Linux 系统最常用的文本编辑工具就是 Vi 文本编辑器，它以命令行的方式处理文本，尽管不如图形化处理方式直观，但它以操作速度快、功能全面等优点赢得了 Linux 用户广泛的认可，本节将介绍 Vi 的基本操作和使用。

3.3.1 认识 Linux 的文本编辑器

Linux 系统中的很多功能都需要通过修改相应的配置文件来实现，在字符界面下要修改文件的内容大都要用到 Vi 编辑器，它可以执行输出、删除、查找、替换、块操作等众多文本操作，而且用户可以根据自己的需要对其进行定制，这是其他编辑程序所没有的。Vi 编辑器就相当于 Windows 系统中的“Word + 记事本”，只是写的代码文件扩展名是 c 或 cpp 等，它在 Linux 系统中的地位是非常重要的。Vim 是 Vi 编辑器的增强版本，在 Vi 编辑器的基础上扩展了很多实用的功能，但是习惯上也将 Vim 称作 Vi。

Vi 编辑器本身的命令很简单，命令的基本格式：

```
vi [文件名]
```

如果指定的文件不存在，那么 Vi 命令会创建文件并进入编辑状态，如果文件存在，则进入编辑状态对其进行编辑。

3.3.2 Vi 编辑器的启动和退出

Vi 是基于命令行界面的全屏幕文本编辑器，用户需要在终端中使用 Vi。首先选择“应用程序”→“附件”→“终端”命令打开终端，在提示符后输入 Vi 后按〈Enter〉键即可进入 Vi 主界面。

与其他控制台命令一样，Vi 提供了一些启动参数，用户可以使用下面的语法格式，利用 Vi 的启动参数控制 Vi 的活动：

```
vi [参数] [文件名]
```

Vi 可以自动载入所要编辑的文件或是开启一个新文件，常用的启动参数如下。

-b 以二进制模式显示。

-d 打开多个文件，并显示文件之间的不同之处。

-m 被修改后的文件不允许被写入硬盘。

-M 禁止对文件进行修改。

-e 以 ex（一种 UNIX 系统中常见的文本编辑器）的操作方式进行 Vi 编辑。

除此之外，Vi 还包含其他启动参数，在需要特殊启动方式的情况下，这些参数会起到重要的作用，有兴趣的读者可以自行查阅相关资料进行了解。

在指令模式下输入如下命令可以退出 Vi：

:q 如果用户只是读文件的内容而未对文件进行修改，可以在命令模式下输入“：q”退出 Vi。

:q! 如果用户对文件的内容作了修改，又决定放弃对文件的修改，则用“：q!”命令。

:w! 强行保存一个 Vi 文件，如何该文件已存在，则进行覆盖。

:wq 保存文件并退出 Vi。

ZZ 快速保存文件的内容，然后退出 Vi，功能和“：wq”相同。

:w filename 相当于“另存为”

:n,mw filename 将第 n-m 行的文本保存到指定的文件 filename 中。

3.3.3 Vi 编辑器的 3 种工作模式

在 Vi 编辑界面中有 3 种不同的工作模式：命令模式、输入模式和末行模式。

（1）命令模式

任何时候，不管用户处于何种模式，只要按一下〈Esc〉键，即可使 Vi 进入命令行模式。当在 Shell 环境下输入 Vi 命令启动 Vi 编辑器时，也是处于该模式下。

在该模式下，用户可以输入各种合法的 Vi 命令，用于管理自己的文档。此时，从键盘上输入的任何字符都被当作编辑命令来解释。若输入的字符是合法的 Vi 命令，则 Vi 在接受用户命令之后完成相应的动作（但需注意的是所输入的命令并不在屏幕上显示出来）。若输入的字符不是 Vi 的合法命令，则 Vi 会响铃报警。

（2）输入模式

在命令模式下输入插入命令 i、附加命令 a 、打开命令 o、修改命令 c、取代命令 r 或替换命令 s 都可以进入文本输入模式。在该模式下，用户输入的任何字符都被 Vi 当作文件内容保存起来，并将其显示在屏幕上。在文本输入过程中，若想回到命令模式下，按〈Esc〉键即可。

（3）末行模式

末行模式也称 ex 转义模式。Linux Vi 命令和 Ex 编辑器的功能是相同的，二者主要区别是用户界面。在 Vi 中，命令通常是单个键，例如 i、a、o 等；而在 Ex 中，命令是以按〈Enter〉键结束的正文行。Linux Vi 命令有一个专门的“转义”命令，可访问很多面向行的 ex 命令。在命令模式下，用户按“:”键即可进入末行模式下，此时 Linux Vi 命令会在显示窗口的最后一行（通常也是屏幕的最后一行）显示一个“:”作为末行模式的提示符，等待用户输入命令。多数文件管理命令都是在此模式下执行的（如把编辑缓冲区的内容写到文件中等）。末行命令执行完后，Linux Vi 命令自动回到命令模式。例如：

```
:1,$s/A/a/g
```

则从文件第一行至文件尾将大写 A 全部替换成小写 a。

若在末行模式下输入命令过程中改变了主意，可按〈Esc〉键，或用〈BackSpace〉键将输入的命令全部删除之后，再按一下〈BackSpace〉键，即可使 Linux Vi 命令回到命令模式下。如果要从命令模式转换到编辑模式，可以输入命令 a 或者 i；如果需要从输入模式返回，则按〈Esc〉键即可。在命令模式下输入“:”即可切换到末行模式，然后输入命令，如图 3-17 所示。

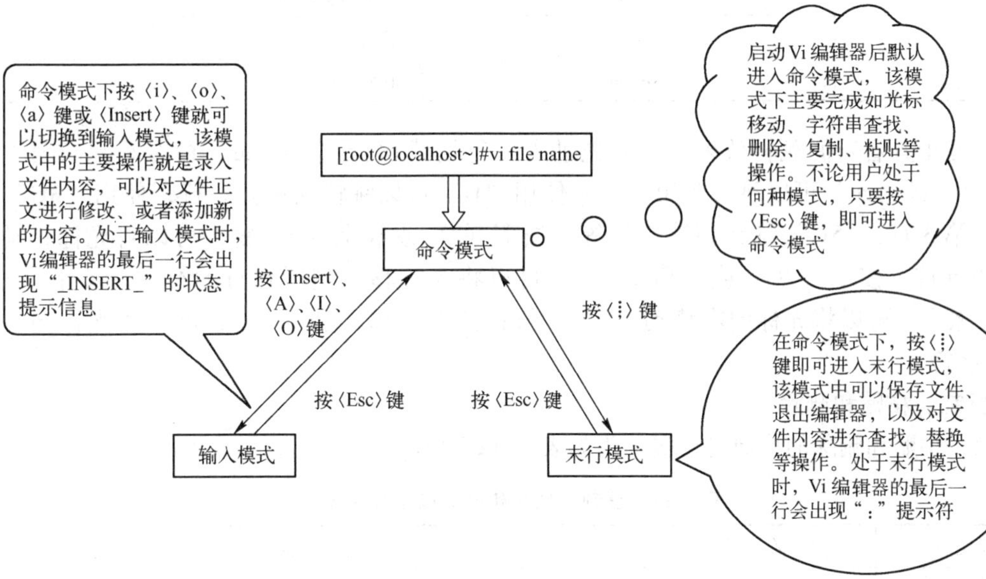

图 3-17　Vi 编辑器工作模式

Vi 编辑器中涉及的命令和快捷键很多，下面还是以一个具体的实例来介绍一些常用的操作。

将系统中的/etc/inittab 文件复制到/root 目录中，以它为对象用 Vi 编辑器进行编辑。

```
[root@ localhost ~]# cp /etc/inittab /root
[root@ localhost ~]# vi inittab
```

3.3.4　命令模式操作命令

1. 移动光标

要对正文内容进行修改，首先必须把光标移动到指定位置，具体操作如表 3-11 所示。

表 3-11　光标移动操作快捷键

操作类型	操作键	功能
光标方向移动	↑↓←→	上、下、左、右
翻页	Page Up 或 Ctrl + B	向上翻一整页内容
	Page Down 或 Ctrl + F	向下翻一整页内容
行内移动	Home、‘^’、数字 0	跳转到本行首
	End、‘$’	跳转到本行末
	n←	光标向左移动 n 位
	n→	光标向右移动 n 位

（续）

操作类型	操作键	功能
行间移动	lG 或 gg	光标移动到文首
	G	光标移动到文末
	nG	光标移动到第 n 行
行号显示	:set nu	显示行号
	:set nonu	取消行号显示

为了便于查看行间跳转效果，可以先进入末行模式执行“:set nu”命令显示行号，然后用“1G”或“gg”可以跳转到第 1 行，使用“G”可以跳转到最后一行，使用“3G”可以跳转到第 3 行，“5G”跳转到第 5 行等。按下〈^〉或数字〈0〉键，可以将光标移动到所在行的行首。按下〈 $ 〉或〈End〉键，可以将光标移动到所在行的行尾。按下〈10〉和〈→〉键”，可以将光标向右移动 10 个字符；按下〈10〉和〈←〉，可以将光标向左移动 10 个字符。

2. 复制、粘贴和删除

复制、粘贴和删除的快捷键可概括为如表 3–12 所示。

表 3–12　复制、粘贴和删除操作快捷键

操作类型	操作键	功能
复制	yy	复制光标所在行内容
	nyy	复制从光标所在行到第 n 行的内容
粘贴	p	将粘贴板中的内容粘贴到光标之后
删除	X 或 Delete	删除光标所在处的单个字符
	dd	删除光标所在行
	d^	删除光标所在处之前到行首的所有字符
	d$	删除光标所在处到行末的所有字符

以用其他字符来替换光标所指向的字符，或从当前光标位置删除一个或多个字符。从正文中删除的内容（如字符、字或行）并没有真正丢失，而是被剪切并复制到了一个内存缓冲区中，用户可将其粘贴到正文中的指定位置。

3. 文件内容查找

要查找文件中指定字或短语出现的位置，可以用 Vi 直接进行搜索，而不必以手工方式进行，具体操作如表 3–13 所示。

表 3–13　文件内容查找操作快捷键

操作键	功能
/word	从上到下搜索字符 word
?word	从下到上搜索字符 word
n	定位下一个字符
N	定位上一个字符

在命令模式下，输入“/”后输入指定的字符串，将从当前光标处开始向后进行查找。例如输入“/runlevel”，回车后将查找文件中的“runlevel”字符串并高亮显示结果，光标自动移动到第一个查找结果处，输入“n”移动到下一个查找结果，键入“N”移动到上一个查找结果。“?”可以自当前光标处开始向上查找，用法与“/”类似。

4. 撤销编辑

在编辑文档的过程中，为消除某个错误的编辑命令造成的后果，可以用撤销命令。另外，如果用户希望在新光标位置重复前面执行过的编辑命令，可用重复命令，操作如表 3-14 所示。

按“u”键可以撤销最近一次的操作，并恢复操作结果，按“U”键可以撤销对当前行所做的所有编辑。

5. 文本选中

Vi 可进入到一种成为 Visual 的模式，在该模式下，用户可以用光标移动命令可视地选择文本，然后再执行其他编辑操作，例如删除、复制等，操作功能如表 3-15 所示。

表 3-14 撤销操作快捷键

操 作 键	功 能
u	按一次撤销最近一次操作，连续按撤销多步操作
U	取消当前所在行的所有操作

表 3-15 文本选中操作快捷键

操 作 键	功 能
v	字符选中命令
V	行选中命令

3.3.5 输入模式操作命令

在命令模式下正确定位光标后，可用以下命令切换到插入模式，操作命令如表 3-16 所示。

上面介绍了几种切换到插入模式的简单方法。另外还有一些命令，它们允许在进入插入模式之前首先删去一段正文，从而实现正文的替换。这些操作命令如表 3-17 所示。

表 3-16 输入模式切换操作快捷键

操作键	功 能
i	在光标左侧输入正文
a	在光标右侧输入正文
o	在光标所在行的下一行添加新行
O	在光标所在行的上一行添加新行
I	在光标所在行的开头输入正文
A	在光标所在行的末尾输入正文

表 3-17 替换操作快捷键

操作键	功 能
s	用输入的正文替换光标所指向的字符
ns	用输入的正文替换光标右侧的 n 个字符
cw	用输入的正文替换光标右侧的字符
ncw	用输入的正文替换光标右侧的 n 个字
cb	用输入的正文替换光标左侧的字符
ncb	用输入的正文替换光标左侧的 n 个字
cd	用输入的正文替换光标的所在行
ncd	用输入的正文替换光标下面的 n 行
c$	用输入的正文替换从光标开始到本行末尾的所有字符
c0	用输入的正文替换从本行开头到光标的所有字符

3.3.6 末行模式下的基本操作

在命令模式下输入“:”可以切换到末行模式，Vi 编辑器的最后一行将显示“:”提示符，用户可以在该提示符后输入特定的末行命令。

1. 保存退出 Vi 编辑器

保存退出 Vi 编辑器的具体操作命令如表 3-18 所示。

表 3-18　Vi 编辑器保存退出操作快捷键

功　能	命　令	备　注
保存文件	:w	
	:w/home/file_name	文件另存为 file_name
退出 Vi	:q	未修改退出
	:q!	放弃对文件修改退出
保存并退出 Vi	:wq	

“:w”可以保存文件内容，如需要另存为其他文件，则需要指定新的文件名，“:w /root/newfile”。

“:q”可以退出 Vi 编辑器，“: q!”可以不保存强制退出。

“:wq”保存退出。

2. 文件内容替换

文件内容替换的具体操作命令如表 3-19 所示。

表 3-19　文件内容替换操作快捷键

命　令	功　能
:s /old/new	将当前行中查找的第一个字符串 old 替换为 new
:s /old/new/c	替换时进行确认
:s /old/new/g	将当前行中查找的所有字符串 old 替换为 new
:n,m s /old/new/g	将第 n 行到第 m 行内所有的字符串 old 替换为 new
:% s /old/new/g	将整个文件内的字符串 old 替换为 new

从上述替换命令可以看到：g 放在命令末尾，表示对搜索字符串的每次出现进行替换；不加 g，表示只对搜索字符串的首次出现进行替换；g 放在命令开头，表示对正文中所有包含搜索字符串的行进行替换操作。s/old/new/4，功能是从当前行开始到第 4 行的 old 替换成 new；而 s/old/new/功能是当前行开始的 old 替换成 new。

3.3.7　Shell 切换

在编辑正文时，利用 Vi 命令模式下提供的 Shell 切换命令，无须退出 Vi 即可执行 Linux 命令，十分方便，也可以说是末行模式。语法格式为：

```
:! Command   执行完 Shell 命令 command 后回到 Vi
```

另外，在编辑模式下，输入 K，可命令 Vi 查找光标所在单词的手册页，相当于运行 man 命令。

Vi 编辑器看似很复杂，其实常用的操作不多，而且同样的一个操作往往有好几种不同的实现方法，至于到底用哪种方法，完全看个人的喜好，下面是 Vi 编辑器的几个例子，供读者练习。

【例 3-4】 Vi 编辑器常用操作练习。

1）在/root 目录下建立一个名为 vitest 的目录。

```
mkdir /root/vitest
```

2）将文件/etc/man. config 复制到/root/vitest 目录中。

```
cp /etc/man. config/root/vitest
```

3）使用 Vi 编辑器打开文件/root/vitest/man. config，对其进行编辑。

```
vi /root/vitest/man. config
```

4）移动光标到第 58 行，再向右移动 40 个字符，说出你看到的目录。

```
先输入 58G,再输入 40→,会看到"/dir/bin/foo"。
```

5）移动光标到第一行，并且向下搜寻“X11R6”这个字符串，请问它在第几行?

```
先输入 gg,然后输入/X11R6 搜寻,会看到它在第 47 行。
```

6）将 50 ~ 100 行之间的 man 改为 MAN，并且一个一个确认是否需要修改。

```
:50,100 s/man/MAN/gc
```

7）修改完之后，想要全部复原，有哪些方法。

```
简单的方法可以一直按 u 回复到原始状态;或使用不存储离开:q!。
```

8）复制 51 ~ 60 行这 10 行的内容，并且粘贴到最后一行之后。

```
先 51G,然后再 10yy,之后按下 G 到最后一行,再按 p 粘贴上 10 行。
```

9）删除 11 ~ 30 行之间的 20 行。

```
11G 之后,再 20dd 即可删除 20 行了。
```

10）将这个文件在当前目录下另存成一个名为 man. test. config 的文件。

```
:w man. test. config
```

11）到删除第 29 行第 15 个字符。

```
29G 之后,再 15x 即可删除 15 个字符。
```

12）将整个文档中所有的 runlevel 都替换成 level。

```
:% s/runlevel/level/g
```

3.4 本章小结

本章从整体上讲述了 Linux 系统的操作基础，第 1 节对 Linux 的基本操作进行了简单介绍，

第 2 节对 Linux 的命令进行了分类总结，第 3 节讲述了创建文本文件、编辑文本文件所必须使用的工具——Vi 文本编辑器，上述内容对高效地管理与操作 Linux 会有很大的帮助。读者应当熟练地掌握本章的各个知识点，为学习后续章节的 Linux 网络应用等打下坚实的基础。

3.5 思考与练习

（1）Linux 系统有几个运行级别，每个运行级别的含义是什么？
（2）Linux 有几种关机方法，每种关机操作有何异同？
（3）Linux 操作系统有哪些常用命令？
（4）练习管理文件和目录的命令。
（5）练习有关文件备份和压缩命令。
（6）练习有关磁盘空间的命令。
（7）练习管理使用者和设立权限的命令。
（8）Vi 编辑器有哪几种模式？各模式之间转换的命令是什么？

第4章　进程管理

进程是多任务并发的基本概念，是现代操作系统最重要的思想之一。在并行处理中，进程调度是影响系统性能的重要因素。同时，运行在一个计算机中的多个进程之间很少是完全独立的，它们要共享资源，分工协作，相互通信，所以进程的并发控制与同步机制是操作系统不可或缺的。本章详细介绍进程的原理及其在Linux内核里的实现，进程调度的基本原理和实现机制，进程的各种同步原语、以及通信机制等内容。

4.1　进程概述

为了提高计算机的效率，增强计算机内各种硬件的并行操作能力，操作系统要求程序结构必须适应并发处理的需求，为此引入了进程的概念。进程是操作系统的核心，所有基于多道程序设计的操作系统都应建立在进程的概念之上。

4.1.1　进程的概念

进程是操作系统的概念，是操作系统资源分配和调度的基本单位，执行一个程序时，对于操作系统来讲就创建了一个进程。在这个过程中，伴随着资源的分配和释放。进程是系统中正在运行的程序，是一个程序的一次执行过程，是一个动态的实体，随着程序中指令的执行而不断变化，在某个时刻进程的内容被称为进程映像（Process Image）。

Linux是一个多任务操作系统，也就是说可以有多个程序同时装入内存并运行，操作系统为每个程序建立一个运行环境即创建进程。从逻辑上说，每个进程都拥有自己的虚拟CPU，实际上是真正的CPU仅在各个进程之间来回切换。但如果为了研究这种系统而去跟踪CPU如何在程序间来回切换是一件复杂的事情，于是换个角度，集中考虑在（伪）并行情况下运行的进程集可以使问题变得简单清晰。进程运行过程中，还需要其他一些系统资源，如：运行指令的CPU、容纳进程本身及与其有关数据的系统物理内存、打开和使用文件的文件系统。同时，要求可以直接或者间接地使用系统的物理设备，如打印机、扫描仪等。由于这些系统资源是被所有进程共享的，所以操作系统必须监控进程和它所拥有的系统资源，使进程间可以公平地拥有系统资源以得到运行。

由此，给出进程的明确定义：进程是由正文段（Text）、用户数据段（User Segment）以及系统数据段（System Segment）共同组成的一个执行环境，如图4-1所示。

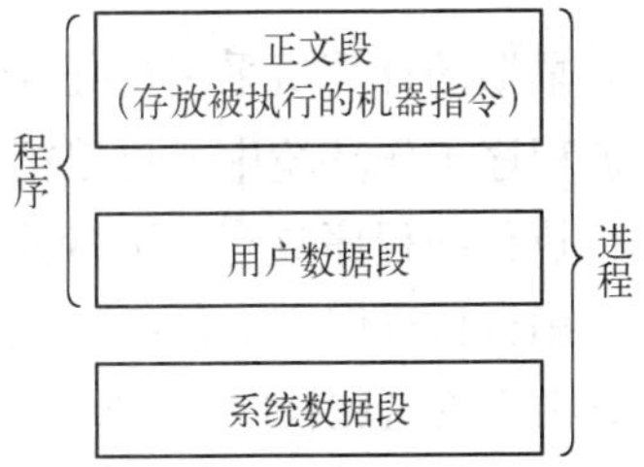

图4-1　进程的组成

（1）正文段

正文段存放被执行的机器指令。这个段是只读的，它允许系统中正在运行的两个或多个进程之间能够共享这一代码。例如，有几个用户都在使用文本编辑器，在内存中仅需要该程序指令的一个副本，它们全都共享这一副本。

(2) 用户数据段

用户数据段存放进程在执行时直接进行操作的所有数据，包括进程使用的全部变量。显然，这里包含的信息是可以改变的。虽然进程之间可以共享正文段，但是每个进程需要有其自身的专用用户数据段，例如，同时编辑文本的用户，虽然运行着同样的程序——编辑器，但是每个用户都有不同的数据，如正在编辑的文本。

(3) 系统数据段

系统数据段有效地存放程序运行的环境，之所以说它有效地存放程序运行的环境是因为这一部分存放着进程的控制信息。系统中有许多进程，操作系统要管理它们并调度它们的运行，就是通过这些控制信息。Linux 为每个进程建立了 task_struct 数据结构来容纳这些控制信息。

假设有 3 道程序 A，B，C 在系统中运行。程序一旦运行起来，就称之为进程，因此把上述 3 道程序称为 3 个进程 Pa，Pb，Pc。若进程 Pa 执行到一条输入语句，这时要从外部设备读入数据，于是进程 Pa 主动放弃 CPU，此时操作系统中的调度程序就要选择一个进程投入运行，若选中的是进程 Pc，这时就会发生进程切换，从 Pa 切换到 Pc。同时，在某个时刻可能切换到进程 Pb。从某一整体时间段看，3 个进程在同时执行，而从某一具体时刻看，却只有一个进程在运行，若干进程的伪并行执行称为进程的并发执行。

在 Linux 系统中可以使用 ps 命令来查看当前系统中的进程及其相关信息，如：系统中所有进程的状态、有哪些进程正在运行和运行的状态、进程是否结束、进程有没有僵死、哪些进程占用了过多的资源等。例如：ps -e 命令显示如下。

```
$ps -e
 PID     TTY       TIME       CMD
   1      ?      00:00:00     init
   2      ?      00:00:00     kthreadd
 102      ?      00:04:04     firefox-bin
2206    pts/0    00:00:00     bash
2211    pts/0    00:00:05     fcitx
2809      ?      00:00:01     stardict
3317      ?      00:00:05     qq
 …
```

这里只是截取了部分进程部分相关信息，即进程的进程号、进程相关中断（? 表示进程不需要中断）、进程已经占用 CPU 的时间和启动进程的程序名。在后续章节中还要使用 ps -e 命令来查看进程的其他信息。

4.1.2 程序和进程

早期的计算机采用单任务处理方式，操作员向计算机提交作业，计算机串行执行作业。在单道程序工作环境中，可以把一个“程序”理解为“一个在时间上按次序串行的操作序列”。串行执行的程序具有如下特性：顺序性、资源独占、结果的无关性。

串行执行作业缺点是计算机资源不能得到充分的利用。比如一个作业需要磁盘进行输入/输出，由于磁盘比较慢，CPU 只能不断去查询是否磁盘已经完成输入/输出，这样就浪费了 CPU 资源。由于作业具有一定的独立性，相互之间的依赖性较小，一定程度上可以并行处理，所以就有了多任务处理方式。当一个任务需要磁盘进行输入/输出时，CPU 向磁盘提交输入/输出请求后，就立即调度运行其他任务。磁盘输入/输出完成后，CPU 再恢复运行前一个任务。这样，CPU 资源得到更充分的利用，多任务处理方式大大提高了计算机的利用率和性价比。

无论是操作系统自身的程序还是用户程序，通常总是存在一些相对独立但又能并发执行的程序段。由于这些程序段可以被多个用户作业调用，因此可在同一时间间隔内发生。这样某个程序段可能对应多个“计算”，于是程序与“计算”已不具有一一对应的关系。这些“并发程序”就构成了一个“并发环境”。

Linux 操作系统是面向多用户的，在同一时间允许多个用户向操作系统发出各种命令，那么操作系统是怎么实现多用户操作的呢？在现代的操作系统里面，都有程序和进程的概念。通俗地讲，程序是一个包含可以执行代码的文件，是一个静态的文件。在多道环境下，程序不能独立运行。作为资源分配和独立运行的基本单位是进程，操作系统所有的特征都是基于进程而体现的。进程是一个开始执行但是还没有结束的程序的实例，就是可执行文件的具体实现。一个程序可能有许多进程，而每一个进程又可以有许多子进程，依次循环下去，而产生子孙进程。

在 Linux 中，用户进程由系统调用 fork 创建。当程序被系统调用到内存以后，系统会给程序分配一定的资源（如内存，设备等），然后进行一系列的复杂操作，使程序变成进程以供系统调用。在系统里面只有进程没有程序，为了区分各个不同的进程，系统给每一个进程分配了一个 ID 以便识别。一个进程必须有系统资源（如 CPU、内存等），在多任务系统中，操作系统分配并调度这些资源。一方面，进程无须关心资源管理的细节，集中在自己的事务处理上即可。另一方面，多个进程共享系统资源，使资源利用趋于最大化。为了充分地利用资源，系统还对进程区分了不同的状态，将进程分为新建、运行、阻塞、就绪和完成 5 个状态。新建表示进程正在被创建；运行是进程正在运行；阻塞是进程正在等待某一个事件发生；就绪是表示系统正在等待 CPU 来执行命令；完成表示进程已经结束，系统正在回收资源。实际上，操作系统是把进程看作资源分配的一个个体，大多数资源是基于进程分配的。其中，在大多数机器上，内存是采用虚拟内存的方式工作的，所以每一个进程都有一个自己的虚拟进程地址空间。

进程与程序的联系和区别如下。

1）动态性和静态型。动态性是进程最基本的特性，可表现为由创建而产生，由调度而执行，因得不到资源而暂停执行以及由撤销而消亡，因而进程有一定的生命期；而程序只是一组有序指令的集合，是静态实体。

2）结构上，每个进程实体都由程序段和相应的数据段组成，这一特征与程序的含义相近。

3）一个进程可以涉及到一个或几个程序的执行；反之一个程序可以对应多个进程，即同一程序段可在不同数据集合上运行，可构成不同的进程。

4）并发性。并发性是进程的重要特征，同时也是操作系统的重要特征。引入进程的目的正是为了使其程序能和其他建立了进程的程序并发执行，而程序本身是不能并发执行的。

5）进程具有创建其他进程的功能。

6）操作系统中的每一个程序都是在一个主进程中运行。

每一个进程只能有一个父进程，但是一个父进程可以有多个子进程。当进程被创建时，操作系统会给子进程创建新的地址空间，并把父进程的地址空间映射到子进程的地址空间。父子进程共享只读数据和代码段，但是堆栈和堆是分离的。

4.1.3 进程的结构

进程是一个动态实体，它具有生命周期，系统中进程的生死随时发生。因此，对操作系统中进程的描述类似人类的活动。一个进程不会平白无故的诞生，它总会有自己的父母。在 Linux 中，通过系统调用 fork 来创建一个新的进程。新创建的子进程同样也能执行 fork，所以，有可能形成一棵完成的进程树。

🕮 注意：每个进程只能有一个父进程，但可以有 0 个或多个子进程。

从 Linux 的启动体验进程树的诞生。Linux 在启动时就创建一个称为 init 的特殊进程。顾名思义，它是起始进程，是祖先，以后诞生的所有进程都是它的后代。init 进程为每个终端创建一个新的管理进程，这些进程在终端（tty）上等待用户的登录。当用户正确登录后，系统再为每一个用户启动一个 Shell 进程，由 Shell 进程等待并接收用户输入的命令信息，如图 4-2 所示即是一棵进程树。

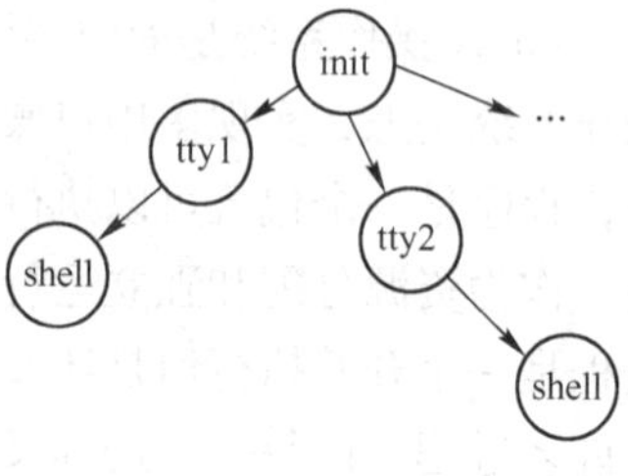

图 4-2　进程树

此外，init 进程还负责管理系统中的“孤儿”进程。如果某个进程创建子进程之后就终止，而子进程还“活着”，则子进程成为孤儿进程。init 进程负责“收养”该孤儿，即孤儿进程会立即成为 init 进程的儿子。也就是说，init 进程承担着养父的角色，这是为了保证进程树的完整性。

在 Linux 系统中可以使用 pstrees 命令来查看系统中的树状结构，pstree 将所有进程显示为树状结构，以清楚地表示进程间的相互关系。从该命令的显示结果可以看到，init 进程是系统中唯一一个没有父进程的进程，它是系统中的第一个进程，其他进程都是由它和它的子进程创建的。另外，ps 命令也可以显示进程的树状结构，例如：

```
$ps  -elH
```

4.1.4　进程实例

进程是程序在计算机上的一次执行活动，运行一个程序时，就启动了一个进程。进程可以分为系统进程和用户进程，凡是用于完成操作系统的各种功能的进程就是系统进程，它们就是处于运行状态下的操作系统本身；用户进程就是所有由用户启动的进程。进程是操作系统进行资源分配的单位，进程实例就是一个运行的程序。

下面这段程序实现的功能是：父进程创建一个子进程，两个进程之间有一个管道进行数据交换，父进程向管道中写数据，子进程从管道中读取数据。

```
void main()
{ int ret;
  int fd[2];
  char buf[100];
  int n;
  printf("This is start of parent process. \n");
  pipe(fd);
  ret = fork();
  if(ret == 0){
       printf("This is child process. \n");
```

```
        strcpy(buf,"I am child. \n");
        write(fd[1],buf,strlen(buf));
        printf("[child]message sent. \n"); }
    else if(ret == -1){
        printf("fork error. \n"); exit(0); }
    else {
        printf("[parent]This is parent process. \n");
        printf("[parent]child process id is:%d. \n",ret);
    n = read(fd[0],buf,100);
    buf[n] =0;
    printf("[parent]message received:%s",buf);
    }
}
```

4.1.5 Linux 中的进程

进程是处于执行期的程序以及它所包含的所有资源的总称，包括虚拟处理器、虚拟空间、寄存器、堆栈、全局数据段等。在 Linux 中，每个进程在创建时都会被分配一个数据结构，称为进程控制块（Process Control Block，PCB）。在进程的整个生命周期中，系统（也就是内核）总是通过 PCB 感知进程的存在。PCB 中包含了很多重要的信息，供系统调度和进程本身使用，所有进程的 PCB 都存放在内核空间中，是进程存在和运行的唯一标志。PCB 中最重要的信息就是进程标识符（Process. Identifier，PID），内核通过这个 PID 来唯一标识一个进程。PID 可以循环使用，最大值是32768。init 进程的 PID 为 1，其他进程都是 init 进程的后代。当系统创建一个新的进程时，就为它建立了一个 PCB，进程结束时又收回其 PCB，进程也随之消亡。PCB 是内核频繁读写的数据结构，因此应常驻内存。

除了 PCB 以外，每个进程都有独立的内核堆栈（8KB），一个进程描述符结构，这些数据都作为进程的控制信息储存在内核空间中，而进程的用户空间主要存储代码和数据。一般来说，Linux 系统会在进程之间共享程序代码和系统函数库，所以在任何时刻内存中都只有代码的一份副本。

Linux 内核通常把进程叫任务（Task）。另外，在 Linux 内核中，对进程和线程也不做明显的区别，也就是说，进程和线程的实现采取了同样的方式。

4.2 进程控制块

为了对进程进行管理，操作系统就必须对每个进程在其生命周期内涉及的所有事情进行全名的描述。这些信息在内核中可以用一个结构体来描述，Linux 中把对进程的描述结构称为 task_struct，传统上这样的数据结构即为 PCB。Linux 中 PCB 是一个相当庞大的机构体，下面主要讨论 PCB 中进程的状态、标识符和进程间的关系等。

4.2.1 进程状态

为了对进程从产生到消亡的这个动态变化过程进行捕获和描述，就需要定义进程的各种状态并制定相应的状态转换策略，以此来控制进程的运行。因为不同的操作系统对进程的管理方式和对进程的状态解释不同，所以操作系统中描述进程状态的数量和命名也有所不同，但最基本的进程状态有以下 3 种。

1）运行态：进程占有 CPU，并在 CPU 上运行。

2）就绪态：进程已经具备运行条件，但由于 CPU 被占用而暂时不能运行。

3）阻塞态：进程因等待某事件的发生而暂时不能运行（即使 CPU 空闲，进程也不可运行）。

进程在生命周期内处于且仅处于 3 种基本状态之一，如图 4-3 所示。

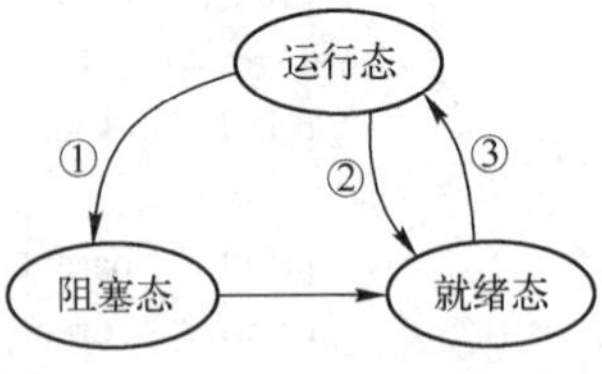

图 4-3　进程状态及转换

在具体操作系统中，设计者根据具体需要可以设置不同的状态。在 Linux 的设计中，考虑到任一时刻在 CPU 上运行的进程最多只有一个，而准备运行的进程可能有若干个，为了管理上的方便，就把就绪态和运行态合并为一个状态即就绪态。这样系统把处于就绪态的进程放在一个队列中，调度程序从这个队列中选择一个进程运行。而等待态又被划分为浅度和深度睡眠态两种，除此之外，还有暂停状态和僵死状态，这几个主要状态描述如下。

- 就绪态：正在运行或准备运行，处于这个状态的所有进程组成就绪队列。
- 等待（睡眠）态：分为浅度睡眠态和深度睡眠态。
- 浅度睡眠态：进程正在睡眠（被阻塞），待资源可用时被唤醒，也可以由其他进程通过信号或时钟中断唤醒。
- 深度睡眠态：与前一个状态类似，但其他进程发来的信号和时钟并不能打断它的熟睡。
- 暂停态：进程暂停执行，比如当进程接收到如下信号后，则进入暂停状态。

  SIGSTOP——停止进程执行；

  SIGTSTP——从终端发来信号停止进程；

  SIGTTIN——来自键盘的中断；

  SIGTTOU——后台进程请求输出。
- 僵死态：进程执行结束但尚未消亡的一种状态，此时，进程已经结束且释放部分资源，但尚未释放其 PCB。

Linux 进程状态的转换及其调用的内核函数，如图 4-4 所示。

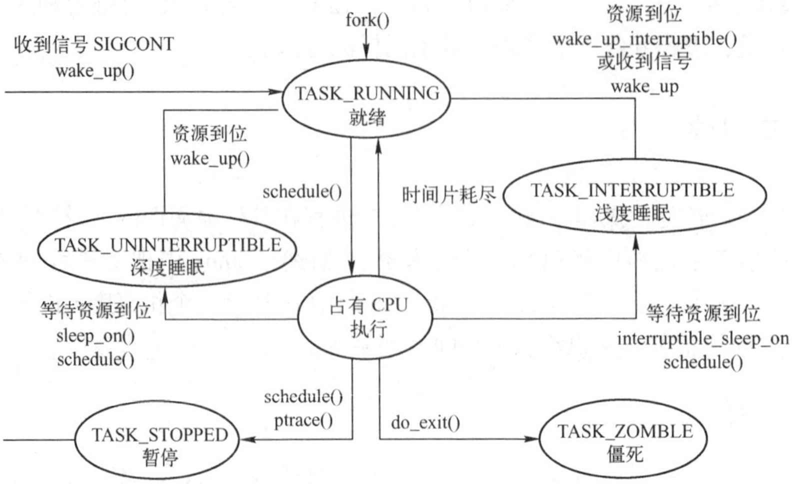

图 4-4　Linux 进程状态转换及其调用的内核函数

从图中可以看出，通过 fork( )创建的进程处于就绪态，PCB 进入就绪队列。如果调用程序 schedule( )，则从就绪队列中选择一个进程占有 CPU 投入运行。在进程执行过程中，因为输入/输出等原因从而调用 interruptible_sleep_on( )或者 sleep_on( )，则进程进入浅度睡眠或深度睡眠态。由于进程进入睡眠态放弃 CPU，因此调用调度程序 schedule( )重新从就绪队列中调用另一个进程运行。

📖注意：信号是一个很短的信息，通常用来通知进程产生了异步事件。

4.2.2 进程标识符

不管对内核还是普通用户来说，如何用一种简单的方式识别不同的进程呢？这就引入了进程标识符（PID）。每个进程都有一个唯一的标识符，内核通过这个标识符来识别不同进程。同时，PID 也是内核提供给用户程序的接口，用户程序通过 PID 来对进程发号施令。

PID 是 32 位的无符号整数，顺序标号，新创建进程的 PID 通常是前一个进程的 PID 加 1。在 Linux 上允许的最大 PID 号由变量 pid_max 来指定，在内核编译的配置界面里配置 0x1000 和 0x8000 两种值，即在 4096 以内或是 32768 以内。当内核在系统中创建进程的 PID 大于这个值时，就必须重新开始使用已闲置的 PID 号。

```
# define PID_MAX_DEFAULT (CONFIG_BASE_SMALL ? 0x1000: 0x8000)
int pid_max = PID_MAX_DEFAUL;
```

这个最大值实际上就是系统中允许同时存在的进程的最大数目。尽管最大值对于一般的桌面系统足够用了，但是大型服务器可能需要更多进程。这个值越小，转一圈就越快。如果确实需要，可以不考虑与老式系统的兼容，由系统管理员通过修改/proc/sys/kernel/pid_max 来提高上限，并可以通过 cat 命令来查看系统 pid_max 的值。

```
$cat/proc/sys/kernel/pid_max
$32768
```

另外，每个进程都属于某一个用户组。task_struct 结构中定义有用户标识符（User Identifier, UID）和组标识符（Group Identifier, GID）。它们同样是数字形式。这两种标识符用于系统的安全控制，系统通过这两种标识符控制进程，并控制对进程中文件和设备的访问。

4.2.3 进程之间的关系

Linux 进程关系主要有 3 种：父进程和子进程、进程组、进程会话。

进程调用 fork( )创建子进程成功时，当前进程就与子进程形成父进程和子进程关系。因为一个进程能创建几个子进程，因此子进程之间有兄弟关系。如前所述，init 进程是所有进程的祖先，系统中的进程形成一棵进程树。这里说明一点，一个进程可能有两个“父亲”，一个为亲生父亲，一个为养父。因为父进程有可能在子进程之前销毁，就需要为子进程重新找个养父，但大多数情况下，生父和养父是相同的，如图 4-5 所示。

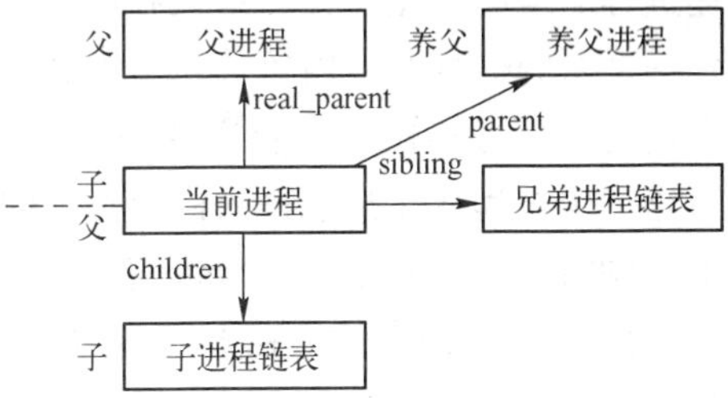

图 4-5 Linux 父子进程之间关系

进程组是一组具有相同进程组 ID 的进程，getpgrp()得到进程的进程组 ID。进程可以通过 setpgid()加入或者创建进程组，如果 PID 和 PGID 相等，就创建一个进程组。

```
#include <unistd.h>
pid_t getpgrp(void);
//Returns:process group ID of calling process
pid_t getpgid(pid_t pid);
//Returns: process group ID if OK, 1 on error
int setpgid(pid_t pid, pid_t pgid);
//Returns: 0 if OK, 1 on error
```

通过 fork()创建的进程继承父进程的 PGID，但是可以用 setpgid()改变 PGID，执行 exec()后 PGID 不变。进程 ID 和 pgid 相同的进程是（组长进程 Group Leader）。进程只能通过 setpgid()改变自己或者子进程的 PGID，而且子进程调用 exec()之后也不能改变。

进程会话（Session）是一个或者一组进程组的集合。每个进程有一个会话标识符 ID SID，子进程会继承父进程的 SID。进程可以通过调用 setsid()创建一个会话，如果进程不是 Group Leader，调用 setsid()会导致下面几个结果。

- 进程成为新建 Session 的 Session Leader，SID 为 PID。
- 进程成为新建进程组的 Group Leader，PGID 为 PID。
- 进程没有控制终端，如果有则断开。
- getsid()获得进程 PID 的 Session Leader 的 PGID。

```
#include <unistd.h>
pid_t setsid(void);
//Returns: process group ID if OK, 1 on error
pid_t getsid(pid_t pid);
//Returns: session leader's process group ID if OK, 1 on error
```

在 Shell 中，往往一个命令（可能包含管道）是一个进程组，所有的进程组属于是一个 Session，Shell 是 Session Leader。一个 Session 中只有一个进程组是前台进程组，其他进程组是后台进程组，Session Leader 是整个 Session 的控制进程，控制终端的输入/输出只会定向到前台进程组。

4.2.4 进程控制块的存放

进程控制块是系统为了管理进程设置的一个专门的数据结构，用来记录进程的外部特征，描述进程的运动变化过程。系统利用 PCB 来控制和管理进程，进程与 PCB 是一一对应的。当创建一个新的进程时，内核首先要为其分配一个 PCB（task_struct 结构）。那么，这个 PCB 存放在何处？又怎样找到这个 PCB 呢？

当一个进程从用户态进入内核态，CPU 自动设置该进程的内核栈，这个栈位于内核数据段上。同时，为节省空间，Linux 把内核栈和一个紧挨 PCB 的小数据结构 thread_info 放在一起，占用 8KB 的内存区。在 Intel 系统中，栈始于末端，并朝这个内存区开始的方向“增长”。刚切换过来时，内核栈是空的，堆栈寄存器 ESP 直接指向此内存区的顶端，通过找到 thread_info 来找到当前运行的 task_struct 结构（PCB）。

但是要注意，实际上进程的 PCB 所占内存是由内核动态分配的，更确切地说，内核根本不给 PCB 分配内存，而仅仅给内核栈分配 8KB 的内存，并把其中的一部分让给 PCB 使用。因为 thread_info 结构和内核栈放在一起，内核就很容易从 ESP 寄存器的值获取当前在 CPU 上正在运行的 thread_info 结构的地址。实际上，如果 thread_union 结构（即内核栈和 thread_info 联合组成的一个混合结构）长度为 8KB，则内核通过屏蔽 ESP 寄存器的低 13 位有效位就可以获得 thread_info 结构的基地址；这可以由 current_thread – info( ) 函数来完成。而其实进程最常用的是 task_struct 结构的地址而不是 thread_info 结构的地址，于是为了获得当前 CPU 上运行进程的 PCB 指针，内核需要调用 current 宏，该宏本质上等价于 current_thread_info( ) -> task。同时，对于当前进程父进程的 PCB 可通过下面代码获得。

```
struct task_struct * my_parent = current -> parent;
#define pid_hashfn(x)((((x) >>8)^(x))&(PIDHASH_SZ - 1))
```

在不同的操作系统中对进程的控制和管理机制不同，PCB 中的信息多少也不一样，通常 PCB 应包含如下一些信息。

1）进程标识符。每个进程都必须有一个唯一的标识符，可以是字符串，也可以是一个数字。

2）进程当前状态。说明进程当前所处的状态。为了管理方便，系统设计时会将相同的状态的进程组成一个队列，如就绪进程队列，等待进程则要根据等待的事件组成多个等待队列，如等待打印机队列、等待磁盘 I/O 完成队列等。

3）进程相应的程序和数据地址，以便把 PCB 与其程序和数据联系起来。

4）进程资源清单。列出所拥有的除 CPU 外的资源记录，如拥有的 I/O 设备，打开的文件列表等。

5）进程优先级。进程的优先级反映进程的紧迫程度，通常由用户指定和系统设置。

6）CPU 现场保护区。当进程因某种原因不能继续占用 CPU 时（如等待打印机），释放 CPU，这时就要将 CPU 的各种状态信息保护起来，为将来再次得到 CPU 时，以恢复 CPU 的各种状态，继续运行。

7）进程同步与通信机制。用于实现进程间互斥、同步和通信所需的信号量等。

8）进程所在队列 PCB 的链接字。根据进程所处的现行状态，进程相应的 PCB 加入到不同队列中。PCB 链接字指出该进程所在队列中下一个进程 PCB 的首地址。

9）与进程有关的其他信息。如进程记账信息，进程占用 CPU 的时间等。

4.3 进程的组织方式

在 Linux 中，每个进程都有自己的 task_struct 结构。系统拥有的进程数取决于物理内存的大小，因此进程数可能达到成千上万个。为了对系统中的处于不同状态的进程进行管理，Linux 采用了以下几种组织方式来管理进程。

4.3.1 散列表

散列表（Hash Table）是根据关键码值（Key Value）而直接进行访问的数据结构。也就是说，它通过把关键码值映射到表中一个位置来访问记录，以加快查找的速度。这个映射函数叫作散列函数，存放记录的数组叫做散列表。

散列表是进行快速查找的一种有效的组织方式。Linux 在进程中引入的散列表叫作 pidhash，在 include/linux/sched. h 中定义如下：

```
struct task_struct *pidhash[PIDHASH SZ]
```

PIDHASH SZ 在 include/linux/sched. h 中定义，其值为 1024。系统根据进程的进程号求得 hash 值，加到 hash 表中：

```
#define pid hashfn(x)((((x) >>8) ∧ (x))&(PIDHASH SZ -1))
```

其中，PIDHASH SZ 是表中元素的个数，表中的元素是指向 task_struct 结构的指针。pidhashfn 为散列函数，将进程的 PID 转换为表的索引。通过该函数，可以将进程的 PID 均匀地散列在它们的域中。

散列函数并不总能确保 PID 与表的索引一一对应，两个不同的 PID 散列到相同的索引称为冲突。Linux 利用链地址法来处理冲突的 PID，也就是说，每一表项是由冲突的 PID 组成的双向链表，这种链表是由 task_struct 结构中的 pidhash_next 和 pidhash_pprev 域实现的，同一链表中 PID 按由小到大顺序排列，如图 4-6 所示。

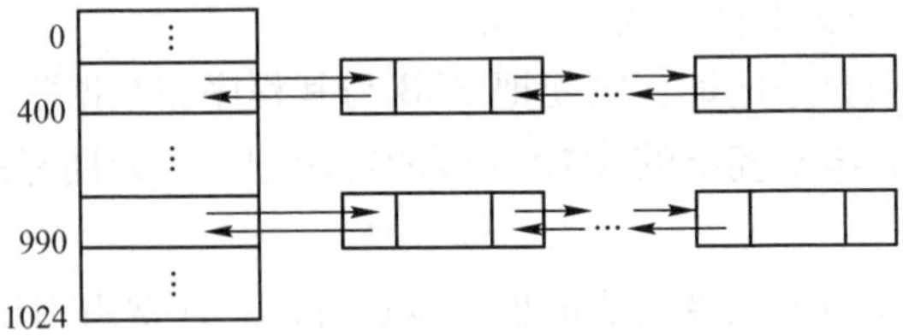

图 4-6　链地址法处理冲突时的散列表

如果知道进程号，可以通过 hash 表很快地找到该进程，查找函数如下：

```
static inline struct task struct *find task by pid(int pid)
{
    struct task struct *p, **htable = &pidhash[pid hashfn(pid)];
    for(p = *htable;p&&p ->pid! =pid;p=p ->pidhash next);
    return p;
}
```

4.3.2 双向循环链表

散列表的主要作用是根据进程的 PID 快速地找到对应的进程，但它没有反映进程创建的顺序，也无法反映进程之间的亲属关系，因此引入了双向循环链表。每个进程 task_struct 结构中的 prevtask 和 nexttask 成员用来实现这种链表，链表的头和尾都是 inittask（即 0 号进程），也就是所谓的空进程，它是所有进程的祖先，如图 4-7 所示。

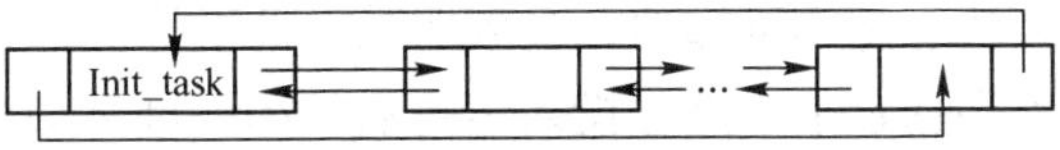

图 4-7 双向循环链表

通过宏 foreach task 可以方便地搜索所有进程：

```
#define for each task(p)
for(p = &init task;(p = p  -> next task) != &init task;)
```

这个宏是循环控制语句，注意 init_task 的作用，因为空进程是一个永远不存在的进程，因此用它做链表的头和尾是安全的。

1. TASK_RUNNING 状态的进程链表

为了能让调度程序在固定的时间内选出“最佳”可运行的进程。Linux 内核定义了一个 prio_arrayt 类型的结构体来管理这 140 个链表。每个可运行的进程都是这 140 个链表中的一个，通过进程描述符结构中的 run_list 来实现，它也是一个 list_head 类型。enqueue_task 把进程描述符插入到某个可运行链表中，dequeue_task 则从某个可运行链表中删除该进程描述符。TASK_RUNNING 状态的 prio_array_t 类型的结构体是 runqueue 结构的 arrays 成员。

2. pidhash 链表

为了通过 PID 找到进程的描述符，如果直接遍历进程间互联的链表来查找进程 ID 为 PID 的进程描述符显然是低效的，所以为了更为高效的查找，Linux 内核使用了 4 个 hash 散列表来加快查找，之所以使用 4 个散列表，是为了能根据不同的 PID 类型来查找进程描述符，它们分别是进程的 PID，线程组组长进程的 PID，进程组组长进程的 pid，会话组长进程的 PID。每个类型的散列表中是通过宏 pid_hashfn(x)来进行散列值的计算的。每个进程都可能同时处于这个散列表中，所以在进程描述符中有一个类型为 PID 结构的 PIDs 成员，通过它可以将进程加入散列表中，PID 结构中包含解决散列冲突的 pid_chain 成员，它是 hlist_node 类型的，还有一个是将相同 PID 链起来的 pid_list，它是 list_head 类型。

4.3.3 可运行队列

当内核要寻找一个新的进程在 CPU 上运行时，一般只考虑那些处于可运行状态的进程，因为查找整个进程链表效率是很低的，所以引入了可运行状态进程的双向循环链表，也叫运行队列。可运行队列容纳了系统中所有可以运行的进程，它是一个双向循环队列，其结构如图 4-8 所示。

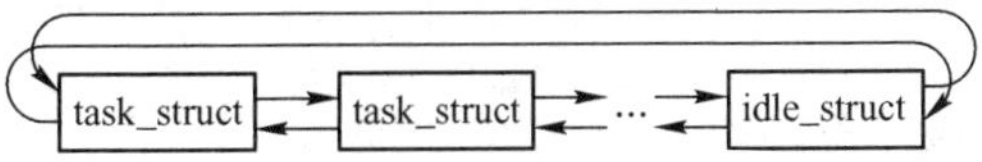

图 4-8　进程的运行队列链表

该队列通过 task_struct 结构中的两个指针由 runlist 链表来维护。队列的标志有两个：一个是“空进程” idle_task，一个是队列的长度。

有两个特殊的进程永远在运行队列中：当前进程和空进程。当前进程就是 current 指针指向的进程，也就是当前运行着的进程。但是请注意，current 指针在调度过程中（调度程序执行时）是没有意义的。调度前，当前进程正在运行，当出现某种调度时机引发了进程调度，先前运行着的进程处于什么状态是不可知的，多数情况下处于等待状态，所以这个时候 current 是没有意义的，直到调度程序选定某个进程投入运行后，current 才真正指向了当前运行进程。空进程是一个比较特殊的进程，只有系统中没有进程可运行时它才会被执行，Linux 将它看作运行队列的头，当调度程序遍历运行队列时，是从 idle_task 开始到 idle_task 结束的。在调度程序运行过程中，允许队列中加入新出现的进程，新出现的可运行进程插入到队尾，这样的好处是不会影响到调度程序所要遍历的队列成员，可见 idle_task 是运行队列很重要的标志。

另一个重要标志是队列长度，也就是系统中处于可运行状态（TASK_RUNNING）的进程数目，用全局变量 nr_running 表示，在/kernel/fork. c 中定义如下：

```
Int nr_running = 1;
```

若 nr_running 为 0，表示队列中只有空进程。说明一下，若 nr_running 为 0，则系统中当前进程和空进程就是同一个进程，但是 Linux 会充分利用 CPU 而避免出现这种情况。

4.3.4 等待队列

可运行队列链表将所有状态为 TASK_RUNNING 的进程组织在一起。将所有状态为 TASK_INTERRUPTIBLE 和 TASKUN_INTERRUPTIBLE 的进程组织在一起而形成的进程链表称为等待队列。

Linux 把等待同一个事件发生或资源的进程都链接在一起形成一个带头结点的双向链表。等待队列的头是用类型 wait_queue_head_t 描述，里面包含了 list_head 类型的 task_list 成员。等待队列中结点的类型用 wait_queue_t 描述，该结构里有 task_struct 类型的指针 task 和 list_head 类型的 task_list 成员。为什么不像前面 4 个队列中一样，将 list_head 类型的 task_list 成员放到进程的描述符里来形成链表呢？原因是 Linux 等待队列太多了，每个事件，每个资源都可以形成一个等待队列，一个进程还可以等待多个事件的发生，所以通过一个单独的类型来形成队列是需要的。Linux 通过 sleep_on 函数来将某个进程加入到某个等待队列中或从等待队列中删除。调用 sleep_on 的进程都会主动让出 CPU 资源而进入等待状态，可以通过 wake_up 来唤醒某个等待状态的进程。

进程经常需要等待某些事件的发生，如等待一个磁盘操作的终止，等待释放系统资源，或等待经过固定的时间间隔。等待队列实现了在事件上的条件等待，即将等待特定事件的进程放进合适的等待队列，并放弃控制权。等待队列表示一组睡眠的进程，当条件满足时，由内核将它们唤醒。等待队列由循环链表实现，等待队列的定义如下：

```
struct wait_queue
{   unsigned int flags;
    struct task struct  * task;
    struct list head task list;
}
```

4.4 进程的互斥与同步

操作系统是管理计算机的软件和硬件资源，是合理组织计算机的工作流程以及方便用户使用的程序的集合。现代操作系统的 3 个主要特征是并发性、资源共享和异步性。所谓并发性是指两个或多个活动在同一时间间隔内发生，在多道程序环境下是指在一段时间内可有多道程序同时运行。资源共享性是指系统中的各种资源可以为多个并发执行的程序共同使用。异步性是指系统中发生的各种事件发生的顺序的不可预测性。正是由于并发机制才导致了程序执行的不可预测性。并发性又是系统能够实现资源共享的必要条件。系统中的多个并发进程之间因为共享资源而形成两种相互制约关系：间接制约关系——互斥，直接制约关系——同步。

4.4.1 互斥的定义

在操作系统中，进程是占有资源的最小单位（线程可以访问其所在进程内的所有资源，但线程本身并不占有资源或仅仅占有一点必需的资源）。但对于某些资源来说，其在同一时间只能被一个进程所占用。这些一次只能被一个进程所占用的资源就是临界资源。典型的临界资源比如打印机，或是存在硬盘或内存中被多个进程所共享的一些变量和数据等（如果这类资源不被看成临界资源加以保护，那么很有可能会造成数据丢失）。

进程互斥是进程之间发生的一种间接性作用，一般是程序不希望的，通常的情况是两个或两个以上的进程需要同时访问某个共享变量。在多道程序环境下，存在着临界资源，它是指多进程存在时必须互斥访问的资源。也就是某一时刻不允许多个进程同时访问，只能单个进程的访问，我们把这些程序的片段称作临界区或临界段，它存在的目的是有效地防止竞争条件又能保证最大化使用共享数据。两个或两个以上的进程，不能同时进入关于同一组共享变量的临界区域，否则就会导致数据的不一致，产生与时间有关的错误，这种现象被称作进程互斥。也就是说，一个进程正在访问临界资源，另一个要访问该资源的进程必须等待。

比如进程 B 需要访问打印机，但此时进程 A 占有了打印机，进程 B 会被阻塞，直到进程 A 释放了打印机资源，进程 B 才可以继续执行，如图 4-9 所示。

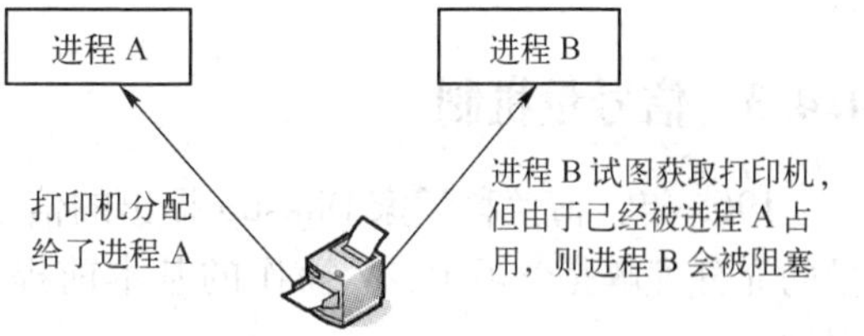

图 4-9　进程互斥示例

为解决进程互斥问题，可以利用软件的方法，也可以在系统中设置专门的同步机制来协调多个进程。早期解决进程互斥问题有软件的方法和硬件的方法，如严格轮换法，Peterson 的解决方案，TSL 指令，Swap 指令都可以实现进程的互斥，不过它们都有一定的缺陷，这里就不一一详细说明，而后来 Dijkstra 提出的信号量机制则更好地解决了互斥问题。解决进程互斥还有管程、进程消息通信等方式。

4.4.2 同步的定义

进程同步是一个操作系统级别的概念，是在多道程序的环境下，存在着不同的制约关系，为了协调这种互相制约的关系，实现资源共享和进程协作，避免进程之间的冲突，引入了进程同步。具体来说，我们把异步环境下的一组并发进程因直接制约而互相发送消息、互相合作、互相等待，使得各进程按一定的速度执行的过程称为进程间的同步。具有同步关系的一组并发进程称为合作进程，合作进程间互相发送的信号称为消息或事件。如果我们对一个消息或事件赋以唯一的消息名，则我们可用过程 wait（消息名）表示进程等待合作进程发来的消息，而用过程 signal（消息名）表示向合作进程发送消息。

进程同步也是进程之间直接的制约关系，是为完成某种任务而建立的两个或多个线程，这个线程需要在某些位置上协调它们的工作次序而等待、传递信息所产生的制约关系，进程间的直接制约关系来源于它们之间的合作。

比如说进程 A 需要从缓冲区读取进程 B 产生的信息，当缓冲区为空时，进程 B 因为读取不到信息而被阻塞。而当进程 A 产生信息放入缓冲区时，进程 B 才会被唤醒，如图 4-10 所示。

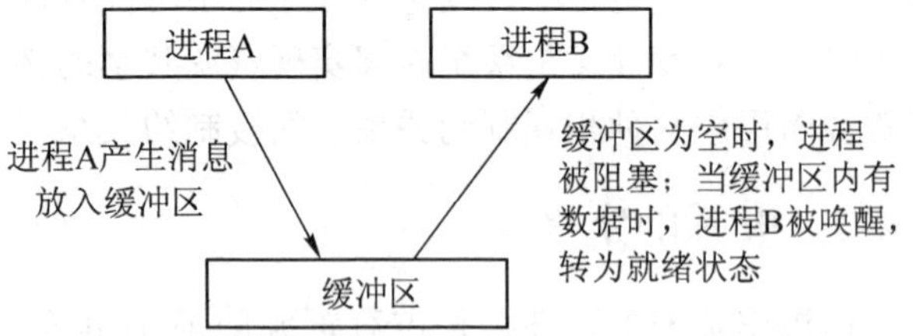

图 4-10　进程同步示例

用于保证多个进程在执行次序上的协调关系的机制称为进程同步机制，所有的进程同步机制应遵循下述 4 条准则：

1）空闲让进。当没有进程进入临界区时，相应的临界资源处于空闲状态，因而允许一个进程进入自己的临界区。

2）忙则等待。当已有进程进入自己的临界区时，即相应的临界资源正被访问，因而其他试图进入临界区的进程必须等待，以保证进程互斥地访问临界资源。

3）有限等待。对要求访问临界资源的进程，应保证进程能在有限时间进入临界区，以免陷入“饥饿”状态。

4）让权等待。当进程不能进入临界区时，应当立即释放 CPU 资源，以免进程陷入忙等状态。

4.4.3　信号量机制

1965 年，荷兰科学家 Dijkstra 提出的信号量机制是一种卓有成效的进程同步工具。对信号量的充分理解是学习 P、V 操作的基本前提。信号量是一个记录型的数据结构，它有两个数据项。

```
Struck semaphore
{
    int value;
    pointer_PCB queue;
};
```

信号量本质上是一个非负的整数计数器，用来控制对公共资源的访问。当公共资源增加时，调用函数 sem_post()增加信号量。只有当信号量值大于 0 时，才能使用公共资源，使用后，函数 sem_wait()减少信号量。函数 sem_trywait()和函数 pthread_ mutex_trylock()起同样作用，它是函数 sem_wait()的非阻塞版本，它们都在头文件/usr/include/semaphore. h 中定义。

信号量的数据类型为结构 sem_t，它本质上是一个长整型的数。函数 sem_init()用来初始化一个信号量，它的原型为：

```
extern int sem_init __P((sem_t * __sem, int __pshared, unsigned int __value));
```

- sem 为指向信号量结构的一个指针；pshared 不为 0 时，此信号量在进程间共享，否则只能为当前进程的所有线程共享；value 给出了信号量的初始值。

- 函数 sem_post(sem_t *sem)用来增加信号量的值。当有线程阻塞在这个信号量上时，调用此函数会使其中的一个线程不再阻塞，选择机制同样是由线程的调度策略决定的。
- 函数 sem_wait(sem_t *sem)用来阻塞当前线程，直到信号量 sem 的值大于0，解除阻塞后将 sem 的值减 1，表明公共资源经使用后减少。
- 函数 sem_trywait(sem_t *sem)是函数 sem_wait( )的非阻塞版本，它直接将信号量 sem 的值减 1。
- 函数 sem_destroy(sem_t *sem)用来释放信号量 sem。

信号量的物理含义：在进程互斥的情况下，信号量可以看成是一把锁；在进程同步的情况下，信号量可以代表一种资源的使用权，信号量的值大于 0 时表示系统中某类可用资源的数目；其值小于 0 时，其绝对值表示系统中因请求该类资源而被阻塞的进程数目。除了初始化外，对信号量只能有两个操作：P(S)操作和 V(S)操作，这两个操作的定义为：

```
Void P(S)
{
    S. value -- ;
    If(S. value <0)
        Block(S. queue) ;
}
Void V(S)
{
    S. value ++ ;
    If(S. value <=0)
    Wakeup(S. queue) ;
}
```

其中 P 操作物理含义为申请资源的操作，每执行一次 P 操作，信号量的值就会减 1，表明可用的资源少了一个；V 操作的物理含义为释放资源的操作，每执行一次 V 操作，信号量的值就会加 1，表明可用的资源数增加了一个。

4.4.4 用 P、V 操作实现进程的互斥

进程互斥是进程间由于竞争资源而产生的相互制约关系。对于使用同一资源的多个进程，它们对于资源的竞争导致它们在执行时的异步性特征。竞争到资源的进程可以立即投入运行，而没有竞争到资源的进程只能阻塞以等待资源。进程中用以访问这种被竞争的独占资源（临界资源）的程序段叫作临界区。要使多个进程不会同时访问临界资源，只需要让它们在执行时不会同时执行临界区内的代码就可以了。因此可以在各进程的临界区的两端分别加入对于同一个初值为 1 的信号量的 P、V 操作，就可以实现：当一个进程进入临界区后，其他进程不能够再进入临界区，直到先前进入临界区的进程退出临界区后，通过 V 操作唤醒其他某个等待进程后，才会有进程再次访问临界资源，从而实现多个进程对于临界资源的互斥访问。

例如，有两个进程 PA、PB，分别都使用系统中的一台打印机输出所处理的结果，进程描述如下：设置 mutex 为互斥信号量，初值为 1。

```
PA 进程          PB 进程
……              ……
P(mutex);       P(mutex);
打印数据;        打印数据;
V(nmtex);       V(mutex);
```

这种实现方法可以推广到多个进程使用同一临界资源的情况，如上述问题中使用这台打印机的进程不是两个而是n个，分别为P1，P2，…，Pn，则可以用同样的方法实现。由此构造出一个多进程互斥的模型。

```
P1 进程          P2 进程         …       Pn 进程
……              ……                      ……
P(mutex);       P(mutex);               P(mutex);
打印数据;        打印数据;                打印数据;
V(mutex);       V(mutex);               V(mutex);
……              ……                      ……
```

这里的mutex的初值依然为1，这样当一个进程执行P(mutex)后（此时mutex的值为0），将抢得打印机的使用权，此后在其执行V(mutex)释放打印机之前，任何试图使用打印机的进程都将被阻塞（由于此进程执行P（mutex）后，mutex的值将小于0）。

4.4.5 用P、V操作实现进程的同步

进程同步是指为了共同完成某项任务，具有伙伴关系的进程在执行时间次序上必须遵循确定的规律。多个进程为了共同完成任务，须要按照一定的次序去执行。这和进程互斥明显不同。实现进程同步的关键在于：当一个进程执行以后，确定下一个将要执行的进程，并用V操作使该进程可以执行。在实现时，可以在各进程中完成特定功能的程序段两端加上P操作和V操作，它们分别使用不同的信号量，用以在各进程间传递信息。通常，能够最先执行的进程中，P操作中所使用的信号量的初值大于1，而其他进程中，第一个P操作所对应的信号量的初值为0。这样，在执行时，第一个进程先执行，执行完V操作后，使另一个进程可以执行，依次传递下去，就可以实现各个进程按照一定的顺序执行了。

例如：有3个进程PA，PB和PC，对应有两个缓冲区b1和b2，它们的容量分别为K1、K2，进程PA从输入设备读入数据放入b1中，PB从b1中取出数据加工放入b2，PC从b2中取出数据送打印机打印。利用P、V操作实现这3个进程的同步。

显然，PA、PB和PC中，PA必须先执行，它每执行一次向b1中放入一单位的数据，这样最多可以执行K1次；当PA执行后，PB可以执行，从b1中取走数据（这时PA又可以再次执行），加工后放入b2，PB最多可以连续执行K2次；然后PC执行，PC只要执行一次，PB就又可以向b2中送数据，具体实现如下。

设置信号量。

S11：表示b1中空缓冲单元数，初值为K1；

S12：表示b1中放有数据的缓冲单元数，初值为0；

S21：表示b2中空缓冲单元数，初值为K2；

S22：表示 b2 中放有数据的缓冲单元数，初值为 0。

同时设置如下指针，分别用于指示当前放入数据和取出数据的位置。

i1：表示在缓冲区 b1 中放入数据的位置，初值为 0；

o1：表示从缓冲区 b1 中取出数据的位置，初值为 0；

i2：表示在缓冲区 b2 中放入数据的位置，初值为 0；

o2：表示从缓冲区 b2 中取出数据的位置，初值为 0。

进程描述如下：

```
PA 进程                PB 进程                PC 进程
启动输入设备;           P(S12);               P(S22);
P(S11);                从 b1[o1]中           从 b2[o2]中
数据送 b1[i1];          取出数据;             取出数据;
i1:(i1 +1)%K1;         o1 =(o1 +1)%K2;       打印数据;
V(S12)                 V(S11);               o2 =(o2 +1)%K2;
…                      P(S11);               V(S21);
加工数据送 b2[i2];      ……
i2 =(i2 +1)%K2;
V(S22);…
```

以上 3 个进程显然可以完成指定的任务，并且这种处理方式可以推广到多个进程使用多个缓冲区传递数据的情况，如果对于上述问题作一修改：有 n 个进程 P1，P2，…，Pn，使用 n－1 个缓冲区 B1，B2，…，Bn－1，每个容量分别为 K1，K2，…，Kn－1，则可以得到实现该类进程同步的一般模型。

对于每个缓冲区设置两个信号量 Si1 和 Si2，分别表示 Bi 中空缓冲单元数和放有数据的缓冲单元数，初值分别为 Ki 和 0。则各进程表示如下：

```
P1          P2          P3          …     Pn－1           Pn
…           P(S12);     P(S22);     …     P(Sn－2,2);     P(Sn－1,2);
P(S11);     …           …           …     …               …
…           V(S11);     V(S21);     …     P(Sn－2,1);     V(Sn－1,1);
V(S12);     P(S21);     P(S31);           P(Sn－1,2);
…           …           …                 …
            V(S22);     V(S32);           S(Sn－1,2)
```

4.4.6 死锁

死锁是指两个或两个以上的进程在执行过程中，由于竞争资源或者由于彼此通信而造成的一种阻塞的现象，若无外力作用，它们都将无法推进下去，此时称系统处于死锁状态或系统产生了死锁。由于资源占用是互斥的，当某个进程提出申请资源后，使得有关进程在无外力协助下，永远分配不到必需的资源而无法继续运行，这些永远在互相等待的进程称为死锁进程。计算机系统中，如果系统的资源分配策略不当，更常见的可能是程序员写的程序有错误等，则会导致进程因竞争资源不当而产生死锁现象。

死锁经常与正常阻塞混淆。死锁就是两个进程都在等待对方持有的资源锁，要等对方释放持有的资源锁之后才能继续执行。它们互不相让，坚持到底，实际上，双方都要等到对方完成之后才能继续工作，而双方都完成不了，SQL 机制是当发生有死锁时会牺牲掉其中一个进程来让其他进程继续执行下去。被牺牲的进程会提示如下：事务与另一个进程被死锁在锁资源上，且该事务已被选作死锁牺牲品，请重新运行该事务。而阻塞则是会一直等待，等待前一个进程释放资源，后面的事务才能接着执行。所以我们一般在计算机里发现的执行很慢，类似于死机的这种情况是属于阻塞。也就是当一个事务锁定了另一个事务需要的资源，第二个事务等待锁被释放，这种情况下，第二个事务是被“阻塞”了而不是形成了“死锁”。但由于这种情况下，第二个以上的事务无法正常继续运行，类似于“死锁”的状态，必然影响了程序的正常运行。

产生死锁的主要原因如下。

1）系统资源不足。如果系统资源充足，进程的资源请求都能够得到满足，死锁出现的可能性就很低，否则就会因争夺有限的资源而陷入死锁。

2）进程运行的顺序不合适。

3）资源分配不当等。进程运行推进顺序与速度不同，也可能产生死锁。

产生死锁的 4 个必要条件。

1）互斥条件：一个资源每次只能被一个进程使用。

2）请求与保持条件：一个进程因请求资源而阻塞时，对已获得的资源保持不放。

3）不剥夺条件：进程已获得的资源，在未使用完之前，不能强行剥夺。

4）循环等待条件：若干进程之间形成一种头尾相接的循环等待资源关系。

这 4 个条件是死锁的必要条件，只要系统发生死锁，这些条件必然成立，而只要上述条件之一不满足，就不会发生死锁。

理解了死锁的原因，尤其是产生死锁的 4 个必要条件，就可以最大可能地避免、预防和解除死锁。所以，在系统设计、进程调度等方面注意不让这 4 个必要条件成立，确定资源的合理分配算法，避免进程永久占据系统资源。此外，也要防止进程在处于等待状态的情况下占用资源。因此，对资源的分配要给予合理的规划。

4.5 进程调度

无论是在批处理系统还是分时系统中，用户进程数一般都多于 CPU 数、这将导致它们互相争夺 CPU。另外，系统进程也同样需要使用 CPU。这就要求进程调度程序按一定的策略，动态地把 CPU 分配给处于就绪队列中的某一个进程，以使之执行。

4.5.1 进程调度的基本原理

调度程序是内核的组成部分，它负责选择下一个要运行的进程。进程调度器可以看作是为处于就绪态的所有进程分配有限的 CPU 时间资源的内核子系统。在多任务的操作系统中，进程调度是一个全局性的关键问题，它对系统的总体设计、系统实现、功能设置以及各方面的性能都有着决定性的影响，是多任务操作系统的基础，只有通过调度程序的合理调度，系统资源才能最大限度地发挥作用，多任务才会有并发执行的效果。

调度程序主要目标是：最大限度地利用 CPU 时间，同时要保证进程之间的公平性，使系统中的所有进程都有机会执行。为了满足这些目标，在设计进程调度程序时应该考虑以下 3 个方面。

1）调度时机：什么时候，什么情况下进行程序调度。

2）调度策略：使用什么样的策略来选择下一个进入运行的进程。

3）调度方式：是抢占式还是非抢占式，当由调度程序来决定什么时候停止一个进程的执行，以便让其他进程能够得到执行机会时，这种强制挂起进程的动作称为抢占式。

进程调度器的设计，对系统的复杂性有着极大的影响，常常会由于调度器实现过于复杂而需要在功能与性能方面做出必要的权衡和让步。一个好的操作系统调度算法要兼顾3种不同应用的需要。

1）交互式进程：在这种应用中，着重于系统的响应速度，使共用一个系统的各个用户（以及各个应用程序）都能够感觉到自己是在独占地使用一个系统。特别是，当系统中有大量进程共存时，需要能保证每个交互式进程都有可以接受的响应速度而使每个用户感觉不到明显的延迟。

2）批处理进程：批处理进程往往是作为“后台作业”运行的，所以对响应速度并无要求，但是完成一个作业所要的时间仍是一个重要的因素，主要考虑“平均速度”。

3）实时进程：实时性最强的一类进程，不但要考虑进程执行的平均速度，还要考虑“即时速度”；不但要考虑响应速度（即从某个时间发生到系统对此做出反应并开始执行有关程序之间所需的时间），还要考虑有关程序（常常在用户空间）能否在规定时间内执行完毕。在实时应用中，注重的是程序执行的“可预测性”。

4.5.2 Linux 进程调度

Linux 内核有如下 3 种调度方法。

- SCHED_OTHER 分时调度策略。
- SCHED_FIFO 实时调度策略，先到先服务。
- SCHED_RR 实时调度策略，时间片轮转。

SHCED_RR 和 SCHED_FIFO 的不同在于：当采用 SHCED_RR 策略的进程的时间片用完，系统将重新分配时间片，并置于就绪队列尾，放在队列尾保证了所有具有相同优先级的 RR 任务的调度公平。而 SCHED_FIFO 一旦占用 CPU 则一直运行，一直运行直到有更高优先级任务到达或自己放弃。如果有相同优先级的实时进程（根据优先级计算的调度权值是一样的）已经准备好，FIFO 时必须等待该进程主动放弃后才可以运行这个优先级相同的任务，而 RR 可以让每个任务都执行一段时间。

二者的相同之处：RR 和 FIFO 都只用于实时任务；创建时优先级大于0（1~99）；按照可抢占优先级调度算法进行；就绪态的实时任务立即抢占非实时任务。

（1）分时调度策略

当所有任务都采用 Linux 分时调度策略时：

1）创建任务指定采用分时调度策略，并指定优先级 nice 值（-20~19）。

2）将根据每个任务的 nice 值确定在 CPU 上的执行时间（counter）。

3）如果没有等待资源，则将该任务加入到就绪队列中。

4）调度程序遍历就绪队列中的任务，通过对每个任务动态优先级的计算（counter+20-nice）结果，选择计算结果最大的一个去运行，当这个时间片用完后（counter 减至0）或者主动放弃 CPU 时，该任务将被放在就绪队列末尾（时间片用完）或等待队列（因等待资源而放弃 CPU）中。

5）此时调度程序重复上面计算过程，转到第4）步。

6）当调度程序发现所有就绪任务计算所得的权值都为不大于0时，重复第2）步。

（2）实时调度策略，先到先服务

所有任务都采用 FIFO 时：

1）创建进程时指定采用 FIFO，并设置实时优先级 rt_priority(1～99)。

2）如果没有等待资源，则将该任务加入到就绪队列中。

3）调度程序遍历就绪队列，根据实时优先级计算调度权值（“1000 + rt_priority”），选择权值最高的任务使用 CPU，该 FIFO 任务将一直占有 CPU 直到有优先级更高的任务就绪（即使优先级相同也不行）或者主动放弃（等待资源）。

4）调度程序发现有优先级更高的任务到达（高优先级任务可能被中断或定时器任务唤醒，或被当前运行的任务唤醒等），则调度程序立即在当前任务堆栈中保存当前 CPU 寄存器的所有数据，重新从高优先级任务的堆栈中加载寄存器数据到 CPU，此时高优先级的任务开始运行，重复第3）步。

5）如果当前任务因等待资源而主动放弃 CPU 使用权，则该任务将从就绪队列中删除，加入等待队列，此时重复第3）步。

（3）实时调度策略：时间片轮转

所有任务都采用 RR 调度策略时：

1）创建任务时指定调度参数为 RR，并设置任务的实时优先级和 nice 值（nice 值将会转换为该任务的时间片的长度）。

2）如果没有等待资源，则将该任务加入到就绪队列中。

3）调度程序遍历就绪队列，根据实时优先级计算调度权值（“1000 + rt_priority”），选择权值最高的任务使用 CPU。

4）如果就绪队列中的 RR 任务时间片为0，则会根据 nice 值设置该任务的时间片，同时将该任务放入就绪队列的末尾，重复第3）步。

5）当前任务由于等待资源而主动退出 CPU，则其加入等待队列中，重复第3）步。

（4）3 种调度策略

系统中既有分时调度，又有时间片轮转调度和先进先出调度时：

1）RR 调度和 FIFO 调度的进程属于实时进程，以分时调度的进程是非实时进程。

2）当实时进程准备就绪后，如果当前 CPU 正在运行非实时进程，则实时进程立即抢占非实时进程。

3）RR 进程和 FIFO 进程都采用实时优先级作为调度的权值标准，RR 是 FIFO 的一个延伸。FIFO 时，如果两个进程的优先级一样，则这两个优先级一样的进程具体执行哪一个是由其所在队列随机决定的，这样导致一些不公正性（优先级是一样的，为什么要让你一直运行），如果将 4 个优先级一样的任务的调度策略都设为 RR，则保证了这 4 个任务可以循环执行，保证了公平。

4.5.3 调度策略

调度程序运行时，要在所有处于可运行状态的进程之中选择最值得运行的进程投入运行。选择进程的依据是什么呢？在每个进程的 task_struct 结构中有以下 4 项。

- policy
- priority
- counter
- rt_priority

这 4 项就是调度程序选择进程的依据。其中，policy 是进程的调度策略，用来区分实时和普通两种进程；priority 是进程（实时和普通）的优先级；counter 是进程剩余的时间片，它的大小完全由 priority 决定；rt_priority 是实时优先级，这是实时进程所特有的，用于实时进程间的选择。

首先，Linux 根据 policy 从整体上区分实时进程和普通进程，因为实时进程和普通进程度调度是不同的，它们两者之间，实时进程应该先于普通进程而运行，然后，对于同一类型的不同进程，采用不同的标准来选择进程，具体如下。

（1）对于普通进程，Linux 采用动态优先调度，选择进程的依据就是进程 counter 的大小。进程创建时，优先级 priority 被赋一个初值，一般为 0 ~ 70 的数字，这个数字同时也是计数器 counter 的初值，就是说进程创建时两者是相等的。字面上看，priority 是“优先级”、counter 是“计数器”的意思，然而实际上，它们表达的是同一个意思——进程的“时间片”。priority 代表分配给该进程的时间片，counter 表示该进程剩余的时间片。在进程运行过程中，counter 不断减少，而 priority 保持不变，以便在 counter 变为 0 的时候（该进程用完了所分配的时间片）对 counter 重新赋值。当一个普通进程的时间片用完以后，并不马上用 priority 对 counter 进行赋值，只是所有处于可运行状态的普通进程的时间片（p ->;; counter == 0）都用完了以后，才用 priority 对 counter 重新赋值，这个普通进程才有了再次被调度的机会。这说明：普通进程运行过程中，counter 的减小给了其他进程得以运行的机会，直至 counter 减为 0 时才完全放弃对 CPU 的使用，这就相对于优先级在动态变化，所以称之为动态优先调度。至于时间片这个概念，和其他不同操作系统一样的，Linux 的时间单位也是“时钟滴答”，只是不同操作系统对一个时钟滴答的定义不同而已（Linux 为 10 ms）。进程的时间片就是指多少个时钟滴答，比如，若 priority 为 20，则分配给该进程的时间片就为 20 个时钟滴答，也就是 20 × 10 ms = 200 ms。Linux 中某个进程的调度策略（policy）、优先级（priority）等可以作为参数由用户自己决定，具有相当的灵活性。内核创建新进程时分配给进程的时间片默认为 200 ms（更准确的应为 210 ms），用户可以通过系统调用改变它。

（2）对于实时进程，Linux 采用了两种调度策略，即 FIFO（先来先服务调度）和 RR（时间片轮转调度）。因为实时进程具有一定程度的紧迫性，所以衡量一个实时进程是否应该运行，Linux 采用了一个比较固定的标准。实时进程的 counter 只是用来表示该进程的剩余时间片，并不作为衡量它是否值得运行的标准，这和普通进程是有区别的。上面已经看到，每个进程有两个优先级，实时优先级就是用来衡量实时进程是否值得运行的。

这一切看来比较麻烦，但实际上 Linux 中的实现相当简单。Linux 用函数 goodness( ) 来衡量一个处于可运行状态的进程值的运行程度。该函数综合了上面提到的各方面，给每个处于可运行状态的进程赋予一个权值（weight），调度程序以这个权值作为选择进程的唯一依据。

Linux 根据 policy 的值将进程总体上分为实时进程和普通进程，提供了 3 种调度算法：一种传统的 UNIX 调度程序和两个由 POSIX. 1b（原名为 POSIX. 4）操作系统标准所规定的“实时”调度程序。但这种实时只是软实时，不满足诸如中断等待时间等硬实时要求，只是保证了当实时进程需要时一定只把 CPU 分配给实时进程。

非实时进程有两种优先级，一种是静态优先级，另一种是动态优先级。实时进程又增加了第三种优先级，实时优先级。优先级是一些简单的整数，为了决定应该允许哪一个进程使用 CPU 的资源，用优先级代表相对权值，优先级越高，它得到 CPU 时间的机会也就越大。

- 静态优先级（priority）：不随时间而改变，只能由用户进行修改。它指明了在被迫和其他进程竞争 CPU 之前，该进程所应该被允许的时间片的最大值（但在该时间片耗尽之前，进程就很可能被迫交出了 CPU）。
- 动态优先级（counter）：只要进程拥有 CPU，它就随着时间不断减小；当它小于 0 时，标记进程重新调度。它指明了在这个时间片中所剩余的时间量。
- 实时优先级（rt_priority）：指明这个进程自动把 CPU 交给哪一个其他进程；较高权值的进程总是优先于较低权值的进程。如果一个进程不是实时进程，其优先级就是 0，所以实时进程总是优先于非实时进程。

policy 的值如下所示。

（1）SCHED_OTHER：普通的用户进程，是进程的默认类型，采用动态优先调度策略，选择进程的依据主要是根据进程 goodness 值的大小。这种进程在运行时，可以被高 goodness 值的进程抢先。

（2）SCHED_FIFO：一种实时进程，遵守 POSIX1. b 标准的 FIFO 调度规则。它会一直运行，直到有一个进程因 I/O 阻塞，或者主动释放 CPU，或者是 CPU 被另一个具有更高 rt_priority 的实时进程抢先。在 Linux 中，SCHED_FIFO 进程仍然拥有时间片，只有当时间片用完时它们才被迫释放 CPU。因此，如同 POSIX1. b 一样，这样的进程就像没有时间片（不是采用分时）一样运行。Linux 中进程仍然保持对其时间片的记录（不修改 counter）主要是为了实现的方便，同时避免在调度代码的关键路径上出现条件判断语句：if（!(current ->;;policy&;;SCHED_FIFO)){…}，因为其他大量非 FIFO 进程都需要记录时间片，这种多余的检测只会浪费 CPU 资源。

（3）SCHED_RR：一种实时进程，遵守 POSIX1. b 标准的 RR 调度规则。除了时间片有些不同外，这种策略与 SCHED_FIFO 类似。当 SCHED_RR 进程的时间片用完后，就被放到 SCHED_FIFO 和 SCHED_RR 队列的末尾。

只要系统中有一个实时进程在运行，则任何 SCHED_OTHER 进程都不能在任何 CPU 运行。每个实时进程有一个 rt_priority，因此，可以按照 rt_priority 在所有 SCHED_RR 进程之间分配 CPU。其作用与 SCHED_OTHER 进程的 priority 作用一样。只有 root 用户能够用系统调用 sched_setscheduler，来改变当前进程的类型。

此外，内核还定义了 SCHED_YIELD，这并不是一种调度策略，而是截取调度策略的一个附加位。如同前面说明的一样，如果有其他进程需要 CPU，它就提示调度程序释放 CPU。特别要注意的是，这会引起实时进程把 CPU 释放给非实时进程。

4.5.4 调度函数

函数 schedule()实现调度程序，它的任务是从运行队列的链表中找到一个进程，并随后将 CPU 分配给这个进程。schedule()可以由几个内核控制路径调用，可以采取直接调用或延迟调用的方式。

1. 直接调用

如果 current 进程因不能获得必须的资源而要立刻被阻塞，就直接调用调度程序。在这种情况下，按照下述步骤阻塞该进程的内核路径。

1）把 current 进程插入适当的等待队列。

2）把 current 进程的状态改为 TASK_INTERRUPTIBLE 或 TASK_UNNTER RUPTIBLE。

3）调用 schedule( )。

4）检查资源是否可用，如果不可用就转到第2）步。

5）一旦资源可用就从等待队列中删除当前进程 current。

内核路径反复检查进程需要的资源是否可用，如果不可用，就调用 schedule( )把 CPU 分配给其他进程。稍后，当调度程序再次允许把 CPU 分配给这个进程时，要重新检查资源的可用性。许多反复执行任务的设备驱动程序也直接调用调度程序，每次反复循环时，驱动程序都检查 TIF_NEED_RESCHED 标志，若需要就调用 schedule( )自动放弃 CPU。

2. 延迟调用

延迟调用的方法是，把 TIF_NEED_RESCHED 标志设置为 1，在以后的某个时段调用调度程序 schedule( )。由于总是在恢复用户态的进程执行之前检查这个标志位的值，所以 schedule( )将在之后的某个时间被明确地调用。

延迟调用调度程序的典型例子，也是最重要的 3 个进程调度实务，分别如下。

1）当 current 进程用完 CPU 时间片时，由 scheduler_tick( )函数做延迟调用。

2）当一个被唤醒进程的优先权比当前进程的优先权高时，由 try_to_wake_up( ) 函数做延迟调用。

3）当发出系统调用 sched_setscheduler( )时，由这个系统调用对应的函数库做延迟调用。

4.6 进程间通信

进程间通信就是在不同进程之间传播或交换信息，在 Linux 这种多用户多任务的环境中，为了完成一个任务有时候需要多个进程协同工作，这必然涉及进程间的相互通信。

4.6.1 进程通信的方式

进程间通信主要有以下几种方式。

1）管道（Pipe）：管道是一种半双工的通信方式，管道数据只能单向流动，可用于具有亲缘关系进程间的通信，允许一个进程和另一个与它有共同祖先的进程之间进行通信，而且只能在具有亲缘关系的进程间使用（进程的亲缘关系通常是指父子进程关系）。

2）命名管道（Named Pipe）：命名管道也是半双工的通信方式，但它克服了管道没有名字的限制，因此，除具有管道所具有的功能外，它还允许无血缘关系进程间的通信。命名管道在文件系统中有对应的文件名。命名管道通过命令 mkfifo 或系统调用 mkfifo 函数来创建。

3）信号（Signal）：信号是比较复杂的通信方式，用于通知接受进程有某种事件发生，除了进程间通信外，进程还可以发送信号给进程本身；Linux 除了支持 UNIX 早期信号语义函数 signal 外，还支持语义符合 Posix. 1 标准的信号函数 sigaction（实际上，该函数是基于 BSD 的，BSD 为了实现可靠信号机制，又能够统一对外接口，用 sigaction 函数重新实现了 signal 函数）。

4）消息（Message）队列：消息队列是消息的链接表，包括 Posix 消息队列和 System V 消息队列。有足够权限的进程可以向队列中添加消息，被赋予读权限的进程则可以读走队列中的消息。消息队列克服了信号承载信息量少的缺点，管道只能承载无格式字节流且缓冲区大小受限等缺。

5）共享内存：使得多个进程可以访问同一块内存空间，是最快的可用进程间通信的方式。是针对其他通信机制运行效率较低而设计的。往往与其他通信机制，如信号量结合使用，来达到进程间的同步及互斥。

6）内存映射（Mapped Memory）：内存映射允许任何多个进程间通信，每一个使用该机制的进程通过把一个共享的文件映射到自己的进程地址空间来实现它。

7）信号量（Semaphore）：信号量是一个计数器，可以用来控制多个进程对共享资源的访问。它常作为一种锁机制，防止某进程正在访问共享资源时，其他进程也访问该资源。因此，主要作为进程间以及同一进程内不同线程之间的同步手段。

8）套接字（Socket）：更为一般的进程间通信机制，可用于不同机器之间的进程间通信。起初是由 UNIX 系统的 BSD 分支开发而来的，但现在一般可以移植到其他类 UNIX 系统上，如 Linux 和 System V 的变种都支持套接字。

4.6.2 Linux 信号通信原理

Linux 是一种多用户多任务的操作系统，系统内会有多个进程存在。无论是操作系统与用户进程之间，还是用户进程之间，经常需要共享数据和交换信息。进程间相互通信的方法有多种，信号是其中最为简单的一种，它用以指出某事件的发生。在 Linux 系统中，根据具体的软硬件情况，内核程序会发出不同的信号来通知进程某个事件的发生。对于信号的发送，尽管可以由某些用户进程发出，但是大多数情况下，都是由内核程序在遇到以下几种特定情况的时候向进程发送的。

- 系统检测出一个可能出现的硬件故障，如电源故障。
- 程序出现异常行为，如企图使用该进程之外的存储器。
- 该进程的子进程已经终止。
- 用户从终端向目标程序发出中断〈Break〉键、继续〈Ctrl + Q〉组合键等。

当一个信号正在被处理时，所有同样的信号都将暂时搁置（注意，并没有删除），直到这个信号处理完毕后，才会处理其他信号。

当一个进程收到信号后，用下列方式之一做出反应。

- 忽略该信号。
- 捕获该信号（即内核在继续执行该进程之前先运行一个由用户定义的函数）。
- 让内核执行与该信号相关的默认动作。

现在用一个例子来简要说明信号的发送、捕获和处理。例如，当某程序正在执行期间，如果发现它的运行有问题，可以用〈Ctrl + C〉组合键或〈Delete〉键打断它的执行，这实际上就是向进程发送了一个中止信号。该进程收到这个中止信号后，可以根据事先的设定，对该信号做出相应的处理，如〈Ctrl + C〉组合键或〈Delete〉键被定义为一个中止信号，进程接收到这个信号，便中途退出。上面是用信号去中断另一个进程的实例。除此以外，内核还可以通过发信号来通知一个进程的子进程已经终止，或通知一个超时进程已被设置警报（Alarm）。

Linux 系统中一些与信号相关的函数，signal 函数定义在 ANSI 的 signal.h 头文件中，该函数原型如下：

```
void * signal(int signum, void * handler);
```

它的第一个参数是将要处理的信号，第二参数是一个指针，该指针指向以下类型的函数:

```
void func();
```

当信号 signum 产生时，内核会尽快执行 handler 函数。一旦 handler 返回，内核便从中断点继续执行进程。第二参数可以取两个特殊值：SIG_IGN 和 SIG_DFL。SIG_IGN 用以指出该信号应该被忽略；SIG_DFL 用以指出，内核收到信号后将执行默认动作。虽然一个进程不能捕获 SIGSTOP 和 SIGKILL 信号，但是内核可以执行与该信号有关的默认动作作为替代，这些默认动作分别是暂停进程和终止进程。

4.6.3 Linux 管道通信原理

一个进程连接到另一个进程的数据流称为“管道”，这是最早的 Linux 进程间通信的机制之一。在 Linux 中，管道常作为一种特殊文件处理。实际上，管道是内核中一个固定大小的缓冲区，它按照先进先出的方式进行数据传输，一个进程向管道中写的内容会被管道另一端的进程读出。每次写入的内容都添加在管道缓冲区的末尾，且从缓冲区的头部读出数据，读写的位置自动增加，并且从管道读数据是一次性操作，数据一旦被读，便从管道中被抛弃。在缓冲区写满时，则由相应的规则控制读写进程进入等待队列，当空的缓冲区有写入数据或满的缓冲区有数据读出时，就唤醒等待队列中的读写进程继续读写。

管道分为无名管道和有名管道。无名管道没有文件名，也没有磁盘结点，仅作为一个内存对象存在，用完后便销毁。无名管道没有显示的打开过程，实际上它在创建时就自动打开了，因此只能由有血缘关系的两个进程间通信使用。而有名管道克服了无名管道没有名字的限制，可由任意两个或多个进程间通信使用，它的使用方法和普通文件类似，都遵循打开、读、写、关闭的过程，只是读写的内部实现和普通文件有所不同。

如上所述，管道只能用于有血缘关系的进程间通信，即只能在父进程与子进程或兄弟进程间通信，而有名管道可以用于任何进程间通信。管道是半双工的，即在某一时刻只能有一个进程向管道里读或写。无名管道的缓冲大小是受到系统的限制的，不同的系统管道的缓冲大小是不相同的，可以在/usr/include/linux/limits.h 里查看 PIPE_BUF 的大小，管道用系统函数 pipe 来创建，创建一个管道的步骤如下。

1）调用 get_pipe_inode 函数，在 pipefs 文件系统中为管道分配一个新的索引结点对象，并对其进行初始化。

2）为管道的读通道分配一个文件对象和一个文件描述符，并把这个文件对象的 f_flag 字段设置为 O_RDONLY。

3）为管道的写通道分配一个文件对象和一个文件描述符，并把这个文件对象的 f_flag 字段设置为 O_WRONLY。

4）分配一个目录项对象，并使用它把两个文件对象和索引结点对象连接在一起，然后，把新的索引结点插入 pipefs 特殊文件系统中。

5）把两个文件描述符返回给用户态进程。

虽然管道是一种十分简单、灵活、有效的通信机制，但是它有一个主要的缺点，就是无法打开已经存在的管道。这使得任意两个进程不可能共享同一个管道，除非管道是由一个共同的祖先进程创建的。

4.7 线程

线程（Thread）是一个动态对象，是CPU调度的基本单位，表示一个进程中的一个控制点，执行一些指令。一个进程内的每个线程均可访问整个进程的所有资源，因此线程间通信比较简单。

4.7.1 线程的概念

线程，有时被称为轻量级进程（Light Weight Process，LWP），是程序执行流的最小单元。一个标准的线程由线程ID、指令指针（PC）、寄存器集合和堆栈组成。另外，线程是进程中的一个实体，是被系统独立调度和分派的基本单位，线程自己不拥有系统资源，只拥有少量在运行中必不可少的少量资源，但它可与同属一个进程的其他线程共享进程所拥有的全部资源。一个线程可以创建和撤销另一个线程，同一进程中的多个线程可以并发执行。由于线程之间的相互制约，使线程在运行中呈现出间断性。线程也有就绪、阻塞和运行3种基本状态。就绪状态是指线程具备运行的所有条件，逻辑上可以运行，在等待CPU；运行状态是指线程占有CPU正在运行；阻塞状态是指线程在等待一个事件（如某个信号量），逻辑上不可执行。每一个程序都至少有一个线程，若程序只有一个线程，那就是程序本身。

每一个程序都至少有一个进程，那就是程序本身。线程则是进程中的一个单个的顺序控制流，单线程的概念很简单，如图4-11所示。多线程（Multi-Thread）是指在单个程序内可以同时运行多个不同的线程完成不同的任务，图4-12为多线程程序示意图，一个程序中同时有两个线程运行。

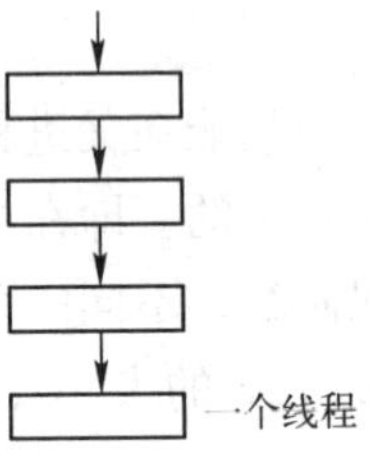

图4-11 单线程程序示意图

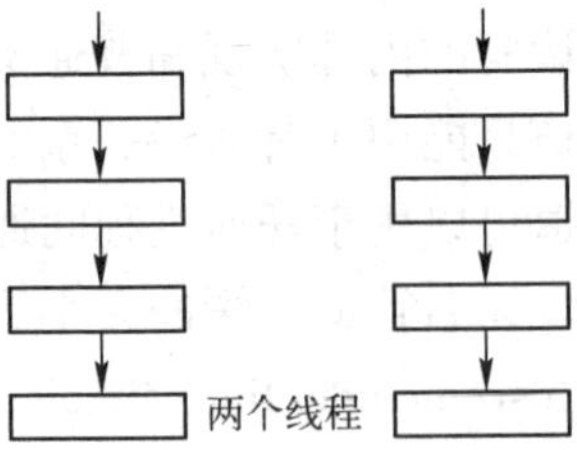

图4-12 多线程程序示意图

4.7.2 线程与进程的比较

进程是具有一定独立功能的程序关于某个数据集合上的一次运行活动，进程是系统进行资源分配和调度的一个独立单位。线程是进程的一个实体，是CPU调度和分派的基本单位，它是比进程更小的能独立运行的基本单位。相对进程而言，线程是一个更加接近于执行体的概念，它可以与同进程中的其他线程共享数据，但拥有自己的栈空间，拥有独立的执行序列。在串行程序基础上引入线程和进程是为了提高程序的并发度，从而提高程序运行效率和响应时间。

（1）线程和进程的相似点

线程和进程在很多方面是相似的，主要表现在如下几方面。

1）比如都具有ID，一组寄存器，状态，有限级以及所要遵循的调度策略。

2）每个进程都有一个进程控制块，线程也拥有一个线程控制块（在 Linux 内核中，线程控制块与进程控制块用同一个结构体描述，即 task_struct），这个控制块包含线程的一些属性信息，操作系统用这些属性信息来描述线程。

3）线程和子进程共享父进程中的资源。

4）线程和子进程独立于它们的父进程，竞争使用 CPU 资源。

5）线程和子进程的创建者可以在线程和子进程上实行某些控制，比如创建者可以取消、挂起、继续和修改线程和子进程的优先级。

6）线程和子进程可以改变其属性并创建新的资源。

（2）线程和进程的不同点

进程和线程的主要差别在于它们是不同的操作系统资源管理方式。进程有独立的地址空间，一个进程崩溃后，在保护模式下不会对其他进程产生影响，而线程只是一个进程中的不同执行路径。线程有自己的堆栈和局部变量，但线程之间没有单独的地址空间，一个线程死掉就等于整个进程死掉，所以多进程的程序要比多线程的程序健壮，但在进程切换时，耗费资源较大，效率要差一些。但对于一些要求同时进行并且又要共享某些变量的并发操作，只能用线程，不能用进程。简而言之，进程和线程的区别如下。

1）一个程序至少有一个进程，一个进程至少有一个线程。

2）线程的划分尺度小于进程，使得多线程程序的并发性高。

3）另外，进程在执行过程中拥有独立的内存单元，而多个线程共享内存，从而极大地提高了程序的运行效率。

4）线程在执行过程中与进程还是有区别的。每个独立的线程有一个程序运行的入口、顺序执行序列和程序的出口。但是线程不能够独立执行，必须依存在应用程序中，由应用程序提供多个线程执行控制。

5）从逻辑角度来看，多线程的意义在于一个应用程序中，有多个执行部分可以同时执行。但操作系统并没有将多个线程看作多个独立的应用来实现进程的调度和管理以及资源分配，这就是进程和线程的重要区别。

线程和进程在使用上各有优缺点：线程执行开销小，但不利于资源的管理和保护；而进程正相反。同时，线程适合于在 SMP 机器上运行，而进程则可以跨机器迁移。

4.7.3 Linux 中的线程

Linux 中的线程有两种：用户级线程和内核级线程。用户级线程通过库在用户区进行调度，内核不负责调度这些线程，如果某进程创建了多个线程，那么所有这些线程仅有一个相对应的内核线程。内核级线程与 Linux 进程非常相似，因此，内核级线程也称为轻量级进程。该进程所创建的每个线程都有一个相对应的内核级线程，内核将这些线程作为调度实体，如图 4-13 所示，每个线程都独立进行调度，因此，更容易控制，它与正常进程唯一不同之处在于它是轻量级的。

线程共享虚拟内存、信号，以及父线程所打开的文件。但是每个线程都有独立的进程 ID，可以使用系统调用 clone 来创建进程的轻量级进程，创建轻量级进程的 clone 标志如下所示。

CLONE_VM

CLONE_FS

CLONE_FILES

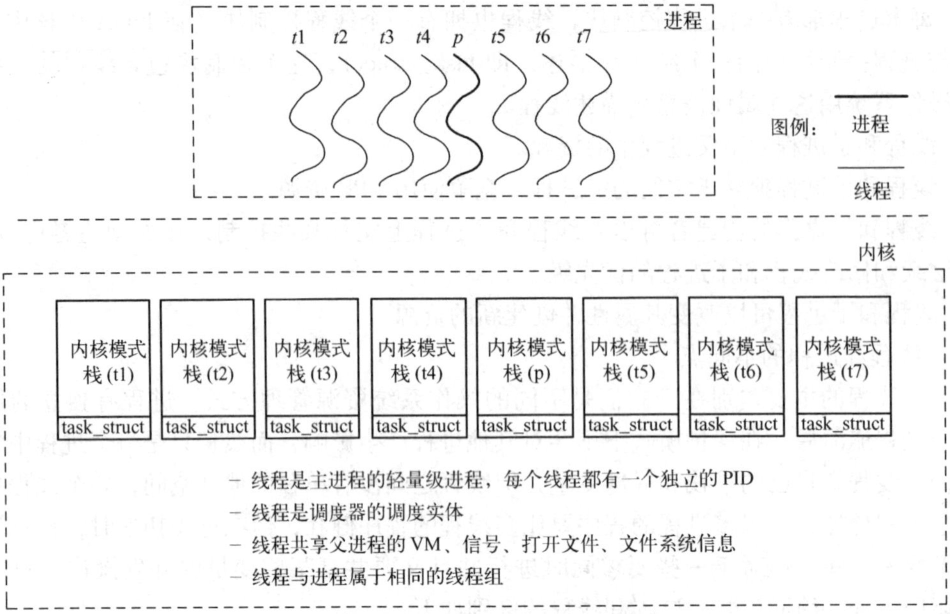

图 4-13　进程、轻量级进程以及内核线程

CLONE_SIGHAND

CLONE_THREAD

使用 pthread 库可以为进程创建内核线程。使用系统调用 clone 所创建的轻量级进程有独立的进程 ID。ps 命令的 m 选项可以显示进程所对应的所有线程。例如，假定编写了一段程序，使用 pthread_create 函数来产生内核级线程，然后使用 ps 命令来显示进程的所有线程，结果如图 4-14 所示。

```
[root@moksha root]$ ps -aejlcm|grep thread

FS UID  PID PPID PGID SID CLS PRI ADDR SZ    WCHAN  TTY    TIME     CMD
0S  0  3028 2708 3028 2708 -   24   -  12639 schedu pts/1 00:00:00 thread-p
1S  0  3029 3028 3028 2708 -   24   -  12639 schedu pts/1 00:00:00 thread-p
1S  0  3030 3028 3028 2708 -   24   -  12639 schedu pts/1 00:00:00 thread-p
1S  0  3062 3028 3028 2708 -   24   -  12639 schedu pts/1 00:00:00 thread-p
1S  0  3072 3028 3028 2708 -   24   -  12639 schedu pts/1 00:00:00 thread-p
1S  0  3073 3028 3028 2708 -   24   -  12639 schedu pts/1 00:00:00 thread-p
1S  0  3076 3028 3028 2708 -   24   -  12639 schedu pts/1 00:00:00 thread-p
```

图 4-14　ps 输出显示进程及其使用 clone 接口创建的相关线程（轻量级进程）

4.7.4　线程的实现

本节介绍创建和运行线程的方法。线程运行的代码就是实现了 Runnable 接口的类的 run()方法或者是 Thread 类的子类的 run()方法，因此实现线程就有两种方法：

- 继承 Thread 类并覆盖它的 run()方法；
- 实现 Runnable 接口并实现它的 run()方法。

1. 继承 Thread 类实现线程

通过继承 Thread 类，并覆盖 run()方法，这时就可以用该类的实例作为线程的目标对象，具体步骤如下。

1）定义类继承 Thread。

2）复写 Thread 类中的 run 方法，其目的是将自定义代码存储在 run 方法中，让线程运行。

3）调用线程的 start 方法，该方法有两个作用，即启动线程和调用 run 方法。

Thread 类用于描述线程，该类就定义了一个功能，用于存储线程要运行的代码，该存储功能就是 run 方法。也就是说 Thread 类中的 run 方法，用于存储线程要运行的代码。

2. 实现 Runnable 接口实现线程

可以定义一个类实现 Runnable 接口，然后将该类对象作为线程的目标对象。实现 Runnable 接口就是实现 run( )方法，具体步骤如下。

1）定义类实现 Runnable 接口。

2）覆盖 Runnable 接口中的 run 方法，将线程要运行的代码存放在该 run 方法中。

3）通过 Thread 类建立线程对象。

4）将 Runnable 接口的子类对象作为实际参数传递给 Thread 类的构造函数。这是因为自定义的 run 方法所属的对象是 Runnable 接口的子类对象，所以如果要让线程去指定某一对象的 run 方法，就必须明确该 run 方法所属对象。

5）调用 Thread 类的 start 方法，开启线程并调用 Runnable 接口子类的 run 方法。

3. 两种线程实现方法的比较

两种方式区别为：继承 Thread 类，线程代码存在于 Thread 子类的 run( )方法中；而实现 Runnable，线程代码存在与接口子类的 run( )方法中。但不论是上述哪种方式，都需要通过 Thread 类调用 start( )方法来开始线程的执行。一般在遇到多线程情况的时，以实现 Runnable 接口的方式为主要方式，这是因为实现接口的方式有如下的优点。

1）继承 Thread 类，线程类就无法继承其他的类来实现其他的一些功能，而实现 Runnable 接口的方式没有这种限制。

2）通过实现 Runnable 接口，可以达到资源共享的效果，适合有多个相同代码的线程去处理同一个资源的情况。

4.7.5 线程的状态及转换

线程从创建、运行到结束总是处于下面 5 个状态之一，即：新建状态、就绪状态、运行状态、阻塞状态及死亡状态。一个线程在其生命周期中可以从一种状态改变到另一种状态，线程状态的转换如图 4-15 所示。

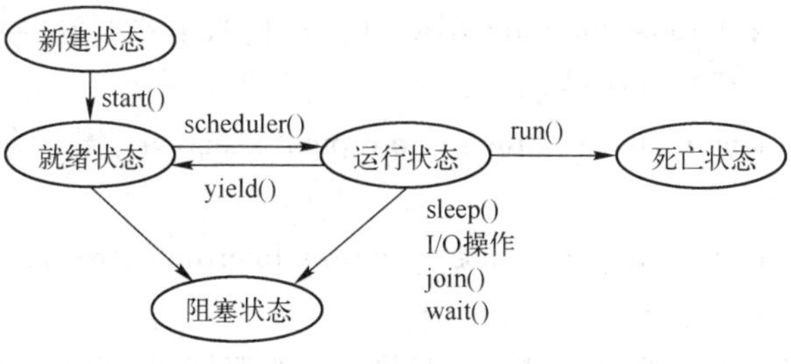

图 4-15 线程状态的转换

当一个新建的线程调用它的 start( )方法后即进入就绪状态，处于就绪状态的线程被线程调度程序选中就可以获得 CPU 时间片，进入运行状态，该线程就开始运行 run( )方法。控制线程的结束稍微复杂一点。如果线程的 run( )方法是一个确定次数的循环，则循环结束后，线程运行就结束了，线程对象即进入死亡状态。如果 run( )方法是一个不确定次数的循环，早期的方法是调用线程对象的 stop( )方法，然而由于该方法可能导致线程死锁，因此不推荐使用该方法结束线程。一般是通过设置一个标志变量，在程序中改变标志变量的值来实现结束线程。

处于运行状态的线程除了可以进入死亡状态外，还可能进入就绪状态和阻塞状态，下面分别讨论这两种情况。

1. 运行状态到就绪状态

处于运行状态的线程如果调用了 yield( )方法，那么它将放弃 CPU 时间片，使当前正在运行的线程进入就绪状态。这时有几种可能的情况：如果没有其他线程处于就绪状态等待运行，该线程会立即继续运行；如果有等待的线程，此时线程回到就绪状态与其他线程竞争 CPU 时间片，当有比该线程优先级高的线程时，高优先级的线程进入运行状态，当没有比该线程优先级高的线程，但有同优先级的线程时，则由线程调度程序来决定哪个线程进入运行状态，因此线程调用 yield( )方法只能将 CPU 时间片让给具有同优先级的或高优先级的线程而不能让给低优先级的线程。

一般来说，在调用线程的 yield( )方法可以使耗时的线程暂停执行一段时间，使其他线程有执行的机会。

2. 运行状态到阻塞状态

有多种原因可使当前运行的线程进入阻塞状态，进入阻塞状态的线程当相应的事件结束或条件满足时进入就绪状态。使线程进入阻塞状态可能有多种原因。

1）线程调用了 sleep( )方法，进入睡眠状态，此时该线程停止执行一段时间。当时间到时该线程回到就绪状态，与其他线程竞争 CPU 时间片。

Thread 类中定义了一个 interrupt( )方法。一个处于睡眠中的线程若调用了 interrupt( )方法，该线程立即结束睡眠进入就绪状态。

2）如果一个线程的运行需要进行 I/O 操作，比如从键盘接收数据，这时程序可能需要等待用户的输入，这时如果该线程一直占用 CPU，其他线程就不能运行。这种情况称为 I/O 阻塞。这时该线程就会离开运行状态而进入阻塞状态。Java 语言的所有 I/O 方法都具有这种行为。

3）有时要求当前线程的执行在另一个线程执行结束后再继续执行，这时可以调用join( )方法实现，join( )方法有下面 3 种格式。

- public void join( )；throws InterruptedException；使当前线程暂停执行，等待调用该方法的线程结束后再执行当前线程。
- public void join（long millis）；throws InterruptedException；最多等待 millis 毫秒后，当前线程继续执行。
- public void join（long millis，int nanos）；throws InterruptedException；可以指定多少毫秒、多少纳秒后继续执行当前线程。

上述方法使当前线程暂停执行，进入阻塞状态，当调用线程结束或指定的时间过后，当前线程线程进入就绪状态，例如执行下面代码：

```
t.join();
```

将使当前线程进入阻塞状态，当线程 t 执行结束后，当前线程才能继续执行。

4）线程调用了 wait( )方法，等待某个条件变量，此时该线程进入阻塞状态，直到被通知（调用了 notify( )或 notifyAll( )方法）结束等待后，线程回到就绪状态。

5）另外如果线程不能获得对象锁，也将进入就绪状态。

4.8 本章小结

本章主要讲述了 Linux 操作系统下的进程管理的相关要点，介绍了其结构、控制块、组织方式、调度以及通信原理，并简单介绍了进程与线程的区别以及线程的各状态间的转换。在学习完本章之后，读者可以简单编写线程与进程的实例，更好地理解进程的原理及其在 Linux 内核里的实现。

4.9 思考与练习

（1）简单概述线程与进程的区别与联系。

（2）编写进程实例。

（3）简要介绍进程的通信方式。

（4）练习编写进程的调度函数。

第5章　存储管理

存储器是存储程序和数据等信息的载体，是计算机的重要组成部分之一，也是最重要的系统资源。存储器由内存储器（Primary Storage，也简称为内存或主存）和外存储器（Secondary Storage，也简称为辅存）组成。内存存取速度快，价格较高，一般容量有限；而外存存取速度较慢，价格便宜，可以实现海量存储。将要运行的程序装入内存才能有机会分配 CPU 而得到执行，因而内存空间的大小限制了所要装入程序的长度和多道程序环境下程序的道数。操作系统的存储管理采用一定的措施将内存和外存有机地结合起来，使得实际运行的程序不受内存空间大小的限制，而且可以做到多道程序同时运行。本章主要讨论内存管理问题，包括内存的分配和回收、地址转换、Linux 的存储管理等。

5.1　存储管理概述

存储管理是操作系统的重要组成部分，它负责计算机系统内存空间的管理。其目的是充分利用内存空间，为多道程序并发执行提供存储基础，并尽可能地方便用户使用。

5.1.1　存储管理的概念

存储器是计算机系统的重要组成部分，近年来，随着计算机技术的发展，系统软件和应用软件在种类、功能及其所需存储空间等方面急剧地膨胀，虽然存储器容量也一直在不断扩大，但仍不能满足现代软件发展的需要，因此存储器仍然是一种宝贵且紧俏的资源。它和 CPU 一样是计算机系统的重要组成部分，为操作系统、各种系统程序和用户程序所共享。存储器空间被划分成系统存储区（简称系统区）和用户作业存储区（简称用户区）两部分，存储器管理的主要对象是内存的用户区，满足系统中为有限物理内存竞争的进程所需的内存空间。

存储管理所研究的主要内容包括 3 个方面：取（Fetch）、放（Placement）和替换（Replacement）。“取”是研究应将哪道程序（或程序的一部分）从辅存调入主存，一般有请调和预调之分。前者是按照需要来确定调入主存的程序；后者是采用某种策略，预测并调入即将使用的某道程序到主存。“放”是研究将“取”来的程序按何种方式存放在主存的什么地方。“替换”是研究应将哪道程序暂时从主存移到辅存以腾出主存空间供其他程序使用。

5.1.2　存储管理的功能

存储管理完成的主要功能有内存的分配与回收、地址转换、内存数据共享与保护和内存扩充等。

1. 内存的分配与回收

内存的分配与回收是内存管理的主要功能之一。无论采用哪种管理或控制方式，把外存中的数据和程序调入内存，取决于能否在内存中为它们安排合适的位置和空间。因此，存储管理要为每一个作业或进程分配内存空间（称为内存分配）。另外，当作业或进程结束之后，存储管理模块又要及时回收作业或进程所占用的内存资源（称为回收或去配），以便供其他作业或进程运行时使用。

为了有效合理地利用内存，在设计内存的分配和回收方法时，需要考虑和确定以下数据结构和策略。

1）分配结构。供分配程序使用的数据结构，登记内存的使用情况，例如内存空闲区表和空闲区队列等。

2）放置策略。确定调入内存的程序和数据应放在内存中的具体位置，这是一种选择内存空闲区的策略。

3）交换策略。在需要将某个程序段和数据调入内存时，如果内存中没有足够的空闲区，此时应由交换策略来确定把内存中的哪些程序段和数据段调出内存，以便腾出足够的空间来装载要调入的程序或数据。

4）调入策略。外存中的程序段和数据段什么时间按什么控制方式调入内存。调入策略与内外存数据流动控制方式有关，常用的控制方式有交换方式、请求调入方式和预调入方式。

5）回收策略。如何把运行结束的作业或进程所用的内存空间收回。回收策略包括两种：一种是回收时机；另一种是对所回收的内存空闲区和已存在的内存空闲区的调整，如相邻空闲存储块的合并。

2. 地址转换

源程序经过编译或汇编后形成的目标代码中出现的地址通常为相对地址，即规定目标程序的首地址为0，而其他指令中的地址都是相对于首地址而定的，这种地址通常称为逻辑地址，有时也称为虚拟地址。把逻辑地址组成的空间称为虚拟存储器（Virtual Storage 或 Virtual Memory），也称为虚拟空间。主存储器中各存储单元的编号称为物理地址，有时也称为绝对地址。就系统而言，其主存的全部物理单元的集合称为物理存储空间。

处理器执行指令时是按照物理地址进行的，因而在作业调度选中某一用户作业，将其程序或数据放入主存时，必须把该用户作业地址空间中的逻辑地址转换成主存中的物理地址，这样才能得到信息在主存中的真实存放位置，这个过程称为地址转换，也称为地址重定位或地址映射。地址重定位就是要建立逻辑地址与物理地址之间的对应关系，实现地址重定位或地址映射的方法有两种：静态地址重定位和动态地址重定位。

（1）静态地址重定位

静态地址重定位（Static Address Relocation）是在程序执行之前进行重定位，它根据装配模块将要装入的内存起始位置，直接修改装配模块中的有关使用地址的指令。程序中涉及直接地址的每条指令都要进行这样的修改，在程序中需要修改的位置称为重定位项，程序装入内存中的起始地址称为重定位因子。为支持静态重定位，连接程序在生成统一地址空间和装配模块时，应产生一个重定位项表，连接程序此时还不知道装配模块将要装入的实际位置，故重定位表所给出的需修改位置是相对地址所表示的位置。操作系统的装入程序要把装配模块和重定位项表一起装入内存，由装配模块的实际装入起始地址得到重定位因子，然后执行如下两步：

1）取重定位项，加上重定位因子而得到修改位置的实际地址。

2）对实际地址中的内容再做重定位因子的修改，从而完成指令代码的修改。

对所有的重定位项实施上述两步操作后，静态重定位才完成，而后可启动程序执行，使用过的重定位项表内存副本随即被废弃。静态重定位有着无需硬件支持的优点，但存在着如下的缺点：

1）程序重定位之后就不能在内存中移动。

2）要求程序的存储空间是连续的，不能把程序放在若干个不连续的区域内。

（2）动态地址重定位

动态地址重定位（Dynamic Address Relocation）是在程序执行过程中，在CPU访问内存之前将要访问的程序或数据地址转换成内存地址，动态重定位需要硬件的支持。动态重定位机构需要一个（或多个）基地址寄存器（BR）和一个（或多个）程序逻辑地址寄存器（VR），指令或数据的内存地址MA与逻辑地址的关系为：

$$MA = BR + VR$$

这里，BR与VR表示寄存器BR与VR中的虚拟地址。

动态重定位的主要优点如下：

1）对内存进行非连续分配。对于同一进程的各分散程序段，只要把各程序段在内存中的首地址统一存放在不同的BR中，则可以由地址变换机构转换得到正确的内存地址。

2）动态重定位提供了实现虚拟存储器的条件。因为动态重定位不要求在作业执行前为所有程序分配内存，也就是说，可以部分地、动态地分配内存。从而，可以在动态重定位的基础上，在执行期间采用请求方式（或预调入方式）为那些不在内存中的程序段分配内存，以达到内存扩充的目的。

3）组成作业的各程序段可以分散存放在不同的内存区域，有利于程序段的共享。

3. 内存数据的共享与保护

内存数据的共享与保护也是内存管理的重要功能之一。在多道程序设计环境下，内存中的许多用户或系统程序和数据段可供不同的用户进程使用，称为共享，这种资源共享将会提高内存的利用率。除了被允许共享的部分之外，要限制各进程只在自己的存储区中活动，各进程不能对其他进程的程序和数据段产生干扰和破坏，因此需要对内存中的程序和数据段采取保护措施。

常用的内存信息保护方法有硬件法、软件法和软硬件结合法。

（1）上、下界保护法

上、下界保护法是一种常用的硬件保护法，上、下界存储保护技术要求为每个运行的进程或数据段设置一对上、下界寄存器，上、下界寄存器中装有被保护程序段或数据段的起始地址和终止地址。在程序执行过程中，在对内存进行访问操作时首先进行访址合法性检查，即检查经过重定位后的内存地址是否在上、下界寄存器所规定的范围之内。若在规定的范围之内，则访问是合法的；否则是非法的，并产生访址越界中断。

（2）保护键法

保护键法也是一种常用的存储保护法，它为每一个被保护存储块分配一个单独的保护键，在程序状态字中设置相应的保护键开关字段，对不同的进程赋予不同的开关代码，并与被保护的存储块中的保护键匹配。保护键可以设置成对读写同时保护的或者只对读、写进行单项保护。如果进程的开关代码与保护键匹配或存储块未受到保护，则访问该存储块是允许的，否则将产生访问出错中断。

（3）软硬件法

软硬件法是界限寄存器与CPU用户态或核心态工作方式相结合的保护方式。在这种保护模式下，用户态进程只能访问那些在界限寄存器所规定范围内的内存部分，而核心态进程则可以访问整个内存地址空间。

4. 内存扩充

主存容量是有限的，当主存资源不能满足用户作业需求时，例如当有一个比主存容量还要大的作业要运行时，或为使多个作业在主存中并发运行时，需要由操作系统利用辅存对主存进行扩充，这个过程对用户作业是透明的，即用户感知不到。这里所说的扩充是指使用存储管理软件来实现内存在逻辑上的扩充，而不是利用硬件实现的扩充。通过这种内存扩充方式可以实现系统运行的作业大小只受内存容量和外存容量之和的限制，而不是受内存大小的限制，从而系统能够运行的作业量得以增大。

一般将进程的程序段、数据段等虚拟地址组成的虚拟空间称为虚拟存储器。虚拟存储器只规定每个进程中相互关联信息的相对位置，每个进程都拥有自己的虚拟存储器，且虚拟存储器的容量是由计算机的地址结构和寻址方式确定的。虚拟存储器到物理存储器的变换是操作系统必须解决的问题，要实现这个变换，必须要有相应的硬件支持，并使这些硬件能够完成统一管理内存和外存之间数据和程序段自动交换的虚拟存储器功能。虚拟存储器的大小只受内存容量和外存容量之和的限制。其常见的实现方式有动态页式、动态段式和动态段页式存储管理方法，这 3 种管理方法也称为虚拟存储管理方法。

5.2 覆盖和交换技术

覆盖和交换技术是在多道环境下用来扩充内存的两种方法。覆盖技术主要用在早期的操作系统中，而交换技术在现在操作系统中具有较强的生命力。

5.2.1 覆盖技术

一般来说，程序具有两个特点：第一，程序执行时有些部分是彼此互斥的，即在程序的一次执行中，执行了这部分就不会去执行另一部分；第二，程序的执行往往具有局部性，在一段时间里可能循环执行某些指令或多次访问某一部分的数据。所以，即使把作业有关的信息全部装入主存，在实际执行时也不会同时使用这些信息，甚至有些信息在作业执行的整个过程中大多不会被使用。可见，没有必要把作业的全部信息同时存放在主存储器中。在装入部分信息的情况下，只要调度的好，完全可以保证作业的正确执行。

覆盖技术正是基于程序的这两个特点提出来的，其基本思想是把程序划分为若干个功能上相对独立的程序段，按照程序的逻辑结构让那些不会同时执行的程序段共享同一块内存区。通常，这些程序段都被保存在外存中，当有关程序段的先头程序段已经执行结束后，再把后续程序段调入内存覆盖前面的程序段。从用户的角度来看，好像内存扩大了，从而达到了内存扩充的目的。

覆盖技术要求程序员提供一个清楚的覆盖结构，即程序员必须把一个程序划分成不同的程序段，并规定好它们的执行和覆盖顺序，写成一个覆盖描述文件随同作业一起交给操作系统，操作系统根据程序员提供的覆盖描述文件来完成程序段之间的覆盖。一般来说，一个程序究竟可以划分为多少段，以及让其中的哪些程序段共享哪一内存区只有程序员清楚。这要求程序员既要清楚地了解程序所属进程的虚拟空间及各程序段所在虚拟空间的位置，又要求程序员懂得系统和内存的内部结构和地址划分。所以，覆盖技术大多由对操作系统的虚拟空间和内部结构很熟悉的程序员来使用。

例如，设某进程的程序正文段由 A、B、C、D、E 和 F 共 6 个程序段组成，它们之间的调用关系如图 5-1 所示。从图中可以看出，程序段 B 不会调用 C，程序段 C 也不会调用 B 。因此，程序段 B 和 C 无须同时驻留内存，它们可以共享同一内存区。同理，程序段 D、E、F 也可以共享同一内存区，其覆盖结构如图 5-2 所示。

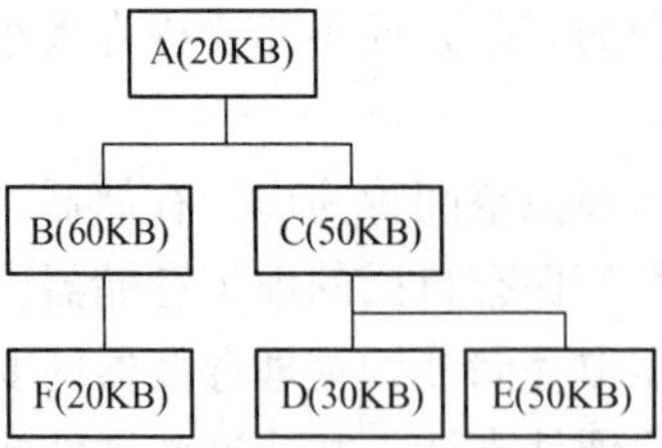

图 5-1　程序段间调用关系

图 5-2　程序段的覆盖结构

在图 5-2 中，整个程序正文段被分为两个部分。一个是常驻内存部分，该部分与所有的被调用程序段有关，因而不能被覆盖，该区域被称为驻留区，这一部分中的程序称为根程序。显然，程序段 A 是根程序，所占的部分为驻留区。另一部分是覆盖部分，分为两个覆盖区，其中，一个覆盖区由程序段 B、C 共享，其大小为 B、C 中所需容量最大者，即容量为 60 KB；另一个覆盖区为程序段 D、E、F 共享，其容量为 50 KB。不采用覆盖技术时该程序正文段所需内存空间是 230 KB，采用了覆盖技术则只需要 130 KB 的内存空间即可开始执行。

5.2.2　交换技术

在多道程序环境或分时系统中，多个作业或进程同时执行。但是这些同时存在于内存中的作业或进程，有的处于执行状态或就绪状态，有的则处于等待状态，通常等待时间比较长。例如从外存软磁盘读一块数据到内存有时要花 0.1 ~ 1 s 左右的时间。若让这些等待中的进程继续驻留内存，将会造成存储空间的浪费。因此，应该把处于等待状态的进程换出内存。

实现上述目标的常用方法之一就是交换（Swap）。交换指先将内存某部分的程序或数据写入外存交换区，再从外存交换区中调入指定的程序或数据到内存中。交换进程由换出和换入两个过程组成，其中，换出过程是把内存中的数据或程序换到外存交换区，而换入过程是把外存交换区中的数据或程序换到内存分区中。交换技术大多用在小型机或微机系统中，这样的系统大部分采用固定或者可变分区方式管理内存。

交换主要是在不同的进程或作业之间进行，而覆盖则主要在同一个作业或进程内进行。另外，覆盖只能在那些无关的程序段之间进行。

5.3　存储管理方案

存储管理主要讨论和解决多道作业之间共享主存的存储空间问题，如果没有有效的存储管理方式，不仅影响到服务器性能还可能造成整个系统的崩溃。本节将对存储管理方案进行总结和分析。

5.3.1　分区存储管理

分区存储管理是指为一个用户程序分配一个连续的内存空间，有两种方式，即单一连续分配方式和多个分区分配方式。其中，多个分区分配方式是一种可用于多道程序的较简单的存储管理方式，它又可以进一步细分为固定分区方式和可变（动态）分区方式。

1. 单分区存储管理

单分区存储管理是一种最简单的存储管理方式。在这种管理方式下，用户区域作为一个连续的分区分配给一个作业使用，即在任何时刻主存中只有一个作业。采用这种管理方案时，内存被分成两个区域，一个是系统区域，仅供操作系统使用，通常设置在内存的低端；另一个是用户区，它是除系统区以外的全部内存区域，这部分区域是提供给用户使用的区域，任何时刻主存中最多只有一个作业，如图 5-3 所示。

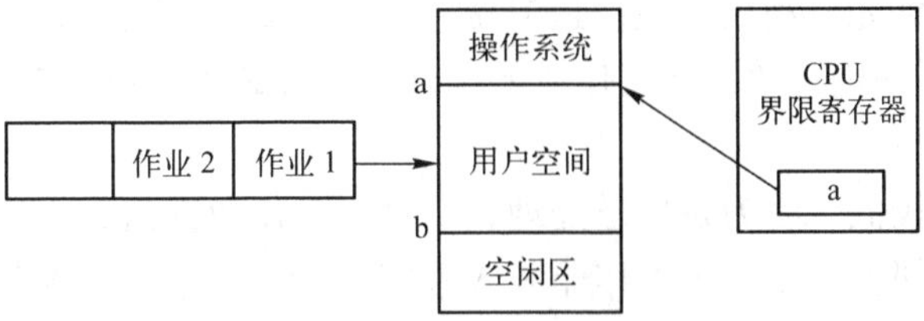

图 5-3　单分区存储管理示意图

单一连续区存储管理只适用于单用户的情况，个人计算机和专用计算机系统可采用这种存储管理方式。采用这种方式管理时，处理器中设置一个界限寄存器，该寄存器的内容为用户区的起始地址。一般情况下，界限寄存器的内容是不变的，只有操作系统的功能扩充或修改时改变了所占区的大小，才改变界限寄存器的内容。由于主存中只允许装入一个作业，所以那些等待装入主存的作业在外存中排成一个作业队列。当主存中无作业或一个作业执行结束时，就可以让作业队列中的一个作业装入内存。如果界限寄存器指示用户区的起始地址为 a，则作业总是被装到从 a 单元开始的一个主存连续区内。若作业的地址空间小于用户区，则作业占据用户区的一部分，其余部分就称为空闲区，不管空闲区的大小如何都不再用来装另一个作业。若作业的地址空间大于用户区，可以采用覆盖技术控制作业的执行。

单分区存储管理每次只允许一个作业装入主存，因此不必考虑作业在主存中的移动问题。因此可以采用静态重定位的方式进行地址转换，即在作业装入主存时，由装入程序完成地址转换，装入程序只要把界限寄存器的值加到逻辑地址上就可以完成地址装换。

作业执行时，处理器要对每条指令中的绝对地址进行检查。若有：

界限地址≤绝对地址≤主存最大地址

则可执行，否则有地址错误，形成“地址越界”的程序性中断时间。这样就可以限定作业在规定主存区内执行，避免破坏操作系统的信息，达到存储保护的目的。

如上所述，这是一种最简单的存储管理方式，其特点是：

1）容易记住存储器的状态，不是全部空闲就是全部已分配。

2）当作业被调度时就获得全部空间。

3）全部主存空间都分配给一个作业。

4）作业运行完后，全部主存空间又恢复成空闲（以上所指的全部主存空间是全部用户区空间）。

对于连续区分配而言，虽然这种管理方案不需要专门的硬件，但是应有硬件保护机构，以确保用户程序不至于偶然或无意地干扰系统区的信息，解决的方法有以下两个：

1）使用界限寄存器。界限寄存器中存放用户程序的起始地址和终止地址，作业运行时，检查访问指令或数据的地址，若不在界限寄存器范围内，则发生越界中断。

2）将计算机的状态分为 CPU 管理方式和用户管理方式两种。CPU 管理方式称为计算机在管态下工作；用户管理方式称为计算机在目态下工作。如果计算机在目态下工作，内存访问时对硬件均进行校验，以保证保护区不被访问，如果出现保护区被访问则产生中断，控制权交给操作系统；在管态下工作，操作系统能访问整个存储空间。仅当控制权交给操作系统时，CPU才由目态变为管态。因此说，目态是用户工作方式，而管态是管理工作方式。

单一连续区分配算法简单，操作系统也比较小，因而使用这样方式的系统很容易，也不需要很多经验。单分区存储管理适用于单道程序的系统，这种管理方式有以下几个主要缺点：

1）存储器没有得到充分利用，往往是浪费了一部分或大部分。因为，作业的大小与存储器的可用空间的大小不一定一致，而且作业的全部信息都装入主存，有的信息从未使用过，白白占用了主存空间。

2）处理器利用率较低，因为是单道处理，一旦一个作业提出 I/O 请求，则 CPU 空闲。

3）作业的周转时间长，当一个大作业装入系统运行后，新进入系统的小作业也必须等待大作业运行完成后才能装入运行。

4）缺乏灵活性，要求作业的地址空间小于等于主存可用空间，如果此作业不采用覆盖技术（虚拟存储技术）就无法运行。

若把单分区存储管理方式用于分时系统中，则可以采用交换技术让多个用户作业轮流进入主存储器执行。此时，多个用户的作业信息都保留在大容量的磁盘上，把其中的一个作业先装入主存储器让其执行。当执行中出现等待事件或用完一个时间片时，则把该作业从主存储器中换出，再把下一个轮到的作业换入到主存储器中执行。

值得注意的是，若对作业采用静态重定位方式完成地址转换，那么作业信息都由绝对地址来指示。所以，一旦作业被换出后，又再次被换入，则一定要把它装到与被换出前相同的主存空间位置，以保证按绝对地址的正确进行。

2. 多分区存储管理

多分区存储管理是把主存储器中的用户区作为一个连续区或分成若干个连续区进行管理，当划分多个连续区时，可采用固定分区方式或可变分区方式进行管理。由此可见，分区存储管理可分为单分区管理和多分区管理，多分区管理又分为固定分区存储管理和可变分区存储管理。

（1）固定分区存储管理

将内存空间划分为若干个固定大小的区域（所有分区可以大小相等，也可以大小不等，但事先必须固定，以后也不能改变），在每个分区中可以装入一道作业，这样当内存中划分成几个分区时，便允许多道作业并发运行。当有一个分区空闲时，便可从外存的后备队列中，选择一个适当大小的作业装入该分区。当该作业运行结束时，又可从后备队列中找出另一个作业调入该分区。当所有的分区都已装有作业，则其他作业暂时不能再装入，绝不允许在同一分区中同时装入两个或两个以上的作业。已经被装入主存的作业得到处理器运行时，要限定它只能在所占的分区中执行，划分成 3 个分区的固定分区管理方式如图 5-4 所示。

1）固定分区存储管理的数据结构。

为了便于内存分配，通常将这些分区根据它们的大小进行排队，并为之建立一张分区分配（使用）表。每个表项包括该分区的起始地址和长度，并为每个分区设置一个标志位。当标志位为“0”时，表示对应的分区是空闲分区，可以用来装入作业；当标志位为非“0”时，表示对应的分区已经被占用，标志位设为占用该分区的作业名。当有一用户程序要装入时，由内存分配程序检索该表，从中找出一个能满足要求的、尚未分配的分区，将它分配给该程序，然后修改分区使用表中的状态；若找不到大小足够的分区，则拒绝为该程序分配内存。

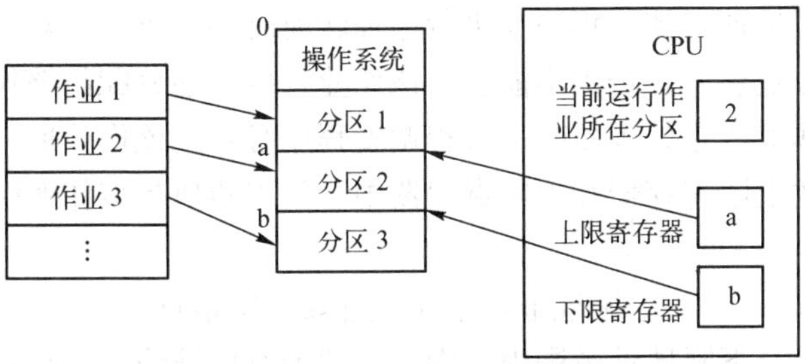

图 5-4　固定分区存储管理示意图

2）主存空间的分配与回收。

当作业队列中有作业要装入主存时，存储管理可采用顺序分配算法进行主存空间的分配。顺序查看主存分配表，找到一个标志为“0”的分区，再把欲装入作业的逻辑空间的大小与找到的分区长度进行比较。当找到的分区能容纳该作业时，则把此分区分配给该作业，把它的作业名填到占用标志位上；当找到的分区不能容纳该作业时，则重复上述过程继续顺序查看主存分配表中是否有能满足该作业长度要求的且标志位为“0”的分区，若有则分配；若无，则该作业暂时得不到主存空间而不能装入。固定分区分配过程如图 5-5 所示。

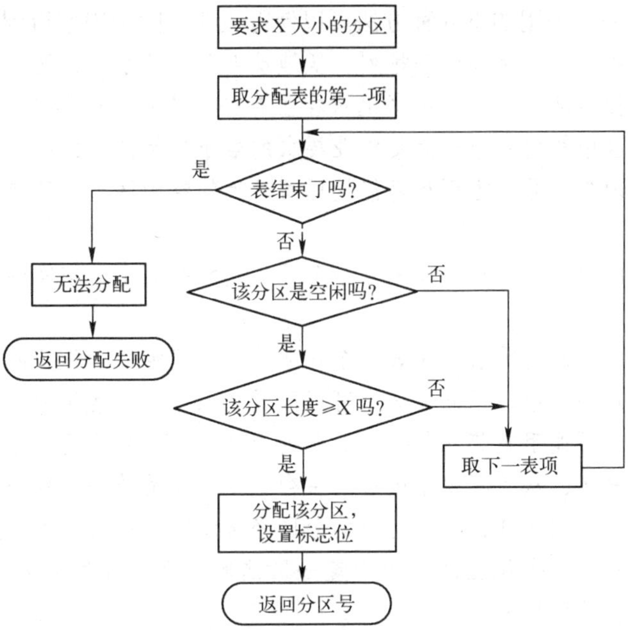

图 5-5　固定分区分配过程

装入分区的作业执行结束后必须归还所占用的分区，存储管理根据作业名查看主存分配表，从占用标志位中的记录可以知道该作业所占用的分区，把该分区的占用标志位重新设置成“0”，表示该分区现在又成了空闲区，可以用来装入新作业。

3）地址转换和存储保护。

由于固定分区存储管理方式是预先把主存划分成若干个区，每个区只能用来装入一个作业，因此作业在执行过程中是不会被改变存放位置的。于是，可以采用静态重定位的方式把作业装入分配到的分区中去。由装入程序把作业中的逻辑地址与分区的起始地址（上限地址）

相加，得到相应的绝对地址。装入程序在进行地址转换时要检查其绝对地址是否在指定的分区范围内，若是则可把作业装入，否则不能装入该作业且要归还分配给该作业的分区。

一个装入主存的作业占用处理器时，进程调度程序必须把该作业所在分区的上限地址和下限地址存入处理器中的上限寄存器和下限寄存器中。处理器执行该作业时，对每条指令中的地址都要进行一下核对：

上限地址≤绝对地址≤下限地址

如果绝对地址在上、下限地址范围内，则可按照绝对地址访问主存；如果不在上、下限地址范围内，则产生“地址越界”的程序性中断事件，达到存储保护的目的。

一个作业让出处理器时，另一个作业可能被选中，占用处理器。这时，应更改上、下限寄存器的内容，改为当前被选中作业所在分区的上限地址和下限地址，以保证处理器能控制作业在规定的分区内执行。

4）内存扩充。

可以采用覆盖或交换技术来进行内存扩充。

5）主存空间的利用率。

用固定分区方式管理主存时，总是为作业分配一个不小于作业长度的分区。因此，实际上有很多作业只占用了分区的一部分空间，使分区中有一部分空间闲置不用，被称为内部碎片，影响储存空间的利用率。采用如下几种方法可以使得主存空间利用率得到改善。

- 划分分区时按照分区的大小顺序排列，低地址部分是较小的分区，高地址部分是较大的分区。各分区按照从小到大的次序记录在主存分配表中，这样在采用顺序分配算法时，从当前的空闲区中找出一个能满足作业要求的最小空闲区分配给作业。一方面使得闲置的空间尽可能地少，另一方面尽可能地保留较大的空闲区，以便有大作业请求装入时容易得到满足。
- 根据经常出现的作业的大小和频率划分分区，这样提高主存空间的利用率，但这种方法实现比较困难。
- 按照作业对主存空间的需求量排成多个作业队列，规定每个作业队列中的作业只能一次装入对应的指定分区中。不同分区中可以同时装入作业，某作业队列为空时，该作业队列对应的分区也不能用来装入其他作业队列中的作业。采用这种分区方法有效地防止了小作业进入大分区，从而减少了闲置的主存空间，但是若分区划分不合适，则会造成某个作业队列经常是空队列，那么对应的分区经常没有作业被装入，反而使得分区的利用率不高。所以采用多个作业队列的固定分区法时，可结合作业大小和出现频率划分分区，以达到期望的利用率。

（2）可变分区存储管理

可变分区方式是按作业的大小来划分分区。当要装入一个作业时，根据作业需要的主存量查看主存中是否有足够的空间，若有，则按需要量分割一个分区分配给该作业；若无，则令该作业等待主存空间。由于分区的大小是按作业的实际需要量来定的，且分区的个数也是随机的，所以可以克服固定分区方式中的主存空间的浪费。

随着作业的装入、撤离，主存空间被分成许多个分区，有的分区被作业占用，而有的分区是空闲的。当一个新的作业要求装入时，必须找到一个足够大的空闲区，把作业装入该区，如果找到的空闲区大于作业需要量，则作业装入后又把原来的空闲区分成两部分，一部分给作业占用了；另一部分又分成为一个较小的空闲区。当一作业结束撤离时，它归还的区域如果与其他空闲区相邻，则可合成一个较大的空闲区，以方便大作业的装入。

1）可变分区存储管理的数据结构。

可变分区管理方式使用的数据结构主要有已分配区表和未分配表。已分配区表记录已经装入的作业在主存中占用分区的起始地址和长度，用标志位指出占用分区的作业名或本条目为空，如图5-6所示。

未分配表记录主存中可供分配的空闲区，可以用空闲区表或空闲块链来表示，空闲区表的形式如图5-7所示，包含空闲块的起始地址和长度，也用标志位指出该分区是未分配的空闲区或本条目为空。由于已占分区和空闲区的个数不定，因此两张表格中都应该设置适当的空栏目（设置标志位的状态为空），分别用以登记待装入主存的作业占用的分区和作业撤离后的新空闲区。

始址	长度	标志位
…	…	作业名/空

图5-6　已分配区表

始址	长度	标志位
…	…	未分配/空

图5-7　空闲区表

空闲块链是由链表实现的，链表中的每一结点记录一个空闲块的大小和下一空闲块的起始地址，链表的头指针指向第一个空闲块的起始地址，如图5-8所示，图中最末一个结点中的“^”表示此空闲区是最后一个空闲区。

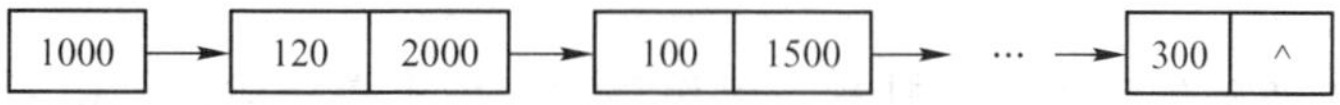

图5-8　空闲块链

2）主存空间的分配与回收。

系统初始化时，把整个用户区看作一个大的空闲区，这时已分配区表中的所有条目的标志位都为空。空闲区表中第一条目的起始地址为用户区的开始地址，长度为用户区的总长度，标志位为未分配，其余条目的标志位为空。

当要装入一个作业时，从空闲区表中查找标志位为未分配的空闲区，从中找出一个能容纳该作业的空闲区。如果找到的空闲区正好等于该作业的长度，则把该区全部分配给作业。这时应把该空闲区登记栏中的标志改为空状态，同时在已分配区表中找一个标志位为空的区表登记新装入的作业占用分区的起始地址、长度和作业名。如果找到的空闲区大于作业长度，则把空闲区分成两部分，一部分用来装作业，另一部分仍为空闲区，这时应修改已分配区表和空闲区表中相应的内容。

3）分区分配算法。

可变分区分配方式常用的主存分配算法有：最先适应分配算法（FF）、循环最先适应分配算法（CFF）、最佳适应分配算法（BF）、最差适应分配算法（WF）。

- 最先适应分配算法（FF）。

  在最先适应算法中，空闲分区按地址递增的顺序形成空闲分区链，分配时从空闲分区链的第一个空闲分区开始向后扫描，直到找到第一个能满足需要的空闲分区。该算法倾向于优先利用内存中低地址部分空闲区，从而保留了高地址部分大的空闲区，分区合并较简单。缺点是低地址部分会留下许多难以利用的小空闲区，而每次查找又都从低地址部分开始，增加了开销。

- 循环最先适应分配算法（CFF）。

  循环最先适应算法中，空闲分区也按地址递增的顺序形成空闲分区链，分配时不是从空闲分区链的第一个空闲分区开始，而是从上一次找到的空闲分区的下一个空闲分区开始向后扫描，直到找到第一个能满足需要的空闲分区。该算法可以使得小的空闲区均匀地分布在可用存储空间中，当回收时，与大的空闲区合并的机会增加，但保留大空闲区的可能性减小了。
- 最佳适应分配算法（BF）。

  在最佳适应算法中，空闲分区按大小递增的顺序形成空闲分区链，分配时从空闲分区链的第一个空闲分区开始向后扫描，直到找到第一个能满足需要的空闲分区，很显然该分区是满足需要而且是最接近需要的空闲区。该算法可以保留大的空闲区，但会留下许多小的空闲区，而且空闲区的回收也更复杂一些。
- 最差适应分配算法（WF）。

  在最差适应算法中，空闲分区按大小递减的顺序形成空闲分区链，分配时直接从空闲分区链的第一个空闲分区中分配（不能满足需要则不分配）。很显然，如果第一个空闲分区不能满足需要，则再没有空闲分区能满足需要。该算法克服了最佳适应算法留下许多小的碎片的不足，但保留大的空闲区的可能性减小了，且空闲区的回收也和最佳适应算法一样复杂。

5.3.2 分页存储管理

1. 基本思想

分页存储管理需要硬件的支持，其基本思想是首先把主存分成大小相等的许多区，把每个区称为块，块是进行主存空间分配的物理单位。程序的逻辑空间进行分页，页的大小与块的大小一致。在为进程分配内存时，以块为单位进行分配，每页分配一块，也就是把作业或进程按页存放到块中。系统为每个进程建立一张页面映射表（简称页表），记录相应页在内存中对应的物理块号。页式存储管理提供给编程使用的逻辑地址由两部分组成：页号 p 和页内地址 d，格式如图 5-9 所示。

页号 P	页内地址 d

图 5-9　分页存储逻辑地址格式

2. 地址变换

当进程访问某逻辑地址时，地址变换机构自动将逻辑地址分为页号和页内地址两部分。再以页号为索引去检索页表，得到该页的物理块号，把该物理块号与页内地址拼接成物理地址，完成地址变换过程，如图 5-10 所示。在进行地址变换的同时，把页号与页表长度相比较，若大于页表长度，则产生越界中断。

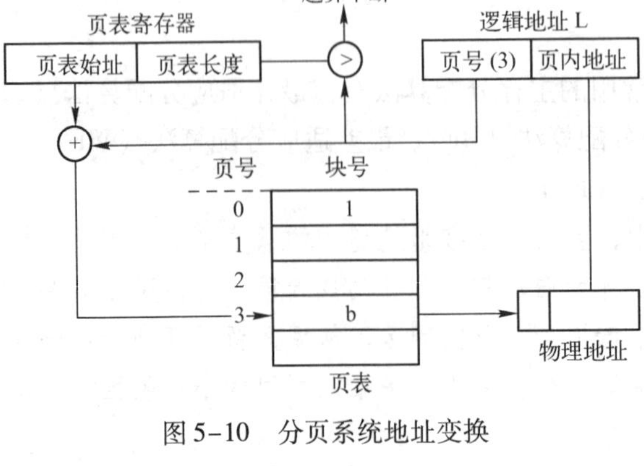

图 5-10　分页系统地址变换

3. 快表

由于页表是存放在内存中，这使 CPU 每访问一个数据（或一条指令）时，都必须两次访问内存。一次是访问页表，另一次才是所需要的数据（或指令）。大大降低了计算机的处理速度，为解决这一问题，在地址变换机构中，必须增设一个联想存储器，又称快表，用以存放当前使用的页表项。快表用硬件实现，查找快表可以不必占用一个访存周期。

引入快表后，地址变换过程是，在进行地址变换时，首先检索快表。若找到，则直接用快表中给出的物理块号与逻辑地址中的页内地址形成物理地址。若未找到，则应到内存中查找页表，此时应将该页的页表项写入快表（快表满时，调出一个页表项，然后写入），然后用页表中给出的物理块号与逻辑地址中的页内地址形成物理地址，如图 5-11 所示。

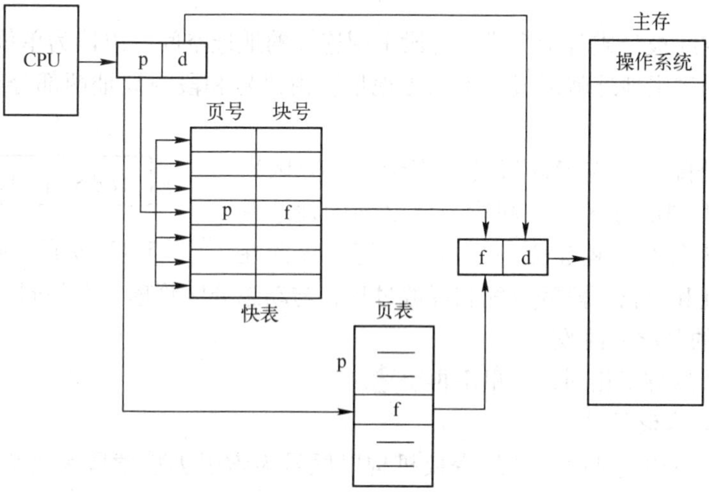

图 5-11　利用快表加速地址转换

可以看出，当快表命中时，只有一次访存；当快表不命中时，仍然需要二次访存。所以，快表的命中率如何，对于等效的访存时间有很大的影响。

4. 页的共享和保护

在分页存储管理系统中，多个作业并发运行，共享同一内存块里的程序或数据是可行的。为了实现共享，必须在各共享者的页表中分别有指向共享内存块的表目，如图 5-12 所示。首先，必须保证被共享的程序或数据占有整数块，以便与非共享部分分开。其次，由于共享程序或数据被多个进程访问，所以每个进程对共享程序或数据的访问都应该是有限制条件的。因此，从共享和保护的实现上来看，需共享的程序段或数据段是一个逻辑单位。

5. 多级页表

从上面的地址变换过程可以看出，页表必须占据连续的内存空间，如果页表长度超过一个页面，那页表的访问就出现了新的问题。解

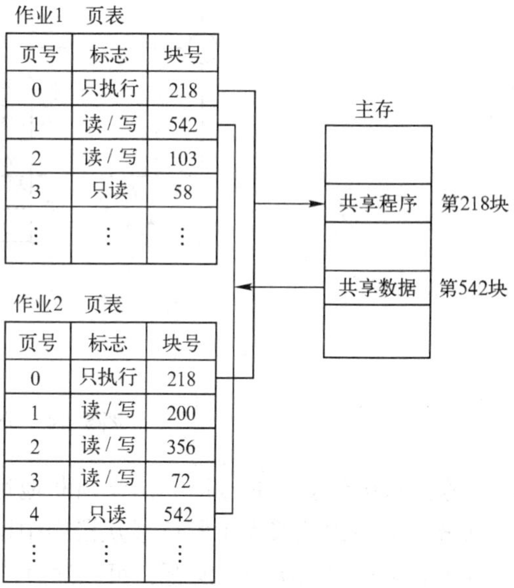

作业1　页表

页号	标志	块号
0	只执行	218
1	读 / 写	542
2	读 / 写	103
3	只读	58
⋮	⋮	⋮

作业2　页表

页号	标志	块号
0	只执行	218
1	读 / 写	200
2	读 / 写	356
3	读 / 写	72
4	只读	542
⋮	⋮	⋮

图 5-12　页的共享

决的办法有两种，一种是对页表所需的空间采用离散分配方式，形成两级（甚至多级页表）；另一种是只将当前所需要的部分页表项调入内存，其余部分仍然驻留在磁盘上，需要时再将它们调入内存。

分页存储管理显著提高了内存的利用率，只有最后一页可能是不满的，每个进程平均碎片长度为半个页面，因此基本上消除了碎片。但动态地址变换机构增加了计算成本，页表要占用内存空间，需二次访存，仍然无法解决存储扩充问题。

5.3.3 分段存储管理

引入分段存储管理主要是为了方便编程，便于共享与保护，支持动态链接和动态增长。

1. 基本思想

程序的地址空间被分成若干个段，每段采用连续的地址空间，以段为单位进行存储空间的分配。这样程序的逻辑地址就形成一个二维地址，由段号和段内地址两部分组成，如图 5-13 所示。

段号 S	段内地址 d

图 5-13　分段存储逻辑地址格式

系统为每段分配一个连续区域（相当于一个分区），各段可以存放在不同的分区中，即段与段之间的地址是不连续的。系统为每个进程建立一张段表，记录该段在内存中的起始地址和段长。段的分配和释放过程，与动态分区管理完全相同。

2. 主存空间的分配和回收

与可变分区管理方式相同，这里不再赘述。

3. 地址变换与存储保护

当进程访问某逻辑地址时，地址变换机构以段号为索引去检索段表（以段表寄存器的段表起始地址与段号相加）、得到该段的起始地址和段长。然后以段的起始地址加上段内偏移就可以得到该逻辑地址对应的物理地址，完成地址变换过程，如图 5-14 所示。

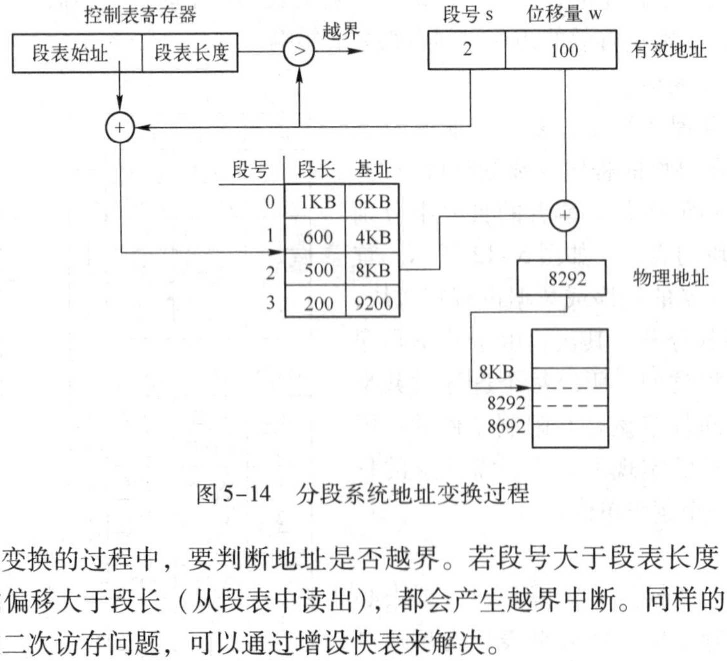

图 5-14　分段系统地址变换过程

在进行地址变换的过程中，要判断地址是否越界。若段号大于段表长度（段表寄存器的一部分）或段内偏移大于段长（从段表中读出），都会产生越界中断。同样的方法，分段存储管理方式也存在二次访存问题，可以通过增设快表来解决。

4. 段的共享

分段系统的一个突出优点是便于实现段的共享，而且段的保护也十分简单易行。共享的代码段必须是可重入代码。可重入代码又称为纯代码，是一种允许多个进程同时访问的代码。

总之，分段式存储管理，方便了编程，便于实现共享与保护，便于实现动态链接。从存储空间利用率来说，介于动态分区管理和分页管理之间。

5. 分段与分页的区别

分段和分页都是离散分配方式，地址变换机构也比较类似，但从概念上说，两者是完全不同的，可以从下述几个方面加以区别：

1）页是信息的物理单位；段是信息的逻辑单位。

2）页大小固定而且由系统确定，硬件实现；段的长度不固定，决定于用户编写的程序。

3）分页的程序地址空间是一维的；分段的程序地址空间是二维的。

5.3.4 段页式存储管理

分页和分段存储管理方式都各有其优缺点，分页系统能有效地提高内存利用率，而分段系统能很好地满足用户需要。段页式系统是分页和分段的结合。用户程序分成若干段，每个段划分成若干页，每段赋予一个段名，逻辑地址形式如图 5-15 所示。

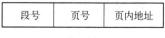

段号	页号	页内地址

图 5-15 段页式存储逻辑地址

为了实现地址变换，必须同时配置段表和页表，如图 5-16 所示。

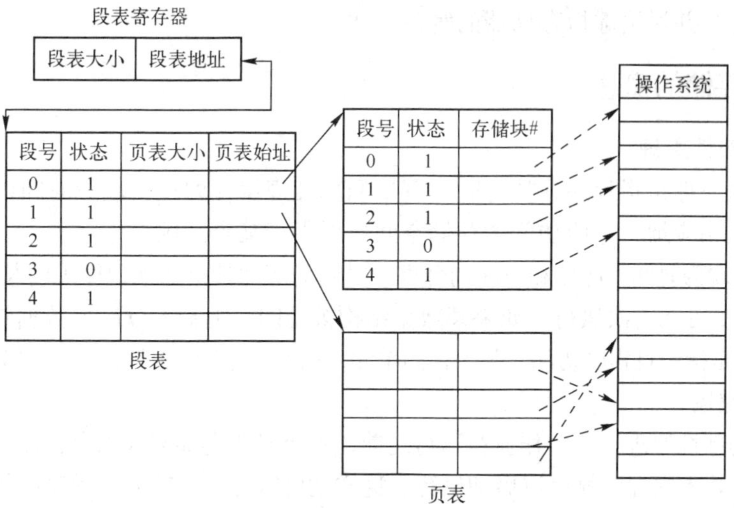

图 5-16 利用段表和页表实现地址映射

当进程访问某逻辑地址（二维，包括段号和段内偏移）时，地址变换机构以段号为索引去检索段表（以段表寄存器的段表起始地址与段号相加），得到该段的页表起始地址和页表长度。然后，地址变换机构自动地将段内地址分为页号和页内地址两部分，再以页号为索引去检索页表（起始地址已从段表中获得），得到该页的物理块号，把该物理块号与页内地址拼接成物理地址，完成地址变换过程，如图 5-17 所示。

很显然，为了获得一条指令或数据，需要访问内存 3 次，因此快表是必不可少的。引入快表后，地址变换过程是，在进行地址变换时，首先检索快表。若找到，直接用快表中给出的物理块号与逻辑地址中的页内地址（由地址变换机构自动从段内偏移中划分出来的）形成物理地址。若未找到，则应到内存中先查找段表，再查找页表，得到物理块号。此时应将该页的页表项写入快表，然后用页表中给出的物理块号与逻辑地址中的页内地址形成物理地址。

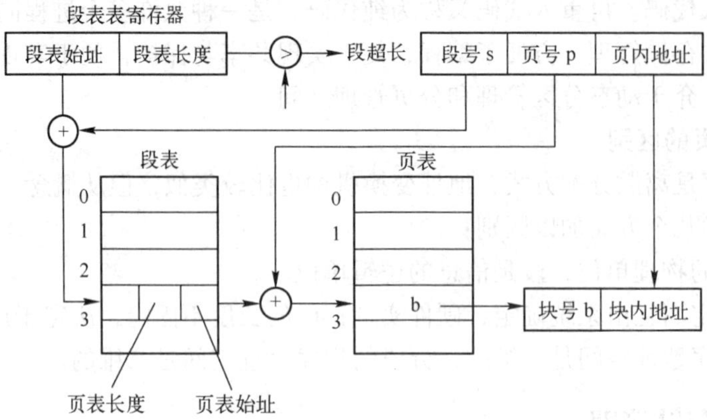

图 5-17　段页式系统中的地址变换

5.4　虚拟存储器

虚拟存储器（Virtual Memory）及其管理技术是现代操作系统的重要特征之一，它将外存资源与内存资源进行统一管理，解决了用较小容量的内存运行大容量软件的问题。本节讲述虚拟存储器的概念，并讨论虚拟存储器的管理方法。

5.4.1　虚拟存储的概念

1. 程序局部性原理

程序局部性原理是指程序在执行时呈现出局部性规律，即在一较短时间内，程序的执行仅限于某个部分，相应地，它所访问的存储空间也局限于某个区域。

局部性又表现为时间局部性和空间局部性。时间局部性是指如果程序中的某条指令一旦执行，则不久以后该指令可能再次执行。如果某数据结构被访问，则不久以后该数据结构可能再次被访问。空间局部性是指一旦程序访问了某个存储单元，在不久之后，其附近的存储单元也将被访问。

2. 虚拟存储器

基于程序局部性原理，一个作业在运行之前，没有必要全部装入内存，而仅将那些当前要运行的页面或段先装入内存，就可以启动运行。这样就可以使一个较大的程序在较小的内存空间中运行，同时还可以装入更多的程序并发执行，通常把这样的存储器称为虚拟存储器。

所谓虚拟存储器是指仅把作业的一部分装入内存便可运行作业的存储管理系统，它具有请求调入功能和替换功能，能从逻辑上对内存容量进行扩充。虚拟存储器最基本的特征是离散性，在此基础上又形成了多次性及对换性的特征，所表现出来的最重要的特征是虚拟性。

虚拟存储器的容量取决于主存与辅存的容量之和。一个虚拟存储器的最大容量是由计算机的地址结构确定的。实现虚拟存储器应有一定的硬件基础，即应有相当容量的辅存、一定容量的主存和地址变换机构。虚拟存储器的实现都是建立在离散分配存储管理方式基础上的，目前常用的方式是请求分页存储管理方式和请求分段存储管理方式。

5.4.2 请求分页存储管理

请求分页系统是建立在基本分页系统的基础上，为了能支持虚拟存储器功能而增加了请求调页功能和页面置换功能。页表中除了有页号、物理块号两项外，还需要状态位、访问字段、修改位、外存地址等信息，如图 5-18 所示。

页号	物理块	状态位P	访问字段A	修改位M	外存地址

图 5-18　页表机制

缺页中断机制——每当所要访问的页面不在内存时，便要产生缺页中断，请求操作系统将所缺的页面调入内存。缺页中断与一般中断的区别在于，缺页中断在指令的执行期间产生和处理，而且在一条指令执行期间，可能有多次缺页中断。

地址变换机制——在进行地址变换时，首先检索快表。若找到，则直接用快表中给出的物理块号与逻辑地址中的页内地址形成物理地址。若未找到，则应到内存中查找页表（慢表），将有两种可能：若该页已调入内存，此时则应将该页的页表项写入快表（快表满时，调出一个页表项，然后写入），用页表中给出的物理块号与逻辑地址中的页内地址形成物理地址；若该页请求调入内存，产生缺页中断，则请求操作系统从外存中调入，如图 5-19 所示。

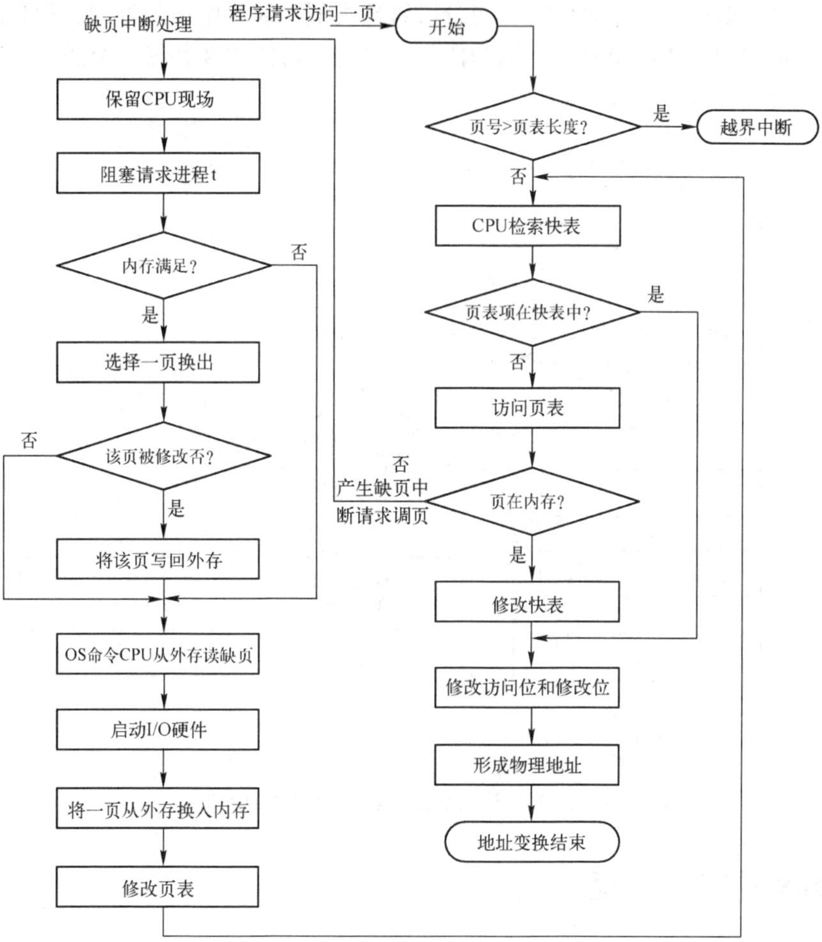

图 5-19　请求分页系统中的地址变换过程

缺页中断的处理过程是，保留 CPU 现场；从外存中找到所缺的页面；若内存已满，则选择一页换出；从外存读入缺页，写入内存，修改页表。

5.4.3 请求分段存储管理

请求分段存储管理系统也与请求分页存储管理系统一样，为用户提供了一个比内存空间大得多的虚拟存储器，虚拟存储器的实际容量由计算机的地址结构确定。在请求分段存储管理系统中，作业运行之前，只要求将当前需要的若干个分段装入内存，便可启动作业运行。在作业运行过程中，如果要访问的分段不在内存中，则通过调段功能将其调入，同时还可以通过置换功能将暂时不用的分段换出到外存，以便腾出内存空间。

段表中除了有段号、段长、段的基址 3 项外，还需要存取方式、访问字段、修改位、存在位、增补位、外存起始地址等信息，如图 5-20 所示。

段号	段长	段的基址	存取方式	访问字段	修改位	存在位	增补位	外存始址

图 5-20 段表机制

与缺页中断类似，当要访问的段不在内存时，便要产生缺段中断，请求操作系统将所缺的段调入内存。在进行地址变换时，若发现被访问的段不在内存，必须先通过缺段中断将所缺的段调入内存，并修改段表，其余的过程与分段管理类似。缺段中断的处理过程与缺页中断处理的过程类似，但比缺页中断更复杂，因为段长不固定，可能需要替换一个或多个段才能形成一个合适的空闲分区，如图 5-21 所示。

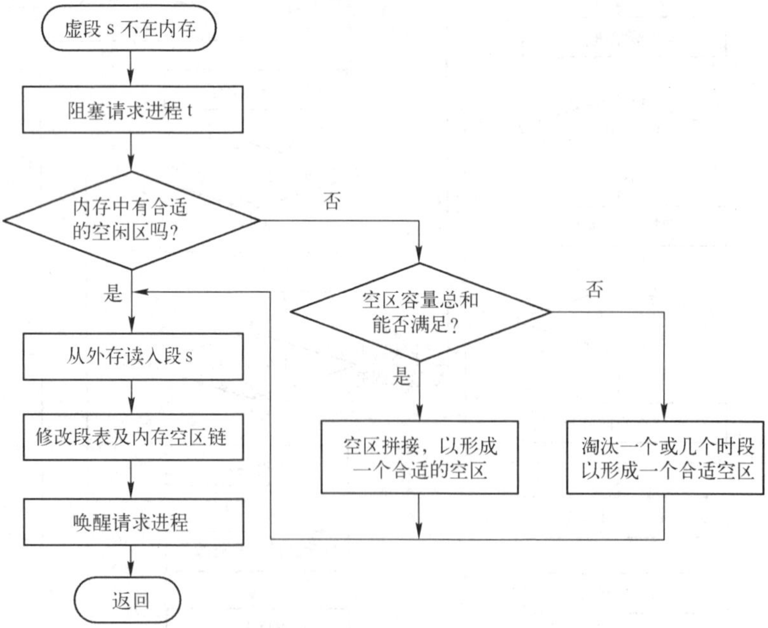

图 5-21 请求分段系统的中断处理过程

5.5 Linux 的存储管理

Linux 操作系统采用请求分页虚拟存储管理方法，为每个进程提供了 4 GB 的虚拟内存空间，各个进程的虚拟内存彼此独立。

5.5.1 Linux 存储器管理概述

Linux 的设计目标是支持绝大多数主流的 CPU，而很多 CPU 使用的是 RISC 体系结构，并没有分段机制（采用虚拟分页存储管理方法），所以内核只有在 80x86 结构下才使用分段，而且只是象征性地使用，所有 Linux 进程仅仅使用 4 种段来对指令和数据寻址。运行在用户态的进程使用所谓的用户代码段和用户数据段。类似地，运行在内核态的所有 Linux 进程都使用一对相同的段对指令和数据寻址，它们分别叫作内核代码段和内核数据段。

相应的段描述符由宏_USER_CS，_USER_DS，_KERNEL_CS 和_KERNEL_DS 分别定义。例如，为了对内核代码段寻址，内核只需要把_KERNEL_CS 宏产生的值装进 cs 段寄存器即可。注意，与段相关的线性地址（段内地址）从 0 开始，达到 232 – 1 的寻址限长，这就意味着在用户态或内核态下的所有进程可以使用相同的逻辑地址。所有段基址都是 0x00000000，这可以得出另一个重要结论，那就是在 Linux 下逻辑地址与线性地址是一致的，即逻辑地址的偏移量字段的值与相应的线性地址的值总是一致的。

如前所述，CPU 的当前特权级（CPL）反映进程是在用户态还是内核态，并由存放在 cs 寄存器中的段选择符的 RPL 字段指定。只要当前特权级被改变，一些段寄存器必须相应地更新。例如，CPL = 3 时（用户态），ds 寄存器必须含有用户数据段的段选择符；CPL = 0 时，ds 寄存器必须含有内核数据段的段选择符。类似的情况也出现在 ss 寄存器中，当 CPL = 3 时，它必须指向一个用户数据段中的用户栈；而当 CPL = 0 时，它必须指向内核数据段中的一个内核栈。当从用户态切换到内核态时，Linux 总是确保 ss 寄存器装有内核数据段的段选择符。当对指向指令或者数据结构的指针进行保存时，内核根本不需要为其设置逻辑地址的段选择符，因为 cs 寄存器就含有当前的段选择符。例如，当内核调用一个函数时，它执行一条 call 汇编语言指令，该指令仅指定它逻辑地址的偏移量部分，而段选择符则不用设置，因为其已经隐含在 cs 寄存器中了。因为“在内核态执行”的段只有一种，叫作代码段，由宏_KERNEL_CS 定义，所以只要当 CPU 切换入内核态时就可以将_KERNEL_CS 装载入 cs 寄存器。同样的道理也适用于指向内核数据结构的指针（内核隐含地使用 ds 寄存器）以及指向用户数据结构的指针（内核显式地使用 es 寄存器）。

5.5.2 Linux 的分页管理机制

1. Linux 的 3 级分页结构

（1）概述

页表是分页系统中从线性地址向物理地址转换不可缺少的数据结构，而且它使用的频率较高。页表必须存放在物理存储器中。若虚存空间有 4 GB，按 4 KB 页面划分页表可以有 1 M 页。若采用一级页表机制，页表有 1 M 个表项，每个表项 4 B，这个页面就要占用 4 MB 的内存空间。由于系统中每个进程都有自己的页表，如果每个页表占用 4 MB，对于多个进程而言就要占去大量的物理内存，这是不现实的。Linux 采用了一种同时适用于 32 位和 64 位系统的普通分页模型。前面我们看到，两级页表对 32 位系统来说已经足够了，但 64 位系统需要更多数量的分页级别。Linux 最初采用 3 级分页的模型，现今采用了 4 级分页模型。

内核作为必须保护的单独部分，它有自己独立的页表来映射内核空间（并非全部空间，仅仅是物理内存大小的空间），该页表（swapper_pg_dir）被静态分配，它只用来映射内核空间

(swapper_pg_dir 只用到 768 项以后的项——768 个页目录可映射 3 GB 空间)。这个独立页表保证了内核虚拟空间独立于其他用户程序空间，也就是说其他进程通常状态下和内核是没有联系的(在编译内核的时候，内核代码被指定链接到 3 GB 以上空间)，因而内核数据也就自然被保护起来了。

那么在用户进程需要访问内核空间时如何做呢? Linux 采用了个巧妙的方法：用户进程页表的前 768 项映射到进程空间（小于 3 GB 空间，因为 LDT 中只指定基地址为 0，范围只能到 0xc0000000)，如果进程要访问内核空间，如调用系统调用，则进程的页目录中 768 项后的表项将指向 swapper_pg_dir 的 768 项后的项，所以一旦用户陷入内核，就开始使用内核的页表 swapper_pg_dir 了，也就是说可以访问内核空间了。

Linux 3 级分页管理把虚拟地址分成 4 个位段：页目录 PGD（PaGe Directory)、页中间目录(Page Middle Directory，PMD)、页表、页内偏址，如图 5-22 所示。

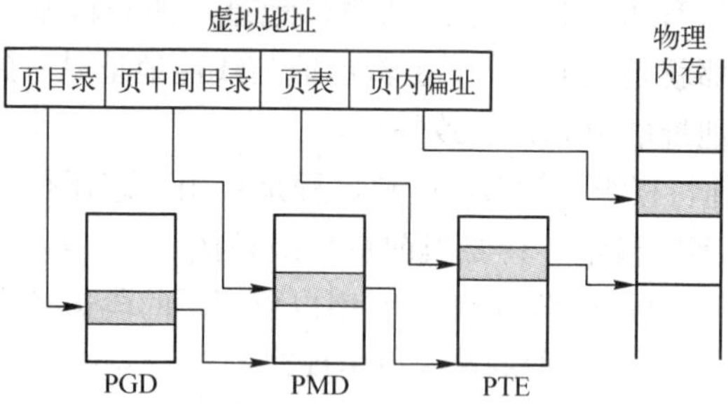

图 5-22　Linux 的 3 级分页管理

3 级分页结构是 Linux 提供的与硬件无关的分页管理方式。当 Linux 运行在某种机器上时，需要利用该种机器硬件的存储管理机制来实现分页存储。Linux 内核中对不同的机器配备了不同的分页结构的转换方法。对 80x86，提供了把 3 级分页管理转换成两级分页机制的方法，其中一个重要的方面就是把 PGD 与 PMD 合二为一，使所有关于 PMD 的操作变为对 PGD 的操作。

在/include/asm - i386/pgtable. h 中有如下定义：

```
#define PTRS_PER_PTE 1024
#define PTRS_PER_PMD    1
#define PTRS_PER_PGD1024
```

从定义看出，页中间目录只有一项，在实施地址转换时，总是使页中间目录的这个表项与选中的页目录表项的内容一致，从而实现了在 3 级分页模式下，实施两级分页结构的地址转换。

(2) 页全局目录（即页目录)

页全局目录表，最多可包含 1024 个页目录项，每个页目录项为 4 B，正好一个页面，结构如图 5-23 所示。

1）第 0 位是存在位，Present 标志：为 1，所指的页（或页表页）就在主存中；为 0，则所指页不在主存中，此时这个表项剩余的位可由操作系统使用。如果执行一个地址转换所需的页表项或页目录项中 Present 标志被清 0，那么分页单元就把该线性地址存放在控制寄存器 cr2 中，并产生 14 号异常：缺页异常。

2）第 1 位是读/写位，第 2 位是用户/管理员位。Read/Write 标志：含有页或页表的存取权限（Read/Write 或 Read)；User/Supervisor 标志：含有访问页或页表所需的特权级。这两位

	7	6	5	4	3	2	1	0
7～0位	PSE	O	A	PCD	PWT	U/S	R/W	P
15～8位	3～0位页表地址				OS专用			O
23～16位	11～4位页表地址							
31～24位	19～12位页表地址							

图5-23　页目录结构

为页目录项提供硬件保护。当特权级为3的进程要想访问页面时，需要通过页保护检查，而特权级为0的进程就可以绕过页保护。

3）第3位是PWT（Page Write - Through）位，表示是否采用写透方式。写透方式就是既写内存（RAM）也写高速缓存，该位为1表示采用写透方式。

4）第4位是PCD（Page Cache Disable）位，表示是否启用高速缓存，为1表示启用高速缓存。

5）第5位是访问位，Accessed标志：当对页目录项进行访问时，A位为1。当分页单元对相应页框进行寻址时就设置这个标志。当选中的页被交换出去时，这一标志就可以由操作系统使用。分页单元从不重置这个标志，而是必须由操作系统来完成。

6）第6位Dirty标志，对于页全局目录项，其值始终为1。

7）第7位是Page Size标志，只适用于页目录项。如果置为1，页目录项指的是4 MB的页面。

8）第8位是Global标志位，只应用于页表项。这个标志是在Pentium Pro引入的，用来防止常用页从TLB（快表，也可理解为地址变换高速缓存）中刷新出去。只有在cr4寄存器的页全局启用（Page Global Enable ，PGE）标志置位时这个标志才起作用。

第9～11位由操作系统专用，Linux也没有做特殊之用。

（3）页表

80386的每个页目录项指向一个页表，页表最多含有1024个页面项，每项4 B，包含页面的起始地址和有关该页面的信息。页面的起始地址也是4 KB的整数倍，所以页面的低12位也留作他用，如图5-24所示。

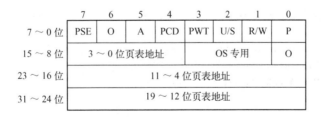

	7	6	5	4	3	2	1	0
7～0位	PSE	O	A	PCD	PWT	U/S	R/W	P
15～8位	3～0位页表地址				OS专用			O
23～16位	11～4位页表地址							
31～24位	19～12位页表地址							

图5-24　页表结构

第31～12位是20位物理页面地址，除第6位外第0～5位及9～11位的用途和页目录项一样，第6位是页表项独有的，当对涉及的页面进行写操作时，D位被置1。

4 GB的存储器只有一个页目录，它最多有1024个页目录项，每个页目录项又含有1024个页面项，因此，存储器一共可以分成1024×1024 = 1 M个页面。由于每个页面为4 KB，所以，存储器的大小正好最多为4 GB。

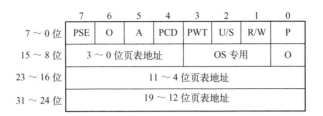

(4) 线性地址到物理地址的转换

在两级页表时，当访问一个操作单元时，如何由分段结构确定的 32 位线性地址通过分页操作转化成 32 位物理地址，过程如图 5-25 所示。

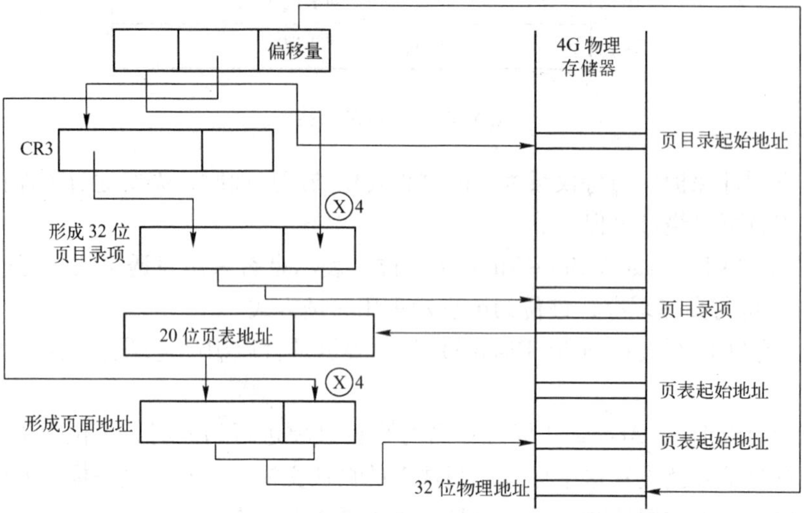

图 5-25　线性地址到物理地址的转换

1) CR3 包含着页目录的起始地址，用 32 位线性地址的最高 10 位 A31 ~ A22 作为页目录的页目录项的索引，将它乘以 4，与 CR3 中的页目录的起始地址相加，形成相应页目录项的地址。

2) 从指定的地址中取出 32 位页目录项，它的低 12 位为 0，这 32 位是页表的起始地址。用 32 位线性地址中的 A21 ~ A12 位作为页表中的页面的索引，将它乘以 4，与页表的起始地址相加，形成 32 位页表项地址。

3) 从指定的地址中取出 32 位页面地址，将 A11 ~ A0 作为相对于页面地址的偏移量，与 32 位页面地址相加，形成 32 位物理地址。

2. Linux 4 级页表

当今，Linux 采用了一种同时适用于 32 位和 64 位系统的普通分页模型。前面我们看到，两级页表对 32 位系统来说已经足够了，但 64 位系统需要更多数量的分页级别。直到 2.6.10 版本，Linux 采用 3 级分页的模型。从 2.6.11 版本开始，采用了 4 级分页模型，4 种页表分别被称作：

```
页全局目录(Page Global Directory)
页上级目录(Page Upper Directory)
页中间目录(Page Middle Directory)
页表(Page Table)
```

页全局目录包含若干页上级目录的地址，页上级目录又依次包含若干页中间目录的地址，而页中间目录又包含若干页表的地址。每一个页表项指向一个页框，线性地址因此被分成 5 个部分，每一部分的大小与具体的计算机体系结构有关。对于没有启用物理地址扩展的 32 位系统，两级页表已经足够了。从本质上说 Linux 通过使“页上级目录”位和“页中间目录”位全为 0，彻底取消了页上级目录和页中间目录字段。不过，页上级目录和页中间目录在指针序列中的位置被保留，以便同样的代码在 32 位系统和 64 位系统下都能使用。内核为页上级目录和页中间目录保留了一个位置，这是通过把它们的页目录项数设置为 1，并把这两个目录项映射到页全局目录的一个合适的目录项而实现的。启用了物理地址扩展的 32 位系统使用了 3 级页表。Linux 的页全局目录对应 80x86 的页目录指针表（PDPT），取消了页上级目录，页中间目录对应 80x86 的页目录，Linux 的页表对应 80x86 的页表。最终，64 位系统使用 3 级还是 4 级分页取决于硬件对线性地址的位的划分。那么，为什么 Linux 是如此地热衷使用分页技术？因为 Linux 的进程处理很大程度上依赖于分页。事实上，线性地址到物理地址的自动转换使下面的设计目标变得可行：

1）给每一个进程分配一块不同的物理地址空间，这可以有效地防止寻址错误。

2）区别页（即一组数据）和页框（即主存中的物理地址）之不同。这就允许存放在某个页框中的一个页，然后保存到磁盘上，以后重新装入这同一页时又被装在不同的页框中，这就是虚拟内存机制的基本要素。

3）每一个进程有它自己的页全局目录和自己的页表集。当发生进程切换时，Linux 把 cr3 控制寄存器的内容保存在前一个执行进程的描述符中，然后把下一个要执行进程的描述符的值装入 cr3 寄存器中。因此，当新进程重新开始在 CPU 上执行时，分页单元指向一组正确的页表。

把线性地址映射到物理地址虽然有点复杂，但现在已经成了一种机械式的任务。Linux 定义了大量的函数和宏来完成这项任务，其中大多数函数只有一两行。

由于在分页情况下，每次存储器访问都要存取两级页表，这就大大降低了访问速度。所以，为了提高速度设置一个最近存取页面的高速缓存硬件机制，它自动保持 32 项处理器最近使用的页面地址，因此，可以覆盖 128 KB 的存储器地址。当进行存储器访问时，先检查要访问的页面是否在高速缓存中，如果在，就不必经过两级访问了，如果不在，再进行两级访问。平均来说，页面高速缓存大约有 98% 的命中率，也就是说每次访问存储器时，只有 2% 的情况必须访问两级分页机构，这就大大加快了速度，页面高速缓存的作用如图 5-26 所示。

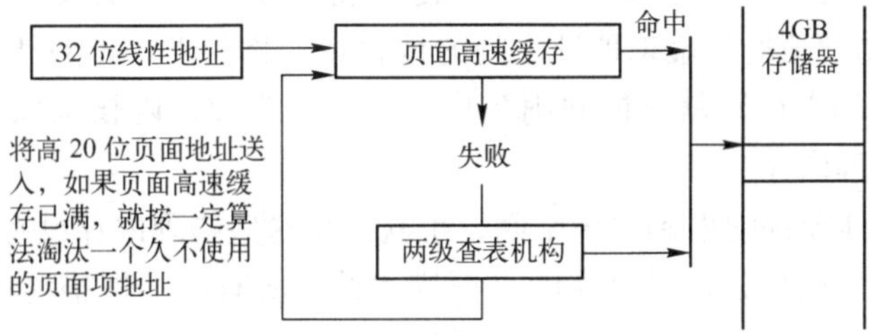

图 5-26　页面高速缓存

5.5.3　Linux 物理内存空间的管理

1. zone 的概念

首先，Linux 支持非统一内存访问架构（Non Uniform Memory Access Architecture，NUMA），物理内存管理的第一个层次就是介质的管理。pg_data_t 结构就描述了介质。一般而言，可以简单地认为系统中只有一个 pg_data_t 对象。每一种介质下面有若干个 zone，一般是 3 个：DMA（Direct Memory Access，直接内存存取）、Normal 和 HighMem。

- DMA：地址范围是 0 ~ 16 MB，因为有些硬件系统的 DMA 总线比系统总线窄，所以只有一部分地址空间能够用作 DMA，这部分地址被管理在 DMA 区域。
- HighMem：物理地址超过 896 MB 的高端内存。在 32 位系统中，进程虚拟地址空间是 4 GB，其中内核规定 3 ~ 4 GB 的范围是内核空间，0 ~ 3 GB 是用户空间。前面提到过内核的地址映射是写死的，就是指这 3 ~ 4 GB 地址空间对应的页表是写死的，它映射到了物理地址的 0 ~ 1 GB 上（实际上没有映射 1 GB，只映射了 896 MB。剩下的空间留下来映射大于 1 GB 的物理地址）。所以，大于 896 MB 的物理地址是没有写死的页表来对应的，内核不能直接访问它们（必须要建立映射），称它们为高端内存，仅由 page cache 和用户进程使用（若机器内存不足 896 MB 或是是 64 位机器，则不存在高端内存，因为地址空间很大，属于内核的空间也不止 1 GB 了）。

- Normal：不属于 DMA 或 HighMem 的内存就叫 Normal，内核可直接映射。

在 zone 之上的 zone_list 代表了分配策略，即内存分配时的 zone 优先级。一种内存分配往往不是只能在一个 zone 里进行分配的，比如分配一个页给内核使用时，最优先是从 Normal 里面分配，否则的话就分配 DMA 里的内存，这就是一种分配策略。

每个内存介质维护了一个 mem_map 结构，为介质中的每一个物理页面建立了一个 page 结构与之对应，以便管理物理内存。

每个 zone 记录着它在 mem_map 上的起始位置。并且通过 free_area 串联着这个 zone 上空闲的 page。物理内存的分配就是从这里来的，从 free_area 上把 page 取下，就算是分配了。

📖 内核的内存分配与用户进程不同，用户使用内存会被内核监督，使用不当就产生“段错误”；而内核则无监督机制，不是从 free_area 取出的 page 就不能乱用。

---

2. 物理内存的内核映射

IA32 架构中内核虚拟地址空间只有 1 GB 大小（从 3 ~ 4 GB），因此可以直接将 1 GB 大小的低端物理内存（从物理内存的最低地址 0x00000000 开始）映射到内核地址空间。这样，在内核空间（3 ~ 4 GB）与物理内存（0 ~ 1 GB）之间就建立了简单的线性映射关系，其中 3 GB（0xc0000000）就是物理地址与虚拟地址之间的位移量，称为 PAGE_OFFSET，但超出 1 GB 大小的物理内存（即高端内存）就不能映射到内核空间。为此，内核采取了下面的方法使得内核可以使用所有的物理内存。

（1）高端内存不能全部映射到内核空间，也就是说这些物理内存没有对应的线性地址。不过，内核为每个物理页框都分配了对应的页框描述符，所有的页框描述符都保存在 mem_map 数组中，因此每个页框描述符的线性地址都是固定存在的。内核此时可以使用 alloc_pages 函数和 alloc_page 函数来分配高端内存，因为这些函数返回页框描述符的线性地址。

（2）内核地址空间的后 128 MB 专门用于映射高端内存，否则，没有线性地址的高端内存不能被内核所访问。这些高端内存的内核映射显然是暂时映射的，否则也只能映射 128 MB 的高端内存。当内核需要访问高端内存时就临时在这个区域进行地址映射，使用完毕之后再用来进行其他高端内存的映射。

（3）由于要进行高端内存的内核映射，因此直接能够映射的物理内存大小只有 896 MB，该值保存在 high_memory 中。

3. 物理内存的页面管理

Linux 对物理内存空间按照分页方式进行管理，在 80x86 中一个页面大小是 4 KB，在 Alpha、Sparc 中时 8 KB。Linux 设置了一个 mem_map[ ]数组管理物理页面，mem_map[ ]在系统初始化时由 free_area_init 函数创建，它存放在物理内存的底部（低地址部分）。mem_map[ ]数组的元素是一个个 page 结构体，每一个 page 结构对应一个物理页面，定义如下：

```
typedef struct page {
    struct list_head list;            /* 指向页面所在链表中的下一页 */
    struct address_space * mapping;   /* 指向正在映射的 inode */
    unsigned long index;              /* 如果页面属于某个文件,代表页面在文件中的序号 */
    struct page * next_hash;          /* 指向页高速缓存哈希表中下一项 */
    atomic_t count;                   /* 共享该物理页面的进程计数 */
    unsigned long flags;              /* 页面各种不同的属性 */
    struct list_head lru;             /* lru 链表指针,指向 active list */
    wait_queue_head_t wait;           /* 指向等待该页面的进程等待队列 */
    struct page * * pprev_hash;       /* 与 next_hash 相对应 */
    struct buffer_head * buffers;     /* 当该页被用作磁盘块缓存时,指向缓存头部 */
    void * virtual;                   /* 页面对应的虚地址 */
    struct zone_struct * zone;        /* 页所在的内存管理区 zone */
} mem_map_t;
```

页面属性 flags 的含义。

PG_locked：当某个 I/O 过程启动时，如果此页参与 I/O 操作，需要设置。当 I/O 操作完成的时候，清除该标志。

PG_error：当 I/O 操作在该页上失败，设置该标志。

PG_referenced：当 I/O 操作刚访问过该页的时候，可以设置该标志位。当 kswapd 启动时，准备回收物理页的时候，将忽略该页，不会将其换出，但是 kswapd 会清除该标志。参考 refill_inactive 函数。

PG_uptodate：成功从磁盘读入该页，设置该标志。

PG_dirty：该页内容被修改，还没有更新到磁盘时，设置该标志。

PG_unused：保留，该标志真的没有用。

PG_lru：当该页在 inactive_list 或者 active_list 链表中时，设置该标志。

PG_active：当该页在 active_list 时，设置该标志位。

PG_slab：当该页被 slab 分配器使用时，设置该标志。

PG_skip：在 sparc/sparc64 平台上使用该标志。

PG_highmem：该页处在 high memory 区域，zone highmem 中的所有页框都要设置该标志。该标志一旦被设置，不能被修改。

PG_checked：只被 ext2 文件系统使用。

PG_arch_1：平台相关标志，80x86 没有使用。

PG_reserved：具有该标志的物理页不能被交换到磁盘中。

PG_launder：当 shrink_cache 涉及的 I/O 操作中涉及该页，设置该标志。

4. 物理内存的分配与回收

基于物理内存在内核空间中的映射原理，物理内存的管理方式也有所不同。内核中物理内存的管理机制主要有 bootmem 分配器、伙伴算法、slab 高速缓存和 vmalloc 机制。其中伙伴算法和 slab 高速缓存都在物理内存映射区分配物理内存，而 vmalloc 机制则在高端内存映射区分配物理内存。

- bootmem 分配器：是系统启动初期的内存分配方式，在伙伴系统、slab 系统建立前内存都是利用 bootmem 分配器来分配的，只对低于 896 MB 的物理内存进行分配。伙伴系统框架建立起来后，bootmem 会过渡到伙伴系统，bootmem 大致思想就是收集内存中的可用内存，然后建立 bit 位图，需要的内存从这些空闲内存中分配，分配了就标记占用，当然这种分配方式很低效，但是由于只占用启动阶段很少一部分，所以也大可接受了。

- 伙伴算法：负责大块连续物理内存的分配和释放，以页框为基本单位。该机制可以避免外部碎片。
- slab 高速缓存：负责小块物理内存（小于一个页框）的分配，并且它也作为高速缓存，主要针对内核中经常分配并释放的对象。
- vmalloc 机制：使得内核可通过连续的线性地址来访问非连续的物理页框，这样可以最大限度地使用高端物理内存。

5.5.4 内核态内存的申请与释放

内核态内存是用来存放 Linux 内核系统数据结构的内存区域，处于进程虚拟空间的 3 ~4 GB 范围内。

（1）申请内存：

```
void * kmalloc(size_t size,int flags)
```

kmalloc 函数和 malloc 函数相似，它有两个参数，一个参数是 size，即申请内存块的大小，这个参数比较简单，就像 malloc 中的参数一样。第二个参数是一个标志，在里面可以指定优先权之类的信息。在 Linux 中，有以下的一些优先权。

GFP_KERNEL，它的意思是该内存分配是由运行在内核模式的进程调用的，即当内存低于 min_free_pages 的时候可以让该进程进入睡眠。

GFP_ATOMIC，原子性的内存分配允许在实际内存低于 min_free_pages 时继续分配内存给进程。

GFP_DMA：此标志位需要和 GFP_KERNEL、GFP_ATOMIC 等一起使用，用来申请用于直接内存访问的内存页。

（2）释放：

```
Kfree(const void * objp)
const void * objp            /* objp 为需要释放的内存空间指针。
```

管理内核空间空闲块的数据结构及相互关系如图 5-27 所示。

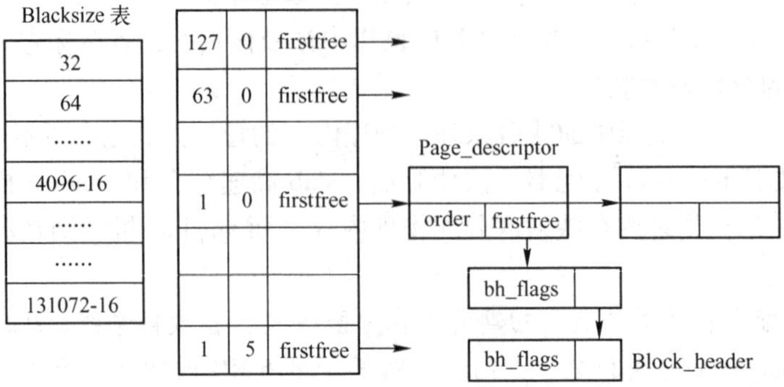

图 5-27 管理内核空间空闲块的数据结构

5.5.5 用户态内存的申请与释放

Linux 用 kmalloc 函数和 kfree 函数提供内核内存申请、释放的接口，它还实现另一种虚拟空间的申请、释放界面，就是 vmalloc 函数和 vfree 函数。

由 vmalloc 函数分配的存储空间在进程的虚拟空间是连续的，但它对应的物理内存仍需经缺页中断后，由缺页中断服务程序分配，所分配的物理页帧不是连续的。这些特征和访问用户内存相似，所以不妨把 vmalloc 函数和 vfree 函数称作用户态内存的申请和释放界面。

尽管 vmalloc 返回高于任何物理地址的高端地址，但因为 vmalloc 同时更改了页表甚至页目录，处理器仍能正确访问这些高端连续地址。内核态程序与用户态程序共享同一个页目录和一组页表，因而内核态程序也能访问 vmalloc 函数返回的高端地址。

Vmlist 链表的结点类型 vm_struct 如下：

```
struct vm_struct{
        unsigned long flags;              /* 虚拟内存块的占用标志 */
        void  * addr;                     /* 虚拟内存块的起始地址 */
        unsigned long size;               /* 虚拟内存块的长度 */
        struct vm_struct  * next;         /* 下一个虚拟内存块 */};
        static struct vm_struct  * vmlist = NULL;
```

初始时，vmlist 只有一个结点，vmlist. addr 置为 VMALLOC_START（段地址 3 GB，偏移量“high_memory + 8 MB”）。动态管理过程中，vmlist 的虚拟内存块按起始地址从小到大排序，每个虚拟内存块之后都有一个 4 KB 大小的“隔离带”，用来检查指针的越界错误，用户申请大块连续空间可用 vmalloc 函数，如图 5-28 所示。

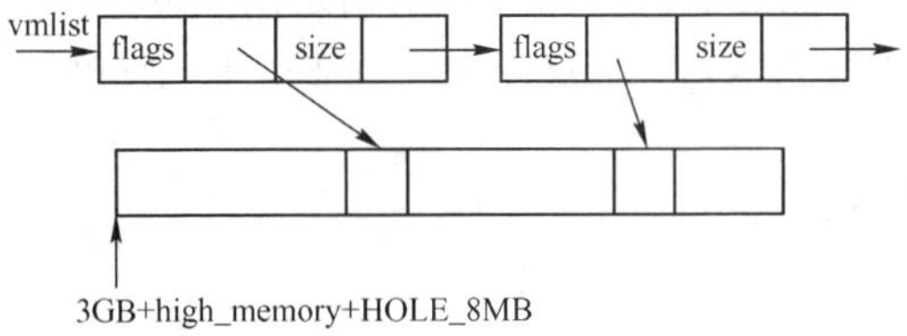

图 5-28　用户申请大块连续空间

5.5.6 存储管理系统的缓冲机制

存储管理系统的缓冲机制主要包括 kmalloc cache、swap cache 和 page cache。Kmalloc cache 在第 5. 5. 4 小节内核态内存的申请与释放中已做了介绍，本节介绍另外两种 cache。

1. swap cache

如果以前被调出到交换空间的页面由于进程再次被访问而调入物理内存，只要该页调入后没有被修改过，那么它的内容与交换空间的内容是一样的。在这种情况下，交换空间中的备份还是有效的。因此在该页再度换出时，就没有必要执行写操作。Linux 采用 swap_cache 表描述的 swap cache 来实现这种思想，swap cache 实质上是关于页表项的一个列表，swap_cache 表位于 men_map 表之前。

每一个物理页面都在 swap cache 中占有一表项，swap_cache 表项的总数就是物理页面总数。若该物理页面的内容是新创建的，或虽然曾换出过，但换出后，该物理页面已经被修改时，则该表项清 0。内容非 0 的表项，正好是某个进程的页表项，描述了页面在交换空间中的位置。

Linux 将一物理页面调出到交换空间时，它先查询 swap cache，如果其中有与该页面对应的有效页表项，则不需要将该页写出，因为原有交换空间中的内容与待换出的页面内容是一致的。

2. page cache

Linux 的 page cache 的作用是加快对磁盘的访问速度，文件被映射到内存中，每次读取一页，而这些页就保存于 page cache 中。

当需要读取文件的一页时，总是首先通过 page cache 读取。如果所需页面在 page cache 中，则返回指向表示该页面的 men_map_t 的指针，否则必须从文件系统中调入。接着，Linux 申请一物理页，将该页从磁盘文件中调入内存。如果有可能的话，Linux 还发出读取当前页面之下一页的读操作请求。这种预读一页的思想来自局部性原理，即在进程读当前页时，它的下一页也有可能被进程用到。

随着越来越多的文件页面被读取、执行，page cache 将会变得越来越大。进程不再需要的页面应从 page cache 中删除。当 Linux 在使用内存过程中发现物理页面渐变稀少时，它将缩减 page cache。

5.6 Linux 地址映射实例

Linux 内核采用页式存储管理。虚拟地址空间划分成固定大小的“页面”，由内存管理单元（Memory Management Unit，MMU）在运行时将虚拟地址“映射”成某个物理内存中的地址。与段式存储管理相比，页式存储管理有很多好处。首先，页面都是固定大小的，便于管理。更重要的是，当要将一部分物理空间的内容换出到磁盘上的时候，在段式存储管理中要将整个段（通常很大）都换出，而在页式存储管理中则是按页进行，效率显然要高得多。

下面通过一个简单的程序来看看 Linux 下的地址映射的全过程：

```
#include <stdio.h>
greeting()
{
    printf("Hello world!");
}
main()
{
    greeing();
}
```

该程序在主函数中调用 greeting 函数来显示“Hello world!”，经过编译和反汇编（% objdump -d hello），得到了它的反汇编的结果。

```
08048568:<greeting>:
8048568: 55                 pushl %ebp
8048856b:89 e5              movl %esp,%ebp
804856b: 68 04 94 04 08     pushl $0x8048404
8048570: e8 ff fe ff ff     call 8048474
8048575:83 c4 04            addl $0x4,%esp
8048578: c9                 leave
```

```
8048579: c3                ret
804857a: 89 f6             movl %esi,%esi
0804857c :
804857c: 55                pushl %ebp
804857d: 89 e5             movl %esp,%ebp
804857f: e8 e4 ff ff ff    call 8048568
8048584: c9                leave
8048585: c3                ret
8048586: 90                nop
8048587: 90                nop
```

从上面可以看出，greeting 函数的地址为 0x8048568 。在 elf 格式的可执行代码中，总是在 0x8000000 开始安排程序的“代码段”，对每个程序都是这样。

当程序在 main 函数中执行到了“call 8048568”这条指令，要转移到虚拟地址 8048568 去。首先是段式映射阶段。地址 8048568 是一个程序的入口，更重要的是在执行的过程中有 CPU 的 EIP 所指向的，所以在代码段中。i386CPU 使用 cs 的当前值作为段式映射的“选择码”，也就是用它作为在段描述表中的下标。哪一个段描述表呢，是全局段描述表（Global Descriptor Table，GDT）还是局部段描述表（Local Descriptor Table，LDT）？那就要看 cs 中的内容了。

内核在建立一个进程时都要将其段寄存器设置好，有关代码在 include/asm－i386/processor. h 中：

```
# define start_thread(regs,new_eip,new_dsp)
do { \\ __asm__("movl%0,%%fs;
movl%0,%%gs":  :"r" (0)); \\
      set_fs(user_DS);
      regs -> xds = __USER_DS;
      regs -> xes = __USER_DS;
      regs -> xss = __USER_DS;
      regs -> xcs = __USER_CS;
      regs -> eip = new_eip;
      regs -> esp = new_esp;
} while (0)
```

这里把 ds、es、ss 都设置成 _USER_DS，而把 cs 设置成 _USER_CS，也就是说，虽然 Intel 的意图是将一个进程的映像分成代码段、数据段和堆栈段，但在 Linux 内核中堆栈段和代码段是不分的。

USER_CS 和 USER_DS 在 include/asm－i386/segment. h 中的定义：

```
                                Index   TI   DPL
#define _KERNEL_CS 0x10    0000 0000 0001 0|0|00
#define _KERNEL_DS 0x18    0000 0000 0001 1|0|00
#define _USER_CS 0x23      0000 0000 0010 0|0|11
#define _USER_DS 0x2B      0000 0000 0010 1|0|11
_KERNEL_CS:                index =2,TI =0,DPL =0
_KERNEL_DS:                index =3,TI =0,DPL =0
_USERL_CS:                 index =4,TI =0,DPL =3
_USERL_DS:                 index =5,TI =0,DPL =3
```

TI 全都是 0，都使用全局描述表。LDT 在 Linux 中没有使用，只有在 Linux 模拟运行 Windows 软件和 DOS 软件时才会使用。内核的 DPL 都为 0，最高级别；用户的 DPL 都 3，最低级别。_USER_CS 在 GDT 表中是第 4 项，初始化 GDT 内容是在 arch/i386/kernel/head. S 中定义的，其主要内容在运行中并不改变，代码如下：

```
ENTRY(gdt - table)
        . quad 0x0000000000000000    /* NULL descriptor */
        . quad 0x0000000000000000    /* not used */
        . quad 0x00cf9a00000ffff     /* 0x10 kernel 4GB code at 0x00000000 */
        . quad 0x00cf9200000ffff     /* 0x18 kernel 4GB data at 0x00000000 */
        . quad 0x00cffa00000ffff     /* 0x23 user 4GB code at 0x00000000 */
        . quad 0x00cff200000ffff     /* 0x2b user 4GB data at 0x00000000 */
```

GDT 表中第一、二项不用，第三至第五项共 4 项对应于前面的 4 个段寄存器的数值。将这 4 个段描述项的内容展开：

```
K_CS：  0000 0000 1100 1111 1001 1010 0000 0000
        0000 0000 0000 0000 1111 1111 1111 1111
K_DS：  0000 0000 1100 1111 1001 0010 0000 0000
        0000 0000 0000 0000 1111 1111 1111 1111
U_CS：  0000 0000 1100 1111 11111 1010 0000 0000
        0000 0000 0000 0000 1111 1111 1111 1111
U_DS：  0000 0000 1100 1111 1111 0010 0000 0000
        0000 0000 0000 0000 1111 1111 1111 1111
```

这 4 个段描述项的下列内容都是相同的。

- BO - B15/B16-B31 都是 0，基地址全为 0。
- LO - L15、L16-L19 都是 1，段的上限全是 0xfffff。
- G 位都是 1，段长均为 4 KB。
- D 位都是 1，32 位指令。
- P 位都是 1，4 个段都在内存中。

每个段都是从 0 地址开始的整个 4 GB 虚存空间，虚地址到线性地址的映射保持原值不变。可以看到段基址相同，虚地址到线性地址的映射保持不变。段式映射机制把地址 0x08048368 映射到了其自身，作为线性地址。因此，讨论或理解 Linux 内核的页式映射时，可以直接将线性地址当作虚拟地址，二者完全一致。

不同之处在于权限级别不同，内核的为 0 级，用户的为 3 级。另一个是段的类型，或为代码，或为数据。这两项都是 CPU 在映射过程中要加以检查核对的。如果 DPL 为 0 级，而段寄存器 cs 中的 DPL 为 3 级，则不允许，因为这说明 CPU 的当前运行级别比想要访问的区段要低。或者，如果段描述项说是数据段，而程序中通过 cs 来访问，也不允许。实际上，这里所做的检查比对在页式映射的过程中还要进行，所以既然用了页式映射，这里的检查比对就是多余的。

再回到 greeting 函数的程序中来，通过段式映射把地址 0x8048568 映射到自身，得到了线性地址。现在 0x8048568 是作为线性地址出现了，下面才进入页式映射的过程。与段式映射过程中所有的进程全都共用一个 GDT 不一样，每个进程都有自身的页目录 PGD，指向这个目录的指针保持在每个进程的 mm_struct 数据结构中。当调度一个进程进入运行时，内核都要为即将运行的进程设置好控制寄存器 cr3，而 MMU 硬件总是从 cr3 中取得当前进程的页目录指针。不过，CPU 在执行程序时使用的是虚存地址，而 MMU 硬件在进行映射时所使用的则是物理地址。这是在 inline 函数的 switch_mm 函数中完成的，其代码见 include/asm - i386/mmu_context. h，这里关心的只是其中最关键的一行：

```
static inline void switch_mm( struct mm_struct * prev, struct mm_struct * next, struct task_struct * tsk,
unsigned cpu)
{
......
asm volatitle("movl%0,%%cr3": :"r"(_pa(next -> pgd)));
......
}
```

这里_pa 函数的用途是将下一个进程的页面目录 PGD 的物理地址装入寄存器 %%cr3，也即 cr3。当程序要转到地址 0x8048568 时，进程正在运行中，cr3 已经设置好了，指向本进程的页目录了。

```
8048568: 0000 1000 0000 0100 1000 0101 0110 1000
```

按照线性地址的格式，最高 10 位 0000100000 ，十进制的 32，所以 i386CPU 就以下标 32 到页目录表中寻找其页目录项。这个页目录项的高 20 位指向一个页面表，CPU 在这 20 位后面添上 12 个 0 就得到该页面表的指针。前面讲过，每个页面表占一个页面，所以自然就是 4 KB 边界对齐的，其起始地址的低 12 位一定是 0。正因如此，才可以把 32 位目录项中的低 12 位挪作他用，其中的最低位为 P 标志位，为 1 时表示该页面在内存中。

找到页表后，再看线性地址的中间 10 位 001001000，十进制的 72。就以 72 为下标在找到的页表中找到相应的表项。与目录项相似，当页面表项的 P 标志位为 1 时表示所映射的页面在内存中。32 位的页面表项中的高指向一个物理内存页面，在后边添上 12 个 0 就得到了物理内存页面的起始地址。所不同的是，这一次指向的不再是一个中间结构，而是映射的目标页面了。在其起始地址上加上线性地址中的最低 12 位就得到了最终的物理内存地址。这时这个线性地址的最低 12 位为 0x568。所以，如果目标页面的起始地址为 0x740000 的话（具体取决于内核中的动态分配），那么 greeting 函数 入口的物理地址就是 0x740568，greeting 函数的执行代码就存储在这里。

在页式映射的过程中，CPU 要访问内存 3 次，第 1 次是页面目录，第 2 次是页面表，第 3 次才是真正要访问的目标。这样，把原来不用分页机制一次访问内存就能得到的目标，变为 3 次访问内存才能得到，明显执行分页机制在效率上的牺牲太大了。为了减少这种开销，最近被执行过的地址转换结果会被保留在 MMU 的转换后备缓存（Translation Lookaside Buffer，TLB）中。虽然在第一次用到具体的页面目录和页面表时要到内存中读取，但一旦装入了 TLB 中，就不需要再到内存中去读取了，而且这些都是由硬件完成的，因此速度很快。TLB 对应权限大于 0 级的程序来说是不可见的，只有处于系统 0 层的程序才能对其进行操作。

当 cr3 的内容变化时，TLB 中的所有内容会被自动变为无效。Linux 中的_flush_tlb 宏就是利用这点工作的。_flush_tlb 只是两条汇编指令，把 cr3 的值保存在临时变量 tmpreg 中，然后立刻把 tmpreg 的值复制回 cr3，这样就将 TLB 中的全部内容置为无效。除了使所有的 TLB 中的内容无效，还能有选择地使 TLB 中某条记录无效，这就要用到 INVLPG 指令。

5.7 本章小结

存储管理是操作系统的重要组成部分，正在运行的程序和数据以及各种控制用的数据结构都必须占用一定的存储空间，因此，存储管理的效果直接影响到系统性能。本章详细介绍了存储管理的概念、功能，内存的分配、回收、扩充，Linux 存储管理及存储管理的不同方案等内容。

5.8 思考与练习

（1）简述存储管理的功能。

（2）为了有效合理地利用内存，设计内存的分配和回收方法时，必须考虑和确定哪几种策略和数据结构?

（3）覆盖技术的实现是基于程序的什么特性?

（4）在可变分区中常用的分配算法有哪几种?

（5）为什么有缺页中断问题?

（6）Linux 是如何实现虚存保护的?

第6章　设备管理

设备管理是操作系统中最繁杂而且与硬件紧密相关的部分。设备管理不但要管理实际I/O操作的设备（如磁盘机、打印机），还要管理诸如设备控制器、DMA控制器、中断控制器、I/O处理器（通道）等支持设备。设备管理包括各种设备分配、缓冲区管理和实际物理I/O设备操作，通过管理达到提高设备利用率和方便用户的目的。本章主要讨论I/O的控制方式和设备的分配和处理，具体包括I/O系统的硬件组成、缓冲技术、SPOOLing技术、设备驱动程序和I/O中断处理程序等内容。

6.1　设备管理概述

在计算机系统中，除了CPU和内存之外，其他大部分硬设备称为外部设备。它包括常用的I/O设备、外存设备以及终端设备等。本节从系统管理的角度将各种设备进行简单的分类，然后再介绍设备管理的主要功能与任务。

6.1.1　I/O系统的组成

1. I/O系统的相关概念

1）设备：是指计算机系统中除中央处理器、主存和系统控制台以外的所有设备。通常也称为外部设备或I/O设备。

2）输入/输出操作：是主存与外设的介质之间的数据传输操作。多道程序设计技术引入系统之后，I/O操作的能力不仅影响系统的通用性和扩充性，而且也成为系统综合处理能力及性能价格比的重要因素。

3）通道：又称I/O处理器。它能完成主存和外设之间的信息传输，并能与中央处理器并行操作，通道从属于中央处理器。

4）设备控制器：设备控制器是CPU与I/O设备之间的硬件接口，它接收从CPU发来的命令，并去控制一个或多个设备。在微型机和小型机中，它通常是一块可以插入主板扩展槽的印刷电路板，也叫接口卡。

5）总线系统：在计算机系统中的各部件，如CPU、存储器以及各种I/O设备之间的联系，都是通过总线来实现的。它的性能是用总线的时钟频率、带宽和相应的总线传送速率等指标来衡量的。随着计算机技术的发展，总线技术已由早期的ISA总线发展为EISA总线、VESA总线，进而又演变为当前广为流行的PCI总线。

2. I/O系统结构

I/O系统的结构可以分成两大类：微机I/O系统和主机I/O系统。

（1）微机I/O系统

微机I/O系统多采用总线型I/O系统结构，如图6-1所示。

（2）主机I/O系统

因为配置的I/O设备较多，若用一条总线直接与CPU通信，会使总线和CPU的负担太重。

因此增加一级 I/O 通道，以替代 CPU 与各设备控制器进行通信，实现对它们的控制。I/O 通道共分为 4 级，其系统结构如图 6-2 所示。

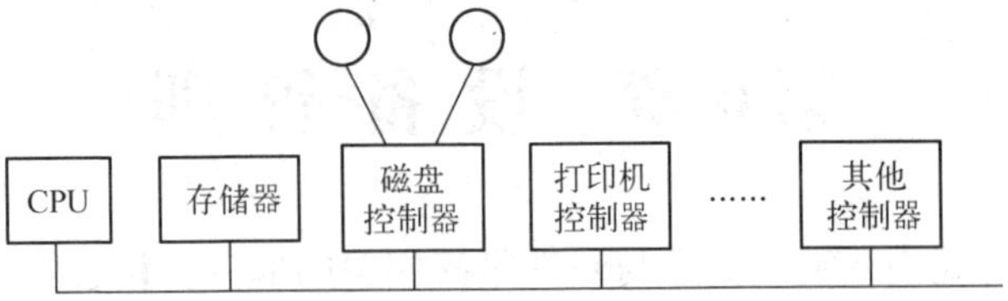

图 6-1　总线型 I/O 系统结构

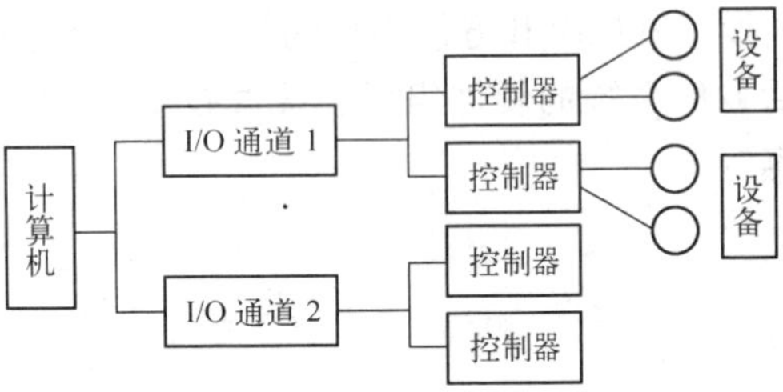

图 6-2　具有通道的 I/O 系统结构

6.1.2　设备的分类

I/O 设备的种类繁多，从操作系统观点来看，其重要的性能指标有：数据传输速率、数据的传输单位、设备的共享属性等。设备的分类有以下几种方式。

1. 按传输速率分类

- 低速设备：指传输速率为每秒钟几个字节到数百个字节的设备。典型的设备有键盘、鼠标、语音的输入等。
- 中速设备：指传输速率在每秒钟数千个字节至数十千个字节的设备。典型的设备有行式打印机、激光打印机等。
- 高速设备：指传输速率在数百千个字节至数兆字节的设备。典型的设备有磁带机、磁盘机、光盘机等。

2. 按信息交换的单位分类

- 块设备（Block Device）：指以数据块为单位来组织和传送数据信息的设备。这类设备用于存储信息，有磁盘和磁带等，它属于有结构设备。典型的块设备是磁盘，每个盘块的大小为 512 B ~4 KB。磁盘设备的基本特征是：传输速率较高，通常每秒钟为几兆位；它是可寻址的，即可随机地读/写任意一块；磁盘设备的 I/O 采用 DMA 方式。
- 字符设备（Character Device）：指以单个字符为单位来传送数据信息的设备。这类设备一般用于数据的输入和输出，有交互式终端、打印机等，它属于无结构设备。字符设备的基本特征是：传输速率较低；不可寻址，即不能指定输入时的源地址或输出时的目标地址；字符设备的 I/O 常采用中断驱动方式。

3. 按资源分配的角度分类（或按共享属性）

- 独占设备：指在一段时间内只允许一个用户（进程）访问的设备，大多数低速的 I/O 设备，如用户终端、打印机等属于这类设备。因为独占设备属于临界资源，所以多个并发进程必须互斥地进行访问。

- 共享设备：指在一段时间内允许多个进程同时访问的设备。显然，共享设备必须是可寻址的和可随机访问的设备。典型的共享设备是磁盘。共享设备不仅可以获得良好的设备利用率，而且是实现文件系统和数据库系统的物质基础。
- 虚拟设备：指通过虚拟技术将一台独占设备变换为若干台供多个用户（进程）共享的逻辑设备，一般可以利用假脱机技术（SPOOLing 技术）实现虚拟设备。

6.1.3 设备管理的功能

设备管理的目标：一是提高设备的利用率，为此应尽量提高 CPU 与 I/O 设备之间的并行操作程度，主要利用的技术有：中断技术、DMA 技术、通道技术、缓冲技术。二是为用户提供方便、统一的界面。所谓方便，是指用户能独立于具体设备的复杂物理特性之外而方便地使用设备。所谓统一，是指对不同的设备尽量使用统一的操作方式，例如各种字符设备用一种 I/O 操作方式。这就要求用户操作的是简便的逻辑设备，而具体的 I/O 物理设备由操作系统实现，这种性能常常被称为设备的独立性。为实现上述目标，设备管理一般提供下述功能。

1）设备分配。指设备管理程序按照一定的算法把某一个 I/O 设备及其相应的设备控制器和通道分配给某一用户（进程），对于未分配到的进程，则插入等待队列中。

2）缓冲区管理。为了解决 CPU 与 I/O 之间速度不匹配的矛盾，在它们之间配置了缓冲区。这样设备管理程序又要负责管理缓冲区的建立、分配和释放。

3）实现物理 I/O 设备的操作。对于具有通道的系统，设备管理程序根据用户提出的 I/O 请求，生成相应的通道程序并提交给通道，然后用专门的通道指令启动通道，对指定的设备进行 I/O 操作，并能响应通道的中断请求。对于未设置通道的系统，设备管理程序直接驱动设备进行 I/O 操作。

6.2 设备管理的相关技术

为达到缓解 CPU 和 I/O 设备速度不匹配的矛盾，提高 CPU 和 I/O 设备利用率，提高系统的吞吐量，许多操作系统是通过设置缓冲区等设备管理技术来实现的。

6.2.1 中断技术

现代计算机中都配置了中断装置，用户程序执行过程中不但可通过系统调用方式，还可以用中断方式来请求和获得操作系统的服务和帮助。采用中断技术后还能实现 CPU 和 I/O 设备交换信息使 CPU 与 I/O 设备并行工作。此外，在计算机运行过程中，还有许多事件会随机发生，如硬件故障、电源掉电、人机联系和程序出错等，这些事件必须及时加以处理。在实时系统，如生产自动控制系统中，必须及时将传感器传来的温度、距离、压力、湿度等变化信息送给计算机，计算机则暂停当前工作，转去处理和解决异常情况。所以，为了请求操作系统服务，提高系统效率，处理突发事件，满足实时要求，需要打断处理器正常的工作，为此，中断概念被提出来了。

中断（Interrupt）是指计算机在执行期间，系统内发生非同寻常的急需处理事件，使得 CPU 暂时停止当前正在执行的程序而转去执行相应的事件处理程序，待处理完毕后又返回原来被停止处继续执行或执行优先级高的新的进程的过程。现代计算机系统一般都具有处理突发事件的能力。例如，从磁带上读入一组信息，当发现读入信息有错误时，会产生一个读错数据中断，操作系统暂停当前的工作，并让磁带退回，重读该组信息以克服错误，得到正确的信息。在提供中断装置的计算机系统中，在每两条指令或某些特殊指令执行期间都检查是否有中断事件发生，若无，则立即执行下一条或继续执行，否则响应该事件并转去处理中断事件。

这种处理突发事件的能力是由硬件和软件协作完成的。首先，由硬件的中断装置发现产生的中断事件，然后，中断装置中止现行程序的执行，引出处理该事件的程序来处理。计算机系统不仅可以处理由于硬件或软件错误而产生的事件，而且可以处理某种预见要发生的事件。例如，外部设备工作结束时，也发出中断请求，向系统报告它已完成任务，系统根据具体情况做出相应处理。引起中断的事件称为中断源，发现中断源并产生中断的硬件称为中断装置。在不同的硬件结构中，通常有不同的中断源和不同的中断装置，但它们有一个共性：当中断事件发生后，中断装置能改变处理器内操作执行的顺序。可见中断是现代操作系统实现并发性的基础之一。

中断源向 CPU 发出的请求中断处理信号称为中断请求，而 CPU 收到中断请求后转到相应的事件处理程序称为中断响应。在有些情况下，尽管中断源发出了中断请求，但 CPU 内部的程序状态字（Program Status word，PSW）的中断允许位已经被清除，从而不允许 CPU 响应中断，这种情况称为禁止中断。CPU 禁止中断后只有等到 PSW 的中断允许位被重新设置后才能接收中断，禁止中断也称为关中断，PSW 的中断允许位的设置也称为开中断。中断屏蔽是指在中断请求产生后，系统用软件方式有选择地封锁部分中断而允许其余部分的中断仍能得到响应。中断的处理过程如下。

1）CPU 检查响应中断的条件是否满足，CPU 响应中断的条件是：有来自中断源的中断请求，CPU 允许中断。如果中断响应条件不满足，则中断处理无法进行。

2）如果 CPU 响应中断，则 CPU 关中断，使其进入不可再次响应中断状态。

3）保存被中断进程现场。为了在中断处理结束后能使进程正确地返回到中断点，系统必须保存当前 PSW 和程序计数器（Program Counter，PC）等的值，这些值一般保存在特定堆栈或硬件寄存器中。

4）分析中断原因，调用中断处理子程序。在多个中断请求同时发生时，处理优先级最高的中断源发出的中断请求。

5）执行中断处理子程序。不同的中断事件的中断处理子程序不同，如对陷阱来说，在有些系统中是通过陷阱指令向当前执行进程发软中断信号后调用相应的处理子程序执行。

6）退出中断，恢复被中断进程的现场或调度新进程去占据处理机。

7）开中断，CPU 继续执行。

6.2.2 缓冲技术

为了解决 CPU 与 I/O 设备间速度不匹配的矛盾，提高 I/O 速度和设备利用率，在所有的 I/O 设备与 CPU 之间，都使用了缓冲区来交换数据，所以操作系统必须组织和管理好这些缓冲区。

1. 缓冲的引入

在操作系统中，引入缓冲的主要原因，可归结为以下几点。

1）改善 CPU 与 I/O 设备间速度不匹配的矛盾。

例如一个程序，它有时进行长时间的计算而没有输出，有时又阵发性地把输出送到打印机。由于打印机的速度跟不上 CPU，而使得 CPU 长时间等待。如果设置了缓冲区，程序输出的数据先送到缓冲区暂存，然后由打印机慢慢地输出。这时，CPU 不必等待，可以继续执行程序，实现了 CPU 与 I/O 设备之间的并行工作。事实上，凡在数据的到达速率与其离去速率不同的地方，都可设置缓冲，以缓和它们之间速度不匹配的矛盾。众所周知，通常的程序都是计算与输出同时进行的。

2）减少对 CPU 的中断频率，放宽对中断响应时间的限制。

如果 I/O 操作每传送一个字节就要产生一次中断，那么设置了 n 个字节的缓冲区后，则可以等到缓冲区满才产生中断，这样中断次数就减少到 1/n，而且中断响应的时间也可以相应的放宽。

3）提高 CPU 和 I/O 设备之间的并行性。

缓冲的引入可显著提高 CPU 和设备的并行操作程度，提高系统的吞吐量和设备的利用率。例如，在 CPU 和打印机之间设置了缓冲区后，便可以使 CPU 和打印机并行工作。

2. 单缓冲（Single Buffer）

当一个用户进程发出一个 I/O 请求时，操作系统便在主存中为之分配一个缓冲区。例如，CPU 要从磁盘上读一块数据进行计算，先从磁盘把一块数据读入缓冲区中，然后由操作系统将缓冲区的数据传送到用户区，最后由 CPU 对这一块数据进行计算。可见第一步和最后一步是可以并行执行的，这样就提高了 CPU 和外设的利用率。但是对缓冲区中数据的输入和提取是串行工作的，如图 6-3 所示。

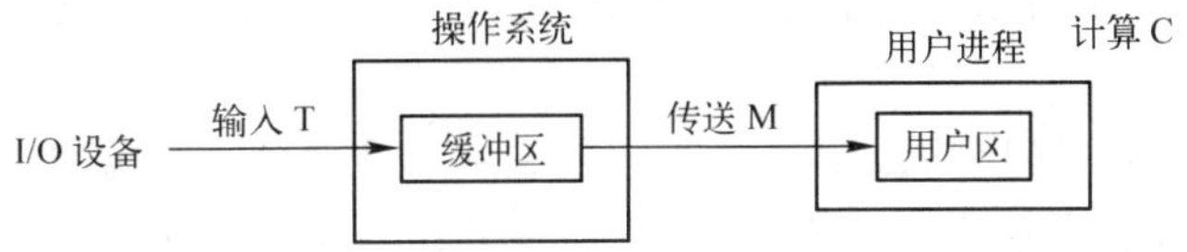

图 6-3　单缓冲示意图

在块设备输入时，若从磁盘把一块数据输入到缓冲区的时间为 T，操作系统将缓冲区数据传送给用户区的时间为 M，CPU 对这一块数据进行计算得时间为 C，则在单缓冲情况下，由于设备的输入操作和 CPU 的处理操作可以并行，所以系统对每一整块数据的处理时间为 $\max(C,T)+M$。通常，M 远小于 T 或 C。

3. 双缓冲（Double Buffer）

双缓冲工作方式基本方法是在设备输入时，先将数据输入到缓冲区 A，装满后便转向缓冲区 B。此时 os 可以从缓冲区 A 中提取数据传送到用户区，最后由 CPU 对数据进行计算，如图 6-4 所示。

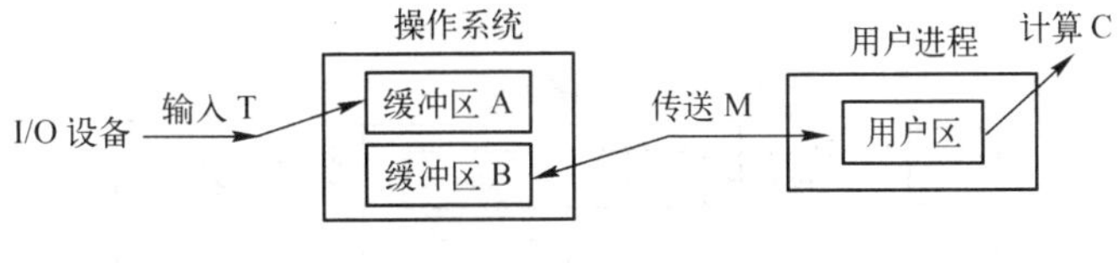

图 6-4　双缓冲示意图

系统处理一块数据的处理时间可粗略地认为等于 $MAX(C,T)$。若 $C<T$，可使块设备连续输入；若 $C>T$，可使 CPU 不必等待设备输入。

4. 多缓冲（Circular Buffer）

双缓冲可以实现对缓冲区中数据的输入和提取，与 CPU 的计算，三者并行工作。所以双缓冲进一步加快了 I/O 的速度，提高了设备的利用率。

当对缓冲区中数据的输入和提取的速度基本相匹配时，采用双缓冲可以使两者并行工作，以获得较好的效果。但是如果两者的速度相差甚远时，双缓冲的效果就不够理想了。如果增加缓冲区的个数，情况就会有所改善。可以将多个缓冲区组织成循环队列的形式，如图 6-5 所示。

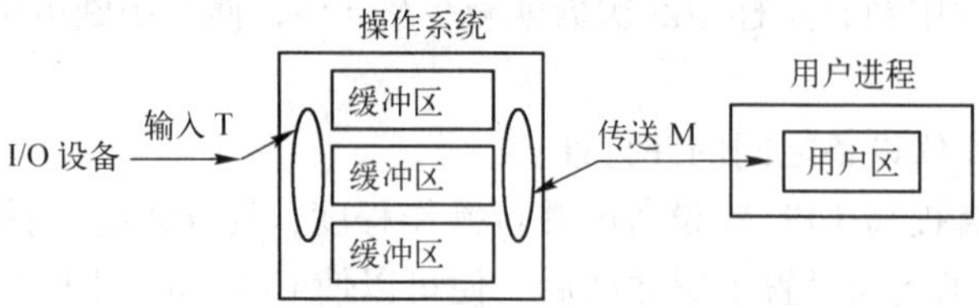

图 6-5　多缓冲示意图

例如，对于用作输入的循环缓冲区，通常提供给输入进程和计算进程使用，输入进程不断向空缓冲区中输入数据，计算进程则从满缓冲区中提取数据用于计算。

5. 缓冲池

当系统配置较多的设备时，使用专用缓冲区就要消耗大量的内存空间，且其利用率不高。为了提高缓冲区的利用率，目前广泛使用公用缓冲池，池中的缓冲区可供多个进程共享。

对于同时用于输入/输出的公用缓冲池，至少含有 3 种类型的缓冲区：空缓冲区、装满输入数据的缓冲区和装满输出数据的缓冲区。为了管理上的方便，可将相同类型的缓冲区链成一个队列，于是就形成 3 个队列：空缓冲区队列、输入缓冲区队列和输出缓冲区队列。

- 空缓冲区队列：由空缓冲区所链成的队列。
- 输入缓冲区队列：由装满输入数据的缓冲区所链成的队列。
- 输出缓冲区队列：由装满输出数据的缓冲区所链成的队列。

另外还应具有 4 种工作缓冲区。

- 用于收容输入数据的工作缓冲区（hin）。
- 用于提取输入数据的工作缓冲区（sin）。
- 用于收容输出数据的工作缓冲区（hout）。
- 用于提取输出数据的工作缓冲区（sout）。

缓冲区工作在收容输入、提取输入、收容输出和提取输出 4 种工作方式下，具体如图 6-6 所示。

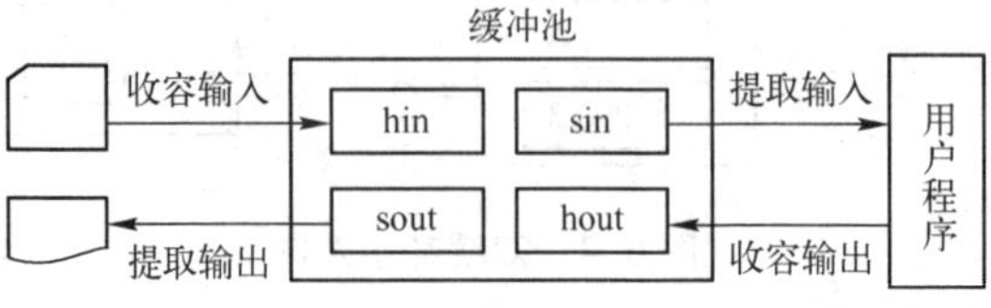

图 6-6　缓冲区工作方式

6.2.3 DMA技术

存储器直接访问（Direct Memory Access，DMA）是一种高速的数据传输操作，允许在外部设备和存储器之间直接读写数据，即不通过CPU，也不需要CPU干预。整个数据传输操作在一个称为“DMA控制器”的控制下进行的。CPU除了在数据传输开始和结束时作一点处理外，在传输过程中CPU可以进行其他的工作。这样，在大部分时间里，CPU和输入/输出都处在并行操作，使整个计算机系统的效率大大提高。一个DMA传送只需要执行一个DMA周期，相当于一个总线读写周期。DMA传送主要用于需要高速大批量数据传送的系统中，以提高数据的吞吐量，如磁盘存取、图像处理、高速数据采集系统、同步通信中的收/发信号等方面。

DMA传送的优点是以增加系统硬件的复杂性和成本为代价的，因为DMA是用硬件控制代替软件控制的。另外，DMA传送期间CPU被挂起，部分或完全失去对系统总线的控制，这可能会影响CPU对中断请求的及时响应与处理。因此，在一些小系统或速度要求不高、数据传输量不大的系统中，一般并不用DMA方式。DMA传送虽然脱离CPU的控制，但并不是说DMA传送不需要进行控制和管理。通常是采用DMA控制器来取代CPU，负责DMA传送的全过程控制。

1. DMA的传送过程

DMA的传送过程如下：

1）当外设有DMA需求，并且准备就绪，就向DMAC发出DMA请求信号DREQ。

2）DMAC接到DMA请求信号后向CPU发出总线请求信号HRQ，该信号连接到CPU的HOLD信号。

3）CPU接到总线请求信号以后，如果允许DMA传输，则会在当前总线周期结束后，发出DMA响应信号HLDA。一方面CPU将控制总线、数据总线和地址总线置高阻态，即放弃对总线的控制权；另一方面CPU将有效的HLDA信号传送给DMAC，通知DMAC，CPU已经放弃了对总线的控制权。

4）DMAC获得对总线的控制权，并且向外设送出DMAC的应答信号DACK，通知外设可以开始进行DMA传输了。

5）DMAC向存储器发送地址信号和向存储器及外设发出读/写控制信号，控制数据按初始化设定的方向传送，实现外设与内存的数据传输。

6）数据全部传输结束后，DMAC向CPU发送HOLD信号，要求撤销总线请求信号。CPU收到该信号以后，使HLDA无效，同时收回对总线的控制权。

2. DMA的传送方式

DMA主要有以下几种不同的传送方式。

- 单字节传输方式：每次DMA传送时仅传送一个字节的数据，效率略低。在数据的传送过程中，CPU有机会重新获得对总线的控制权。
- 数据块传输方式：数据以数据块的方式进行传输。只要DREQ启动就会连续地传送数据块。一次请求传送一个数据块，效率高。在数据的传送期间，CPU长时间无法控制总线。
- 请求传输方式：只在DREQ信号有效就连续传输数据，否则不能进行数据的传输。
- 级联传输方式：用于通过多个Intel 8237、8257级联以扩展通道。第一级只起优先权网络的作用，实际的操作由第二级芯片完成，还可由第二级到第三级等。

3. DMA 的传送类型

DMA 的传送类型如下。

- DMA 读：把数据由存储器传送到外设。
- DMA 写：把外设输入的数据写入存储器。
- DMA 检验（控操作）：DMAC 不进行任何检验，外设可以进行 DMA 校验，存储器和 I/O 控制线保持无效，不进行传送。
- 存储器到存储器传输：多数情况下，DMAC 进行的是外设接口和内存之间的传输。除此之外，DMAC 还可以实现内存区域到内存区域的传输。

6.3 I/O 控制方式

随着计算机技术的发展，I/O 的控制方式也在不断地发展。一般可分为：程序 I/O 方式、中断方式、DMA 方式和通道方式。I/O 控制方式的发展目标是尽量减少主机对 I/O 控制的干预。

6.3.1 程序 I/O 方式

在早期的计算机系统中，由于没有中断机构，CPU 对 I/O 设备直接进行控制，采取程序 I/O（Programmed I/O）方式或称为忙 - 等待方式，即在 CPU 向设备控制器发出一条 I/O 指令、启动 I/O 设备进行数据传输时，要同时把状态寄存器中的忙/闲标志 busy 置为 1，然后便不断地循环测试 busy。当 busy =1 时，表示该 I/O 设备尚未输入完一个字（或字符），CPU 应继续对该标志进行测试，直至 busy =0，表示该 I/O 设备已将输入数据送入到 I/O 控制器的数据寄存器中，于是 CPU 将从数据寄存器中取出数据，送入内存的指定单元，接着，再去读下一个数据，并置 busy =1。输出数据时的工作过程如下。

1）将需要输出的数据由 CPU 中的数据寄存器送到相应设备控制器的数据缓冲寄存器。

2）把一个启动位为“1”的控制字写入该设备的控制寄存器，启动该设备工作。

3）测试状态寄存器中的完成位，若为 0，继续测试，若为 1，则进行下一次数据传输或继续执行程序。

程序 I/O 方式的流程如图 6-7 所示。

在程序 I/O 方式中，由于 CPU 的速度远远高于 I/O 设备，导致 CPU 的绝大部分时间都处于等待 I/O 设备完成工作，造成了 CPU 的极大浪费。也就是说，该方式的缺点是 CPU 和设备的利用率低，从而导致计算机工作效率低，原因在于 CPU 和设备只能串行工作。在 CPU 工作时，设备处于空闲状态，在设备工作时，CPU 处于空闲状态。但是它管理简单，在要求不高的场合可以被采用。

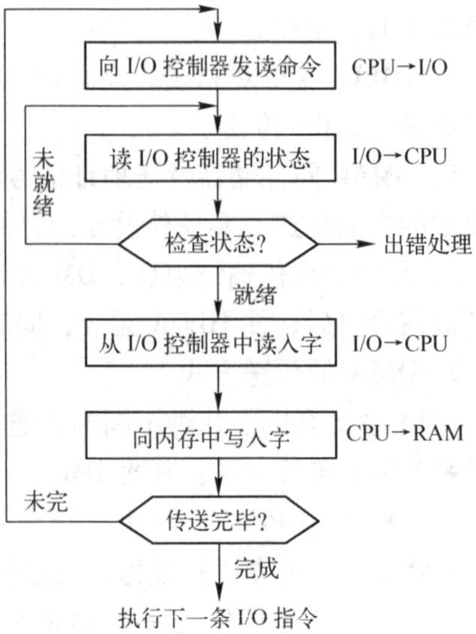

图 6-7　程序 I/O 方式流程

6.3.2 中断方式

在现代计算机系统中，对 I/O 设备的控制，广泛地采用中断驱动方式，即当某进程要启动某个 I/O 设备时，便由 CPU 向相应的设备控制器发出一条 I/O 命令，然后立即返回继续执行原来的任务，设备控制器便按照该命令的要求去控制 I/O 设备。此时，CPU 与 I/O 设备处于并行工作状态。例如，在输入时，当设备控制器收到 CPU 发来的读命令后，便准备接收从相应输入设备送来的数据。一旦数据进入数据寄存器，控制器便通过控制线向 CPU 发送一中断信号，由 CPU 检查输入过程中是否出错，若无错，便向控制器发取走数据的信号，然后便通过控制器将数据写入指定内存单元。中断 I/O 方式流程如图 6-8 所示。

当要在主机和 I/O 设备之间进行信息传输时，由 CPU 向相应的设备控制器发出命令，由设备控制器控制 I/O 设备进行实际操作，每次的数据传输单位是设备控制器的数据缓冲寄存器的容量。I/O 设备工作时，相应进程放弃 CPU，处于等待状态，由操作系统调度其他就绪进程占用 CPU。I/O 操作完成时，由设备控制器向 CPU 发出中断信号，通知 CPU 本次 I/O 操作完成，然后由 CPU 执行一个中断处理程序，对此情况做出相应反应。中断处理过程一般首先保护现场，然后将等待 I/O 操作完成的进程唤醒，使其进入就绪状态，最后转进程调度。

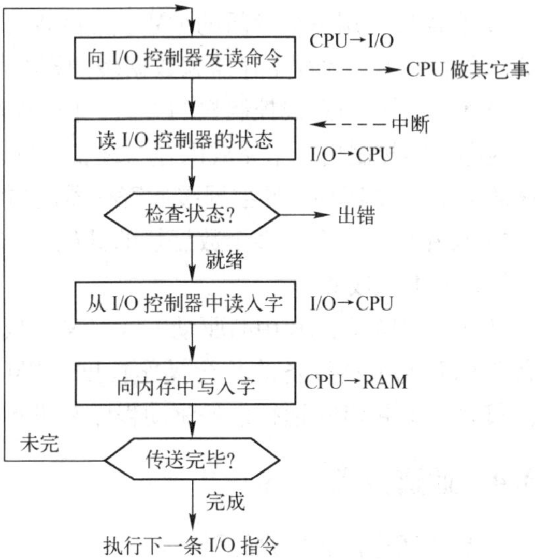

图 6-8 中断驱动方式流程

中断控制方式使 CPU 与外设并行工作，在 I/O 设备输入数据的过程中，无须 CPU 干预，可以使 CPU 与 I/O 设备并行工作。仅当输完一个数据时，才需 CPU 花费极短的时间进行中断处理。从而大大提高了整个系统的资源利用率及吞吐量，特别是 CPU 的利用率。中断控制方式的缺点是由于每次的数据传输单位是设备控制器的数据缓冲寄存器的容量，单位传输数据量小，进程每次需要传输的数据被分为若干部分进行传输，中断次数很多，每次中断都要运行一个中断处理程序，耗费 CPU 的时间很多，使 CPU 的有效计算时间减少。

6.3.3 DMA 方式

中断驱动 I/O 方式虽然大大提高了主机的利用率，但是它以字（或字节）为单位进行数据传送，每完成一个字（或字节）的传送，控制器便要向 CPU 请求一次中断（做保存现场信息、恢复现场等工作），仍然占用了 CPU 的许多时间。这种方式对于高速的块设备的 I/O 控制显然是不适合。为了进一步减少 CPU 对 I/O 的干预，引入了 DMA 控制方式。

具体方案是配置一个 DMA 控制器。DMA 直接内存访问的基本思想是，当要在内存和 I/O 设备之间进行大批量的数据传输时，不由 CPU 控制具体传输过程，CPU 只需提出要求，由 DMA 控制器控制具体传输过程。在 DMA 控制器的控制下，在外设和内存之间开辟了直接的数据传输通路，不需要经过 CPU 的数据寄存器中转。DMA 方式的数据传输单位是数据块，仅在数据块传输结束时才向 CPU 发出中断信号，从而减少中断次数，提高 CPU 利用率。

DMA 方式下的数据输入过程如下。

1）当某一进程要求设备输入数据时，CPU 把准备存放输入数据的内存始地址和要传送的字节数分别送入 DMA 控制器中的内存地址寄存器和传送字节计数器。

2）启动 DMA 控制器，控制设备输入数据。

3）该进程进入等待状态，等待数据输入的完成，操作系统调度其他就绪进程占用 CPU。

4）输入完成时，DMA 控制器发出中断信号，CPU 响应之后进行相应的中断处理。

该方式的特点如下。

1）它作为高速的外部设备与内存之间进行成批的数据交换，但是不对数据再做加工处理，数据传输的基本单位是数据块，I/O 操作的类型比较简单。

2）它需要使用一个专门的 DMA 控制器（DMAC）。DMAC 中有控制、状态寄存器、传送字节计数器、内存地址寄存器和数据缓冲寄存器。

3）它采用盗窃总线控制权的方法，由 DMAC 送出内存地址和发出内存读、设备写或设备读、内存写的控制信号来完成内存与设备之间的直接数据传送，而不用 CPU 干预。有的 DMA 传送甚至不经过 DMAC 的数据缓冲寄存器的再吞吐，传输速率非常高。

4）仅在传送一个或多个数据块的开始和结束时，才需 CPU 干预，整块数据的传送是在控制器的控制下完成的。

可见，DMA 方式较中断驱动方式，又是成百倍地减少了 CPU 对 I/O 控制的干预，进一步提高了 CPU 与 I/O 设备的并行操作程度。DMA 方式的缺点是智能化程度较低，CPU 干预较多，因为仍要由 CPU 运行设备驱动程序来进行。

6.3.4 通道方式

1. I/O 通道控制方式的引入

虽然 DMA 方式比中断驱动方式已显著地减少了 CPU 的干预，即由以字（或字节）为单位的干预减少到以数据块为单位的干预。但是 CPU 每发出一条 I/O 指令，也只能去读（或写）一个连续的数据块。而当我们需要一次去读多个离散的数据块且将它们分别传送到不同的内存区域，或者相反时，则需由 CPU 分别发出多条 I/O 指令及进行多次中断处理，才能完成。

由于 DMA 每次只能执行一条 I/O 指令，不能满足复杂的 I/O 操作要求。在大、中型计算机系统中，普遍采用由专用的 I/O 处理器来接受 CPU 的委托，独立执行自己的通道程序来实现 I/O 设备与内存之间的信息交换，这就是通道技术。通道技术可以进一步减少 CPU 的干预，即把对一个数据块为单位的读（或写）的干预，减少到对一组数据块为单位的读（或写）的有关的控制和管理的干预。这样可实现 CPU、通道和 I/O 设备三者之间的并行工作，从而有效地提高了整个系统的资源利用率和运行速度。

2. 通道程序

通道是通过执行通道程序，并与设备控制器来共同实现对 I/O 设备的控制。通道程序是由一系列的通道指令（或称为通道命令）所构成。通道指令与一般的机器指令不同，在每条指令中包含的信息较多，有操作码、内存地址、计数（读或写数据的字节数）、通道程序结束位 P 和记录结束标志 R。

3. 通道类型

由于外部设备的种类较多，且其传输速率相差很大，所以通道也具有多种类型。根据信息交换方式，可以把通道分成以下 3 种类型。

（1）字节多路通道（Byte Multiplexor Channel）

在这种通道中，通常都含有较多个（8、16、32）非分配型子通道，每一个子通道连接一台 I/O 设备。这些子通道按时间片轮转方式共享主通道，一个子通道完成一个字节的传送后，立即让出字节多路通道（主通道），给另一个子通道使用。它适用于连接低速或中速设备，如打印机、终端等。

（2）数组选择通道（Block Selector Channel）

这种通道虽然可以连接多台 I/O 设备，但是它只有一个分配型子通道，在一段时间内只能执行一道通道程序、控制一台设备进行数据传送，其数据传送是按数组方式进行。即当某台设备一旦占用了该通道，就被它独占，直至该设备传送完毕释放该通道为止。可见，它适于连接高速设备（如磁盘机、磁带机），但是这种通道的利用率较低。

（3）数组多路通道（Block Multiplexor Channel）

数组选择通道虽然有很高的传输速率，但它每次只允许一个设备传输数据。数组多路通道是将数组选择通道的传输速率高和字节多路通道的分时并行操作的优点结合起来，形成的一种新的通道。它含有多个非分配型子通道，可以连接多台高、中速的外部设备，其数据传送却是按数组方式进行的。所以这种通道既具有很高的数据传输速率，又能获得令人满意的通道利用率。

4. 通道功能

通道的基本功能是执行通道指令、组织外部设备和内存进行数据传输，按 I/O 指令要求启动外部设备，向 CPU 发出中断等，具体有以下 5 项功能：

1）接收 CPU 的 I/O 指令，按指令要求与指定的外部设备进行通信。

2）从内存取出属于该通道程序的指令，经译码后向设备控制器和设备发出各种命令。

3）组织外部设备和内存之间进行数据传输，并根据需要提供数据缓冲的空间，以及提供数据存入内存的地址和传送的数据量。

4）从外部设备得到设备的状态信息，形成并保存通道本身的状态信息，根据要求将这些状态送到内存的指定单元，供 CPU 使用。

5）将外部设备的中断请求和通道本身的中断请求按次序及时报告给 CPU。

5. 通道操作

通常，计算机系统的通道具有以下 3 类基本操作。

- 数据传送类，如读、写、反读、断定。
- 设备控制类，如控制换页、磁带反绕等。
- 转移类，即通道程序内部的控制转移。

6.4 设备的分配

在多道程序环境下，设备必须由系统分配。当进程向系统提出 I/O 请求时，设备分配程序按照一定的策略，把其所需的设备及其有关资源（如缓冲区、控制器和通道）分配给该进程。在分配设备时还必须考虑系统的安全性，避免发生死锁现象。

6.4.1 设备分配策略

1. 根据设备的固有属性而采取的策略

(1) 独享方式

独享方式是指将一个设备分配给某进程后，便一直由它独占，直至该进程完成或释放该设备为止，系统才能将该设备分配给其他进程使用。这种分配方式是对独占设备采用的分配策略，它不仅会造成设备利用率低，而且还会引起系统死锁。

(2) 共享方式

共享方式是指将共享设备（磁盘）同时分配给多个进程使用，但是这些进程对设备的访问需进行合理的调度。

(3) 虚拟方式

虚拟方式是指通过高速的共享设备，把一台慢速的以独占方式工作的物理设备改造成若干台虚拟的同类逻辑设备，这就需要引入 SPOOLing 技术。虚拟设备属于逻辑设备。

2. 设备分配算法（与进程的调度算法相似）

1）先来先服务：当有多个进程对某一设备提出 I/O 请求时，或者是在同一设备上进行多次 I/O 操作时，系统按提出 I/O 请求的先后顺序，将进程发出的 I/O 请求命令排成队列，其队首指向被请求设备的设备控制表（Device Control Table，DCT）。当该设备空闲时，系统从该设备的请求队列的队首取下一个 I/O 请求，将设备分配给发出这个请求的进程。

2）优先级高者优先：优先级高者指发出 I/O 请求命令的进程的优先级高。这种策略和进程调度的优先数法是一致的，即进程的优先级高，它的 I/O 请求也优先予以满足。对于相同优先级的进程来说，则按先请求先分配策略分配。因此，优先级高者先分配策略把请求某设备的 I/O 请求命令按进程的优先级组成队列，从而保证在该设备空闲时，系统能从 I/O 请求队列队首取下一个具有高优先级的进程发来的 I/O 请求命令，并将设备分配给发出命令的进程。

3. 设备分配中的安全性

(1) 安全分配方式

每当进程发出一个 I/O 请求后，便进入阻塞状态，直到其 I/O 操作完成时才被唤醒。当它运行时不保持任何设备资源，打破了产生死锁一个必要条件——“请求和保持”，所以这种分配方式是安全的。但是这种分配算法使得 CPU 与 I/O 设备串行工作，设备的利用率比较低。

(2) 不安全分配方式

进程发出一个 I/O 请求后仍可以继续运行，需要时还可以发第二个 I/O 请求、第三个 I/O 请求。只有当进程所请求的设备已被另一个进程占用时，进程才进入阻塞状态。这种分配方式是不安全，因为它可能具备“请求和保持”条件，从而可能造成系统死锁。当一个进程 P1 发出第一个 I/O 请求，占有了资源 1 后，在继续向前推进时，又要申请资源 2；此时，进程 P2 却占有了资源 2，在继续向前推进时，又要申请资源 1，从而造成系统死锁。所以，在设备分配程序中应该增加安全性检查的功能。

4. 设备独立性（Device Independence）

为了提高操作系统的可适应性和可扩展性，目前几乎所有的操作系统都实现了设备的独立性（也称为设备无关性）。其基本思想是：用户程序不直接使用物理设备名（或设备的物理地址），而只能使用逻辑设备名；而系统在实际执行时，将逻辑设备名转换为某个具体的物理设备名，实施 I/O 操作。

为此，引入逻辑设备和物理设备两个概念。逻辑设备是实际物理设备属性的抽象，它并不限于某个具体设备。例如在 MS - DOS 中，最基本的输入、输出设备（键盘和显示器）用一个公共的逻辑设备名 CON，并由同一个设备驱动程序来驱动和控制；并行打印机的逻辑设备名为 PRN 或 LPTi；异步串行通信口的逻辑设备名为 AUX 或 COMi 等。

总之，使用逻辑设备名是操作系统对用户程序的设备独立性的具体支持。设备独立性带来以下两方面的好处。

1）设备分配时的灵活性。当进程以逻辑设备名请求某类设备时，如果一台设备已经分配给其他进程或正在检修，此时系统可以将其他几台相同的空闲设备中的任一台分配给该进程，只有当此类设备全部被分配完时，进程才会被阻塞。

2）易于实现 I/O 重定向。为了实现设备的独立性，必须在驱动程序之上设置一层软件，称为设备独立性软件，其主要功能有以下两个方面。

- 执行所有设备的公有操作。
- 向用户层（或文件层）软件提供统一的接口。

为了实现逻辑设备名到物理设备名的映射，系统必须设置一张逻辑设备表（Logical Unit Table，LUT），能够将应用程序中所使用的逻辑设备名映射为物理设备名，并提供该设备驱动程序的入口地址。

6.4.2 设备分配程序

设备分配程序负责管理对系统提出 I/O 请求的进程分配设备及其相应的控制器和通道。

1. 设备分配的数据结构

设备分配的数据结构有系统设备表（SDT）、设备控制表（DCT）、控制器控制表（COCT）、通道控制表（CHCT），每个表的具体内容如图 6-9 所示。

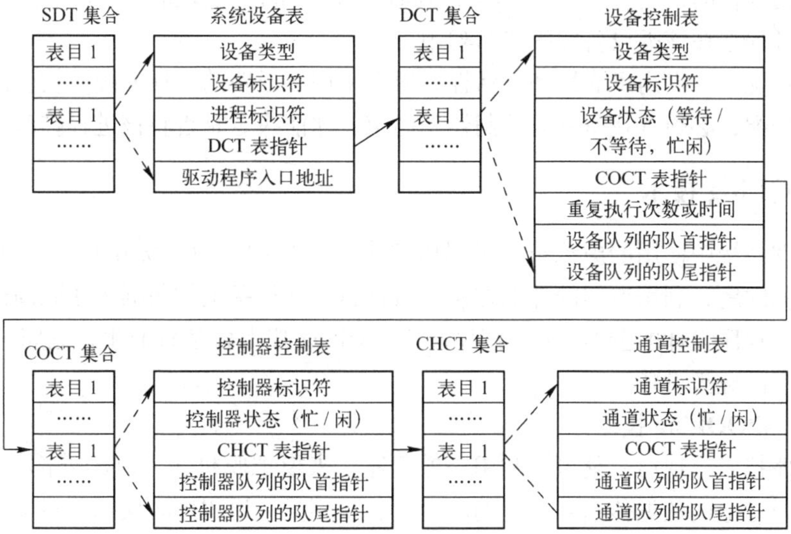

图 6-9　设备分配的数据结构

2. 设备分配的流程

对于单通道系统，当进程提出 I/O 请求后，系统进行设备分配的流程如图 6-10 所示。

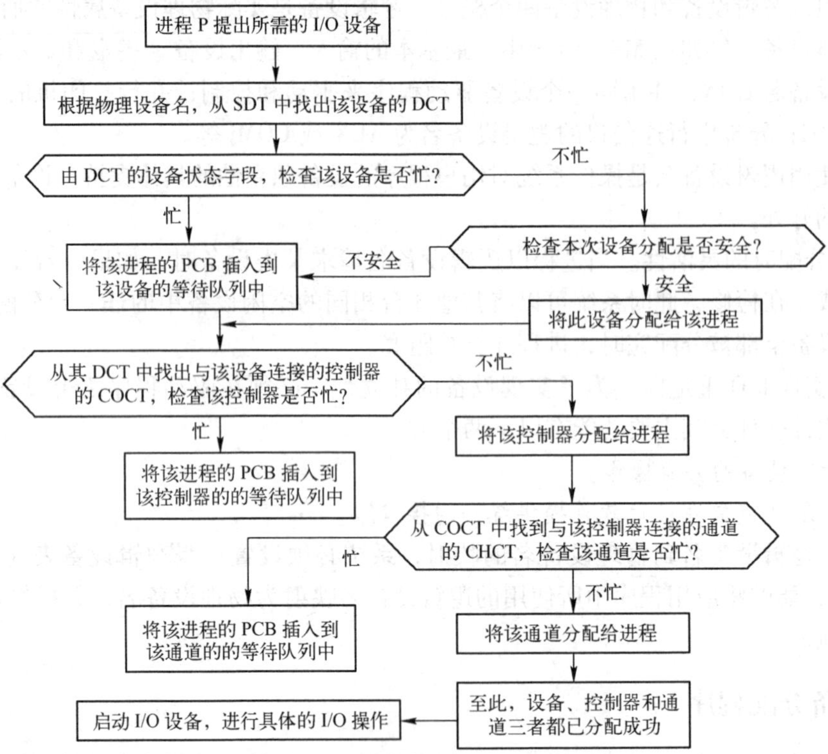

图 6-10　设备分配流程图

3. 设备分配程序的改进

为了获得设备的独立性，进程应用逻辑设备名请求 I/O。这样，系统首先从系统设备表中找出第一个该类设备的设备控制表。如忙，则查找第二个该类设备的 DCT，当所有该类设备都忙时，才把进程挂在该类设备的等待队列中。

实际上，系统为了提高可靠性和灵活性，通常采用多通路的 I/O 系统结构。此时对多个控制器和通道的分配，必须查找所有的控制器和通道，才能决定是否将该进程挂起。

6.4.3　SPOOLing 技术

早期批处理系统中使用的虚拟技术是以脱机方式工作的。为了缓和 CPU 和 I/O 设备之间的速度不匹配的问题，利用专门的外部控制器将低速 I/O 设备上的数据传送到高速磁盘上，或者相反。当多道程序设计的分时系统出现后，SPOOLing 技术就孕育而生，它将一台独占设备改造成可以共享的虚拟设备。

1. 什么是 SPOOLing 技术

当多道程序技术出现后，就可以利用一道程序，来模拟脱机输入时的外部控制器的功能，即把低速 I/O 设备上的数据传送到高速的磁盘上；再用另一道程序来模拟脱机输出时外部控制器的功能，即把数据从磁盘传送到低速 I/O 设备上。这样，便在主机的直接控制下，实现脱机输入输出功能。所以，把这种在联机情况下实现的同时与外部设备联机操作的技术称为外部设备联机操作（Simultaneous Peripheral Operation On Line，SPOOLing），或称为假脱机技术。

2. SPOOLing 系统的组成

SPOOLing 系统是对脱机输入、输出工作的模拟，它必须有高速随机外存（硬盘）的支持。SPOOLing 系统主要有以下 3 部分，如图 6-11 所示。

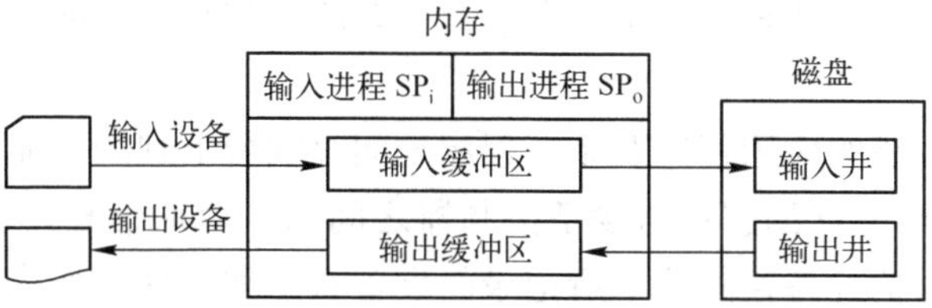

图 6-11　SPOOLing 系统的组成

- 输入井和输出井：在磁盘上开辟的两个大的存储空间。输入井模拟脱机输入时的磁盘，用于收容输入设备输入的数据。输出井模拟脱机输出时的磁盘，用于收容用户程序的输出数据。
- 输入缓冲区和输出缓冲区：在内存中开辟的两个缓冲区。输入缓冲区用于暂存由输入设备送来的数据，再传送到输入井。输出缓冲区用于暂存从输出井送来的数据，再传送给输出设备。
- 输入进程 SP_i 和输出进程 SP_o：进程 SP_i 模拟脱机输入时的外部控制器，将用户要求的数据从输入设备通过输入缓冲区再送到输入井。当 CPU 需要输入数据时，直接从输入井读入内存。SP_o 进程模拟脱机输出时的外部控制器，把用户要求输出的数据，先从内存送到输出井，待输出设备空闲时，再将输出井中的数据，经过输出缓冲区送到输出设备。

3. 共享打印机

打印机虽然是独享设备，但是通过 SPOOLing 技术，可将它改造为一台可供多个用户共享的设备。共享打印机技术已被广泛地用于多用户系统和局域网络。当用户进程请求打印输出时，SPOOLing 系统并不是真正把打印机分配给该用户进程，而由输出进程为其在输出井中申请一个存储空间，并将要打印的数据以文件形式存放于此。各进程的输出文件形成一个输出队列，由输出 SPOOLing 系统控制这台打印机进程，依次将队列中的输出文件打印出来。

总之，利用 SPOOLing 技术可以提高 I/O 的速度，将独占设备改造为共享设备，实现虚拟设备的功能。

6.5　设备的处理

设备处理程序又称设备驱动程序，其任务是控制具体的物理设备，完成 I/O 请求中的抽象操作，设备处理程序是 I/O 进程与设备控制器之间的通信程序，通过向设备控制器发送一系列命令而完成。设备驱动程序都是一个个独立的“黑盒子”，使某个特定的硬件响应一个定义良好的内部编程接口，同时完全隐藏了设备的工作细节。用户操作通过一组标准化的系统调用完成，驱动程序就是将这些调用映射到作用于实际硬件设备特定的操作之上。

6.5.1　设备处理程序的功能与处理方式

设备处理程序即设备驱动程序，其主要任务有：接收上层软件发来的抽象要求，把它转换为具体要求后发送给设备控制器，启动设备去执行；再由设备控制器发来的信号传送给上层软件。Linux 设备驱动程序集成在内核中，实际上是处理或操作硬件控制器的软件。从本质上讲，驱动程序是常驻内存的低级硬件处理程序的共享库，设备驱动程序就是对设备的抽象处理；也即是说，设备驱动程序是内核中具有高特权级的、常驻内存的、可共享的下层硬件处理例程。

设备驱动程序与一般的应用程序及系统程序之间存在着下列的明显差异。

1）驱动程序是请求 I/O 的进程与设备控制器之间的一个通信程序，它将进程的 I/O 请求传送给设备控制器，而把设备控制器中所记录的设备状态和 I/O 操作完成情况返回给请求 I/O 的进程。

2）驱动程序与 I/O 设备的特性紧密相关。因此，对于不同类型的设备，应配置不同的驱动程序。例如，可以为相同的多个终端设置一个终端驱动程序，但即使是同一类型的设备，由于生产厂家不同而并不完全兼容，因而也需分别为它们配置不同的驱动程序。

3）驱动程序与 I/O 控制方式紧密相关。常用的设备控制方式是 DMA 方式和中断方式，这两种方式的驱动程序明显不同，因为前者应按数组方式启动设备及进行中断处理。

4）由于驱动程序与硬件紧密相关。因而其中的一部分程序必须用汇编语言编写，目前有很多驱动程序，其基本部分已经固化在 ROM 中。

设备驱动程序的主要功能如下。

1）接收上层软件发来的抽象要求（如 read 命令等），再把它转换成具体要求。

2）检查用户 I/O 请求的合法性，了解 I/O 设备的状态，设置工作方式。

3）对于设置有通道的计算机系统，驱动程序还应能够根据用户的 I/O 请求，自动地构成通道程序。

4）由驱动程序向设备控制器发出 I/O 命令，启动分配到的 I/O 设备，完成指定的I/O 操作。

5）及时响应由控制器或通道发来的中断请求，并根据其中断调用相应的中断处理程序进行处理。

根据在设备处理时是否设置进程以及设置什么样的进程，设备处理方式可分为以下 3 类。

1）为每一类设备设置一个 I/O 进程，专门执行这类设备的 I/O 操作。比如为所有的交互终端设置一个交互式终端进程。

2）整个系统中设置一个 I/O 进程，全面负责系统的数据传送工作，I/O 请求处理模块，设备分配模块以及缓冲器管理模块和中断原因分析、中断处理模块和后述的设备驱动模块都是 I/O 进程的一部分。由于现代计算机系统设备十分复杂，I/O 负担很重，因此，又可把 I/O 进程分为输入进程和输出进程。

3）不设置专门的设备处理进程，而是只为各类设备设置相应的设备处理程序，供用户进程和系统进程调用。在 Linux 系统中，每类设备都有一个驱动程序，用来控制该类设备。任何一个驱动程序通常都包含了用于执行不同操作的多个函数，如打开、关闭、启动设备、读和写等函数。为使内核能方便地转向各函数，系统为每类设备提供了一个设备开关表（Device Switch Table，DST），给出相应设备的各种操作子程序的入口地址，例如打开、关闭、读、写和启动设备子程序的入口地址。一般来说，设备开关表是二维结构，其中的行和列分别表示设备类型和驱动程序类型。设备开关表也是 I/O 进程的一个数据结构，I/O 控制为进程分配设备和缓冲区之后，可以使用设备开关表调用所需的驱动程序进行 I/O 操作，其中有该类设备的各函数的入口地址，它是内核与驱动的接口，如图 6-12 所示。

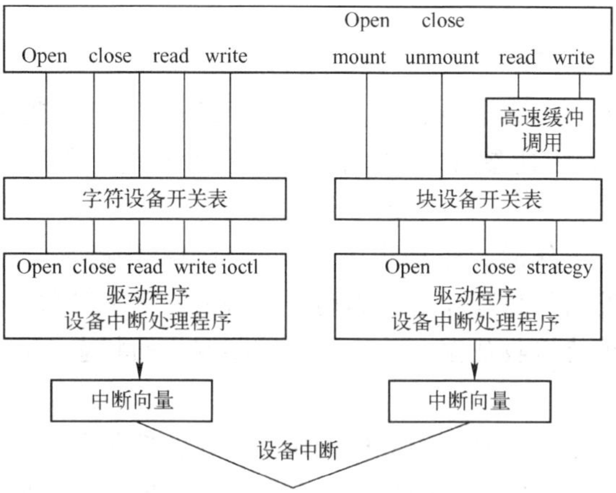

图 6-12　设备开关表

6.5.2　设备处理程序的处理过程

每类设备有自己的设备处理程序，但大体上它们都分成两部分，主要用于启动设备的设备驱动程序和负责处理 I/O 完成工作的设备中断处理程序。

1. 设备驱动程序的处理过程

设备驱动程序的主要任务是启动指定设备，但在启动之前还必须完成必要的准备工作。如检测设备是否“忙”等，在完成所有的准备工作后，才向设备控制器发送一条启动命令。设备处理程序的处理过程如下。

（1）将抽象要求转换为具体要求

通常在每个设备控制器中都有若干个寄存器，它们分别用于暂存命令、数据和参数等。用户及上层软件对设备控制器的具体情况毫无了解，因而只能向它们发出抽象的命令要求（命令），但又无法传送给设备控制器，因此，就需要能将这些命令抽象要求转换为具体的命令要求。例如，将抽象要求中的磁盘块号转换为磁盘的柱面号、磁道号及扇区号这一转换工作只能由驱动程序来完成，因为在操作系统中只有驱动程序才同时了解抽象要求和设备控制器中的寄存器情况，也只有它才知道命令、数据和参数应分别存入哪个寄存器。

（2）检查 I/O 请求的合法性

任何输入设备都只能完成一组特定的功能，如该设备不支持这次 I/O 请求，则认为这次 I/O 请求非法。例如，用户请求向打印机输入数据，显然系统应予以拒绝。此外还有些设备，如磁盘和终端，它们虽然是既可读又可写，但若在打开它们时规定的是读，则用户的写请求必须被拒绝。

（3）读出和检查设备的状态

要启动某个设备进行 I/O 操作，其前提条件应是该设备正处于空闲状态，因此在启动设备之前，要从设备控制器的状态寄存器中读出设备的状态。例如，为了向某设备写入数据，此时应先检查该设备的状态是否处于接收就绪，只有它处于接收就绪状态时，才能启动其设备控制器，否则只能等待。

（4）传送必要的参数

有许多设备，特别是块设备，除必须向其控制器发出启动命令外，还需传送必要的参数。例如，在启动磁盘进行读/写之前，应先将本次要传送的字节数、数据的主存地址送入控制器的相应寄存器中。

(5) 方式的设置

有些设备可具有多种工作方式，典型情况是利用 RS—232 接口进行异步通信。在启动该接口之前，应先按通信规程设定下述参数：波特率、奇偶校验方式、停止位数目及数据字节长度等。

(6) 启动 I/O 设备

在完成上述各项准备工作后，驱动程序可以向控制器中的命令寄存器传送相应的控制命令。对于字符设备，若发出的是写命令，驱动程序将把一个字符数据传送给控制器；若发出的是读命令，则驱动程序等待接收数据，并通过从控制器中的状态寄存器读入状态字的方法来确定数据是否到达。

驱动程序发出 I/O 命令后，基本的 I/O 操作是在设备控制器的控制下进行的。通常 I/O 操作要完成的工作较多，需要一定的时间，如读/写一个盘块中的数据，此时驱动程序进程把自己阻塞起来，直至中断到来时才将其唤醒。

2. 中断处理程序的处理过程

在设备控制器控制下，I/O 设备完成了 I/O 操作后，控制器（或通道）便向 CPU 发出一个中断请求，CPU 响应后便转向中断处理程序，中断处理程序大致包含以下几步。

1）在设置 I/O 进程时，当中断处理程序开始执行时，都必须去唤醒阻塞的驱动进程。在采用信号量机制时，可通过执行 V 操作，将处于阻塞状态的驱动进程唤醒。

2）保护被中断进程的 CPU 现场。

3）分析中断原因，转入相应的设备中断处理程序。

4）进行中断处理，判别此次 I/O 操作的完成是正常结束中断还是异常结束中断，分别作相应处理。

5）恢复被中断进程或由调度程序选中进程的 CPU 现场。

6）返回被中断的进程，或进入新选中的进程继续运行。

在 Linux 中将以上对各类设备处理相同的部分集中起来，形成中断总控程序，当要进行中断处理时，都要首先进入中断总控程序，再按需要转入不同的设备处理程序。

6.6 Linux 设备管理

Linux 的设备管理的主要任务是控制设备完成输入/输出操作，所以又称输入/输出（I/O）子系统。它的任务是把各种设备硬件的复杂物理特性的细节屏蔽起来，提供一个对各种不同设备使用统一方式进行操作的接口。Linux 把设备看作是特殊的文件，系统通过处理文件的接口——虚拟文件系统（Virtual File System，VFS）管理和控制各种设备。

6.6.1 Linux 设备的分类

Linux 设备被分为 3 类：字符设备、块设备和网络设备。

(1) 字符设备

字符设备是以字符为单位进行输入/输出数据的设备，一般不需要使用缓冲区而直接对它进行读/写。概括地讲，字符设备指那些必须以串行顺序依次进行访问的设备，如触摸屏、磁带驱动器、鼠标等。字符设备是一种可以当作一个字节流来存取的设备，字符驱动就负责实现这种行为。这样的驱动常常至少实现 open，close，read 和 write 系统调用。字符驱动很好地展现了流的抽象，它通过文件系统结点来存取，也就是说，字符设备被当作普通文件来访问。字符设备和普通文件之间唯一的不同就是：可以在普通文件中移动字符；大部分字符设备仅仅是数据通道，只能顺序存取。但是，也存在看起来像数据区的字符设备，可以在里面移动访问数据。例如，SONY 视频剪辑应用 frame grabber，应用程序可以使用 mmap 函数或者 lseek 函数存取符合要求的整个图像。

（2）块设备

块设备是以一定大小的数据块为单位输入/输出数据的，一般要使用缓冲区在设备与内存之间传送数据。块设备可以用任意顺序访问，以块为单位进行操作，如硬盘、软驱等。一般来说，块设备和字符设备并没有明显的界限。如字符设备一样，块设备也是通过文件系统结点进行存取，一个块设备是可以驻有一个文件系统的。Linux 系统中允许应用程序读/写一个块设备像读/写一个字符设备一样，它允许一次传送任意数目的字节。

块和字符设备的根本区别仅在于它们是否可以被随机访问，即能否在访问设备时随意地从一个位置跳转到另一个位置。字符设备只能以字节为最小单位访问，而块设备以块为单位访问，如 512 字节，1024 字节等；块设备可以随机访问，但是字符设备不可以；字符和块没有访问量大小的限制，块也可以以字节为单位来访问。

（3）网络设备

网络设备是通过通信网络来传输数据的设备，一般指与通信网络连接的网络适配器（网卡）等。网络设备是面向数据包而设计的，它与字符设备、块设备不同，并不对应于文件系统中的结点。内核与网络设备的通信和内核与字符设备、块设备的通信方式是完全不同的。任何网络事务都通过一个接口来进行，能够与其他主机交换数据。通常，一个接口是一个硬件设备，但是它也可能是一个纯粹的软件设备，比如环回接口，因此网络设备也可以称为网络接口。在内核网络子系统的驱动下，网络设备负责发送和接收数据报文。网络驱动对单个连接一无所知，它只处理报文。

既然网络设备不是一个面向流的设备，一个网络接口就不像字符设备、块设备那样轻易地映射到文件系统的一个结点上。Linux 提供的对网络设备的存取方式仍然是通过给它们分配一个名字，但是这个名字在文件系统中没有对应的入口，其并不用 read 和 write 等函数，而是通过使用内核调用和报文传递相关的函数来实现。Linux 使用套接口（Socket）以 I/O 方式提供对网络数据的访问。

除了上面对设备的分类的方式之外，还有其他的划分方式，与上面的设备类型是正交的。通常，某些类型的驱动与给定类型设备其他层的内核支持函数一起工作，例如 USB 模块，串口模块，SCSI 模块等。每个 USB 设备由一个 USB 模块驱动，与 USB 子系统一起工作，但是设备自身在系统中表现为一个字符设备（比如一个 USB 串口），一个块设备（一个 USB 内存读卡器），或者一个网络设备（一个 USB 以太网接口）。

6.6.2 Linux 的 I/O 控制

Linux 的 I/O 控制方式有 3 种：查询等待方式、中断方式和 DMA 方式。

1. 查询等待方式

查询等待方式又称轮询方式（Polling Mode），对于不支持中断方式的机器只能采用这种方式来控制 I/O 过程，所以 Linux 中也配备了查询等待方式。例如，并行接口的驱动程序中默认的控制方式就是查询等待方式。

如 lp_char_polled 函数就是以查询等待方式向与并行接口连接的设备输出一个字符。

```
static inline int lp_char_polled(char lpchar,int minor)
{
    int status,wait =0;
    unsigned long count    =0;
    struct lp_stats * stats;
    do {                                          /* 查询等待循环 */
        status = LP_S(minor);
        count ++;
        if(need_resched)
            schedule();
    } while(!LP_READY(minor,status) && count < LP_CHAR(minor));
    if (count == LP_CHAR(minor)) {          /* 超时退出 */
        return 0;
    }
    outb_p(lpchar,LP_B(minor));             /* 向设备输出字符 */
```

2. 中断方式

在硬件支持中断的情况下，驱动程序可以使用中断方式控制 I/O 过程。对 I/O 过程控制使用的中断是硬件中断，当某个设备需要服务时就向 CPU 发出一个中断脉冲信号，CPU 接收到信号后根据中断请求号 IRQ 启动中断服务例程。在中断方式中，Linux 设备管理的一个重要任务就是在 CPU 接收到中断请求后，能够执行该设备驱动程序的中断服务例程。为此，Linux 设置了名字为 irq_action 的中断例程描述符表：

```
static struct irqaction * irq_action[NR_IRQS + 1];
```

- NR_IRQS 表示中断源的数目。
- irq_action[ ]是一个指向 irqaction 结构的指针数组，它指向的 irqaction 结构是各个设备中断服务例程的描述符。

```
struct irqaction {
    void ( * handler)(int,void * ,struct pt_regs * );  /* 指向中断服务例程 */
    unsigned long flags;                               /* 中断标志 */
    unsigned long mask;                                /* 中断掩码 */
    void * dev_id;                                     /*
    struct irqaction * next;                           /* 指向下一个描述符 */
};
```

在驱动程序初始化时，调用 request_irq 函数建立该驱动程序的 irqaction 结构体，并把它登记到 irq_action[ ]数组中。

request_irq 函数的原型如下：

```
int request_irq(unsigned int irq,void ( * handler)(int,void * ,struct pt_regs * ),unsigned long irqflags,
const char * devname,void * dev_id);
```

参数 irq 是设备中断请求号，在向 irq_action[ ]数组登记时，它作为数组的下标。把中断号为 irq 的 irqaction 结构体的首地址写入 irq_action[irq]。这样就把设备的中断请求号与该设备的服务例程联系在一起了。当 CPU 接收到中断请求后，根据中断号就可以通过 irq_action[ ]找到该设备的中断服务例程。

3. DMA 方式

使用 DMA 方式传输数据可以占用更少的 CPU 资源，因此与其他操作系统一样，Linux 支持硬盘以 DMA 方式传输数据，但在安装 Red Hat 时关于 DMA 的默认选项是无效的，可以在安装时就将其置为有效。

DMA 允许外部设备和主存之间直接传输 I/O 数据，DMA 依赖于系统。每一种体系结构的 DMA 传输不同，编程接口也不同。数据传输可以以两种方式触发：一种由软件请求数据，另一种由硬件异步传输。

（1）软件请求数据

调用的步骤可以概括如下（以 read 为例）。

1）在进程调用 read 时，用驱动程序的方法分配一个 DMA 缓冲区，随后指示硬件传送它的数据，进程进入睡眠。

2）硬件将数据写入 DMA 缓冲区并在完成时产生一个中断。

3）中断处理程序获得输入数据，应答中断，后唤醒进程，之后该进程就可以读取数据了。

（2）硬件异步传输

硬件异步传输是在 DMA 被异步使用时发生的，以数据采集设备为例。

1）硬件发出中断来通知新的数据已经到达。

2）中断处理程序分配一个 DMA 缓冲区。

3）外部设备将数据写入缓冲区，然后在完成时发出另一个中断。

4）处理程序利用 DMA 分发新的数据，唤醒相关进程。

因为 DMA 控制器是一个系统级的资源，所以内核协助处理这一资源。内核使用 DMA 注册表为 DMA 通道提供了请求/释放机制，并且提供了一组函数在 DMA 控制器中配置通道信息。DMA 控制器使用 request_dma 函数和 free_dma 函数来获取和释放 DMA 通道的所有权，请求 DMA 通道应在请求了中断线之后，并且在释放中断线之前释放它。每一个使用 DMA 的设备也必须使用中断信号线，否则就无法发出数据传输完成的通知。

一个 DMA 映射就是分配一个 DMA 缓冲区并为该缓冲区生成一个能够被设备访问的地址的组合操作。一般情况下，简单地调用 virt_to_bus 函数在设备总线上的地址，但有些硬件映射寄存器也被设置在总线硬件中。映射寄存器（Mapping Register）是一个类似于外部设备的虚拟内存等价物。在使用这些寄存器的系统上，外部设备有一个相对较小的、专用的地址区段，可以在此区段执行 DMA。通过映射寄存器，这些地址被重映射（Remap）到系统 RAM。映射寄存器具有一些好的特性，包括使分散的页面在设备地址空间看起来是连续的。但不是所有的体系结构都有映射寄存器，特别是，个人计算机平台没有映射寄存器。

在某些情况下，为设备设置有用的地址也意味着需要构造一个反弹缓冲区。例如，当驱动程序试图在一个不能被外部设备访问的地址（一个高端内存地址）上执行 DMA 时，反弹缓冲区被创建，然后，按照需要，数据被复制到反弹缓冲区，或者从反弹缓冲区复制。根据 DMA 缓冲区期望保留的时间长短，PCI 代码区分两种类型的 DMA 映射。

- 一致 DMA 映射。它们存在于驱动程序的生命周期内。一个被一致映射的缓冲区必须同时可被 CPU 和外部设备访问，这个缓冲区被处理器写时，可立即被设备读取，反之亦然，使用 pci_alloc_consistent 函数建立一致映射。

- 流式 DMA 映射。流式 DMA 映射是为单个操作进行的设置。它映射处理器虚拟空间的一块地址，所以它能被设备访问。应尽可能使用流式映射，而不是一致映射。这是因为在支持一致映射的系统上，每个 DMA 映射会使用总线上一个或多个映射寄存器。具有较长生命周期的一致映射，会独占这些寄存器很长时间（即使它们没有被使用）。可使用 dma_map_single 函数建立流式映射。

许多驱动程序需要为 DMA 描述符或 I/O 内存申请大量小块 DMA 一致性内存，可以使用 DMA 内存池，而不是申请以页为单位的内存块或者调用 dma_alloc_coherent()。DMA 池用 dma_pool_create 函数创建，用 dma_pool_alloc 函数从 DMA 池中分配一块一致内存，用 dmp_pool_free 函数释放内存到 DMA 池中，使用 dma_pool_destory 函数释放 DMA 池的资源。

6.6.3 Linux 的设备文件

Linux 设备管理的基本特点是把物理设备看成文件，采用处理文件的接口和系统调用来管理控制设备。从抽象的观点出发，Linux 的设备又称为设备文件。

设备文件的文件名一般由两部分组成。

- 第一部分 2～3 个字符，表示设备的种类，如串口设备是 cu，并口设备是 lp，IDE 普通硬盘是 hd，SCIS 硬盘是 sd，软盘是 fp 等。
- 第二部分通常是字母或数字，用于区分同种设备中的单个设备，如 hda、hdb、hdc 分别表示第一块、第二块、第三块 IED 硬盘。而 hda1、hda2 表示第一块硬盘中的第一、第二个磁盘分区。

设备文件一般置于/dev 目录下，如/dev/hda2、/dev/lp0 等。

Linux 使用虚拟文件系统作为统一的操作接口来处理文件和设备。与普通的目录和文件一样，每个设备也使用一个 VFSinode 来描述，其中包含着该种设备的主、次设备号。对设备的操作也是通过对文件的 file_operations 结构体操作来调用驱动程序的设备服务子程序。

例如，当进程要求从某个设备上输入数据时，由该设备的 file_operations 结构体得到服务子程序的操作函数入口，然后调用其中的 read 函数完成数据输入操作。同样，使用 file_operations 中的 open、close、write 函数分别完成对设备的启动、停止设备运行、向设备输出数据的操作。

6.6.4 Linux 设备驱动

系统对设备的控制和操作是由设备驱动程序完成的。设备驱动程序是由设备服务子程序和中断处理程序组成，设备服务子程序包括了对设备进行各种操作的代码，中断处理子程序处理设备中断。

设备驱动程序的主要功能如下。

1）对设备进行初始化。

2）启动或停止设备的运行。

3）把设备上的数据传送到内存。

4）把数据从内存传送到设备。

5）检测设备状态。

驱动程序是与设备相关的，驱动程序的代码由内核统一管理，在具有特权级的内核态下运行。设备驱动程序是输入/输出子系统的一部分，是为某个进程服务的，其执行过程仍处在进程运行的过程中，即处于进程上下文中。若驱动程序需要等待设备的某种状态，它将阻塞当前进程，把进程加入到该种设备的等待队列中。

Linux 的驱动程序分为两个基本类型：字符设备驱动程序和块设备驱动程序。

- 字符设备：指只能按字节读写的设备，不能随机读取设备内存中的某一数据，读取数据需要按照先后顺序。字符设备是面向流的设备，常见的字符设备有鼠标、键盘、串口、控制台和 LED 设备等。
- 块设备：指可以从设备的任意位置读取一定长度数据的设备。块设备包括硬盘、磁盘、U 盘和 SD 卡等。

6.6.5 Linux 的设备管理命令

1. setleds

- 使用权限：一般使用者。
- 使用方式：

```
setleds [ -v][ -L][ -D][ -F][{ + | - }num][{ + | - }caps][{ + | - }scroll]
```

- 使用说明：

  用来设定键盘上方 3 个 LED 的状态。在 Linux 中，每一个虚拟主控台都有独立的设定。
- 选项：

  -F　预设的选项，设定虚拟主控台的状态。

  -D　除了改变虚拟主控台的状态外，还改变预设的状态。

  -L　不改变虚拟主控台的状态，但直接改变 LED 显示的状态。这会使得 LED 显示和目前虚拟主控台的状态不相符。可以在稍后用 -L 且不含其他选项的 setleds 命令回复正常状态。

  -num +num　打开或关闭数字键。

  -caps +caps　打开或关闭大小写键。

  -scroll +scroll　打开或关闭选项键。
- 范例：打开数字键，其余二个灯关闭。

```
#setleds  +num  -caps  -scroll
```

2. loadkeys

- 使用权限：所有使用者。
- 使用方式：

```
loadkeys [ -d --default][ -h --help][ -q --quiet][ -v --verbose[ -v --verbose]...]
[ -m --mktable][ -c --clearcompose][ -s --clearstrings][ filename...]
```

- 使用说明：

  这个命令可以根据一个键盘定义表改变 Linux 键盘驱动程序转译键盘输入过程。详细的说明请参考 dumpkeys。
- 选项：

-v-verbose　打印出详细的资料，可以重复以增加详细度。

-q-quiet　不要显示任何信息。

-c-clearcompose　清除所有 composite 定义。

-s-clearstrings　将字符串定义表清除。

● 相关命令：dumpkeys。

3. rdev

● 使用权限：所有使用者。

● 使用方式：

使用这个指令的基本方式是：

```
rdev [ -rsvh][ -o offset][ image[ value[ offset]]]
```

但是随着使用者想要设定的参数的不同，下述方式也是一样：

```
rdev [ -o offset][ image[ root_device[ offset]]]
swapdev [ -o offset][ image[ swap_device[ offset]]]
ramsize [ -o offset][ image[ size[ offset]]]
videomode [ -o offset][ image[ mode[ offset]]]
rootflags [ -o offset][ image[ flags[ offset]]]
```

● 使用说明：

rdev 可以用来取得或是设定开机核心影像档（Kernel Image）的各项参数。

● 范例：uptime。

其结果为：

```
10:41am up 5 days,10 min,1 users,load average: 0.00,0.00,1.99
```

4. dumpkeys

● 使用权限：所有使用者。

● 使用方式：

```
dumpkeys [ -hilfn1 -Sshape -ccharset --help --short-info
--long-info --numeric --full-table --separate-lines
--shape=shape --funcs-only --keys-only --compose-only
--charset=charset]
```

● 使用说明：

这个命令用来将键盘的对映表写到标准输出之中，输出的格式可以被 loadkeys 命令载入。而这个表格的功能在于将键盘硬件所产生的扫描码，转换成 ASCII 或是任何的字串。这是在 Linux 上特有的指令，它允许你将键盘上的按键组合，如〈Ctrl+A〉、〈Shift+A〉等转换成适当的字串。例如你可以将〈Alt+Ctrl+F12〉组合键定义成 Linux，以后只要按下〈Alt+Ctrl+F12〉组合键就等于输入 Linux 这个字了。

要将〈Alt+Ctrl+F12〉组合键定义成 Linux 有两件事要做，首先你必须将〈Alt+Ctrl+F12〉这个按键组合定义成某个功能键，在这里我们使用 F20：

```
control alt keycode 88 = F20
```

上面的 keycode 88 便是 F12 这个键的硬件扫描码。下一步便是将 F20 这个功能键定义成 Linux：

```
string F20 = "Linux"
```

将包括这二行的档案用 loadkeys 载入后便可以用〈Alt + Ctrl + F12〉组合键来输入 Linux 了。Chdrv，yact 等 console 模式中文系统便是使用这个功能来重新定义键盘。

- 选项：

  - -shortinfo，-i 将一些有关 Linux 键盘驱动程序的资料显示在屏幕上。这包括了硬件扫描码的范围、功能键的数量、状态键的数量等信息。

  - -longinfo，-l 将键盘驱动程序的信息用比较详尽的格式显示。

  - -numeric，-n 使用十六进位的方式显示资料，如果没有这个选项，dumpkeys 会自动地将十六进位的内部表示法转换成文字表示法。

  - -full-table-f 将整个表格完整显示，预设情况下没有被定义的组合将不会被显示。

  - -seperate--lines，-1 一行显示一个按键组合，预设模式下一个按键在不同状态码下的动作会被显示在同一行中。

  -S，--shape=[0-3]设定输出的格式。

  0：预设格式（-S）。

  1：完整格式（--full-table）。

  2：单行格式（--seperate-lines）。

  3：简单格式，这个格式开始时使用完整格式，但遇到第一个没有定义的组合后就切到单行格式。

- 相关命令：loadkeys。

5. MAKEDEV

- 使用方法：

```
MAKEDEV -V
MAKEDEV [-n][-v] update
MAKEDEV [-n][-v][-d] device ...
```

- 使用说明：

  这个命令可以新增 /dev/ 下的装置档案，因为 distribution 已经将所有的档案都产生，故一般而言不太会用到这个命令。

6.7 本章小结

设备管理的主要任务是控制设备和 CPU 之间进行 I/O 操作。设备管理为操作系统中最复杂、最具有多样性的部分。设备管理模块在控制各类设备和 CPU 进行 I/O 操作的同时，还要尽可能地提高设备和设备、设备和 CPU 之间的并行操作度以及设备利用率，从而使得整个系统获得最佳效率。另外，设备管理模块还应该为用户提供一个透明的、易于扩展的接口，使得用户不必了解设备的具体物理特性，便于设备的追加和更新。

本章从设备的分类出发，对设备和 CPU 之间数据传送的控制方式、中断和缓冲技术、设备分配原则和算法、I/O 控制过程以及设备驱动程序等进行讲述。

6.8 思考与练习

(1) 从哪几个角度对设备进行分类？具体的分类是什么？

(2) 简述设备管理的功能。

(3) 为什么引入中断？解释以下概念：中断、中断处理、中断响应、关中断、开中断。

(4) 缓冲技术有哪几种类型？

(5) 简述设备分配的原则和策略。

(6) 什么是 I/O 控制？I/O 控制的主要功能是什么？

(7) Linux 中把设备作为文件有何特点？

(8) 简述 Linux 设备驱动程序的主要功能。

第7章 文件管理

在现代计算机系统中，用户的程序和数据，操作系统自身的程序和数据，甚至各种输出/输入设备，都是以文件形式出现的。可以说，尽管文件有多种存储介质可以使用，如硬盘、软盘、光盘、网盘等，但是，它们都以文件的形式出现在操作系统的管理者和用户面前，所以，文件管理是操作系统中一项重要的功能。本章学习文件管理的相关知识，通过本章的学习，读者应该掌握文件的物理、逻辑结构，操作系统对文件的操作，文件存储空间及 Linux 系统文件的管理等内容。

7.1 文件与文件系统

文件是具有符号名的一组相关元素的有序序列，是一段程序或数据的集合。文件系统是操作系统中实现对文件的组织、管理和存取的一组系统程序和数据结构，或者说它是管理软件资源的软件。对用户来说，文件系统提供了一种便捷地存取信息的方法。文件系统由三部分组成：与文件管理有关的软件、被管理的文件以及实施文件管理所需的数据结构。

计算机的文件系统是操作系统中负责存取和管理信息的程序模块，用统一的方法管理用户和数据信息的存储、检索、更新、共享和保护，并向用户提供方便有效的文件使用和操作方法。文件系统需要解决如下问题：

- 有效地分配存储器的存储空间。
- 提供一种组织数据的方法。
- 提供合适的存取方法，以适应各种不同的应用。
- 提供一组服务，使用户能处理数据以执行所需要的操作。

7.1.1 文件、记录和数据项

文件是指由创建者所定义的、具有文件名的一组相关元素的集合，分为有结构文件和无结构文件两种。在有结构的文件中，文件由若干条相关记录组成；而无结构文件则被看成是一个字符流。文件在文件系统中是最大的数据单位，它描述了一个对象集。例如，可以将一个班的学生记录作为一个文件。为了区分不同的文件，一个文件必须要有一个文件名，计算机对文件实行按名存取的操作方式，名字的长度因系统不同而异。Linux 系统中，文件名最大长度由 NR - NAME - LEN 控制，默认值为 255 个字符。属性可以包括文件类型、文件长度、文件的物理位置、文件的建立时间。

📖 注意，在 Linux 中，文件名是区分大小写的，“a” 与 “A” 代表不同的文件名。

记录是一组相关数据项的集合，用于描述一个对象在某方面的属性。一个记录应包含哪些数据项，取决于需要描述对象的哪个方面。而一个对象，由于所处的环境不同可把它作为不同

的对象。例如，一个学生，当把他作为班上的一名学生时，对他的描述应使用学号、姓名、年龄及所在系班，也可能还包括他所学过的课程的名称、成绩等数据项。但若把学生作为一个医疗对象时，对他描述的数据项则应使用诸如病历号、姓名、性别、出生年月、身高、体重、血压及病史等项。

数据项包括基本数据项和组合数据项。基本数据项是用于描述一个对象的某种属性的字符集，是数据组织中可以命名的最小逻辑数据单位，即原子数据，又称为数据元素或字段，它的命名往往与其属性一致。例如，用于描述一个学生的基本数据项有：学号、姓名、年龄、所在班级等。组合数据项是由若干个基本数据项组成的，简称组项。例如，经理便是个组项，它由正经理和副经理两个基本项组成。又如，工资也是个组项，它可由基本工资、工龄工资和奖励工资等基本项所组成。

基本数据项除了数据名外，还应有数据类型。因为基本项仅是描述某个对象的属性，根据属性的不同，需要用不同的数据类型来描述。例如，在描述学生的学号时，应使用整数；描述学生的姓名则应使用字符串（含汉字）；描述性别时，可用逻辑变量或汉字。可见，由数据项的名字和类型两者共同定义了一个数据项的“型”，而表征一个实体在数据项上的数据则称为“值”。例如，学号/30211、姓名/王有年、性别/男等。

7.1.2 文件类型及文件系统模型

为了更好地管理和使用文件，有必要科学地、分门类的地对不同文件进行不同的管理，这样不仅能提高文件的存取速度，对文件的共享和保护也有利。一般系统级文件与用户级文件要进行不同的管理。例如，一个系统文件工作时要读入内存，放在内存的某一固定区，有较高的保护级别，一般用户不允许进入；而一般用户的用户文件是在另外管辖的可用区有空闲时才能被调入指定的内存用户区。

由于不同系统对文件的管理方式不同，因而对文件的分类方法有很大差异，下面介绍几种常用的分类方法。

1. 按用途分类

根据文件性质与用途，可将文件分为以下几类。

- 系统文件：由系统软件构成的文件，只允许用户通过系统调用或系统提供的专用命令来执行它们，不允许对其进行读写和修改，主要由操作系统内核和各种系统应用程序或实用工具和数据组成。
- 用户文件：是用户通过操作系统保存的用户文件，只有文件的所有者或所有者授权的用户才能使用。用户文件主要由用户的源程序源代码、可执行目标程序的文件和用户数据库数据等组成，例如 *.c、*.for、*.f、*DBF、*.OBJ、*.o 等。
- 库文件：文件允许用户对其进行读取和执行，但不允许对其进行修改，主要由各种标注子程序组成。例如，C 语言、FORTRAN 子程序库存放在子目录 *.LIB、/lib/、/usr/lib 下。

2. 按文件的数据形式分类

根据文件中数据的形式，可将文件分为以下几类。

- 源文件：由源程序和数据构成的文件，一般由 ASCII 码、EBCD 码或汉字编码组成。
- 目标文件：由源程序经过相应的计算机语言编译程序编译，但尚未经过链接程序链接的目标代码所形成的文件。扩展名为“OBJ”（DOS 系统）或“o”（UNIX 或 Linux 操作系统）。
- 可执行文件：可移植可执行（PE）文件格式的文件，它可以加载到内存中，并由操作系统加载程序执行。它可以是＊.exe 文件、＊.sys 文件、＊.com 文件等。

3. 按存取权限分类

根据存取控制属性，可将文件分为以下几类。

- 只执行文件：允许文件主及被核准用户去调用执行文件而不允许读和写文件。
- 只读文件：这个文件只能打开，用户只能读，不能修改也不能储存。有些重要的档案会设定成只读状态，避免被修改。只有解除只读状态，才能修改。
- 读写文件：允许文件主及被核准的用户对文件进行读、写操作。

4. 按对文件的管理方式分类

根据文件管理系统管理的对象，可将文件系统分为以下几类。

- 普通文件：由表示程序、数据或文字的字符串构成的文件，内部没有固定的机构。这种文件既可以是系统文件，也可以是库文件或用户文件。
- 目录文件：为了方便用户对文件的存取和检索，在文件系统中必须配置目录。目录文件即由文件目录构成的一类文件，对它的处理在形式上与普通文件相同。对目录的组织和管理是方便用户和提高对文件存取速度的关键。
- 特别文件：也叫设备文件，特指各种外部设备。为了便于管理，在 Linux 系统中，把所有输入/输出设备都按文件格式供用户使用，这类文件对于查找目录、存取权限验证等的处理与普通文件相似，而其他部分的处理要针对设备特性要求做相应的特殊处理。

5. 按保存时间分类

按照对文件保存时间的不同，可将文件系统分为以下几类。

- 临时文件：用户在一次操作过程中建立的中间文件，当用户撤离系统时，该文件往往也随之被撤销。
- 档案文件：只保存在作为档案的磁带上以便考证和恢复用的文件，如日志文件。
- 永久文件：长期保存以备用户经常使用的文件，它不仅在磁盘上有文件副本，而且在档案上也有一个可靠的副本。

📖 采取不同的分类方式将导致不同的文件系统。

文件系统提供以下主要功能。

1）文件及目录的管理，如打开、关闭、读、写等。

2）提供有关文件自身的服务，如文件共享机制、文件的安全性等。

3）文件存储空间的管理，如分配和释放，主要针对可改写的外存，如磁盘等。

4）提供用户接口，方便用户使用文件系统所提供的服务称为接口，不同的操作系统提供不同类型的接口，不同的应用程序往往使用不同的接口。

文件系统的结构模型如图 7-1 所示，包括文件系统接口、对对象操纵和管理的软件集合、对象及其属性。

文件系统接口
对对象操纵和管理的软件集合
对象及其属性

图 7-1　文件系统模型

文件管理系统管理的对象有以下几种。

- 文件。文件管理的直接对象。
- 目录。为了方便用户对文件的存取和检索，在文件系统中必须配置目录。对目录的组织和管理是提高文件存取速度的关键。
- 磁盘存储空间。文件和目录必定占用存储空间，对这部分空间的有效管理，不仅能提高外存的利用率，而且还能提高文件的存取速度。

对对象操纵和管理的软件集合是文件管理系统的核心部分。文件系统的功能大多是在这一层实现的，主要包括对文件存储空间的管理、对文件目录的管理、用于将文件的逻辑地址转换为物理地址的机制、对文件读和写的管理，以及对文件的共享与保护等功能。

为方便用户使用文件系统，文件系统通常向用户提供两种类型的接口。

- 命令接口。用户与文件系统交互的接口。用户可通过键盘终端输入命令，获得文件系统的服务。
- 程序接口。用户程序与文件系统的接口。用户程序可通过系统调用来获得文件系统的服务。

7.1.3 文件操作

文件操作主要包括创建文件、删除文件、读文件、写文件、截断文件、设置文件的读/写位置等。

文件的“打开”，是指系统将指定的文件的属性（包括该文件在外存上的物理位置）从外存复制到内存中的打开文件表的表目中，并将该表目的编号（或称为索引号）返回给用户。以后，当用户再对该文件进行相应的操作时，便可利用系统所返回的索引号向系统提出操作请求。系统这时便可直接利用该索引号到打开文件表中查找，从而避免了对该文件的再次检索。这样不仅节省了大量的检索开销，也显著地提高了对文件的操作速度。如果用户已不再需要对该文件实施相应的操作时，可利用“关闭”（close）系统调用程序来关闭此文件，操作系统将会把该文件从打开文件表中的表目上删除。

为了方便用户使用文件，通常，操作系统都提供了多条有关文件操作的系统调用程序，这些调用可分成若干类。最常用的一类是有关对文件属性进行操作的，即允许用户直接设置和获得文件的属性，如改变已存文件的文件名、改变文件的拥有者（文件主）、改变对文件的访问权，以及查询文件的状态（包括文件类型、大小和拥有者以及对文件的访问权等）；另一类是有关目录的，如创建一个目录，删除一个目录，改变当前目录和工作目录等；此外，还有用于实现文件共享的系统调用程序和用于对文件系统进行操作的系统调用程序等。

7.1.4 文件的存取方式

文件存取方式是指对文件的逻辑存取方式，是由文件的性质和用户使用文件的情况决定的。常用的存取方式有：顺序存取方式、随机存取方式和按键存取方式。

1. 顺序存取方式

按照文件的逻辑地址依次存取。对记录式文件，是按照记录的排序顺序依次存取。顺序文件即顺序存放的文件，物理记录的顺利和逻辑记录的顺序是一致的，图 7-2 给出了 3 种逻辑结构文件的组织形式。

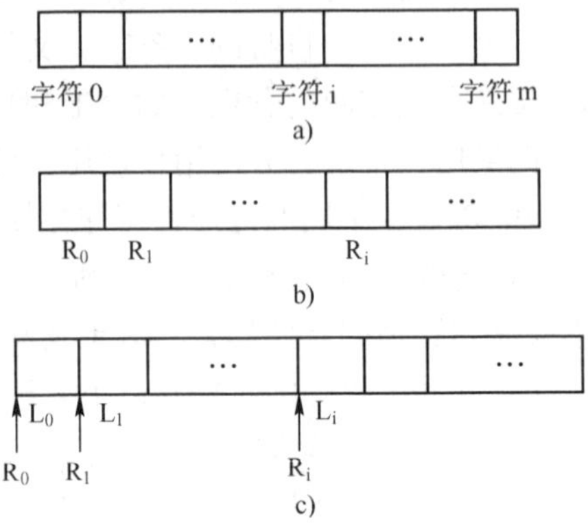

图 7-2 顺序存取方式

a）字符流序列 b）定长顺序文件 c）不定长顺序文件

图 7-2a 是字符流序列，可以认为该字符流式文件是由一个记录长度为 m（m 为字符流长度）的单记录式文件；图 7-2b 表示由若干个定长记录组成的顺序文件；图 7-2c 表示由

若干个不同长度的记录组成的顺序文件。其中，L_i 为第 i 条记录的长度，R_i 为第 i 条记录的指针。

顺序存取方式适用于只需要顺序读或顺序写的只读或只写文件，但对于某些文件，用户希望能以任意次序直接得到某个记录，采用随机存取方式较为合适。

2. 随机存取方式

又称为直接存取方式，是按照记录的编号或者地址来存取文件中的任一记录。对于定长记录文件，随机存取是把一个文件视为若干编上号的块或者记录，每块的大小是相同的。随机存取允许随意读入块、写入块，因而对文件的随机存取是没有限定顺序的。当接到访问请求时，计算出记录的逻辑地址，然后存取该记录。对于变长记录文件，用计算从头到指定记录长度的方法来确定读/写位移的方式是很不方便的，通常采用索引表组织方式。

存取文件的基本步骤如下。

1）以记录号为索引，读出索引表中的相应表目。

2）根据此表目指针指出的逻辑地址去存取记录。

在无结构的流式文件中，随机存取方法必须实现用必要的命令把读写指针移到要进行读写的信息开始处，然后再进行读写。

3. 按键存取方式

按照逻辑记录中的某个数据项值（称为关键字）作为索引而进行存取，按键存取方式实质上属于随机存取方式。

7.2 文件的逻辑结构

对于任何一个文件，都存在着两种形式的结构：逻辑结构和物理结构。文件的逻辑结构是用户可见的结构；而文件的物理结构又称为文件的存储结构，是指文件在外存上的存储组织形式。

文件的逻辑结构是可见结构，即从用户角度能观察到的文件系统。从逻辑结构来看，Linux 系统的文件采用的是字符流式的无结构文件。用户通过对文件的存取访问来完成对文件的各种操作，常用的访问方式包括顺序方式和随机方式。Linux 系统同时支持顺序和随机两种访问方式。用户对文件的操作只能通过操作系统提供的命令接口或者函数调用接口。

7.2.1 文件逻辑结构类型

文件从逻辑结构上分成两种形式。

- 一种是有结构的记录式文件，是用户把文件内的信息按逻辑上独立的含义划分信息单位，每个单位称为一个逻辑记录（简称记录）。
- 一种是无结构的流式文件，是指对文件内信息不再划分单位，它是依次的一串字符流构成的文件。

对于有结构的文件，可以分为顺序文件、索引文件、索引顺序文件。

如果说大量的数据结构和数据库，是采用有结构的文件形式的话，则大量的源程序、可执行文件、库函数等，所采用的就是无结构的文件形式，即流式文件，其长度以字节为单位。对流式文件的访问，是采用读/写指针来指出下一个要访问的字符，可以把流式文件看作是记录式文件的一个特例。在 Linux 系统中，所有的文件都被看作是流式文件，即使是有结构文件，也被视为流式文件，系统不对文件进行格式处理。

7.2.2　顺序文件及索引文件

逻辑记录的排序第一种是串结构，各记录之间的顺序与关键字无关。通常的办法是由时间来决定，即按存入时间的先后排列，最先存入的记录作为第一个记录，其次存入的为第二个记录，以此类推。

1. 顺序文件

顺序结构指文件中的所有记录按关键字（或词）排列。可以按关键词的长短从小到大排序，也可以从大到小排序；或按其英文字母顺序排序。

顺序文件有更高的检索效率，因为在检索串结构文件时，每次都必须从头开始，逐个记录地查找，直至找到指定的记录，或查完所有的记录为止。而对顺序结构文件，则可利用某种有效的查找算法，如折半查找法、插值查找法、跳步查找法等方法来提高检索效率。

顺序文件的优缺点：顺序文件的最佳应用场合是在对记录进行批量存取时，即每次要读或写一大批记录时。此时，对顺序文件的存取效率是所有逻辑文件中最高的；此外，也只有顺序文件才能存储在磁带上，并能有效地工作。在交互应用的场合，如果用户（程序）要求查找或修改单个记录，为此系统则要逐个地查找记录。这时，顺序文件所表现出来的性能就可能很差，尤其是当文件较大时，情况更为严重，想增加或删除一个记录都比较困难。

顺序方式按照逻辑上的连续关系把文件依次存放在连续的物理块中。文件逻辑块和物理块之间是最简单的线性关系，因此很容易实现，也可以相当方便地实现文件的顺序和随机访问，只要确定了文件头的位置和文件长度，一切操作都可以快速实现。但是，这些优势只有在文件能够一次性写入的情况下才存在。由于创建文件时并不知道文件的长度，系统无法确定该给这个文件分配多少个物理块。而且，这种方式也容易造成磁盘碎片。

2. 索引文件

索引文件为变长记录文件建立一张索引表，对主文件中的每个记录，在索引表中设有一个相应的表项，用于记录该记录的长度 L 及指向该记录的指针（指向该记录在逻辑地址空间的首址）。由于索引表是按记录键排序的，因此，索引表本身是一个定长记录的顺序文件，从而也就可以方便地实现直接存取，其组织形式如图 7-3 所示。

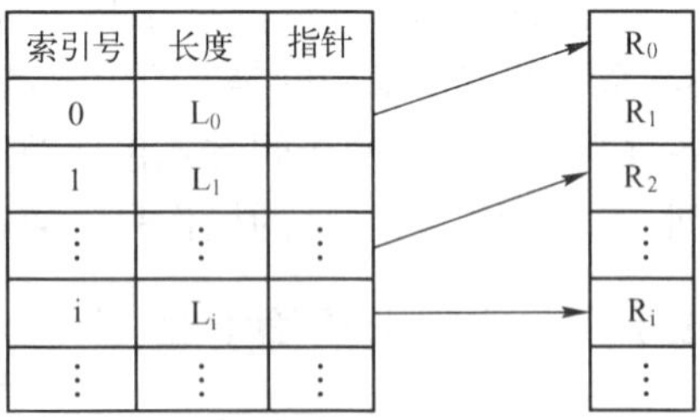

图 7-3　索引文件的组织形式

索引方式为每一个文件建立一张索引表，表中存放文件的逻辑块与物理块之间的对应关系。也就是把串联方式中每一个结点所记录的链表指针信息统一保存在一个索引表中，这使得文件的非连续存放、文件动态增长、方便的文件内部修改等串联方式的优点都保留了下来，同时，也能够方便地实现文件的随机访问。如果把整个索引表保存在内存中，整个文件的访问效率也可以大幅度提高。这种方案的问题在于索引表的处理。连续方式、链表方式、索引方式都可以用来解决索引表的存放，比较好的方案是索引方式。

实际中，很多操作系统采用一种称为多重索引的物理结构，同时使用单级索引和多级索引。每个文件由一张索引表描述，表中一部分内容直接指向物理块，称为直接块。索引表中同时还包含一部分二级索引指针，指向新的索引表。类似的，文件索引表中还可以包括三级甚至更高级的索引指针，提供更多的间接块。对于比较小的文件，可以直接存放在一次间接块提供的空间中，而对于较大的文件，才使用多次间接块。这种方式的缺点：一是索引表本身占用存储空间；二是每次访问数据都需要先访问索引表，需要更多的系统时间开销。只要索引表设计合理，能够保证正常使用的大多数都只利用直接块，还可以把索引表放在内存中，保证系统的访问效率。

这种方式基本上保证了文件的动态可变，实现了文件高效率地顺序和随机访问，Linux 系统文件的物理结构采用的就是多重索引方式。

7.2.3 顺序索引文件

顺序索引文件是顺序文件和索引文件两种文件构成方式的结合。具体来说，它为文件建立一张索引表，为每一组记录中的第一个记录设置一个表项。

顺序索引文件（Index Sequential File，ISF）是最常见的一种逻辑文件形式。它有效地克服了变长记录文件不便于直接存取的缺点，而且所付出的代价也不算太大。顺序索引文件将顺序文件中的所有记录分为若干个组；为顺序文件建立一张索引表，在索引表中为每组中的第一个记录建立一个索引项，其中含有该记录的键值和指向该记录的指针，其组织形式如图 7-4 所示。

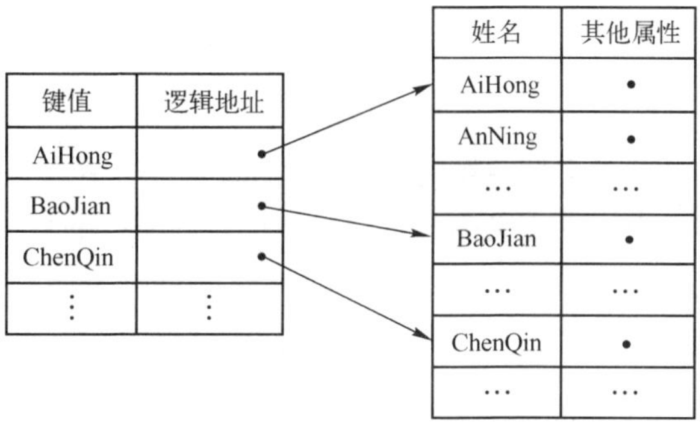

图 7-4　索引顺序文件的组织形式

注意索引顺序中的“顺序”的两个误解。

1）不是指在存储介质上是顺序存放的，而是指按照某个值顺序排列的逻辑结构（例如，数据结构中的“表”），索引在存储介质上可能是按顺序存放的，也可能不是。

2）在搜索时并不是“从前往后，点一个名喊一声到”，而是要根据对于当前的搜索码该表是有序还是无序的，之后分别采用顺序或随机的搜索方法。

顺序索引有两类，分别是稠密索引和稀疏索引。

- 稠密索引：对应文件中搜索码的每一个值都有一个索引记录（或索引项）。索引记录包括搜索码值和指向具有该搜索码值的第一个数据记录的指针。
- 稀疏索引：与稠密索引相反，稀疏索引只为搜索码的某些值建立索引记录。但和稠密索引一样，每个索引记录也包括搜索码值和指向具有该搜索码值的第一个数据记录的指针。

与稠密索引的每一个搜索码都有一个索引记录不同，稀疏索引只为部分搜索码建立了索引项。如果根据搜索码查找数据文件中的记录，而这个搜索码恰恰没有在稀疏索引的索引记录中，那么应如何利用该稀疏索引进行查询呢？首先要在稀疏索引中找到小于特定值的最大搜索码的索引项所在的位置，然后根据索引项中的记录指针找到文件中的记录。由于是稀疏索引，找到的记录不一定是需要的，因此还要根据顺序文件的搜索码链表（按照搜索码顺序链接起来形成的表）查找需要的记录。

7.2.4 直接文件和散列文件

对于直接文件，则可根据给定的记录键值，直接获得指定记录的物理地址。换言之，记录键值本身就决定了记录的物理地址。这种由记录键值到记录物理地址的转换被称为键值转换。组织直接文件的关键在于从记录值到物理地址的转换所采用的方法。

散列文件是目前应用最为广泛的一种直接文件。它利用 Hash 函数（或称散列函数），可将记录键值转换为相应记录的地址。通常由 Hash 函数所求得的并非是相应记录的地址，而是指向一目录表相应表目的指针，该表目的内容指向相应记录所在的物理块，如图 7-5 所示。

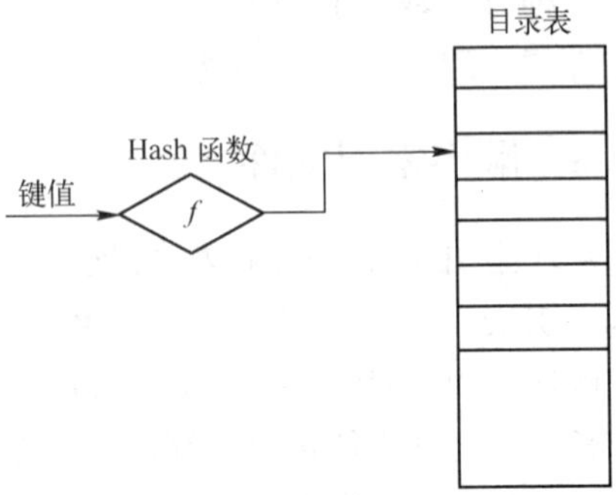

图 7-5　散列文件的逻辑结构

7.3 Linux 文件系统

任何一个操作系统都是基于文件系统之上的。在 Linux 操作系统中，把包括硬件设备在内的能够进行字符流式操作的内容都定义为文件。Linux 系统的文件类型包括普通文件、目录文件、设备文件等，学习文件系统对于深入理解 Linux 操作系统有很大的帮助。本节主要介绍 Linux 文件结构及特点，文件类型和属性，以及文件访问权限。

7.3.1 Linux 文件系统的基本概念

文件系统是操作系统用来存储和管理文件的方法。从系统角度来看，文件系统对文件存储空间进行组织、分配，并对文件的存储进行保护和检查。从用户角度来看，文件系统可以帮助用户建立文件，并对文件的读、写和删除操作提供保护和控制。

Windows 的系统格式化硬盘时会指定格式，如 FAT、NTFS。不同的操作系统可能会采用不同的文件系统，例如，MS - DOS 的 msdos 文件系统、Windows 的 FAT16、FAT32、NTFS 等文件系统。Linux 操作系统自身采用的是 ext2 或 ext3 文件系统，目前 ext3 文件系统是 Linux 默认的文件系统。Linux 系统支持使用许多种类的文件系统，即这些文件系统可以挂载在 Linux 系统的某一个安装点上，并由 Linux 系统来访问它们。Linux 文件系统在 Windows 中是不能识别的，但是在 Linux 系统中可以挂载的 Windows 的文件系统，Linux 目前支持 MS - DOS，VFAT，FAT，BSD 和 NFS 等格式。

ext3 文件系统为 Red Hat、CentOS 默认使用的文件系统，除了 ext3 文件系统外，有些 Linux 发行版，例如 SUSE 默认的文件系统为 ReiserFS，ext3 独特的优点就是易于转换，很容易在 ext2 和 ext3 之间相互转换，具有良好的兼容性。ReiserFS 都有这些优点，另外高效的磁盘空间利用和独特的搜寻方式都是 ext3 不具备的，在实际使用过程中，reiserFS 也更加安全高效，反删除功能也不错。

ReiserFS 的优势在于，它是基于 B + 快速平衡树这种高效算法的文件系统，例如在处理小于1 KB 的文件比 ext3 快 10 倍。另外 ReiserFS 空间浪费较少，它不会对一些小文件分配 inode，而是打包存放在同一个磁盘块（或簇）中，ext2 和 ext3 是把它们单独存放在不同的簇上，如簇大小为 4 KB，那么两个 100 B 的文件会占用两个簇，ReiserFS 则只占用一个。当然 ReiserFS 也有缺点，就是每升级一个版本，都要将磁盘重新格式化一次。

7.3.2 Linux 文件结构及特点

文件结构是文件存放在磁盘等存储设备上的组织方法。主要体现在对文件和目录的组织上。目录提供了管理文件的一个方便而有效的途径，能够从一个目录切换到另一个目录，且可以设置目录和文件的权限，设置文件的共享程度，操作和 Microsoft Windows 系统很相似。

Linux 文件系统与现代其他操作系统一样采用树形目录结构，对用户而言，所看到的文件系统目录结构就像一棵倒置的树，称为目录树，如图 7-6 所示。整个目录树有一个根结点“/”，称为 root，树的根就是整个文件系统的最顶层目录，即根目录；每一个子目录都是目录树的枝结点，都可以作为独立的子树，即每一个子目录又可以包含文件和下级子目录；每一个文件在目录树上表现为一个叶子结点，它们位于目录树的末端。

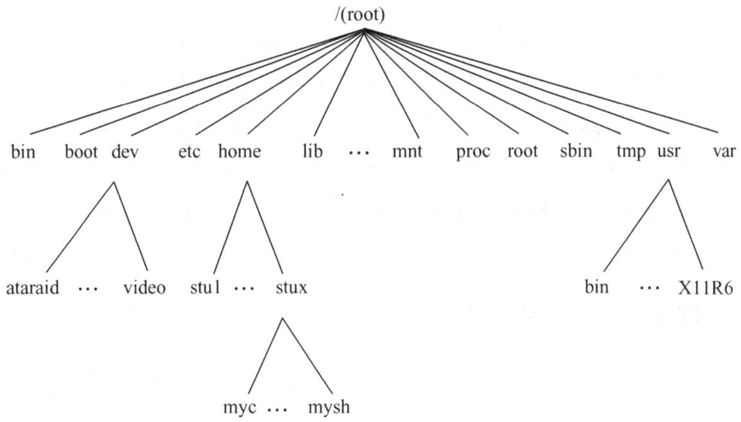

图 7-6 Linux 系统目录结构

Linux 文件系统的特点是：分层“倒树”形文件系统；每一位用户可以是树的一个分支，分支独立，可以与其他的“叶”重名；“树根”是所有用户需要用到的工具性程序。从系统的角度看，文件系统对文件存储器空间进行组织和分配，负责文件的存入、读出、修改、转储以及控制文件的存取，当用户不再使用时则撤销文件。文件管理是软件资源管理，是涉及用户作业和计算机内部硬件的管理。

7.3.3 Linux 文件类型和属性

1. 文件类型

Linux 文件系统中，主要有以下几种类型的文件。

1）正规文件（Regular File）：一般类型的文件。当用 ls -l 命令查看某个目录时，第一个属性为“-”的文件就是正规文件，或者叫普通文件。正规文件又可分成纯文字文件（ASCII）和二进制文件（Binary）。纯文本文件是可以通过 cat、more、less 等工具直接查看内容的，而二进制文件则不能。例如 ls 命令，就是一个二进制文件。

2）目录（Directory）：类似 Windows 下的文件夹。ls -l 命令查看第一个属性为“d”的文件即为目录。

3）链接文件（Link）：ls -l 命令查看第一个属性为“l”的文件，类似 Windows 下的快捷方式。这种文件在 Linux 中很常见，而且在日常的系统运维工作中用的很多，所以要特意留意一下这种类型的文件。

4）设备文件（Device）：与系统周边相关的一些文件，通常都集中在/dev 目录下。

通常又分为两种。

区块设备文件：一些储存数据，以提供系统存取的接口设备，简单地说就是硬盘，例如硬盘/dev/hda1 的文件，第一个属性为“b”。

字符（character）设备文件：一些串行端口的接口设备，例如键盘、鼠标等，第一个属性为“c”。

2. Linux 文件属性

对于 Linux 系统的文件来说，其基本的属性有 3 种：读、写和执行。不同的用户对于文件也拥有不同的读、写和执行权限。

- 读权限：表示具有读取目录结构的权限，可以查看和阅读文件。
- 写权限：可以新建、删除、重命名、移动目录或文件（不过写权限受父目录权限控制）。比如/test 目录的属性是“drwxr-xr-x”，属主和属组都是 root。在/test 目录下有一个名为 aa 的普通文件，其属性是“-rwxrw-rw-”，属主和属组都是 root。如果另外一个用户 bob 要删除 aa 这个文件，是没有权限的，虽然 aa 的 other 有读和写权限，但是其父目录的 other 只有 r 权限，所以 bob 也不能删除 aa 文件，受到父目录权限的影响。
- 执行权限：文件拥有执行权限，才可以运行，比如二进制文件和脚本文件。目录文件要有执行权限才可以进入。

7.3.4 Linux 文件系统的组织方式

不同操作系统对文件的组织方式不同，其所支持的文件系统数量和种类也有所同。Linux 文件系统的组织方式称作文件系统分层标准（Filesystem Hierarchy Standard，FHS），即采用层次式的树状目录结构。在 Linux 操作系统中把 ext2 或 ext3 以及 Linux 系统所支持的各种文件系统称为逻辑文件系统。由于每一种逻辑文件系统服务于一种特定的操作系统，具有不同的组织结构和文件操作函数，所以 Linux 系统在传统的逻辑文件系统上增加了一个虚拟文件系统（VFS）的接口，如图 7-7 所示。

逻辑文件系统按照某种方式对系统中的所有设备，包括字符设备、块设备和网络设备进行统一管理，并为这些设备提供访问接口。虚拟文件系统位于层次结构中的最上层，是用户与逻辑文件系统的接口。它管理系统中各种逻辑文件系统，屏蔽这些逻辑文件系统的差异，为用户命令、函数调用和内核其他部分提供访问文件和设备的统一接口。对于普通用户而言，感觉不到各种逻辑文件系统之间的差别，可以使用 Linux 系统的命令来操作其他逻辑文件系统所管理的文件。例如，挂载磁盘上某个分区中 Windows 操作系统的 FAT32 逻辑文件系统，并用 cp 命令复制文件或用 Vi 命令编辑文件等。

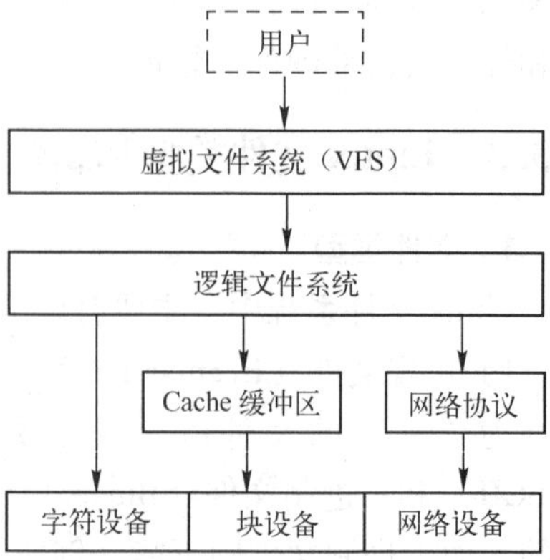

图 7-7　Linux 文件系统的组织方式

在 Linux 系统中，还有两种特殊的文件系统，即 swap 和 proc 文件系统。在安装 Linux 时，系统会要求用户划分一个 swap 类型的分区以便挂接 swap 文件系统。Linux 系统与 UNIX 系统一样，在内存与磁盘之间采用交换技术，把内存中长时间不活动的进程交换到 swap 分区（文件系统）上。这个文件系统安装一般在 Linux 系统安装过程中自动完成，Linux 不支持使用 mount 命令挂载 swap 文件系统。对于 proc 文件系统，也称为伪文件系统或虚拟文件系统，它所表现出来的是/proc 目录，但该目录不占用任何磁盘空间，它实际上是 Linux 内核在内存中建立的系统内核映像。proc 文件系统用于从内存读取进程的信息，因此，通过它可以让外部环境了解系统内核的执行情况、系统资源的使用情况等。

7.3.5 文件访问权限

Linux 系统是多用户、多任务的操作系统，为了保证系统、用户程序与数据的安全性，对文件的存取权限有严格的规定。Linux 采用存取控制表（Access Control Lists，ACL）机制，把用户与文件的关系定为 3 类。

- 第一类是文件所有者（文件主），即创建文件的人。
- 第二类是同组用户，即几个有某些共同关系的用户组成的集体。
- 第三类是其他用户。

Linux 把文件权限也分为 3 类。

- 第一类是可读，用 r 表示。
- 第二类是可写，用 w 表示。
- 第三类是可执行，用 x 表示。

每一类用户的文件权限设置成 3 位，如果为可读、可写、可执行，则表示为 rwx；如果没有某类权限，则用 - 表示；例如，某类用户的文件权限为 r - x，表示该类用户对文件只有读、执行权限，而没有写的权限。因此，一个文件需要用 9 位来表示 3 类用户的文件权限。

实际上在 Linux 系统的终端中用 ls - l 命令查看一个文件的权限时，系统显示的是文本视图，用户看到的是 10 个字符，第 1 个字符表示文件类型，如果为 - 表示普通文件、b 是块设备文件、c 是字符设备文件、l 是连接文件、d 是目录文件、s 是隐藏文件。第 2 ~4 个字符表示文件主的权限。第 5 ~7 个字符表示同组用户的权限。第 8 ~10 个字符表示其他用户的权限。例如，显示为 - rw - r - - r - - 。

Linux 系统除了文本视图外，还可以采用数字视图，用 9 个二进制位表示权限。每个二进制位为 1 表示可读（显示 r）或可写（显示 w）或可执行（显示 x）；为 0 表示不可读或不可写或不可执行（显示 -）。但数字视图主要在文件权限修改命令中使用，用 3 位二进制一组的八进制数字（0 ~7）输入。

Linux 系统默认文件主对所创建的文件拥有可读、可写和可执行权限，对创建的目录拥有所有的权限；同组用户和其他用户只有可读与可执行权限。这样 Linux 系统根据用户与文件的关系和用户对文件的使用权限一起构成一个文件的完整权限，图形方式下文件权限如图 7-8 所示。图中表

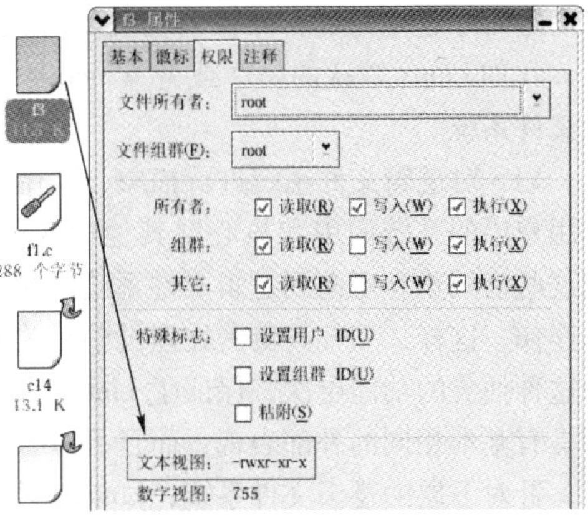

图 7-8　文件权限

示3类用户对可执行文件f3的各自权限为：文件主可读、写和执行，同组和其他用户可读、执行但不可写；用文本视图的表示形式为rwxr－xr－x。

在Linux系统中，每个文件都在文件说明信息中保存着自己的文件存取控制表，当用户进行文件操作时，需要先验证用户的文件存取权限。

7.4 虚拟文件系统

虚拟文件系统（Virtual Filesystem Switch，VFS）是Linux内核中的一个软件层，用来处理与Linux标准文件系统相关的所有系统调用。为各个文件系统提供一个通用的接口，这样应用程序就可以通过VFS来进行跨文件系统的操作（如copy操作）。

Linux可以支持许多种磁盘类型和磁盘格式使用的方法就是虚拟文件系统的概念，也就是说它能支持任何实际文件系统所提供的任何操作。对于访问文件的每个操作函数，虚拟文件系统都能把它们替换成支持实际文件系统的相对应的函数。

VFS支持的文件系统可以分为3种类型。

- 基于磁盘的文件系统。
- 网络文件系统。
- 特殊文件系统（虚拟文件系统）。

7.4.1 虚拟文件系统的引入

VFS是由Sun Microsystems公司在定义网络文件系统（Network File System，NFS）时创造的。它是一种用于网络环境的分布式文件系统，是允许和操作系统使用不同的文件系统实现的接口。VFS是物理文件系统与服务之间的一个接口层，它对Linux的每个文件系统的所有细节进行抽象，使得不同的文件系统在Linux内核以及系统中运行的其他进程看来，都是相同的。严格说来，VFS并不是一种实际的文件系统，它只存在于内存中，不存在于任何外存空间。VFS在系统启动时建立，在系统关闭时消亡。

Linux的VFS位于Linux整个文件系统的最上层，提供文件系统对用户命令、系统调用及内核其他模块的统一接口，负责管理并控制下层的逻辑文件系统，使它们按照各自特定的模式正常运转，同时能够对用户提供尽可能相同的表现形式。VFS只存在于内存中，并没有真正存在于磁盘分区中，磁盘分区存放的是逻辑文件系统的内容，所有VFS的数据结构都是在系统启动之后才建立完成，并在系统关闭时撤销。同时，它必须和其他实际存在于磁盘的文件系统，比如Linux默认的ext2或者Windows NT的NTFS等逻辑文件系统一起，才能构成一个完整的文件系统。

VFS对逻辑文件系统进行抽象，采用统一的数据结构在内存中描述所有这些文件系统，接受用户层的系统调用和核心层其他模块的访问，通过VFS操作函数，按照一定的映射关系，把这些访问重新定向到逻辑文件系统中相应的函数调用，然后由逻辑文件系统来完成真正的具体操作。这样，VFS只负责处理设备无关的操作，主要是进行具体操作的映射关系。正是VFS的这种抽象的功能层次，保证了Linux系统可以支持多种不同的逻辑文件系统，所有文件系统都具有基本相同的外部表现，而且可以方便地进行相互访问。

针对下层的逻辑文件系统，Linux系统中的VFS为它们提供一致的接口，统一管理各种逻辑文件系统，包括进行文件系统的注册和注销、安装和卸载等，提供限额机制，对用户存储空间的数量进行有效的控制。对文件操作进行适当的转换，转交由具体的逻辑文件系统进行处理，然后把具体的操作结果提供给上层的调用者。针对上层，VFS 为用户层函数调用和内核其他模块的访问提供接口，接受访问并返回由具体逻辑文件系统完成的结果。此外，VFS 还负责管理文件系统的各种缓冲区，保证文件系统的整体效率。

7.4.2 VFS 中的数据结构

VFS 依靠 4 个主要的数据结构和一些辅助的数据结构来描述其结构信息，这些数据结构的表现就是对象。每个主要对象中都包含由操作函数表构成的操作对象，这些操作对象描述了内核针对这几个主要的对象可以进行的操作。

VFS 采用超级块和 i 结点来描述文件系统，这些基本的数据结构在文件系统初始化的过程中，由具体逻辑文件系统的超级块和 i 结点的数据来填充，而当文件系统关闭时，VFS 的超级块和 i 结点也就消失了。

和文件系统相关的辅助数据结构是根据文件系统所在的物理介质和数据在物理介质上的组织方式来区分不同的文件系统类型的。file_system_type 结构用于描述具体的文件系统的类型信息。被 Linux 支持的文件系统，都有且仅有一个 file_system_type 结构而不管它是否有零个或多个实例被安装到系统中。而与此对应的是每当一个文件系统被实际安装，就有一个 vfsmount 结构体被创建，这个结构体对应一个安装点。

VFS 依赖于数据结构来保存其对于一个文件系统的一般表示，它以一组通用的数据结构来描述各种文件系统。这些数据结构分别是超级块、索引结点、目录项和文件。

1. 超级块结构：存放已安装的文件系统的相关信息

初始化完成之后，对于每一个可以访问的逻辑文件系统，都对应一个 VFS 超级块，这些数据驻留在系统内存。VFS 的超级块用来描述初始化它的具体逻辑文件系统的目录和文件在物理设备上的静态分布情况，随着逻辑系统文件的改变，VFS 超级块的内容也会变化。

VFS 超级块是使用数据结构 super_block 来描述的。在 VFS 超级块中，记录具体逻辑文件系统所在的设备号、类型、第一个 i 结点号等基本信息，包含了对该文件系统文件操作和存储空间限额管理函数的入口指针和所对应的具体逻辑文件系统的内存超级块。虚拟文件系统就是通过 VFS 超级块中记录的内存超级块来访问并管理具体的逻辑文件系统的，文件操作通过 VFS 中记录的函数入口指针映射得到对应的函数。

VFS 超级块是各种具体文件系统在安装时建立的，并在这些文件系统卸载时自动删除，它只存在于内存中。VFS 超级块在 inculde/Linux/fs.h 中定义，即数据结构 super_block，该结构及其主要域的含义如下：

```
struct super_block {
    struct list_head s_list;                 /* 指向超级块链表的指针 */
    kdev_t s_dev;                            /* 所在设备号 */
    unsigned long s_blocksize;               /* 数据块的大小,以字节为单位 */
    unsigned char s_blocksize_bits;
    unsigned char s_dirt;                    /* 修改标志 */
    unsigned long long s_maxbytes;           /* 文件的最大长度 */
    struct file_system_type *s_type;         /* 所属文件系统类型 */
```

```
	struct super_operations  * s_op;
	struct dentry  * s_root;                   /* 文件系统的根目录 dentry 对象 */
	struct list_head s_dirty;                  /* 已修改索引结点的链表 */
};
```

2. 索引结点结构：对于文件信息的完全描述

VFS 索引结点的数据结构 inode 在/includ/fs/fs. h 中定义如下：

```
struct inode {
	struct list_head i_hash;               /* 指向散列链表的指针 */
	struct list_head i_list;               /* 指向索引结点链表的指针 */
	struct list_head i_dentry;             /* 指向目录项链表的指针 */
	struct list_head i_dirty_buffers;
	struct list_head i_dirty_data_buffers;
	unsigned long i_ino;                   /* 索引结点号 */
	atomic_t i_count;                      /* 引用计数器 */
	kdev_t i_dev;                          /* 设备标识号 */
	umode_t i_mode;
	uid_t i_uid;                           /* 文件拥有者标识号 */
	gid_t i_gid;                           /* 文件拥有者所在组的标识号 */
	kdev_t i_rdev;                         /* 实际设备标识号 */
	loff_t i_size;
	time_t i_atime;                        /* 文件的最后访问时间 */
	time_t i_mtime;                        /* 文件的最后修改时间 */
	time_t i_ctime;                        /* 结点的修改时间 */
	unsigned int i_blkbits;                /* 块的位数 */
	unsigned long i_blksize;               /* 块大小 */
	struct inode_operations  * i_op;       /* 索引结点的操作 */
	struct super_block  * i_sb;            /* 指向该文件系统超级块的指针 */
	struct address_space  * i_mapping;     /* 把所有可交换的页面管理起来 */
};
```

3. 文件结构：存放一个被进程打开的文件的相关信息

file 结构在 include/linux/fs. h 中定义如下：

```
struct file {
	struct list_head f_list;               /* 所有打开的文件形成一个链表 */
	struct dentry  * f_dentry;             /* 指向相关目录项的指针 */
	struct vfsmount  * f_vfsmnt;           /* 指向 VFS 安装点的指针 */
	struct file_operations  * f_op;        /* 指向文件操作表的指针 */
	atomic_t f_count;                      /* 文件对象的引用计数器 */
	unsigned int f_flags;                  /* 打开文件时所指定的标志 */
	mode_t f_mode;                         /* 文件的打开模式 */
	loff_t f_pos;                          /* 文件的当前位置 */
	struct fown_struct f_owner;
};
```

4. 目录项结构：存放有关路径名及路径名所指向的文件的信息

dentry 的定义在 include/linux/dcache. h 中：

```
struct dentry {
    atomic_t d_count;                          /* 目录项引用计数器 */
    unsigned int d_flags;                      /* 目录项标志 */
    struct inode * d_inode;                    /* 与文件名关联的索引结点 */
    struct dentry * d_parent;                  /* 父目录的目录项 */
    struct list_head d_hash;                   /* 目录项形成的散列表 */
    struct list_head d_lru;                    /* 未使用的 LRU 链表 */
    struct list_head d_child;                  /* 父目录的子目录项所形成的链表 */
    struct list_head d_subdirs;                /* 该目录项的子目录所形成的链表 */
    struct list_head d_alias;                  /* 索引节点别名的链表 */
    int d_mounted;                             /* 目录项的安装点 */
    struct qstr d_name;                        /* 目录项名(可快速查找) */
    unsigned long d_time;                      /* 由 d_revalidate 函数使用 */
    struct dentry_operations * d_op;           /* 目录项的函数集 */
    struct super_block * d_sb;                 /* 目录项树的根(即文件的超级块) */
    unsigned long d_vfs_flags;
    void * d_fsdata;                           /* 具体文件系统的数据 */
    unsigned char d_iname[DNAME_INLINE_LEN];   /* 短文件名 */
};
```

组成 VFS 的结构与一些操作相关联，这些操作可应用于由这些结构所表示的对象。这些操作在每个对象的操作表中定义，操作表是函数指针的集合。VFS 采用面向对象的思想，在上述每一个结构体中即包含描述每个文件对象属性的数据，又包含对这些数据进行操作的函数指针结构体。也就是说，上述 4 个基本的结构体中，每一个结构体中又嵌套了一个子结构体，这个子结构体包含了对父结构体进行各种操作的函数指针。

上述一些数据结构及其函数指针集合具体总结如下。

● file_system_type

含义：文件系统类型，如 ext2，ext3 等。

创建：内核启动或内核模块加载时，为每一种文件系统类型创建一个对应的 file_system_type 结构。

● 函数：get_sb

获取超级块的方法，在注册文件系统类型时提供。

● super_block

含义：超级块，对应一个存储文件的设备。

创建：文件系统挂载时，通过对应的 file_system_type -> get_sb 从设备中读取，并初始化（可见，super_block 结构中一部分信息是保存在设备中的，一部分则是在内存中初始化的）。

● 函数：s_op

超级块的函数集，主要包含对索引结点和文件系统实例的操作。file_system_type -> get_sb 从设备中读取超级块后，用 file_system_type 对应的特定函数集进行初始化。

● inode

含义：索引结点，对应设备上存放的一个文件。

创建：在超级块被载入时，作为根的 inode 一并被载入；通过 mknod 调用新的索引结点；在寻找文件路径的过程中，从设备中读取，并初始化（跟 super_block 一样，inode 结构中一部分信息是保存在设备中的，一部分则是在内存中初始化的）。

● 函数：i_op

索引结点函数集，主要包含对子 inode 的创建、删除等操作。f_op，文件函数集，主要包含对本 inode 的读写等操作。在 inode 创建后，如果是特殊文件，则根据对应文件的类型（包括块设备、字符设备、FIFO 等）赋予特定的函数集（并不直接与设备和文件系统类型相关）；否则，对应的文件系统类型会提供相应的函数集，并且目录和文件函数集很可能不同。

● dentry

含义：目录项，寻找文件路径的过程中使用的树形结构，与 inode 关联。

创建：inode 创建后，dentry 就要创建并初始化。

● 函数：d_op

目录项函数集，主要包含对子 dentry 的查询操作，由文件系统类型确定。

● file

含义：打开文件的实例。

创建：在 open 调用时创建，并与一个 inode 对应。

● 函数：f_op

文件读写等操作。

1）对于普通文件，块设备文件等，等同于 inode -> f_op。

2）由 inode -> f_op -> open 函数在文件打开时指定，典型的情况是字符设备。所有字符设备具有相同的 inode -> f_op，在 inode -> f_op -> open 过程中，找到对应设备驱动注册的 f_op，赋给 file -> f_op。

7.4.3 VFS 超级块数据结构

超级块包含物理块和 i 结点的分配情况以及文件系统安装、检查情况等基本参数，描述整个文件系统的分布情况，同时也用于空闲 i 结点和物理块的分配和回收，是文件系统中最重要的数据，如果超级块的数据被破坏而且无法恢复的话，这个文件系统所管理的磁盘分区的数据就有可能全部丢失，因此超级块被同时记录在整个文件系统的每一个块组中，尽可能保证它的安全。系统根据超级块中的检查信息，确定整个文件系统的状态，如果发现错误或者是文件系统使用超过一定时间之后，都需要对整个文件系统进行检查，修正错误，整理磁盘碎片。

根据所存放的位置，超级块也可以分为磁盘超级块和内存超级块，分别用结构 ext2_super_block 和 ext2_sb_info 来描述。其中磁盘超级块静态存放在外部存储器，而内存超级块是在文件系统启动时由外部超级块初始化形成，除了包含外部超级块所记录的信息之外，还增加了描述文件系统当前状态的动态信息和指向文件系统缓冲区的指针。内存超级块是系统内核其他部分进行文件操作的接口，内存超级块在文件操作发生之后通常会被修改，系统定期用内存超级块的数据更新磁盘超级块的内容。

存储一个已安装的文件系统的控制信息，代表一个已安装的文件系统；每次一个实际的文件系统被安装时，内核会从磁盘的特定位置读取一些控制信息来填充内存中的超级块对象。一个安装实例和一个超级块对象一一对应。超级块通过其结构中的一个域 s_type 记录它所属的文件系统类型。

以下是对该超级块结构的部分相关成员域的描述：

```
struct super_block {                              //超级块数据结构
        struct list_head s_list;                  /* 指向超级块链表的指针 */
        ......
        struct file_system_type * s_type;         /* 文件系统类型 */
        struct super_operations * s_op;           /* 超级块方法 */
        ......
        struct list_head s_instances;             /* 该类型文件系统 */
        ......
};
struct super_operations {                         //超级块方法
        ......
        //该函数在给定的超级块下创建并初始化一个新的索引结点对象
        struct inode *( *alloc_inode)(struct super_block *sb);
        ......
        //该函数从磁盘上读取索引结点,并动态填充内存中对应的索引结点对象的剩余部分
        void ( *read_inode) (struct inode * );
        ......
};
```

7.4.4 VFS 的索引结点

VFS 的每个结点和目录都有一个且仅有一个索引结点。每个索引结点中的内容由文件系统中的一些特殊的例程来提供。VFS 索引结点只在需要时才保存在系统内核的内存和 VFS 索引结点缓存中。它包括以下字段：

1）设备。这是索引结点代表的文件或目录所在设备的设备标识符。

2）索引结点号。索引结点号在文件系统中是唯一的，索引结点号加上设备号在 VFS 中是唯一的。

3）模式。用来描述 VFS 索引结点，代表的是文件、目录或其他内容，以及对它的存取权限。

4）用户的标识符。

5）时间。创建、修改和写入的时间。

6）数据块大小。文件数据块的大小，例如，1024 字节。

7）索引结点操作。一个指向一系列子程序地址的指针，这些子程序和相应的文件系统有关，它们执行有关此索引结点的各种操作。例如，截断此索引结点代表的文件。

8）计数器。正在使用 VFS 索引结点的系统进程。

9）锁定。用于锁定 VFS 索引结点，例如，当文件系统读取索引结点的时候。

10）修改。指示索引结点是否已经被修改了，若已修改，则相应的文件系统也需要修改。

11）文件系统的一些特殊的信息，指向文件系统所需要的信息的指针。

7.5 ext3 文件系统

ext2 和 ext3 是许多 Linux 操作系统发行版本的默认文件系统。ext 基于 UFS，是一种快速、稳定的文件系统。在整个 Linux 文件系统中，逻辑文件系统屏蔽了具体的设备细节，向虚拟文

件系统提供服务，它真正存在于物理设备中。Linux 系统可以支持几十种不同的文件系统，比如 DOS 系统的 MS - DOS 文件系统、Windows NT 的 NTFS 文件系统，MINIX 系统的 MINIX 文件系统等等，它们都属于逻辑文件系统，Linux 本身默认的逻辑文件系统是 ext3。

ext3 的优点可以概括为：可用性、数据完整性、速度快、易于迁移。

（1）可用性

在非正常宕机后（如停电、系统崩溃等），只有在通过 e2fsck 进行一致性校验后，ext2 文件系统才能被装载使用。运行 e2fsck 的时间主要取决于 ext2 文件系统的大小。校验稍大一些的文件系统（几十 GB）需要很长时间。如果文件系统上的文件数量多，校验的时间则更长。校验几百个 GB 的文件系统可能需要一个小时或更长，这极大地限制了可用性。

相比之下，除非发生硬件故障，即使非正常关机，ext3 也不需要文件系统校验。这是因为数据是以文件系统始终保持一致方式写入磁盘的。在非正常关机后，恢复 ext3 文件系统的时间不依赖于文件系统的大小或文件数量，而依赖于维护一致性所需“日志”的大小。使用默认日志设置，恢复时间仅需一秒（依赖于硬件速度）。

（2）数据完整性

ext3 文件系统能够极大地提高文件系统的完整性，避免意外宕机对文件系统的破坏。在保证数据完整性方面，ext3 文件系统提供了两种模式，可供选择数据保护的类型和级别。其中之一是选择保证文件系统一致，但是允许文件系统上的数据在非正常关机时受损，这种方式可以在某些状况下提高运行速度（但非所有状况）。另一种模式是选择保持数据的可靠性与文件系统一致，采用这种方式意味着在非正常关机后，不再会看到由于非正常关机而存储在磁盘上的任何数据垃圾文件。这种保持数据的可靠性与文件系统一致的安全性选择是默认设置。

（3）速度

尽管 ext3 写入数据的次数多于 ext2，但是 ext3 常常快于 ext2（高数据流）。这是因为 ext3 的日志功能优化了硬盘磁头的转动。用户可以从 3 种日志模式中选择一种来优化速度，有选择地牺牲一些数据完整性。

1）data = writeback，有限地保证数据完整，允许旧数据在宕机后存在于文件当中。这种模式可以在某些情况下提高速度（在多数日志文件系统中，这种模式是默认设置。这种模式为 ext2 文件系统提供有限的数据完整性，更多的是为了避免系统启动时长时间的文件系统校验）。

2）data = orderd（默认模式），保持数据的可靠性与文件系统一致；这意味着在宕机后，不会在新写入的文件中看到任何垃圾数据。

3）data = journal，需要大一些的日志以保证在多数情况下获得适中的速度。在宕机后需要恢复的时间也长一些，但是在某些数据库操作时速度会快一些。

在通常情况下，建议使用默认模式。如果需要改变模式，则在/etc/fstab 文件中，为相应的文件系统加上 data = 模式的选项。详情可参看 mount 命令的 man page 在线手册（执行 man mount 命令）。

（4）易于迁移

由 ext2 文件系统转换成 ext3 文件系统非常容易，只要简单地输入两条命令即可完成整个转换过程，用户不用花时间备份、恢复、格式化分区等。用 ext3 文件系统提供的 tune2fs 程序，可以将 ext2 文件系统轻松转换为 ext3 日志文件系统。另外，ext3 文件系统可以不经任何更改，而直接加载成为 ext2 文件系统。

7.5.1 ext3 文件的结构

除了硬盘分区中的第一块作为引导块所保留，不受 ext3 文件系统管理以外，其余部分都分成块组（Blockgroup），由于内核尽可能把属于一个文件的数据块存放在同一块中，所以块组减少了文件碎片。块组中的每块包含下列信息。

- 超级块：文件系统超级块的备份。
- 组描述符：一组块组描述符的备份。
- 数据块位图：一个数据块位图。
- 索引结点位图：一组索引结点。
- 索引结点表：一个索引结点位图。
- 数据块：存放文件数据。

7.5.2 ext3 文件系统的格式

ext3 是从 ext2 发展来的增强型文件系统。这个新的文件系统在设计时曾牢记两个简单的概念。

- 成为一个日志文件系统。
- 尽可能与原来的 ext2 文件系统兼容。

ext3 完全达到了这两个目标。尤其是，它很大程度上是基于 ext2 的，因此，它在磁盘上的数据结构从本质上与 ext2 文件系统的数据结构是相同的。事实上，如果 ext3 文件系统已经被彻底卸载，那么，就可以把它作为 ext2 文件系统来重新安装；反之，创建 ext2 文件系统的日志，并把它作为 ext3 文件系统来重新安装也是一种简单、快速的操作。由于 ext3 与 ext2 之间的兼容性，因此，这里集中讨论 ext3 提供的新特点——“日志”。

随着磁盘容量越来越大，传统文件系统（如 ext2）的设计被证明是不适用的。我们已经知道，对文件系统块的数据可能在内存保留相当长的时间后才刷新到磁盘。因此，像断电故障或系统崩溃这样不可预测的事件可能导致文件系统处于不一致状态。为了克服这个问题，每个传统的 UNIX 文件系统都在安装之前要进行检查；如果它没有被正确卸载，那么，就有一个特定的程序执行彻底、耗时的检查，并修正磁盘上文件系统的所有数据结构。例如，ext2 文件系统的状态存放在磁盘上超级块的 s_mount_state 字段。由启动脚本调用 e2fsck 实用程序检查存放在这个字段中的值；如果它不等于 ext2_VALID_FS，说明文件系统没有正确卸载，因此，e2fsck 开始检查文件系统的所有磁盘数据结构。

显然，检查文件系统一致性所花费的时间主要取决于要检查的文件数和目录数。因此，它也取决于磁盘的大小。如今，随着文件系统大小达到上百 GB，一次一致性检查就可能花费数个小时。造成的停机时间对任何生产环境和高可用服务器都是无法接受的，日志文件系统的目标就是避免对整个文件系统进行耗时的一致性检查，这是通过查看一个特殊的磁盘区达到的。因为这种磁盘区包含所谓日志的最新磁盘写操作，系统出现故障后重新安装日志文件系统只需要。ext3 日志所隐含的思想就是对文件系统进行的任何高级修改都分两步进行：首先，把待写块的一个副本存放在日志中；其次，当发往日志的 I/O 数据传送完成时（简而言之，数据提交到日志），块就写入文件系统，当发往文件系统的 I/O 数据传送终止时（数据提交给文件系统），日志中的块副本就被丢弃。

当从系统故障中恢复时，e2fsck 程序区分下列两种情况。

1）提交到日志之前系统故障发生。与高级修改相关的块副本或者从日志中丢失，或者是不完整的；在这两种情况下，e2fsck 都忽略它们。

2）提交到日志之后系统故障发生。块的副本是有效的，且 e2fsck 把它们写入文件系统。在第一种情况下，对文件系统的高级修改丢失，但文件系统的状态还是一致的。在第二种情况下，e2fsck 应用于整个高级修改，因此，修正由于把未完成的 I/O 数据传送到文件系统而造成的不一致。

不要对日志文件系统抱有太多的期望，它只能确保系统调用级的一致性。例如，正在发出几个 write 系统调用复制一个大型文件时，发生了系统故障，这将会使复制操作崩溃，因此，复制的文件就会比原来的文件短。因此，日志文件系统通常不把所有的块都复制到日志中。事实上，每个文件系统都由两种块组成：包含所谓元数据（Metadata）的块和包含普通数据的块。在 ext2 和 ext3 的情形中，有 6 种元数据：超级块、块组描述符、索引结点、用于间接寻址的块（间接块）、数据位图块和索引结点块。其他的文件系统可能使用不同的元数据。

很多日志文件系统（如 ReiserFS、SGI 的 XFS 以及 IBM 的 JFS ）都限定自己把影响元数据的操作记入日志。事实上，元数据的日志记录足以恢复基于磁盘的文件系统数据结构的一致性。然而，因为文件的数据块不记入日志，因此就无法防止系统故障造成的文件内容的损坏。不过，可以把 ext3 文件系统配置为把影响文件系统元数据的操作和影响文件数据块的操作都记入日志。因为把每种写操作都记入日志会导致极大的性能损失，因此，ext3 由系统管理员来决定记入日志的内容。具体来说，它提供 3 种不同的日志模式。

（1） 日志（Journal）

文件系统所有数据和元数据的改变都记入日志。这种模式减少了丢失每个文件所作修改的机会，但是它需要很多额外的磁盘访问。例如，当创建一个新文件时，它的所有数据块都必须复制一份作为日志记录。

（2）预定（Ordered）

只对文件系统元数据块的改变才会记入日志，这样可以确保文件系统的一致性，但是不能保证文件内容的一致性。然而，ext3 文件系统把元数据块和相关的数据块进行分组，以便在元数据块写入日志之前写入数据块。这样，就可以减少文件内数据损坏的机会。例如，确保增大文件的任何写访问都完全受日志的保护。这是默认的 ext3 日志模式。

（3）写回（Writeback）

只有对文件系统元数据的改变才记入日志。这是在其他日志文件系统上发现的方法，也是最快的模式。ext3 文件系统的日志模式由 mount 系统命令的一个选项来指定。例如，为了对存放在/dev/sda2 分区/jdisk 安装点上的 ext3 文件系统以“写回”模式进行安装，系统管理员可以输入如下命令：

```
# mount -t ext3 -o data=writeback /dev/sda2 /jdisk
```

7.5.3 ext3 文件存储分配策略

ext3 是一种日志式文件系统，是对 ext2 系统的扩展，它兼容 ext2。日志式文件系统的优越性在于：由于文件系统都有快取层参与运作，如不使用时必须将文件系统卸下，以便将快取层的资料写回磁盘中。因此每当系统要关机时，必须将其所有的文件系统全部关闭后才能进行关机。如果在文件系统尚未关闭前就关机（如停电）时，下次重开机后会造成文件系统的资料不一致，故这时必须做文件系统的重整工作，将不一致与错误的地方修复。然而，此一重整的工作是相当耗时的，特别是容量大的文件系统，而且也不能百分之百保证所有的资料都不会流失。

为了克服此问题，使用日志式文件系统（Journal File System，JFS）。此类文件系统最大的特色是，它会将整个磁盘的写入动作完整记录在磁盘的某个区域上，以便有需要时可以回溯追踪。由于资料的写入动作包含许多的细节，例如，改变文件标头资料、搜寻磁盘可写入空间、一个个写入资料区段等，每一个细节进行到一半若被中断，就会造成文件系统的不一致，因而需要重整。

然而，在日志式文件系统中，由于详细记录了每个细节，故当在某个过程中被中断时，系统可以根据这些记录直接回溯并重整被中断的部分，而不必花时间去检查其他的部分，故重整的工作速度相当快，几乎不需要花时间。

7.6 文件系统的管理

无论是 Windows 还是 Linux 系统，用户的日常操作与使用几乎都是围绕文件系统而展开的。在 Linux 服务器中，格式化好的文件系统要有一个挂载的过程，然后才能通过挂载点文件夹访问该文件系统。那如何挂载各种不同类型的文件系统、如何使服务器开机后或在需要时自动挂载等问题，是本节学习的内容。

7.6.1 文件系统的注册和注销

某种类型的逻辑文件系统要得到 Linux 操作系统的支持，首先必须向内核注册。可以采用两种方式，一种是在内核编译过程中确定要支持的文件系统类型，并在系统初始化过程中使用特定的函数调用注册，另外一种方式是在系统启动完成之后，把某种逻辑文件系统类型作为一个内核模块加入到内核中，加入模块时完成注册。

文件系统类型的注册主要包括两种方式。

1）在编译核心系统时确定，并在系统初始化时通过内嵌的函数调用向注册表登记。另一种则利用 Linux 的模块（module）特征，把某个文件系统当作一个模块。装入该模块时（通过 kerneld 或 insmod 命令）向注册表登记它的类型，卸载该模块时则从注册表注销。

2）VFS 的初始化函数用来向 VFS 注册，即填写文件注册表 file_system_type 数据结构。每一个文件系统类型在注册表中有一个登记项，记录该文件系统的类型名、文件系统特性、指向对应的 VFS 超级块读取函数的地址及已注册项的链指针等。

register_filesystem 函数用于注册文件系统类型，unregister_filesystem 函数用于注销一个文件系统类型。

7.6.2 文件系统的安装

要使用一个文件系统，仅仅注册是不行的，还必须安装这个文件系统，Linux 不通过设备标识来访问某个文件系统，而是通过命令把它安装到文件系统树形目录结构的某个目录结点，安装后该文件系统的所有文件和子目录就是该目录结点的文件和子目录，直到用命令显式地卸载该文件系统。

在 Linux 系统启动的过程中，根据记录在/etc 目录下的 fstab 文件确定并安装文件系统，形成初始目录树。在启动完成之后，具有足够权限的用户，一般是超级用户，可以通过 mount 命令来安装特定的文件系统，具体如下。

mount 格式：

```
mount ［选项］［<分区设备名>］［<挂载点>］
```

常用选项：

-t <文件系统类型>：指定文件系统类型。

-r：使用只读方式来挂载。

-a：挂载/etc/fstab 文件中记录的设备。

-o iocharset=cp936：使挂载的设备可以显示中文文件名。

-o loop：使用回送设备挂载 ISO 文件和映像文件。

（1）mount 命令示例一——挂载光盘

```
# mount -t iso9660 /dev/cdrom /mnt/cdrom
```

功能：参数 -t 指明要挂载的文件系统的类型，接下来是设备文件，最后是挂载点。

本例的功能是：将光盘挂载到/mnt/cdrom 目录下，其中光盘文件系统的类型是 iso9660。

（2）mount 命令示例二——挂载 U 盘

```
# mount -t vfat /dev/sda1 /mnt/myusb
```

功能：将文件系统类型为 vfat 的 U 盘挂载到/mnt/myusb 目录下。

说明：vfat 针对的是 FAT32、FAT16 文件系统；U 盘采用与 SCSI 硬盘相同的设备文件。

注意：一般在挂载 U 盘前，先执行 fdisk -l 命令。

（3）mount 命令示例三——挂载软盘

```
# mount -t msdos /dev/fd0 mnt/floppy
```

功能：将软盘挂载到/mnt/floppy 目录下，软盘的文件系统类型一般为 MS-DOS。

说明：挂载点不一定必须在/mnt 下，它可以是任意一个空目录。

在安装过程中，需要明确指出所安装文件系统的类型、文件系统所在的设备号以及在已有文件系统中的安装点。安装过程中，首先在文件系统类型注册表中查找所指定的文件系统类型是否已经注册，如果没有注册，试图通过内核申请注册该文件系统，注册不成功则错误返回。一旦确定在文件系统类型注册表中有该文件系统，接着开始检查文件系统注册表，确定指定的文件系统是否已经安装，同样一个文件系统是不能多次安装的。确定该文件系统没有安装之后，检查安装点的合法性，每一个安装点也只能安装一个文件系统。

安装一个文件系统时，内核首先要检查参数的合法性，VFS 通过查找由 file_systems（file_system_type 的首结点）指向的注册表，寻找匹配的 file_system_type 就可获得读取文件系统超级块函数的地址，接着查找作为新文件系统安装点的 VFS inode。VFS 安装程序必须分配一个 VFS 超级块，然后读入安装文件系统的超级块，并进行填充，再申请一个 vfsmount 数据结构（包含文件系统所在的块设备的标识、安装点及指向 VFS 超级块的指针等），使它的指针指向所分配的 VFS 超级块。文件系统安装后，其根 inode 便常驻在 inode 高速缓存中。

总的来说，安装过程的主要工作是：创建安装点对象、将其挂载到根文件系统的指定安装点下、初始化超级块对象从而获得文件系统的基本信息和相关操作。

7.6.3 文件系统的查看

Linux 中 df 命令参数功能为检查文件系统的磁盘空间占用情况。可以利用该命令来获取硬盘被占用了多少空间，目前还剩下多少空间等信息。

语法：df［选项］

说明：Linux 中 df 命令可显示所有文件系统对 i 结点和磁盘块的使用情况。

该命令各个选项的含义如下。

-a 显示所有文件系统的磁盘使用情况，包括 0 块的文件系统，如/proc 文件系统。

-k 以 1 KB 为单位显示。

-i 显示 i 结点信息，而不是磁盘块。

-t 显示各指定类型的文件系统的磁盘空间使用情况。

-x 列出不是某一指定类型文件系统的磁盘空间使用情况（与 t 选项相反）。

-T 显示文件系统类型。

功能：检查文件系统的磁盘空间占用情况。可以利用该命令来获取硬盘被占用了多少空间，目前还剩下多少空间等信息。

【例 7-1】 列出各文件系统的磁盘空间使用情况。

```
$ df
Filesystem 1 K - blocks Used Available Use% Mounted on/dev/hda2 1361587 1246406 44823 97%
```

Linux 中 df 命令的输出清单的第一列是代表文件系统对应的设备文件的路径名（一般是硬盘上的分区）；第二列给出分区包含的数据块（1024 B）的数目；第三、四列分别表示已用的和可用的数据块数目。用户也许会感到奇怪的是，第三、四列块数之和不等于第二列中的块数。这是因为默认的每个分区都留了少量空间供系统管理员使用，即使遇到普通用户空间已满的情况，管理员仍能登录和留有解决问题所需的工作空间。清单中 Use% 列表示普通用户空间使用的百分比，即使这一数字达到 100%，分区仍然留有系统管理员使用的空间。最后，Mounted on 列表示文件系统的安装点。

【例 7-2】 列出各文件系统的 i 结点使用情况。

```
$ df -ia
Filesystem Inodes IUsed IFree Iused% Mounted on
/dev/ hda2 352256 75043 277213 21% /
none 0 0 0 0% /proc
localhost:(pid221) 0 0 0 0% /net
```

【例 7-3】 列出文件系统的类型。

```
$ df -T
Filesystem Type 1K - blocks Used Available use% Mounted on
/dev/hda2 ext2 1361587 1246405 44824 97% /
本例中的文件系统是 ext2 类型的。
[root@ rac1 ~]# df
Filesystem 1K - blocks Used Available Use% Mounted on
```

```
/dev/sda1 3020140 2333952 532772 82% /
none 213320 0 213320 0% /dev/shm
/dev/sda2 4633108 1818088 2579668 42% /u01
/dev/sde1 524272 81104 443168 16% /ocfs
```

该条命令显示了服务器上所有分区的使用情况，它还包括了几个参数来帮助格式化输出：

－a 显示系统所有的分区，在平常默认情况下不显示 0 块的分区。

```
[root@ rac1 ~]# df -a
Filesystem 1K-blocks Used Available Use% Mounted on
/dev/sda1 3020140 2333952 532772 82% /
none 0 0 0 - /proc
none 0 0 0 - /sys
none 0 0 0 - /dev/pts
none 213320 0 213320 0% /dev/shm
/dev/sda2 4633108 1818096 2579660 42% /u01
none 0 0 0 - /proc/sys/fs/binfmt_misc
sunrpc 0 0 0 - /var/lib/nfs/rpc_pipefs
configfs 0 0 0 - /config
ocfs2_dlmfs 0 0 0 - /dlm
/dev/sde1 524272 81104 443168 16% /ocfs
oracleasmfs 0 0 0 - /dev/oracleasm
```

－h 目前磁盘空间和使用情况，以更易读的方式显示。

```
[root@ rac1 ~]# df -h
Filesystem Size Used Avail Use% Mounted on
/dev/sda12.9G 2.3G 521M 82% /
none209M 0 209M 0% /dev/shm
/dev/sda24.5G 1.8G 2.5G 42% /u01
/dev/sde1512M 80M 433M 16% /ocfs
```

－H 与上面的－h 参数相同，不过在根式化的时候，采用 1000 而不是 1024 进行容量转换。

```
[root@ rac1 ~]# df -H
Filesystem Size Used Avail Use% Mounted on
/dev/sda13.1G 2.4G 546M 82% /
none219M 0 219M 0% /dev/shm
/dev/sda24.8G 1.9G 2.7G 42% /u01
/dev/sde1537M 84M 454M 16% /ocfs
```

－k 以 1 KB 单位显示磁盘的使用情况。

```
[root@ rac1 ~]# df -k
Filesystem 1K-blocks Used Available Use% Mounted on
/dev/sda1 3020140 2333952 532772 82% /
none 213320 0 213320 0% /dev/shm
/dev/sda2 4633108 1818152 2579604 42% /u01
/dev/sde1 524272 81104 443168 16% /ocfs
```

-l 显示本地的分区的磁盘空间使用率，如果远程登录使用了其他服务器的磁盘，那么在 df 上加上 -l 后系统显示的是过滤的结果。

-i 显示 inode 的使用情况。

7.6.4 文件系统的卸载

通常 Linux 系统关机时会检测并卸载和注销所有已经安装的文件系统。一般运行过程中，只有在文件系统中的任何一个文件或者目录都没有被使用的情况下，超级用户可以使用系统命令 umount 来卸载并注销一个文件系，格式如下：

（1）umount 格式

```
# umount <分区设备名或挂载点>
```

（2）umount 命令示例

```
[root@server2 ~]# umount /mnt/cdrom
```

功能：卸载光盘文件系统。

📖 在卸载文件系统时可以使用设备文件或挂载点，请读者自行练习卸载软盘和 U 盘。

VFS 首先处理该文件系统对应的 VFS 超级块，如果需要，把它重新写入磁盘超级块中，然后释放该超级块，卸载完成，该文件系统对应的独立目录子树就从整个目录树中摘下来，最后释放文件系统注册表中相应的 vfsmount 结点，注销文件系统。使用 umount 卸载某个文件系统时，必须首先检查文件系统是否可卸载。如果文件系统中的目录或文件正在使用，则 VFS 索引结点缓冲区中可能包含对应的 VFS 索引结点。内核根据文件系统所在的设备的标识符，检查在索引结点缓冲区中是否有来自该文件系统的 VFS 索引结点，如果有且使用计数大于 0，则该文件系统不能被卸载；否则，查看对应的 VFS 超级块的标志，如果为“脏”，则必须将超级块信息写回磁盘。上述过程结束后，才可以释放对应的 VFS 超级块，vfsmount 数据将从 vfs-mntlist 链表中断开并被释放，从而卸载了整个文件系统。

7.7 文件的打开与读写

对于不同的操作系统来说，与文件相关的系统调用命令在数量上、形式上、以及语义上不尽相同。一般文件系统为用户提供的系统调用主要有打开/关闭、读/写文件等。

7.7.1 打开文件

所有用户对文件的操作，不管是命令方式还是系统调用，最终都是通过特定的进程来实现的。在 Linux 标识进程的 PCB 中，包含了用户打开文件表，用来建立该进程和所有该进程打开文件之间的联系，同时，系统中所有打开的文件也记录在一张称为系统打开文件表的双向链表中。

用户打开文件表记录是一个数组，记录在 file_struct 结构中，每一个进程中含有一个指向该表的指针，其中使用一个数组来存放所有该进程已经同时打开的文件，默认的数组大小为

256，数组每一个元素 fd[i]指向对应的一个 file 结构类型的指针，指向一个特定的文件，数组元素的下标称为文件描述符，供用户操作文件时使用，每次成功打开一个文件，返回的结果就是这个描述符。每一个进程在建立的时候，用户打开文件表中都有默认的 3 个打开文件，其描述符为 0、1 和 2，分别对应于系统标准输入设备、系统标准输出设备和系统标准错误输出设备。每当用户进程打开一个新文件，系统就在 fd 数组中选定其中第一个空闲的元素来指向对应的 file 结构，代表特定的文件。

系统打开文件表描述系统已经打开的文件，具体指明打开同一文件的不同进程、不同进程所对应的打开路径以及不同进程和不同打开路径所对应的读/写位置指针。每一个打开文件使用一个 file 结构描述，包括文件打开方式、读/写位置指针、文件访问计数、VFS i 结点指针和文件操作指针等关于文件的具体数据以及前后向指针。

进程通过控制块 PCB 得到文件系统信息和对应的用户打开文件表，该表的每一个表项指向一个已经打开的文件，这些打开文件统一由系统打开文件表来管理，打开文件中记录该文件当前打开方式、读/写指针等基本信息和文件对应的 i 结点信息以及操作函数，有了这些信息，进程就可以进行具体的文件操作。

当建立一个文件后，有关进程就可以用它的打开表示数 fd 进行存取。而对于一个已经存在的文件，则必须先用系统调用 open 将其打开，然后才能进行读/写操作。系统调用 open 的使用形式为：

```
fd = open( name, mode)
```

其中，name 是文件的符号名，mode 是打开后对该文件进行操作的工作方式。当 mode = 0 时，表示打开后可以进行读操作；当 mode = 1 时，表示打开后可以进行写操作；当 mode = 2 时，表示打开后可进行读/写操作。mode 应在进程所属用户对此文件的存取权限范围内。如果该系统调用 open 执行成功，则返回打开标识数 fd。文件建立后立即被打开，也返回打开文件标识数 fd。如果指定的文件不能打开，则返回 -1。

一个进程能够同时打开的文件数是有限制的，在 UNIX 和 Linux 中，这个值一般为 1024。如果进程打开的文件数已达到了这个数字，若还要打开一些文件，则必须先关闭一些文件。

7.7.2 读/写文件

在 Linux 操作系统控制下运行的所有程序，在需要读写文件时调用 read 函数和 write 函数，格式为：

```
n = read (fd, buf, nbytes)
n = write (fd, buf, nbytes)
```

其中，fd 是打开文件号；buf 对读而言，是读出信息应送往的目标区地址，对写而言，则是信息源区的首址；nbytes 是需要读写的字节数。返回的 n 的数值表示实际读/写的字节数。读文件时，有可能会出现 n 的值小于 nbytes 的情况，这表示虽然已经读到了文件未尾但仍未能满足要求；如果 n 的值为 0，则表示文件已经结束，没有字符串可以读出。对写而言，若 n 不等于 nbytes，则一般表示出错。

文件读/写系统调用 read 函数和 write 函数是顺序进行的，即后一次读/写的起始位置总是跟着前一次读/写的结尾处。如果希望进行随机读/写，则可以使用系统调用命令 seek 调整读/

写位置。系统调用命令 seek 的形式为：

```
seek(fd,offset,ptrname)
```

其中，fd 表示文件打开标识数，offset 和 ptrname 组合起来调整读/写位置。若 ptrname 为 0，则读/写位置设置为 offset；若 ptrname 为 1，则读/写位置设置为现读/写位置加 offset（可正可负）；若 ptrname 为 2，则读/写位置调整为文件长度加 offset；若 ptrname 为 3 ~ 5，则意义同 0 ~ 2。但长度单位由字节改为字符块（512B）。

用 seek 系统调用确定读/写位置后，便可用 read 函数或 write 函数进行读写，实现文件的直接存取。

7.8 本章小结

文件系统和处理机管理、内存管理、设备管理称为操作系统的 4 大资源管理，而文件系统又是其中比较接近用户层的系统。可以说，用户通过文件系统来使用系统提供的信息资源。本章介绍了为用户提供一种简便地、统一地存取信息和管理信息的方法，用文件的概念组织管理系统和用户的各种信息集。通过本章的学习，读者应掌握以下内容。

- 文件系统的概念。
- 文件的逻辑结构。
- 虚拟文件系统。
- Linux 文件管理。

7.9 思考与练习

(1) 什么是文件和文件系统？文件是怎样分类的？
(2) 简述文件系统的特点和功能。
(3) 什么是文件的逻辑结构和物理结构？逻辑文件有哪几种结构？各有何特点？
(4) 文件有几种组成结构？各有哪些特点？
(5) 在 Linux 中为什么要引入 VFS？
(6) 对文件主要进行哪些操作？

第 8 章　操作系统接口及作业管理

操作系统是覆盖在硬件上的第一层软件，是计算机底层硬件和用户之间的接口。为了方便用户对计算机系统的使用，操作系统向用户提供了用户与操作系统的接口，通过该接口，用户可以向操作系统请求特定的服务，操作系统提供服务的结果。本章从用户使用和系统管理角度出发，讨论操作系统向上提供的用户接口，即系统命令接口、系统调用接口和图形用户接口等，系统命令接口可以完成用户作业的组织和控制。

8.1　操作系统接口概述

操作系统是用户和计算机之间的接口，用户通过操作系统的帮助可以快速、有效和安全地使用计算机各类资源。而用户程序必须通过接口才能获得操作系统的服务，该接口主要是由一组系统调用组成的。

8.1.1　操作系统的接口

操作系统提供了 3 种类型的接口供用户使用：命令接口、程序接口和图形界面接口。

1. 命令接口

命令接口是一种交互式控制，由一组命令组成，用户在终端上输入命令，系统立即解释执行，完成用户要求，然后返回终端或控制台，并同时返回相应信息。用户可以输入下一条命令，如此反复直到作业完成。命令接口可以进一步划分为联机命令接口和脱机命令接口。

（1）联机命令接口

在分时系统和个人计算机中，操作系统向用户提供了一组联机命令，用户通过终端输入命令，获取操作系统服务，并控制系统的运行，我们把分时系统中的接口称为联机命令接口。为了使用联机命令接口，以实现用户与机器的交互，用户可以通过键盘输入需要的命令，由中断处理程序接收该命令，并把它显示在终端屏幕上。当一条命令输入完成后，由命令解释程序对命令进行分析，然后执行相应的命令处理程序。可见，联机命令接口应该包含以下内容。

1）一组联机命令：大多数命令都是通过运行某一个特定的程序来完成的。用户输入一条命令的时候还需要提供若干个参数，例如：dir[/p][/w]。

2）终端处理程序：配置在终端上的处理程序，主要用于人机交互。应该具有接收用户键入的字符、字符缓冲，暂存所有接收的字符，回送显示、屏幕编辑，特殊字符处理功能。

3）命令解释程序：通常处于操作系统的最外层，用户直接与它打交道。主要功能是对用户输入的命令进行解释，并转入相应的命令处理程序区执行。

联机命令接口的类型有以下几种。

1）系统访问类：在单用户个人计算机中，一般没有系统访问命令；在多用户系统中，为了保证系统的安全性，通常都设置了系统访问命令、即注册命令 login。

2）磁盘操作类：比如，磁盘格式化命令 format、复制软盘命令 diskcopy、备份命令

backup 等。

3）文件操作类：显示文件类型命令 type、复制文件命令 copy、删除文件命令 remove。

4）目录操作类：建立子目录、显示目录命令等。

5）其他命令：例如管道连接命令（第一个命令的输出可以作为第二个命令的输入，两条以上的命令可以形成一条管道）等。

（2）脱机用户接口

脱机用户接口源于早期批处理系统，其主要特征是用户事先使用作业控制语言描述好对作业的控制步骤，由计算机上运行的内存驻留程序（执行程序、管理程序、作业控制程序、命令解释程序）根据用户的预设要求自动控制作业的执行。

批处理命令的一些应用方式有时也被认为是联机控制方式下对脱机用户接口的一种模拟。因此，UNIX/Linux 中的 Shell 也可认为是一种作业控制语言（Job Control Language，JCL）。由于批处理作业的用户不能直接与其作业交互，只能委托操作系统来对作业进行控制和干预。作业控制语言便是提供给用户，为实现所需作业控制功能委托系统代为控制的一种语言。用户使用 JCL 语句，把他的运行意图、即需要对作业进行的控制和干预，事先写在作业说明书上，然后，将作业连同作业说明书一起提交给系统。当运行该批处理作业时，系统会调用 JCL 语句处理程序或命令解释程序，对作业说明书上的语句或命令，逐条地解释执行。如果作业在执行过程中出现异常情况，系统会根据用户在作业说明书上的指示进行干预。这样，作业一直在作业说明书的控制下运行，直到作业运行结束，可见 JCL 为用户的批作业提供了一种作业级的接口。

2. 程序接口

程序接口就是系统功能调用方式。操作系统提供一系列的子程序，以完成一些必要的功能，用户程序可以通过调用操作系统的子程序来获取系统服务。

具体而言，程序接口是操作系统为用户在用户程序中使用操作系统提供的系列功能而提供的接口，如启动外设、申请和归还资源及各种控制要求，即系统调用。当 CPU 执行系统调用时产生自愿性中断，如 DOS 的 INT 21H、INT 25H、INT 26H，Windows 系统中的 API 函数，如 CreateProcess 等。系统调用对用户屏蔽了操作系统的具体动作而只提供了有关的功能接口。

3. 图形界面接口

图形界面接口通过图标、窗口、菜单、对话框及其他元素和文字组合，在桌面上形成一个直观易懂、使用方便的计算机操作环境。具体来说，图形界面接口是指用户以操纵鼠标为主、键盘为辅，通过对屏幕上的窗口、菜单、图标和按钮等标准界面元素进行操作来向操作系统请求服务。这种接口方式界面生动、操作简单，用户不需要记忆字符显示方式下不易掌握的命令行命令，深受大多数用户欢迎。

在终端里输入命令行，由终端调用命令来控制操作系统完成一系列的任务。每个终端都有一个标准输入、输出和错误输出。当用键盘输入时，键盘终端程序处理来自键盘缓冲的数据，交给 Shell 命令解释程序，传递参数，加载相应的命令程序，然后将得到的输出结果输出到显示缓冲池，在屏幕上显示出来。每个用户登录时，系统自动打开一个标准输入文件和输出字符设备文件。用来存放键盘输入的字符和屏幕输出的字符。

在后台运行的命令，标准输入文件会自动变成/dev/null，这是一个空文件，从这里输入得不到任何字符。如果不自动将输入文件变成该文件，后台运行的命令就会默认从标准输入文件读入。这样再运行其他命令的话，输入的字符会作为参数传给后台命令，导致执行混乱。但是，标准输出文件依然是终端的标准输出。所以，后台的运行结果会在终端中显示出来。

8.1.2 Linux 系统的接口

作为一个操作系统，Linux 几乎满足当今 UNIX 操作系统的所有要求，因此，它具有 UNIX 操作系统的基本特征，符合 POSIX 1003.1 标准。POSIX 1003.1 标准定义了一个最小的 UNIX 操作系统接口，任何操作系统只有符合这一标准，才有可能运行 UNIX 程序。UNIX 具有丰富的应用程序，当今绝大多数操作系统都把满足 POSIX 1003.1 标准作为实现目标，Linux 也不例外，它完全支持 POSIX 1003.1 标准。Linux 系统给用户提供了方便的使用界面，它的用户接口形式有命令接口、图形接口和编程接口。

Linux 的命令主要有以下几类：系统设置类、系统管理类、文件管理类、备份压缩类、磁盘管理类、磁盘维护类、网络通信类、电子邮件新闻组类、文件传输类、文本编辑类、打印作业类、X Window System 类、格式转换类、特殊命令。

Linux 的编程接口也称为系统调用或 Linux C 函数，是供程序员在编程中使用的，它允许程序员不必了解系统程序的内部结构和与硬件相关的细节就可实现相应的功能，从而降低了程序员设计和编写程序的难度，保护了系统资源，提高了资源的利用率。Linux 系统中包含 20 多个类的 400 多个常用函数。例如：用户管理类、I/O 类、进程控制类、进程通信类、存储管理类、系统管理类、线程管理类等。

不同操作系统的命令接口有所不同，这不仅指命令的种类，数量及功能方面，也可能体现在命令的形式、用法等方面。不同的用法和形式组成了不同的用户界面，可分成以下几种。

1. 字符显示式用户界面

主要通过命令语言来实现的，又可分成两种方式。

(1) 命令行方式

命令行是 Linux 的一大特色，在 Linux 操作系统中，命令行处于核心地位。命令行是一种针对操作系统的输入和输出界面，与图形界面是相对的。目前，在计算机操作系统中图形界面成为主流。然而，作为字符界面的命令行由于占用系统资源少、性能稳定并且非常安全等特点使其仍发挥着重要作用，Linux 命令行在服务器中一直有着广泛应用。利用命令行可以对系统进行各种操作，这些操作虽然没有图形化界面那样直观明了，但是却显得快捷而顺畅。同时，在字符界面下的操作具有更大的稳定性和安全性。

Linux 下的命令行有助于初学者了解系统的运行情况和计算机的各种设备，如中央处理器、内存、磁盘驱动、键盘、鼠标及其他输入/输出设备和用户文件，都是在 Linux 系统管理命令下运行的。命令语言具有规定的词法、语法和语义，它以命令为基本单位来完成预定的工作任务，完整的命令集构成了命令语言，反映了系统提供给用户可使用的全部功能。每个命令以命令行的形式输入并提交给系统，一个命令行由命令动词和一组参数构成，它指示操作系统完成规定的功能。对新手用户来说，命令行方式十分烦琐，难以记忆；但对有经验的用户而言，命令行方式用起来快捷简便、十分灵活，所以，至今许多操作员仍喜欢使用这种命令形式。简单命令的一般形式为：

```
Command arg1 arg2...argn
```

其中 Command 是命令名，又称命令动词，其余为该命令所带的执行参数，有些命令可以没有参数。

（2）批命令方式

在使用操作命令过程中，有时需要连续使用多条命令，有时需要多次重复使用若干条命令；还有时需要有选择地使用不同命令，命令每次都一条条地由键盘输入，既浪费时间，又容易出错。

现代操作系统都支持一种特别的命令称为批命令，其实现思想如下：规定一种特别的文件称批命令文件，通常该文件有特殊的文件扩展名，例如，MS - DOS 约定为 BAT。用户可预先把一系列命令组织在该 BAT 文件中，一次建立，多次执行。从而，减少输入次数，方便用户操作，节省时间、减少出错。操作系统还支持命令文件使用一套控制子命令，从而，可以写出带形式参数的批命令文件。当带形式参数的批命令文件执行时，可用不同的实际参数去替换，从而，一个这样的批命令文件可以执行不同的命令序列，大大增强了命令接口的处理能力。

UNIX 和 Linux 的 Shell 不但是一种交互型命令解释程序，也是一种命令级程序设计语言解释系统，它允许用户使用 Shell 简单命令、位置参数和控制流语句编写的带形式参数的批命令文件，也称作 Shell 文件或 Shell 过程，Shell 可以自动解释和执行该文件或过程中的命令。

2. 图形化用户界面

用户虽然可以通过命令行方式和批命令方式来获得操作系统的服务，并控制自己的作业运行，但却要牢记各种命令的动词和参数，必须严格按规定的格式输入命令，这样既不方便又花费时间，于是，图形化用户接口（Graphics User Interface，GUI）便应运而生。GUI 是近年来流行的联机用户接口形式。

GUI 采用了图形化的操作界面，使用 WIMP 技术（即窗口 Window、图符 Icon、菜单 Menu 和鼠标 Pointing Device），引入形象的图符将系统的各项功能、各种应用程序和文件，直观、逼真地表示出来。用户可以通过选择窗口、菜单、对话框和滚动条完成对作业和文件的控制和操作。此时，用户不必死记硬背操作命令，而能轻松自如地完成各项工作，使计算机系统成为一种非常有效且生动有趣的工具。

20 世纪 90 年代推出的主流操作系统都提供了 GUI。最早的 GUI 的是 Xerox 公司的 PaloAito Research Center 于 1981 年在 Star8010 工作站操作系统中推出的。1983 年 Apple 公司又在 Apple Lisa 机和 Macintosh 机上的操作系统中成功使用 GUI；之后，还有 Microsoft 公司的 Windows，IBM 公司的 OS/2，UNIX 和 Linux 使用的 X - Window。为了促进 GUI 的发展，已制定了国际 GUI 标准，该标准规定了 GUI 由以下部件构成：窗口、菜单、列表框、消息框、对话框、按钮、滚动条等，最早由 MIT 开发的 X - Windows 已成为事实上的工业标准。许多系统软件如 Windows NT、Visual C ++ 、Visual Basic 等，均可根据应用程序要求自动生成相应的 GUI，缩短了应用程序的开发周期。

图形化操作界面又称多窗口系统，采用事件驱动的控制方式，用户通过动作来产生事件以驱动程序工作，事件实质上是发送给应用程序的一个消息。用户按键或单击鼠标等动作都会产生一个事件，通过中断系统引出事件驱动控制程序工作，它的任务是：接收事件、分析和处理事件，最后，还要清除处理过的事件。系统和用户都可以把各个命令定义为一个菜单、一个按钮或一个图标，当用键盘或鼠标进行选择之后，系统会自动执行命令。

3. 新一代用户界面

随着个人计算机的广泛流行，为用户提供形象直观、功能强大、使用简便、掌握容易的用户接口，成为操作系统领域的一个热门研究课题。例如，具有沉浸式和临场感的虚拟现实应用环境已走向实用，把用户界面的发展推向新的阶段。目前多感知通道用户接口，自然化用户接口，甚至智能化用户接口的研究都取得了一定的进展。

8.2 Shell 命令接口

Shell 的中文意思是“外壳”，通俗地讲，Shell 是一个交互编程接口，通过获得用户输入来驱动操作系统内核完成指定工作，在用户与操作系统之间起桥梁的作用。本节将介绍 Shell 的定义、基本特性及执行方式等。

8.2.1 认识 Shell

Shell 是系统的用户界面，提供了用户与内核进行交互操作的接口。它接收用户输入的命令，并把它们送入内核去执行。实际上 Shell 是一个命令解释器，它解释由用户输入的命令，并且把它们送到内核。不仅如此，Shell 有自己的编程语言用于命令的编辑，它允许用户输入由 Shell 命令组成的程序。Shell 编程语言具有普通编程语言的很多特点，比如它也有循环结构和分支控制结构等，用这种编程语言编写的 Shell 程序与其他应用程序具有同样的效果。

Shell 中的命令分为内部命令和外部命令。前者包含在 Shell 之中，如 cd、exit 等，查看内部命令可使用 help 命令。后者存于文件系统某个目录下的具体可操作程序，如 cp 命令等，查看外部命令的路径可使用 which 命令。

作为命令行操作界面的替代选择，Linux 操作系统提供了像 Microsoft Windows 操作系统那样的可视的命令输入界面——X - Window 的图形用户界面（GUI）。它提供了很多窗口管理器，其操作就像 Windows 一样，有窗口、图标和菜单，所有的管理都是通过鼠标来控制的。现在比较流行的窗口管理器是 KDE 和 GNOME。

Shell 脚本其实就是文本文件，因此建立新的脚本文件时，可以使用 Vi、Emacs、Nano 等文本编辑器。然后进入 Vi 编辑器的插入模式，输入脚本文件的内容。实际操作过程中，读者也可以使用自己熟悉的文本编辑器新建脚本文件。

🕮 Shell 脚本同 Linux 系统中的其他文件一样，可以不使用扩展名。但为了方便识别，通常建议 Bash 脚本文件名以 sh 结尾，Tcsh 脚本文件以 csh 结尾。

8.2.2 Shell 的功能及版本

Shell，通常被称作“命令行”，为 UNIX 和类 UNIX 操作系统提供了传统的用户界面。用户通过输入 Shell 所执行的命令，引导计算机的操作。Shell 为用户提供了输入命令和参数，并可得到命令执行结果的环境。当用户登录 Linux 系统之后，系统初始化程序 init 就根据/etc/passwd 文件中的设定，为每一个用户运行一个称为 Shell 的程序。在微软 Windows 操作系统平台，类似程序是 command. com，或者基于 Windows NT 内核操作系统的 cmd. exe。Shell 处在内核与外层应用程序之间，起着协调用户与系统的一致性、在用户与系统之间进行交互的作用，即 Shell 为用户提供了输入命令和参数并可得到命令执行结果的环境。

Shell 解释用户输入的命令行，提交到系统内核处理，并将结果返回给用户；Shell 与 Linux、UNIX 命令一样都是实用程序，但是它们之间还是有区别的。一旦用户注册到系统后，Shell 就被系统装入内存并一直运行到用户退出系统之止；而一般命令仅当被调用时，才由系统装入内存执行。而且与一般命令相比，Shell 除了是一个命令行解释器外，同时还是一个功能相当强大的编程语言，而且易编写、易调试、灵活性较强，作为 ·种命令级语言，Shell 是解释性的，多数高级语言是编译性的，Shell 命令组合功能很强，与系统有密切的关系。大多数 Linux 系统的启动相关文件（一般在/etc/rc. d 目录下）都是使用 Shell 脚本。同传统的编程语言一样，Shell 提供了很多特性，这些特性可以使我们的 Shell 脚本编程更为有用，如：数据变量、参数传递、判断、流程控制、数据输入和输出，子程序及以中断处理等。

在 Linux 操作系统中每个用户根据个人的需要拥有自己的 Shell，用以满足专门的 Shell 需要。Shell 的另一项重要功能是根据个人需要设定桌面环境，这通常在 Shell 的初始化文件设置中完成，包括对窗口属性、搜索路径、权限和终端等设置。Shell 还提供特定的定制功能，如历史添加、别名、设置变量以防止用户无意破坏文件等。

同 Linux 本身一样，Shell 也有多种不同的版本。如前所述，Shell 是 Linux 环境下的命令行解释器，而不同版本的解释器之间存在某些差异。1979 年底，Stephen Bourne 推出了首个重要的 UNIX Shell，并称之为 Bourne Shell，Bourne Shell 基于 Algol 语言，当时主要用于系统管理任务的自动化，并因简单和高速而备受欢迎。但它仍有不足之处，如缺少别名、作业控制等交换功能。几乎在同一时期，来自美国加州大学 Berkeley 分校的 Bill Joy 开发了 C Shell，它基于 C 语言并完善了许多 Bourne Shell 的功能，但是 C Shell 的缺点是运行速度比较慢，难以满足某些特定情况下的需要。AT&T 的 David Korn 于 20 世纪 80 年代中期开发了 Korn Shell，它实际上是 Bourne Shell 的扩展，并且可以在 UNIX、OS/2、VMS 和 DOS 环境下执行，它的最大优点是增强了 Bourne Shell 向上兼容的能力，同时在速度和运行效率方面得到了很大的提高。

目前在 Linux 环境下被广泛支持的 Shell 主要有 3 种：Bash、Tcsh、Pdksh。它们在对话模式下的表现非常相似，但是在语法和执行效率方面却有所不同。

- Bash。

  Bash 是标准的 Linux 下的 Shell，以前常被用于系统管理之中，大部分的系统管理文件都是命令文档，常被系统管理者使用。Bash 以其简洁、快速而知名，其默认提示符是 $ 。

- Tcsh。

  Tcsh 中加入了一些新的特性，如别名、命令历程（以 history 工具程序记录最近执行过的命令）、内建算术和工作控制等。对于经常在对话模式下的使用者来说较为受欢迎，而对于系统管理者而言用 Bash 作为命令解释器则显得简单而快速，Tcsh 的默认提示符号是% 。

- Pdksh。

  Pdksh 是 Bash 的扩展，它增加了一些新的特性，比 Tcsh 更为先进，包括了可编辑历程、正规表达式万用字符、合作处理等特殊功能并具有向上兼容的能力。Pdksh 的默认提示符号是% 。

📖 RHEL6 系统中默认使用的 Shell 称为 Bash。

8.2.3 Shell 的工作流程与原理

Shell 分为两种模式：交互模式（等待用户输入）和非交互模式（脚本形式）。Shell 字符界面有如下两种进入方式。

（1）X - Window 界面虚拟字符终端

在 X - Window 界面右击，在弹出的快捷菜单中选择“在终端中打开（E）”，则打开字符终端界面，如图 8-1 和图 8-2 所示。

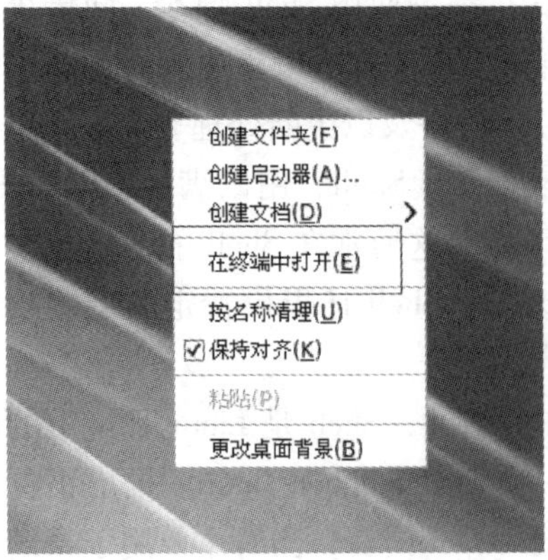

图 8-1　终端打开界面

图 8-2　字符终端界面

字符终端界面的键盘快捷操作如下。

- 〈Ctrl + Shift + +〉组合键为放大字体。
- 〈Ctrl + -〉组合键为缩小字体。
- 〈Ctrl + Shift + T〉组合键为新建选项卡。
- 〈Alt + 数字〉组合键为选项卡间切换。
- 〈Ctrl + L〉组合键为清屏。

（2）通过 putty、xshell、SecureCRT 等工具链接

通过工具链接需要知道机器 IP 地址：单击桌面右上方计算机图标选择“system eth0”链接 Internet，然后右击计算机图标，从弹出的快捷菜单中选择“编辑链接”，选择“system eth0”单击“编辑”，勾选“自动链接”，这样重启网卡即自动启动，通过终端查看 IP 地址为 10. 15. 72. 194，如图 8-3 和图 8-4 所示。

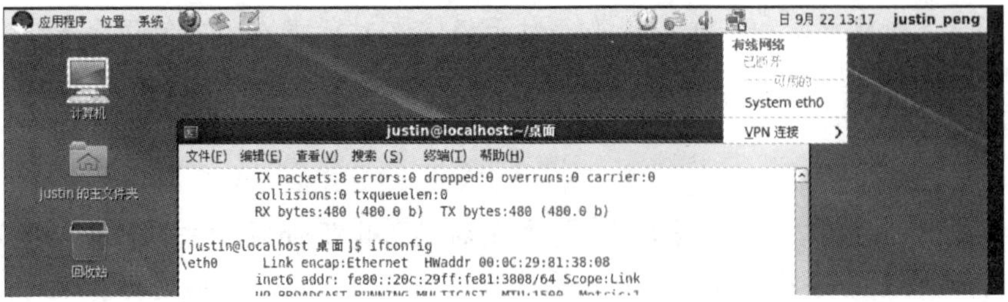

图 8-3　选择“system eth0”

这里使用 xshell，在工具里输入 ssh ip；然后跳出链接选择“Accept&save”，输入用户名和密码即可，如图 8-5 所示。

Shell 在执行命令时，首先检查命令是否是内部命令，若不是，则再检查是否是一个应用程序（这里的应用程序可以是 Linux 本身的实用程序，如 ls 和 rm，也可以是购买的商业程序，如 xv，或者是自由软件，如 emacs）。然后 Shell 在搜索路径里寻找这些应用程序（搜索路径就是一个能找到可执行程序的目录列表）。如果输入的命令不是一个内部命令并且在路径里没有找到这个可执行文件，将会显示一条错误信息。如果能够成功找到命令，则该内部命令或应用程序将被分解为系统调用并传给 Linux 内核。

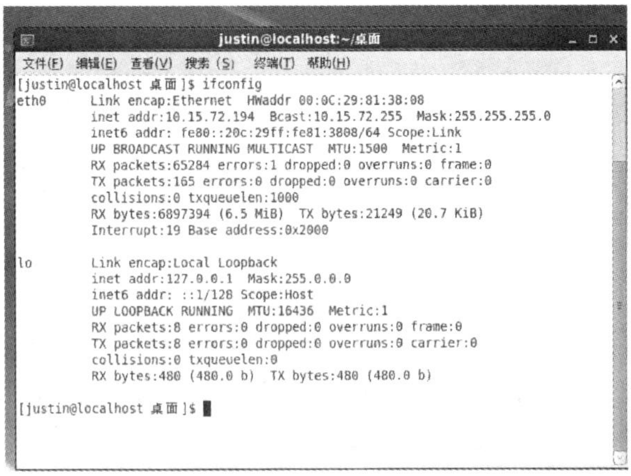

图 8-4　通过终端查看 IP 地址

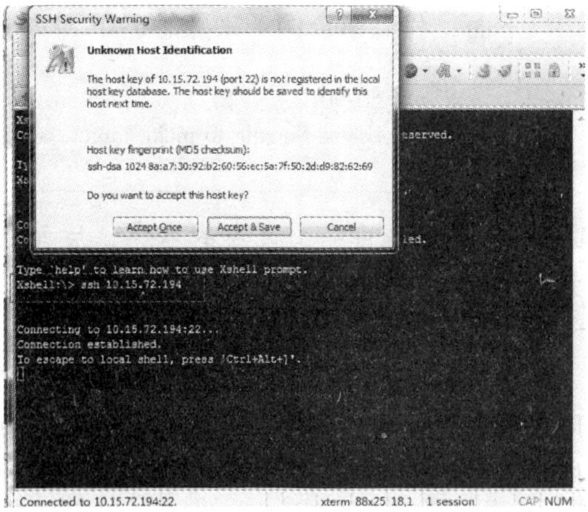

图 8-5　使用 xshell

当要执行一个外部命令时，Linux 系统就会先从 PATH 变量所保存的这些路径中寻找命令所对应的程序文件，只有找到了程序文件才能正确地执行外部命令。这也就意味着，如果把一个外部命令所对应的程序文件删了，或者是存放外部命令程序文件的目录没有添加到 PATH 变量里，都将导致外部命令无法正常执行。PATH 变量的内容如下所示。

```
[root@ localhost ~]# echo $ PATH
/usr/lib64/qt-3.3/bin:/usr/local/sbin:/usr/local/bin:/sbin:/bin:/usr/sbin:/
usr/bin:/root/bin
```

- 内部命令：集成在 Shell 里的命令，属于 Shell 的一部分，系统中没有与命令单独对应的程序文件。只要 Shell 被执行，内部命令就自动载入内存，用户可以直接使用，如 cd 命令等。
- 外部命令：考虑到运行效率等原因，不可能把所有的命令都集成在 Shell 里，更多的 Linux 命令是独立于 Shell 之外的，这些就称为外部命令。每个外部命令都对应了系统中的一个文件，而 Linux 系统必须要知道外部命令对应的程序文件所在的位置，才能由 Shell 加载并执行这些命令，如 cp、ls 等都属于外部命令。外部命令的程序文件大都存放在/bin、/sbin、/usr/bin……这些目录里。Linux 系统会默认将这些路径添加到一个名为 PATH 的变量里，执行“echo $ PATH”命令可以显示出 PATH 变量里保存的目录路径（路径之间用“:”间隔）。

命令解释程序的具体工作方式如下。

1）在屏幕上给出提示符。

2）识别、解析命令。

3）转到相应的命令处理程序。

4）回送处理结果至屏幕。

命令处理程序的工作流程如图 8-6 所示。

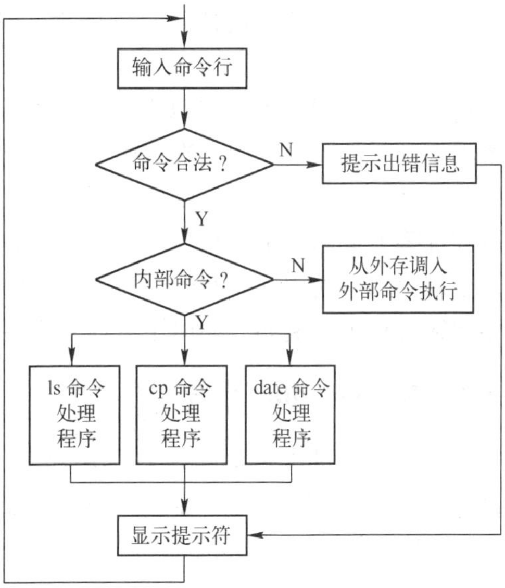

图 8-6　Shell 的工作流程

下面，我们结合例子来熟悉一下 Shell 是如何工作的。

```
$ make work
make: * * * No rule to make target 'work'. Stop.
```

📖 make 是系统中一个命令的名字，后面跟着命令参数。在接收到这个命令后，Shell 便执行它。本例中，由于输入的命令参数不正确，系统返回信息后停止该命令的执行。

在例子中，Shell 会寻找名为 make 的程序，并以 work 为参数执行它。make 是一个经常被用来编译大程序的程序，它以参数作为目标来进行编译。在“make work”中，make 编译的目标是 work。因为 make 找不到以 work 为名字的目标，它便给出错误信息表示运行失败，用户又回到系统提示符下。

另外，用户输入有关命令行后，如果 Shell 找不到以其中的命令名为名字的程序，就会给出错误信息。例如，如果用户输入：

```
$ myprog
bash:myprog:command not found
$
```

可以看到，用户得到了一个没有找到该命令的错误信息。用户敲错命令后，系统一般会给出这样的错误信息。

8.3 X 图形界面接口

在图形界面下，不同的 Linux 发布版的操作系统都提供了相应的用户管理软件来实现查看、修改、添加和删除用户账号和用户群组的功能。X – Window 系统是 Linux 上的图形操作界面系统，它使 Linux 系统操作方便、快捷并且更具有人性化。

X – Window 系统的设计目标之一就是能创建许多不同形式的用户接口。其他的是视窗系统提供具体的交互方式，而 X – Window 系统只提供一般的架构，让开发者建造所需的交互风格。这种特性使得开发者可以在 X – Window 系统的基础上建造全新的接口，并且可以在任何时刻根据自己的需要选用适当的接口。

一般来说，用户接口可以分为两部分。管理接口也就是视窗管理器，是命令的最高层，它负责在屏幕上创建或重建视窗，改变视窗的大小、位置，或者将视窗改变成图示等。应用接口确定了用户和应用程序之间的交互风格，即用户如何利用视窗系统的设备程序来控制应用程序并传递输入行为。例如，如何用鼠标来选定一个选项。

8.3.1 X – Window 系统

X – Window 即 X – Window 图形用户接口，是一种计算机软件系统和网络协议，提供了一个基础的 GUI 和丰富的输入能力。其最重要的特征之一是独特的与设备无关的结构。X – Window 是一种以位图方式显示的软件窗口系统，最初是 1984 年麻省理工学院的研究成果，之后变成 UNIX、类 UNIX、以及 OpenVMS 等操作系统所一致适用的标准化软件工具包及显示架构的运作协议。X – Window 通过软件工具及架构协议来建立操作系统所用的图形用户界面，此后则逐渐扩展适用到各形各色的其他操作系统上，几乎所有的操作系统都能支持与使用 X - Window，GNOME 和 KDE 也都是以 X - Window 为基础建构成的。

X - Window 向用户提供基本的窗口功能支持，而显示窗口的内容、模式等可由用户自行定制。在用户定制与管理 X - Window 系统时，需要使用窗口管理程序，窗口管理程序包括 AfterStep、Enlightenment、Fvwm、MWM 和 TWM Window Maker 等，供用户选用。可以定制的窗口环境在给用户带来了个性化与灵活性的同时，要求用户有相对比较高的使用水平，不过这种机制带来的好处也是明显的，它不像 Microsoft Window 那样将窗口元件的风格、桌面、操作方式等千篇一律地严格规定，只可以换一下墙纸、图标、调整字体大小等，在 X - Window 系统中可以有多种桌面环境的选择。

8.3.2 X 系统的工作原理

X - Window 本身不是操作系统，而是一种可运行于多种操作系统、采用客户机/服务器（Client/Server，C/S）模式的应用程序。X 系统由 3 个相关的部分组成。

（1）服务端（Server）

Server 是控制显示器和输入设备（键盘和鼠标）的软件。Server 可以创建视窗，在视窗中绘图和文字，回应客户端（Client）程序的“需求”（requests），但它不会自己完成，只有在 Client 程序提出需求后才完成动作。

每一套显示设备只对应唯一的 Server，而 Server 一般由系统供应商提供，通常无法被用户修改。对操作系统而言，Server 只是一个普通的用户程序而已，因此很容易更换新版本，甚至更换成第三方提供的原始程序。

（2）客户端（Client）

Client 是使用系统视窗功能的一些应用程序。在 X 下的应用程序称作 Client，原因是它是 Server 的客户，要求 Server 回应它的请求以完成特定动作。Client 无法直接影响视窗行为或显示效果，它们只能送一个 request 给 Server，由 Server 来完成这些的请求。典型的请求通常是“在某个视窗中写‘Hello World’的字符串”，或者从 A 到 B 绘制一条直线。

Client 的功能大致可分为两部分：向 Server 发出 requests 只是它的一部分功能，其他的功能是为用户执行程序而准备的。例如输入文字信息、绘图、计算等。通常，Client 程序的这部分是和 X 独立的。通常，应用程序（特别是指大型的标准绘图软件、统计软件等）对许多输出设备具有输出的能力，而在 X 视窗中的显示只是 Client 程序许多输出中的一种，所以，Client程序中和 X 相关的部分只占整个程序中很小的一部分。

用户可以通过不同的途径使用 Client 程序：通过系统提供的程序使用；通过第三方的软件使用；或者用户为了某种特殊应用而自己编写的 Client 程序来使用。Client 借着通信通道送 requests给 Server，而 Server 借着它回送状态及一些其他的信息。只要 Client 和 Server 都知道如何使用通道，通道的本身并不是很重要。

（3）Server 和 Client 之间的通信

Server 和 Client 通信的方式大致有两类，对应于 X 系统的两种基本操作模式。

- 第一类，Server 和 Client 在同一台机器上执行，它们可以共同使用机器上任何可用的通信方式进行互动式信息处理。在这种模式下，X 可以同其他传统的视窗系统一样高效工作。
- 第二类，Client 在一台机器上运行，而显示器和 Server 则在另一台机器上运行。因此两者的信息交换就必须通过彼此都遵守的网络协议进行，最常用的协议为 TCP/IP。这种通信方式一般被称为网络透明性，这也几乎是 X 独一无二的特性。

8.3.3 X 系统的启动与停止

安装好 RHEL 6 后，如果默认的运行级别为 5，则系统启动后会直接进入 X - Window 图形化登录界面，如图 8-7 所示。在“用户名”文本框中输入用户名，并按提示输入用户口令，系统将进入 X - Window 的默认桌面环境（GNOME）。

如果默认的运行级别为 2 或 3，系统启动后会进入文本界面。启动 X - Window 系统，用户可在命令行上执行下列命令进入 X - Window 系统。

- startx
- xinit
- xdm
- gdm

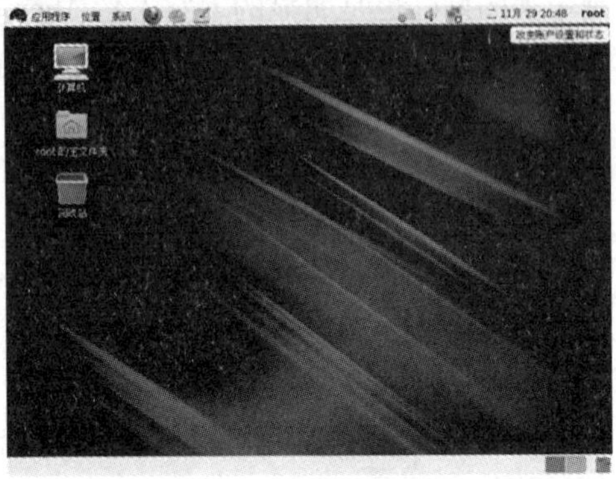

图 8-7 X - Window 图形化登录界面

通常使用 startx 命令来启动 X - Window，但要求先登录到 Shell 下，手动启动 X - Window 系统。对于大多数 Linux 用户来讲，这是启动 X - Window 的最常用方法，而且具有很大的灵活性。

一般正常情况下，输入 logout 命令，或是直接使用〈Ctrl + Alt + Backspace〉组合键，即可以离开整个 X - Window 环境。

8.3.4 Linux 桌面系统

目前 Linux 操作系统上最常用的桌面环境有两个：GNU 网络对象模型环境（GNU Network Object Model Environment，GNOME）和 K 桌面环境（K Desktop Environment，KDE）。大多数 Linux 发行版本都同时包含上述两种桌面环境。Red Hat 公司推出的所有 Linux 发行版本都以 GNOME 作为默认桌面环境，用户也可选择使用 KDE 桌面环境。GNOME 源自美国，是 GNU 计划的重要组成部分。它基于 Gtk + 图形库，采用 C 语言开发完成；而 KDE 源自德国，基于 Qt 3 图形库，采用 C ++ 语言开发完成。众多程序员基于这两大桌面环境上开发出大量的应用程序。这些应用程序的名字有一定规律，通常以“G”开头的应用程序是在 GNOME 桌面环境下开发的，如 gedit、GIMP；而以“K”开头的应用程序是在 KDE 桌面环境下开发的，如 Kmail、Konqueror。所有应用程序，即使开发于不同的桌面环境，只要没有相互冲突都可以在这两种桌面环境下运行。GNOME 桌面环境支持两键和三键的鼠标。

- 单击、左键单击：表示用鼠标左键单击对象，可选中目标对象。
- 双击：表示用鼠标左键双击目标对象，可启动应用程序、打开文件或文件夹。
- 单击并拖动：表示用鼠标左键单击目标对象并拖动到目标位置。
- 右击：表示用鼠标右键单击目标对象，可弹出目标对象的快捷菜单。
- 单击并拖动中键：表示用鼠标中键单击目标对象并拖动到目标位置，可实现粘贴或移动。

两键鼠标可以设置鼠标属性，将其模拟为三键鼠标，使得同时按下左右两个键的作用等同于按下中键。当移动鼠标时，鼠标指针也会跟着移动。通常鼠标指针的形状是指向左上方的空心小箭头，当系统工作处于不同的状态时，鼠标的形状也将发生变化。

8.4 Linux 系统调用接口

系统调用接口是 Linux 内核与上层应用程序进行交互通信的唯一接口。从对中断机制的说明可知，用户程序通过直接或间接（通过库函数）调用中断 0x80，并在 eax 寄存器中指定系统调用功能号，即可使用内核资源，包括系统硬件资源。不过通常应用程序都是使用具有标准接口定义的 C 函数库中的函数间接地使用内核的系统调用。

通常，系统调用使用函数形式进行调用，因此可带有一个或多个参数。对于系统调用执行的结果，它会在返回值中表示出来。通常负值表示错误，0 则表示成功。在出错的情况下，错误的类型码被存放在全局变量 errno 中。通过调用库函数 perror，可以打印出该错误码对应的出错字符串信息。

在 Linux 内核中，每个系统调用都具有唯一的一个系统调用功能号。这些功能号定义在头文件 include/unistd. h 中第 62 行开始处。例如，write 系统调用的功能号是 4，定义为符号__NR_write。这些系统调用功能号实际上对应于 include/linux/sys. h 中定义的系统调用处理程序指针数组表 sys_call_table[ ] 中项的索引值。因此 write 系统调用的处理程序指针就位于该数组的项 4 处。

如果在程序中使用这些系统调用符号时，需要像下面所示在包括头文件“ <unistd. h> ”之前定义符号“_LIBRARY_”。

```
#define _LIBRARY_
#include <unistd.h>
```

另外，从 sys_call_table[ ] 中可以看出，内核中所有系统调用处理函数的名称基本上都是以符号“sys_”开始的。例如系统调用 read 在内核源代码中的实现函数就是 sys_read。

8.4.1 系统调用接口概述

系统调用是 Linux 操作系统向用户程序提供支持的接口，通过这些接口应用程序向操作系统请求服务，控制转向操作系统，而操作系统在完成服务后，将控制和结果返回用户程序。

一个 Linux 系统分为 3 个层次：用户、核心以及硬件。其中系统调用是用户程序与核心间的边界，通过系统调用进程可由用户模式转入核心模式，在核心模式下完成一定的服务请求后再返回用户模式。系统调用接口看起来和 C 程序中的普通函数调用很相似，它们通常是通过库把这些函数调用映射成进入操作系统所需要的原语。这些操作原语只是提供一个基本功能集，而通过库对这些操作的引用和封装，可以形成丰富而且强大的系统调用库。这里体现了机制与策略相分离的编程思想——系统调用只是提供访问核心的基本机制，而策略是通过系统调用库来体现的。例：

```
execv, execl, execlv, opendir , readdir...
```

操作系统核心在运行期间的活动可以分为两个部分：上半部分和下半部分。上半部分为应用程序提供系统调用或自陷的服务，是同步服务，由当前执行的进程引起，在当前进程上下文中执行并允许直接访问当前进程的数据结构；而下半部分则是处理硬件中断的子程序，属于异步活动，这些子程序的调用和执行与当前进程无关。上半部分允许被阻塞，因为阻塞的是当前进程；下半部分不允许被阻塞，因为阻塞下半部分会阻塞一个无关的进程甚至整个核心。

系统调用可以看作是一个所有 Linux 进程共享的子程序库，但是它是在特权方式下运行的，可以存取核心数据结构和它所支持的用户级数据。系统调用的主要功能是使用户可以使用操作系统提供的有关设备管理、文件系统、进程控制、进程通信以及存储管理方面的功能，而不必要了解操作系统的内部结构和有关硬件的细节问题，从而减轻用户负担和保护系统以及提高资源利用率。系统调用分为两部分：与文件子系统交互的部分和与进程子系统交互的部分。其中和文件子系统交互的部分进一步由包括与设备文件的交互和与普通文件的交互的系统调用（如 open、close、ioctl、create、unlink 等）；与进程相关的系统调用又包括进程控制系统调用（fork、exit、getpid 等）、进程间通讯、存储管理、进程调度等方面的系统调用。

系统调用是操作系统提供给软件开发人员的唯一接口，开发人员可利用它使用系统功能。操作系统内核中都有一组实现系统功能的进程（子程序），系统调用就是对上述进程的调用。因此，系统调用像一个黑箱子那样，对用户屏蔽了操作系统的具体动作而只提供有关的功能。系统调用在操作系统中发挥着巨大的作用，如果没有系统调用那么应用程序就是失去了内核的支持。在系统中真正被所有进程都使用的内核通信方式是系统调用。例如，当进程请求内核服务时，就会使用系统调用。一般情况下，进程是不能存取内核使用的内存段，也不能调用内核函数，CPU 的硬件结构保证了这一点，只有系统调用是一个例外。进程使用寄存器中适当的值跳转到内核中事先定义好的代码中执行。在 Intel 结构的计算机中，这是由中断 0x80 实现的。

进程可以跳转到的内核中的位置叫作 system_call。在此位置的进程检查系统调用号，它将告诉内核进程请求的服务是什么。然后，它再查找系统调用表 sys_call_table，找到希望调用的内核函数的地址，并调用此函数，最后返回。所以，如果希望改变一个系统调用的函数，需要编写一个自己的函数，然后改变 sys_call_table 中的指针指向该函数，最后再使用 cleanup_module 将系统调用表恢复到原来的状态。这里向内核中添加的 3 个系统调用就是属于向内核中添加新的函数，且这些函数是可以直接操作系统内核的。

在 Linux 系统中，系统调用是作为一种异常类型实现的。它将执行相应的机器代码指令来产生异常信号。产生中断或异常的重要作用是系统自动将用户态切换为核心态来对它进行处理。这就是说，执行系统调用异常指令时，自动地将系统切换为核心态，并安排异常处理程序的执行。Linux 用来实现系统调用异常的实际指令是：

```
int $ 0x80
```

这一指令使用中断/异常向量号 128（即十六进制的 80）将控制权转移给内核。为达到在使用系统调用时不必用机器指令编程，在标准的 C 语言库中为每一系统调用提供了一段子程序，完成机器代码的编程工作。事实上，机器代码段非常简短。它所要做的工作只是将系统调用的参数加载到 CPU 寄存器中，接着执行 int $ 0x80 指令。然后运行系统调用，系统调用的返回值将送入 CPU 的一个寄存器中，标准的库子程序取得这一返回值，并将它送回用户程序。

为使系统调用的执行成为一项简单的任务，Linux 提供了一组预处理宏指令，它们可以用在程序中。这些宏指令取一定的参数，然后扩展为调用指定的系统调用的函数。这些宏指令具有类似下面的名称格式：

```
_syscallN(parameters)
```

其中，N 是系统调用所需参数数目，而 parameters 则用一组参数代替。这些参数使宏指令完成适合于特定的系统调用的扩展。如，为了建立调用 setuid 系统调用的函数，应该使用：

```
_syscall1(int,setuid,uid_t,uid)
```

_syscallN 宏指令的第一个参数 int 说明产生的函数的返回值的类型是整型，第二个参数 setuid 说明产生的函数名。后面是系统调用所需要的参数，这一宏指令后面还有两个参数 uid_t 和 uid 分别用来指定参数的类型和名称。另外，用作系统调用的参数的数据类型有一个限制，它们的容量不能超过 4B。这是因为执行 int $ 0x80 指令进行系统调用时，所有的参数值都存在 32 位的 CPU 寄存器中。使用 CPU 寄存器传递参数带来的另一个限制是可以传送给系统调用的参数的数目，这个限制是最多可以传递 5 个参数。所以 Linux 一共定义了 6 个不同的_syscallN 宏指令，_syscall0 ~ _syscall5。一旦_syscallN 宏指令用特定系统调用的相应参数进行了扩展，得到的结果是一个与系统调用同名的函数，它可以在用户程序中执行这一系统调用。

整个系统调用的过程可以总结如下。

1）执行用户程序。

2）根据 glibc（GNU 实现的一套标准 C 的库函数）中的函数实现，取得系统调用号并执行 int $0x80 产生中断。

3）进行地址空间的转换和堆栈的切换，执行 SAVE_ALL（进入内核模式）。

4）进行中断处理，根据系统调用表调用内核函数。

5）执行内核函数。

6）执行 RESTORE_ALL 并返回用户模式。

8.4.2 系统调用接口的组成

系统调用是操作系统提供给用户程序调用的一组“特殊”接口，用户程序可以通过这组“特殊”接口来获得操作系统内核提供的服务。为什么用户程序不能直接访问系统内核提供的服务呢？这是由于在 Linux 中，为了更好地保护内核空间，将程序的运行空间分为用户空间和内核空间（也就是常称的用户态和内核态），它们分别运行在不同的级别上，逻辑上是相互分离的。因此，用户进程通常情况下不允许访问内核数据，也无法使用内核函数，它们只能在用户空间操作用户数据，调用用户空间的函数。

但是，在有些情况下，用户空间的进程需要获得一定的系统服务（调用内核空间程序），这时操作系统就必须利用系统提供给用户的“特殊接口”——系统调用规定用户进程进入内核空间的具体位置。在进行系统调用时，程序运行空间需要从用户空间进入内核空间，处理完成后再返回用户空间。

Linux 系统调用继承了 UNIX 系统调用中最基本和最有用的部分。这些系统调用按照功能逻辑大致可分为进程控制、进程间通信、文件系统控制、存储管理、网络管理、套接字控制、用户管理等几类，可以使用“man 2 syscalls”命令查看详细的系统调用说明。

8.4.3 系统调用过程

应用程序经过库函数向内核发出一个中断调用 int 0x80 时，就开始执行一个系统调用。其中寄存器 eax 中存放着系统调用号，而携带的参数可依次存放在寄存器 ebx、ecx 和 edx 中。因此 Linux 0.12 内核中用户程序能够向内核最多直接传递 3 个参数，当然也可以不带参数。处理系统调用中断 0x80 的过程是程序 kernel/system_call.s 中的 system_call 函数。

为了方便执行系统调用，内核源代码在 include/unistd.h 文件（150～200 行）中定义了宏定义函数_syscalln，其中 n 代表携带的参数个数，可以是 0～3。因此最多可以直接传递 3 个参数。若需要传递大块数据给内核，则可以传递这块数据的指针值。例如对于 read 系统调用，其定义是：

```
int read(int fd, char *buf, int n);
```

若在用户程序中直接执行对应的系统调用，那么该系统调用的宏定义的形式为：

```
#define __LIBRARY__
#include <unistd.h>
_syscall3(int read,int fd,char * buf,int n)
```

因此可以在用户程序中直接使用上面的_syscall3 函数来执行一个系统调用 read，而不用通过 C 函数库作为中介。实际上，C 函数库中函数最终调用系统调用的形式和这里给出的完全一样。对于 include/unistd.h 中给出的每个系统调用宏，都有 2+2×n 个参数。其中第一个参数对应系统调用返回值的类型；第二个参数是系统调用的名称；随后是系统调用所携带参数的类型和名称。这个宏会被扩展成包含内嵌汇编语句的 C 函数，如下所示。

```
int read(int fd, char *buf, int n)
{
    long __res;
    __asm__ volatile ("int $0x80" : "=a" (__res) : "0" (__NR_read), "b" ((long)(fd)), "c"
((long)(buf)), "d" ((long)(n)));
   if (__res >=0)
   return int __res;
   errno = -__res;
   return -1;
}
```

可以看出，这个宏经过展开就是一个读操作系统调用的具体实现。其中使用了嵌入汇编语句以功能号_NR_read(3)执行了 Linux 的系统中断调用 int 0x80。该中断调用在 eax(_res)寄存器中返回了实际读取的字节数。若返回的值小于 0，则表示此次读操作出错，于是将出错号取反后存入全局变量 errno 中，并向调用程序返回 -1 值。如果有某个系统调用需要多于 3 个参数，那么内核通常采用的方法是直接把这些参数作为一个参数缓冲块，并把这个缓冲块的指针作为一个参数传递给内核。因此对于多于 3 个参数的系统调用，只需要使用带一个参数的宏定义函数_syscall1，把第一个参数的指针传递给内核即可。例如，系统调用 select 函数具有 5 个参数，但我们只需传递其第一个参数的指针。

当进入内核中的系统调用处理程序 kernel/sys_call.s 之后，system_call 的代码会首先检查 eax 中的系统调用功能号是否在有效系统调用号范围内，然后根据 sys_call_table[ ]函数指针表调用执行相应的系统调用处理程序。

8.5 作业管理概述

作业管理的任务是完成作业从外存进入内存的运行准备工作及作业完成后的善后工作。多道批处理系统向用户提供一组作业控制语言（脱机作业控制接口），用户用这种语言编写作业说明书，然后将程序、数据和作业说明书一起交给系统操作员。程序的执行过程就是作业说明书的解释执行。交互式系统提供一组联机系统，例如，用户在终端删除一个输入命令，系统立即解释执行，完成用户要求，返回到终端或者控制台，并返回相应信息，用户可以输入下一条命令，如此反复直到作业完成。分时系统能够采用的就是这种工作方式，这种多终端的作业方式也称为交互式作业。

8.5.1 作业及其类型

作业是指用户在一次计算过程中，或者一次事务处理过程中，要求计算机系统所做工作的总称。作业包括程序、数据、作业说明书 3 部分。作业说明书是一个独立于程序的文件，记录用户对作业的基本描述，以及用户对作业处理的控制要求，它是用作业控制语言编写的。系统通过作业说明书控制文件形式的程序和数据，使之执行和操作。作业由不同的顺序相连的作业步组成。作业步是在一个作业的处理过程中，计算机所做的相对独立的工作。一个作业可包括多个程序和多个数据集，但至少有一个程序。

从调度的角度，可把作业分为计算机型作业和 I/O 型作业。

- 计算机型作业：指任务中包含大量的计算，而 I/O 较少的作业，如通常的科学计算即属于计算型作业。
- I/O 型作业：要求少量的计算而需大量 I/O 的作业，如通常的事务处理即属于 I/O 型作业。

为了提高系统的吞吐量，调度程序应对这两种作业进行合理的组织和调度。

从控制的角度，可把作业分成脱机作业和联机作业。

- 脱机作业：在整个作业的运行过程中，只需根据作业说明书中的说明对作业进行控制，即用户把作业提交给计算机系统后，便不再与计算机系统交互，中间通过操作员干预作业的运行。脱机作业通常在批处理操作环境下运行，故又称批处理作业。这种作业方式特别适用于运行时间比较长的计算任务。
- 联机作业：用户和计算机系统直接交互，通过终端或控制台键盘上的操作命令或菜单图标等方式控制其作业的运行。联机作业通常在分时操作环境下运行，故又称为终端型作业或交互式作业。

8.5.2 作业的状态及其转换

作业的生命周期是从作业提交给操作系统到作业运行完毕被撤销。作业状态变化是：提交状态→后备状态→执行状态→完成状态，如图 8-8 所示。

- 提交状态：从输入设备进入外部存储设备的过程（输入过程）。
- 后备状态：也称收容状态，作业的全部信息已经输入到外存输入井到被调度之前的状态。
- 执行状态：被调度程序选中到内存中执行的状态（被选入内存到执行结束前，有资格竞争 CPU）。

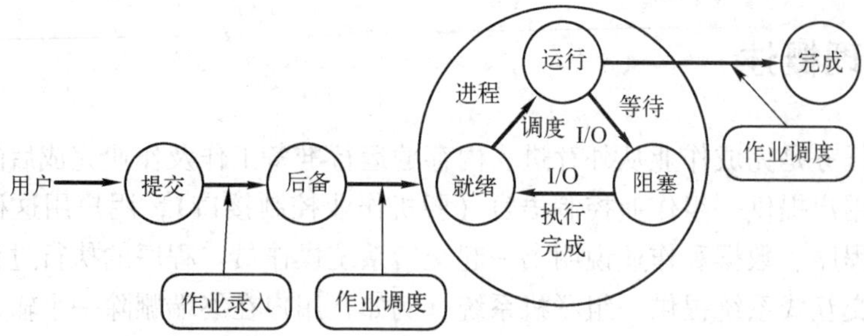

图 8-8　作业的生命周期状态变化

- 完成状态：作业执行完毕，但它所占用的资源尚未全部被系统回收时的状态（作业执行结束到撤销之前）。

8.5.3 作业控制级的接口

作业控制级接口供用户在终端上利用键盘使用。在分时系统中，用户通过终端命令控制作业的运行，用户可以直接与作业进行交互，称为联机用户接口。在批处理系统中，用户通过作业控制卡或作业说明书控制作业的运行，用户不能直接与作业进行交互，称为脱机用户接口。

1. 联机用户接口

由一组操作系统命令组成，用于联机作业的控制。

（1）命令驱动方式

用户通过控制台终端，键入操作系统提供的命令来控制自己作业的运行。系统在接收到一条命令后，由命令处理程序解释并执行，然后，通过显示器显示将结果报告给用户。

（2）命令格式

```
command arg1,arg2,…,argn[option1,options2,…,option m]
```

（3）命令类型

- 系统访问命令：在多用户系统中，为了保证系统的安全性，通常设置了系统访问命令。常用的有注册命令、注销命令、修改口令命令等。
- 编辑和文件管理命令：编辑命令为用户提供输入原始数据和程序以及进行修改的能力。文件管理命令包括复制、删除或显示文件内容以及建立、删除、查看目录等命令。
- 编译、汇编和连接命令：包括各种高级语言的编译命令和汇编命令、连接命令等。用户使用这类命令产生可执行的目标程序。
- 调试命令：为用户提供调试机器语言程序手段，该命令包括显示、修改内存单元和寄存器，设置断点、跟踪、执行、存盘、读盘、简单汇编和反汇编等。
- 维护管理命令：这类命令一般为系统管理员所使用，它包括查询系统资源使用情况，各终端运行情况，外设的分配、安装和释放等命令。
- 其他命令：包括记账，建立和查看日期、时间，修改和设置外设参数等命令。

2. 脱机用户接口

由一组作业控制语言组成，用户利用系统为脱机用户提供的作业控制语言，考虑对作业的各种可能的控制要求写成作业控制卡或作业说明书，连同作业一起提交给系统。系统运行该程序时，边解释作业控制命令边执行，直到运行完该组作业。

1）作业控制语言：作业控制语言是用户用来编制作业控制卡或作业说明书的。对于不同的操作系统，作业控制语言也各不相同。但其所包含的命令大致是相同的，一般有：I/O 命令、编译命令、操作命令以及条件命令等。

2）作业控制卡：作业控制卡用于早期批处理系统中，用户把控制作业运行及出错处理的作业控制命令穿孔在卡片上，插入到程序中，程序在执行过程中，读取作业控制卡上的信息，控制作业的运行及出错时的处理。

8.6 作业调度

作业调度是根据一定的原则，从输入井的后备作业队列中选择适当的作业，为其分配内存等资源，并将其调入内存投入运行，又称高级调度或远程调度。作业调度的主要功能是根据作业控制块中的信息，审查系统能否满足用户作业的资源需求，以及按照一定的算法，从外存的后备队列中选取某些作业调入内存，并为它们创建进程、分配必要的资源。然后再将新创建的进程插入就绪队列，准备执行。因此，有时也把作业调度称为接纳调度。

常用的作业调度算法有先来先服务、短作业优先、响应比高优先、优先级调度算法和均衡调度算法。

调度算法应该做到以下内容。

1）在单位时间内运行尽可能多的作业。

2）使 CPU 保持忙碌的状态。

3）使 I/O 设备得以充分利用。

4）对所有作业公平合理。

8.6.1 作业调度应考虑的因素

作业调度算法规定了从后备作业中选择作业进入系统内存的原则，这些原则的性能如何，就是本节所讨论的问题。确定调度算法时应考虑如下因素。

（1）应与系统的整体设计目标一致

系统设计目标是选择算法的主要依据，由于目标不同，系统的设计要求自然也不同。批处理系统主要追求的是大的系统吞吐量，要求充分发挥和提高计算机的效率；实时系统主要关心的是不丢失实时信息和及时处理；分时系统则主要注重于保证用户的请求能及时响应，使用户有独占 CPU 的感觉。

（2）考虑系统中各种资源的负载均匀

为了能同时提高 CPU 和各种外部设备的利用率，作业调度程序在选择作业投入运行时，应对计算型作业和 I/O 型作业予以搭配。

（3）作业的优先级

保证紧迫作业能获得及时处理的重要方法，是在作业调度算法中引入优先级机制，为紧迫作业赋予高优先级。

（4）对一些专用资源的使用特性的考虑

作业对资源的要求包括对 CPU 执行时间的要求、对内存空间的要求以及对外部设备的要求等。调度性能的衡量，通常采用平均周转时间和带权平均周转时间：

$$t_j = t_{ci} - t_{si}$$

其中，t_i 表示作业周转时间，t_{ci}表示作业完成时间，t_{si}表示作业提交时间。

8.6.2 作业调度算法

在操作系统中调度是指一种资源分配，因而调度算法是指根据系统的资源分配策略所规定的资源分配算法。对于不同的的系统和系统目标，通常采用不同的调度算法，例如，在批处理系统中，为了照顾为数众多的短作业，应采用短作业优先的调度算法；又如在分时系统中，为了保证系统具有合理的响应时间，应当采用轮转法进行调度。目前存在的多种调度算法中，有的算法适用于作业调度，有的算法适用于进程调度；但也有些调度算法既可以用于作业调度，也可以用于进程调度，通常将作业或进程归入各种就绪或阻塞队列。

1）先来先服务（FCFS）：按照作业进入系统的先后次序进行调度，先进入系统者先调度。调度程序每次选择的作业是等待时间最久的，而不管作业的运行时间的长短。这种调度算法突出的优点是简单、公平，在一些实际的系统和一般应用程序中采取这种算法的较多，缺点就是没考虑资源利用率和作业的特殊性。

假定有4个作业，它们的提交、运行及完成情况如表8-1所示。按先来先服务调度算法进行调度，试计算起平均周转时间和平均带权周转时间。

表8-1 FCFS作业的提交、运行及完成情况

作 业	提交时间	运行时间	开始时间	完成时间	周转时间	带权周转时间
1	8.0	2.0	8.0	10.0	2.0	1.0
2	8.5	0.5	10.0	10.5	2.0	4.0
3	9.0	0.1	10.5	10.6	1.6	16.0
4	9.5	0.2	10.6	10.8	1.3	6.5

作业调度顺序：1、2、3、4

平均周转时间 = (2.0 + 2.0 + 1.6 + 1.3)/4 = 1.725

平均带权周转时间 = (1.0 + 4.0 + 16.0 + 6.5)/4 = 6.875

2）短作业优先（SJF）：作业调度是对成批进入系统的用户作业，根据作业控制块的信息，按一定的策略选取若干个作业使它们可以获得CPU来运行一项工作。而对每个用户来说总希望自己的作业的周转时间是最少的，短作业优先便是其中一种调度方法，选择运行时间最短的作业投入运行。在一般情况下这种调度算法比先来先服务调度算法的效率要高一些，易于实现，强调了资源的充分利用，保证了系统的最大吞吐量。但是它的实现相对先来先服务调度算法要困难些，如果作业的到来顺序及运行时间不合适，会出现“饿死”现象，另外，作业运行的估计时间也有问题。假设系统中所有作业同时到达，可以证明采用短作业优先调度算法能得到最短的作业平均周转时间。

假定有4个作业，它们的提交、运行及完成情况如表8-2所示。按短作业优先调度算法进行调度，试计算平均周转时间和平均带权周转时间。

表8-2 SJF作业的提交、运行及完成情况

作 业	提交时间	运行时间	开始时间	完成时间	周转时间	带权周转时间
1	8.0	2.0	8.0	10.0	2.0	1.0

（续）

作　业	提交时间	运行时间	开始时间	完成时间	周转时间	带权周转时间
2	8.5	0.5	10.3	10.8	2.3	4.6
3	9.0	0.1	10.0	10.1	1.1	11
4	9.5	0.2	10.1	10.3	0.8	4

作业调度顺序为：1、3、4、2

平均周转时间 = (2.0 + 2.3 + 1.1 + 0.8)/4 = 1.55

平均带权周转时间 = (1.0 + 4.6 + 11 + 4)/4 = 5.15

3）响应比高者优先调度算法：先来先服务和短作业优先算法都有其片面性，先来先服务调度算法只考虑作业的等待时间，而忽视了作业的运行时间，短作业优先算法则相反，只考虑了作业的运行时间，而忽视了作业的等待时间。响应比高者优先调度算法是介于这两种算法之间的一种折中的算法。其中“响应比 = 响应时间/计算时间”。这种算法从理论上讲是比较完备的，但作业调度程序要统计作业的等待时间，使用用户的估计运行时间，并要进行浮点运算，浪费大量的计算时间，这是系统程序所不允许的。

响应比高者优先调度算法的基本思想是把 CPU 分配给就绪队列中响应比最高的进程，即“短作业优先调度算法 + 动态优先权机制”，既考虑作业的执行时间也考虑作业的等待时间，综合了先来先服务和最短作业优先两种算法的特点。该算法中的响应比是指作业等待时间与运行比值，响应比公式定义为：响应比 =（等待时间 + 要求服务时间）/要求服务时间。令 RR 表示这一响应比值，w 表示等待时间，s 表示要求服务时间，则有 RR = (w + s)/s = 1 + w/s，因此响应比一定是大于 1 的。

假定有 4 个作业，它们的提交、运行及完成情况如表 8-3 所示。按响应比高者优先调度算法进行调度，试计算起平均周转时间和平均带权周转时间。

表 8-3　响应比高优先算法中作业的提交、运行及完成情况表

作　业	提交时间	运行时间	开始时间	完成时间	周转时间	带权周转时间
1	8.0	2.0	8.0	10.0	2.0	1.0
2	8.5	0.5	10.1	10.6	2.1	4.2
3	9.0	0.1	10.0	10.1	1.1	11
4	9.5	0.2	10.6	10.8	1.3	6.5

作业 1 首先运行，此时，作业 2，作业 3 和作业 4 的相应比分别为：

```
r2 = 1 + (10.0 - 8.5)/0.5 = 4
r3 = 1 + (10.0 - 9.0)/0.1 = 11
r4 = 1 + (10.0 - 9.5)/0.2 = 3.5
r3 > r2 > r4
```

所以，选择作业 3 先运行。作业 3 运行 0.1 时间单位后于 10.1 时间点完成，此时，作业 2 和作业 4 的响应比为：

```
r2 = 1 + (10.1 - 8.5)/0.5 = 4.2
r4 = 1 + (10.1 - 9.5)/0.2 = 4
r2 > r4
```

所以，选择作业2先运行，最后运行作业4。

作业调度顺序为：1、3、2、4

平均周转时间 =(2.0 +2.1 +1.1 +1.3)/4 =1.625

平均带权周转时间 =(1.0 +4.2 +11 +6.5)/4 =5.675

4）基于优先数的作业调度算法：是综合考虑各方面的因素（作业等待时间、运行时间、缓急程度，系统资源使用等），给每个作业设置一个优先数，调度程序总是选择一个优先数最大（或者最小）的作业调入系统内存。这种算法实现的困难在于如何综合考虑，这些因素之间的关系怎样处理。

5）资源搭配算法（均衡型作业调度算法）：是一种更为理想化的调度算法，实现起来就更困难，并且算法本身的开销代价有时会远远大于先来先服务和短作业优先调度算法的不足，这也是这两种算法被众多系统采用的最根本的原因。

8.7　Linux中的用户接口与系统调用

Linux提供了命令行接口、图形接口以及程序接口。命令行接口是由命令解释程序Shell提供的文本方式的用户界面，图形接口是基于X－Window系统构建的窗口化图形界面，程序接口是由内核提供的一组系统调用。

Linux系统与Windows、UNIX系统一样，都是利用系统调用进行内核与用户空间通信的，但是Linux系统的系统调用相比其他的操作系统更加简洁和高效。Linux系统调用仅仅保留了最基本和最有用的系统调用，全部系统调用只有250个左右，而有些操作系统调用多达上千个。

总体来说，系统调用在系统中主要包括以下用途。

（1）控制硬件。例如，把用户程序的运行结果写入到文件中，可利用write系统调用来实现，由于文件所在的介质必然是磁盘等硬件设备，所以该系统调用就是对硬件实施的控制。

（2）设置系统状态或读取内核数据。例如，系统时钟就属于内核数据，要想在用户程序中显示系统时钟，就必须通过读取内核数据来实现，因此通过time系统调用可以来完成。另外，要想读取进程的ID号、设置进程的优先级等操作，都需要通过相应的系统调用来处理，比如getpgid、setpriority等函数。

（3）进程管理。例如，在应用程序中要创建子进程，就需要利用fork系统调用来实现，当然还有进程通信的相关系统调用，如wait等。

在Linux中常用的系统调用按照功能逻辑大致可以分为系统设置、文件管理、网络配置与管理等，部分系统调用如表8-4～8-9所示。

● 系统设置

在系统设置命令中主要是对Linux操作系统进行各种配置，如安装内核载入、启动管理程序，以及设置密码和各种系统参数等，它主要是对系统的运行做初步的设置。部分系统设置的重要调用如表8-4所示。

● 系统管理

系统管理命令是对Linux操作系统进行综合管理和维护的命令，对系统的顺利运行及其功能的发挥有着重要的作用。在Linux环境下的系统管理就是对操作系统的有关资源进行有效的计划、组织和控制。操作者合理地对Linux操作系统进行管理可以加深对系统的了解和提高其运作的效率及安全性能。部分系统管理的重要调用如表 8-5 所示。

表 8-4　系统设置类调用

调用名称	功能说明
apmd	高级电源管理程序
aumix	音效设备设置
bind	显示或设置键盘与其相关的功能
chkconfig	检查及设置系统的各种服务
chroot	改变根目录
dmesg	显示开机信息
enable	启动或关闭 Shell 内核命令
ntsysv	设置系统的各种服务
passwd	设置密码

表 8-5　系统管理类调用

调用名称	功能说明
adduser	建立用户账号
chsh	更换登录系统时使用的 Shell
exit	退出 Shell
free	查看内存状态
halt	关闭系统
id	显示用户 ID
kill	中止执行的程序
login	登录系统
logout	退出系统
swatch	系统监控程序

- 文件管理

文件管理命令主要针对在文件系统下存储在计算机系统中的文件和目录。在系统中的文件可以有不同的格式，这些格式决定信息如何被存储为文件和目录。在 Linux 系统环境下，每一个分区都是一个文件系统，都有自己的目录和层次结构。文件管理命令正是在文件系统中对文件进行各种操作与管理。部分文件管理的重要调用如表 8-6 所示。

- 磁盘管理

在 Linux 操作系统中，为了合理利用和划分磁盘的空间，需要对磁盘各个分区的使用情况作整体性的了解。磁盘管理命令主要是对磁盘的分区空间及其格式化分区进行综合的管理，在 Linux 环境下有一套较为完善的磁盘管理命令。部分磁盘管理的重要调用如表 8-7 所示。

表 8-6　文件管理类调用

调用名称	功能说明
chattr	改变文件的属性
compress	压缩或解压文件
cp	复制文件或目录
cpio	备份文件
find	查找文件
ftp	传输文件
lsattr	显示文件的属性
mktemp	建立临时文件
paste	合并文件的行
patch	修补文件
updatedb	更新文件数据库

表 8-7　磁盘管理类调用

调用名称	功能说明
badblocks	检查磁盘中损坏的区域
cfdisk	磁盘分区
hdparm	显示与设置磁盘的参数
losetup	设置循环设备
mkbootdisk	建立当前系统的启动盘
mkswap	建立交换区
sfdisk	磁盘分区工具程序
swapoff	关闭系统的交换区
sync	将内存缓冲区的数据写入磁盘

- 网络配置与管理

任何一种操作系统都离不开对网络的支持，Linux 系统提供了完善的网络配置和操作功能。在 Linux 环境下对网络的配置主要包括互联网的设置、收发电子邮件和设置局域网。部分网络配置与管理的重要调用如表 8-8 所示。

● 文本编辑

查看和浏览文档是操作系统必备的功能，在 Linux 操作系统中附带了现成的文本编辑器，用户可以利用这些编辑器对文档进行修改、存储及其他管理。目前的 Linux 环境下，Vi 是比较流行的编辑器之一。部分文本编辑的重要调用如表 8-9 所示。

表 8-8　网络配置与管理类调用

调用名称	功能说明
cu	连接系统主机
dip	IP 拨号连接
efax	收发传真
host	DNS 查询工具
ifconfig	显示或设置网络设备
lynx	浏览互联网
mesg	设置终端写入权限
netconfig	设置网络环境
netstat	显示网络状态
route	管理与显示路由表
telnet	远程登录
wget	从互联网下载文件

表 8-9　文本编辑类调用

调用名称	功能说明
csplit	分割文件
dd	读取、转换并输出数据
ex	启动 Vim 编辑器
jed	编辑文本文件
look	查找单词
sort	将文本文件内容进行排序
tr	转换字符
wc	计算数字

8.8　本章小结

任何操作系统都会向上一层提供接口，操作系统接口是方便用户使用计算机的关键，利用操作系统才能实现应用程序（或用户）对系统硬件的访问。本章讨论了命令接口、图形接口、系统调用接口。Linux 下的图形接口实现的基础是 X – Window，GNOME 桌面环境是依赖于 X – Window 系统运行的。Linux 下的命令接口是 Shell，交互式解释和执行用户输入的命令。Linux 中的程序接口以系统调用的方式体现，为程序员编程开发提供服务。在此基础上，本章还介绍了 Linux 系统调用接口以及作业管理和作业调度。

8.9　思考与练习

（1）作业由哪几部分组成？各有什么特点？

（2）简述作业说明书和作业控制块的异同。

（3）作业调度应考虑的因素有哪些？

（4）简述操作系统的接口和 Linux 系统的接口的联系与区别。

第9章 系统管理

在Linux系统中，虽然有很多应用都使用图形界面，但是大多数使用和管理Linux的实用程序和技巧还是通过键入命令来运行的。本章将通过一些实际的操作介绍Linux操作系统的管理方法，通过本章的学习，读者应了解系统管理的具体工作，理解用户和工作组、文件系统等管理的基本概念及相关方法。

9.1 系统管理概述

系统管理是针对系统进行的一些日常管理和维护性工作，以保证系统安全、可靠地运行，保证用户能够合理、有效地使用系统资源来完成任务。

9.1.1 系统管理内容

Linux的系统管理工作大致可分为基本系统管理、网络管理和应用管理3部分。对于大型系统，每部分都设置专门的管理员，如系统管理员、网络管理员、数据库管理员、应用系统（Web系统、邮件系统）管理员等。小型系统则往往由一人负责全部管理工作。

本章只介绍基本系统管理，主要包括以下几项内容。

- 启动与关闭系统。
- 用户管理。
- 文件系统维护。
- 系统备份。
- 系统监视与控制。
- 软件安装。

9.1.2 系统管理工具

系统管理员通常使用以下3种方法来管理和维护系统。

1）直接编辑系统配置文件和脚本文件。Linux系统的所有配置文件都是纯文本文件，大多数系统配置文件位于/etc和/usr/etc目录下，可以用Vi等编辑器直接修改。这是最基本的、有时也是唯一可用的手段。

2）使用Shell命令。Linux系统提供了丰富的系统管理命令，大多数管理命令位于/sbin和/usr/sbin目录下。这些命令是最安全、最有效，也是最灵活的系统管理工具。

3）使用图形化管理工具。Linux的各个发行版都提供了一些图形界面的系统管理工具。这类工具使用起来简单方便，能完成大部分管理工作。

应当指出的是，图形化的系统管理工具虽然简单易用，但不能完全替代命令方式的操作。这是因为：第一，这些工具依赖于发行版本，缺乏一致性；第二，它们受图形界面操作方式的限制，无法获得命令所具有的高效率、高灵活性和自动化的特性；第三，当系统发生故障时，图形化工具对于诊断和修正问题没有太大的帮助。所以，作为 Linux 系统管理员，掌握前两种方式，尤其是命令方式是非常必要的。

9.1.3 root 的权威性与危险性

与 Windows 系统的 Administrator 账号相比，Linux 赋予 root 更多的权限。root 几乎可以对系统做任何事情，它拥有对系统内所有用户的管理权，对所有文件和进程的处置权，以及对所有服务的使用权。Linux 系统总是假设 root 知道自己在干什么，而不会加以限制。只要掌管了 root，就拥有对系统内所有用户的限制权，对所有文件的处置权以及对所有服务的使用权。这种信任对于熟练的系统管理员来说是权威和自由，而对于初学者来说则可能是潜在的灾难。因为一旦某个操作失误，就有可能给系统造成重大损失以至崩溃。

一个普通用户只能在系统中做有限的事情，例如编辑自己的文件、修改本组的程序、建立自己的目录、决定别人以何种权限（可读、可写、可执行）访问自己的文件及目录，以及同组的用户如何访问它们，而 root 不受这些限制，不管用户对自己的文件作了何种保护，root 都能置之不理。这一方面体现了 root 的特权性，也从另一方面表现出了极大的危险性。例如，普通用户想删除目录/home/lydia 下的文件，执行以下命令：

```
rm -fr  /home/lydia
```

但是如果在 home 的前面多加了一个空格，命令变成了：

```
rm - fr / home/lydia
```

结果是要删除“/”和“/home/lydia”两个目录，而“/”表示整个文件系统。当然，作为普通用户权限较小，系统不允许这么做。但是如果用户以 root 身份执行这个命令的话，没有任何方法能阻拦他，可想而知，这对系统将是灾难性的。

另外一些特定的操作只能由 root 执行，如 shutdowm 命令，该命令使用一个系统调用使系统脱机，但普通用户无权执行这个系统调用，否则系统的稳定性将难以预测。例如：

```
# shutdown 10 "The Server will be closed after 10 minutes"
```

这个命令通知各个终端用于系统将在 10 分钟后关机，便于普通用户做好充分的准备。

以上事实充分说明 root 是一把双刃剑，所以通常情况下系统管理员要为自己分配一个普通的用户账号，必要时才使用 su 命令将自己改变成为 root，以避免因疏忽导致的意外错误。

正因为 root 用户拥有这种特殊的地位，保护超级用户的密码也就成为了加强系统安全的关键。这样，从某种意义来说，对系统的管理问题也就成了对超级用户密码的管理。系统管理员要严格保护密码，并经常更换，而且密码要足够复杂、足够长，特别是对于重要的系统来说，更要建立严格的密码管理制度。

9.1.4 启动与关闭系统

1. 启动系统

系统的启动过程是：系统加电后，计算机硬件 BIOS 进行开机自检，然后，从引导盘（通常是硬盘）的第一个扇区中加载一小段引导代码到内存。引导代码随后开始运行，负责将操作系统的内核装入内存。内核加载完毕后，引导代码将控制交给内核。Linux 内核开始运行，首先进行硬件和设备的初始化，挂载 root 文件系统，然后启动 init 进程（/sbin/init 程序）运行。init 是系统内核启动的第一个用户级进程，其进程号为 1。该进程在系统运行期间始终存在，在系统的启动和关闭时起着重要的作用。在启动阶段，init 进程负责完成系统的初始化，包括挂载各文件系统和启动一系列后台进程，将系统一级一级地引导到默认的运行级别。初始化过程完成后，在各控制台上的 login 登录进程都已启动运行，守候用户登录。系统管理员对系统启动的过程不能直接干预，但可以通过编辑系统启动脚本/etc/inittab 文件来改变系统的启动配置，如改变初始运行等级。

当添加了新的硬件或现有硬件出现问题不能复位时，通常需要重新启动系统。如果修改了某些与内核相关的配置文件，为使修改生效，也需要重启系统。系统重启过程是系统关闭然后再启动的过程。重新启动系统的命令是 shutdown -r 命令，简单的重启可以使用 reboot 或 init 6 命令。

2. 关闭系统

关闭 Linux 系统不应直接切断电源，而应使用系统关机命令。这主要是因为 Linux 利用磁盘缓冲区缓存了要写入磁盘的数据，若遇系统掉电，这些数据可能还未写入磁盘，有可能会造成文件系统数据丢失或不一致。在关机命令执行的过程中，系统要将缓冲区中的数据写进硬盘，以保持文件数据的同步。此外，在多用户工作的环境下，妥善的关机过程可以提醒用户及时保存文件和退出，避免因意外中断而造成损失。

在多用户模式下最安全的关机方法是用 shutdown 命令。命令首先向各登录用户的终端发送信息，通知他们退出，并冻结 login 进程。在给定期限到达后，向 init 进程发信号，请求其改变运行级别。init 进程向各个进程发送 SIGTERM 信号，要它们终止运行，将磁盘缓冲区内容写入磁盘，然后拆卸文件系统，进入单用户或关机模式。在没有多个用户登录的情况下，root 可以使用其他更简单的关机命令，如用 halt、init 0 或 init 1 命令来关机。

🕮 注意：对于普通用户来说，系统进入单用户模式运行就等同于关机。

应当注意的是，Linux 系统中的很多部分可以单独地对待，比如 X - Window 系统及网络。因为它们没有与内核捆绑，因而可以独立地启动、关闭或重启。系统管理员应尽量针对某个软件进行停止或重启操作，在非必要时避免系统级的关机或重启操作。

9.2 用户管理

用户（User）和用户组（Group）的配置文件，是系统管理员最应该了解和掌握的系统基础文件之一。从另一方面来说，了解这些文件也是系统安全管理的重要组成部分。作为一种多用户的操作系统，Linux 可以允许多个用户同时登录到系统上，并响应每一个用户的请求。为确保系统的安全性和有效性，必须对用户进行妥善的管理和控制，这是系统管理的一项重要工作，主要包括添加和删除用户、分配用户主目录、限制用户的权限等。

9.2.1 用户（组）管理概述

Linux 中的用户管理与 Windows 中的用户管理相似，但又有不同。两个系统都是多用户系统，基于用户身份来控制对资源的访问。两个操作系统都允许将用户分组管理以简化访问控制，以避免为众多用户分别设置权限。用户管理是一个重要的方面，也是系统管理员一项常抓不懈的任务。做好用户管理，有助于保证系统的正常运行；反之，系统的使用就可能变得混乱无序，甚至给系统造成安全威胁。

在多数情况下，用户名是身份的唯一标志，计算机通过用户提供的口令来验证这一标志。这种简单而实用的方式被广泛应用于几乎所有的计算机系统中。遗憾的是，也是由于这种“简单”的验证方式，使得在世界各地，每一天都有无数的账号被盗取。因此选择一个合适的用户名和一个不易被破解的密码非常重要。Linux 也运用同样的方法来识别用户：用户提供用户名和密码，经过验证后登录到系统。Linux 会为每个用户启动一个进程，然后由这个进程接受用户的请求。在设立用户账号时，需要限定其权限，例如不能修改系统配置文件，不能查看其他用户的目录等。

Linux 系统下的用户账号（简称用户）主要有 3 种。

- 超级用户（或管理员用户，root）。
- 普通用户（或登录用户，Login Account）。
- 系统用户（System Account）。

在 Linux 中，超级用户可以控制所有的程序，访问所有文件，使用系统的所有功能。从管理的角度而言，root 的权限是至高无上的。管理员用户在系统上的任务是对普通用户和整体系统进行管理，具有最高权限并对系统具有绝对的控制权，能够对系统进行一切操作，如操作不当很容易对系统造成损坏。因此，root 用户账号一定要通过安全的密码保护起来，这一点非常重要，不应该使用 root 身份来处理日常的事务。即使系统只有一个用户使用，也应该在管理员账户之外建立一个普通用户账户，在用户进行普通工作的时候以普通用户账户登录系统。同时，其他用户也可以被赋予 root 特权，但一定要谨慎行事。通常可以配置一些特定的程序由某些用户以 root 身份去运行，而不必赋予他们 root 权限。普通用户在系统上的任务是进行普通工作，这类用户由系统管理员创建，能登陆 Linux 系统，但只能操作自己目录内的文件，权限有限，这类用户是通过系统管理员添加的。系统用户主要用于应用、支撑维护系统运行，不能登录，但却是系统运行不可缺少的用户，比如说 bin，daemon，adm，ftp 以及 mail 等用户账户，这类用户都是 Linux 系统的内置用户。一般可以不用考虑这些系统用户，对 Linux 操作系统用户的管理主要是对 root 用户和普通用户的管理。

用户登录后可以用 su 命令改变身份，常用于系统管理员在必要时从普通用户改变到 root。

名称：su 命令

功能：转变为另一个用户。

格式：su [-] [用户名]

说明：不指定用户名时，转换到 root；指定“ - ”选项时，同时变换环境。普通用户执行 su 时，需输入要转换成的用户的用户名。

除了用户账户之外，在 Linux 下还存在用户组账户（简称组）。组是可共享文件和其他系统资源的用户集合，分组的原则是按工作关系或用户性质来划分的。例如：参与同一个项目的用户可以形成一个组。Linux 系统以组（Group）方式管理用户，用户和组的对应关系为多对多，即一个组中可以包含多个用户，同组用户具有相同的组权限。一个用户也可以归属于多个组，每个组有一个组账户（保存在 group 文件中），用唯一的组名和组标识符 GID 标识。用户和用户组的分类说明如表 9-1 所示。

表 9-1　用户/组分类

用户/组说明	用户/组分类	UID/GID 范围	说　明
Linux 系统中的用户账号信息都存放在/etc/passwd 和/etc/shadow 文件中，文件中的每一行代表一个用户。而 Windows 本地用户账号信息都存放在 c:\windows\system32\config\sam 文件中	root	0	root 是 Linux 系统中默认的超级用户账号，类似于 Windows 系统中的 Administrator
	系统用户	1～499	在安装 Linux 及部分应用程序时会添加一些特定的低权限用户账号，这些用户一般不允许登录到系统，而仅用于维持系统或某个程序的正常运行
	普通用户	500～65535	普通用户账号系统由 root 用户或其他管理员用户创建，拥有的权限受到一定限制，一般只在用户自己的主目录中有完全权限
Linux 系统每创建一个用户账号就会自动创建一个与该账号同名的用户组，该组为用户的基本组。每个用户可以同时加入多个组，用户又另外加入的组称为该用户的附属组	root 组	0	类似于 Windows 的 administrator 组
	系统组	1～499	一般加入一些系统用户
	普通组	500～65535	当创建用户时，如果没有为其指明所属组，则创建一个与用户名同名的组

Linux 中如果创建用户时不指定用户组，则系统默认为用户生成一个组，其组名与用户名相同。如果需要分组，则应先建立起用户组，然后向组中添加用户。

建立一个用户组的命令是 groupadd，格式是“groupadd 组名”。向组中添加用户的方法有多种，一个是在建立新用户时指定该组的 GID，另一个是用 usermod 命令修改一个已有用户的组属性，再有就是直接修改 passwd 和 group 文件。从组中删除一个用户的方法也与此类似，删除一个用户组的命令是 groupdel，格式是“groupdel 组名”。删除组时，若该组中仍包含有用户，则必须先将这些用户从组中删除（或改变他们的组），然后才能删除组。

📖 对于 Linux 系统来讲，它只认识 UID 和 GID，用户账号和组账号这些名字只是为了方便人们记忆而已。

9.2.2　用户和组管理

1. 用户管理

管理账号要从创建一个账号开始，Linux 比 Windows 在用户管理方面的安全性做得更好。任何一个使用系统资源的用户都必须先向系统管理员申请一个账号，然后通过申请到的这个账号进入系统。用户账户一方面可以帮助系统管理员对使用系统的用户进行追踪，并控制他们对系统资源的访问；另一方面也可以帮助用户组织文件，并为用户提供安全性保护。每个用户账号都拥有一个唯一的用户名和各自的口令。用户在登录时键入正确的用户名口令后，就可以进入系统和自己的主目录。用户账号管理的工作主要涉及用户账户添加、修改和删除。

（1）新增用户

新增用户账号就是在系统中创建一个新账号，然后为新账号分配用户号、用户组、主目录和登录 Shell 等资源。直接使用 ussadd 命令就可以在 Linxu 系统中新增一个用户。

在 Linux 系统中，只有 root 用户才能创建新用户，如下的命令将新建一个登录名为 user1 的用户：

```
# useradd user1
```

但是，这个用户还不能够登录，因为还没给它设置初始密码，而没有密码的用户是不能够登录系统的。在默认情况下，将会在/home 目录下新建一个与用户名相同的用户主目录。如果需要另外指定用户主目录的话，那么可以使用如下命令：

```
# useradd -d /home/xf user1
```

同时，该用户登录时将获得一个 Shell 程序：/bin/bash，假如不想让这个用户登录，也就可以指定该用户的 Shell 程序为：/bin/false，这样该用户即使登录，也不能执行 Linux 下的命令，命令如下：

```
# useradd -s /bin/false user1
```

在 Linux 中，新增一个用户的同时会创建一个新组，这个组与该用户同名，而这个用户就是该组的成员。如果想让新的用户归属一个已经存在的组，则可以使用如下命令：

```
# useradd -g user user1
```

这样该用户就属于 user 组的一员了。而如果只是想让其再属于一个组，那么应该使用：

```
# useradd -G user user1
```

完成了这一操作后，还应该使用 passwd 命令为其设置一个初始密码。

创建用户的命令及参数等使用说明如表 9-2 所示。

表 9-2 创建账户命令与使用实例

	参数	说 明	实 例
命令：useradd 格式：useradd [参数] 用户名 说明：useradd 命令在添加用户账号过程中自动完成以下任务： （1）在/etc/passwd 文件和/etc/shadow 文件末尾添加该用户账号的记录	-u	指定用户的 UID，不使用 -u 选项，普通用户的 UID 将从 500 开始递增，使用 -u 选项可以任意指定 UID，甚至是 500 之前的 UID，前提是这个 UID 并未被占用	[root@ justin ~]# useradd -u 520 study [root@ justin ~]# tail -1 /etc/passwd Study1: x: 520: 520: /home/study: /bin/bash
	-d	指定用户的主目录，普通用户的主目录默认都存放在/home 目录下，通过 -d 选项可以指定到其他位置，此时默认的/home 目录中将不再创建用户主目录	[root@ justin ~]# useradd -d /study1 study1 [root@ justin ~]# tail -1 /etc/passwd Study1: x: 521: 521: /study1: /bin/bash
	-g	指定用户的基本组，如果在创建用户时指定了基本组，系统就不再创建与用户同名的用户组	[root@ justin ~]# useradd -g justin study2 [root@ justin ~]# id study2 Uid = 522 (study2) gid = 500 (justin) 组 = 500 (justin)
	-G	指定用户的附属组，多个附属组添加参数 -a，如：[root@ justin ~]#usermod -a -G g2 study	[root@ justin ~]# useradd -G justin study3 [root@ justin ~]# id study3 Uid = 523 (study3) gid = 523 (study3) 组 = 523 (study3), 500 (justin)

（续）

	参数	说　明	实　例
（2）若未指明用户主目录，则在/home目录下自动创建与该用户账号同名的主目录，并在该目录中建立用户初始配置文件 （3）若未指明用户所属组，则创建与该用户账号同名的基本组账号，组账号信息保存在/etc/group和/etc/gshadow文件中	-e	指定用户账号的失效时间，可以使用yyyy-mm-dd的日期格式，对应/etc/shadow中倒数第二字段	[root@ justin ~]# useradd -e 2014-10-11 study4 [root@ justin ~]# tail -2 /etc/shadow Study3: !! : 15988: 0: 99999: 7: : : Study4: !! : 15988: 0: 99999: 7: : 15989:
	-M	不建立用户主目录，某些用户不需要登录系统，而只是用来使用某种系统服务，如ftp用户，这类用户就可以不必创建主目录	[root@ justin ~]# useradd -M study5 [root@ justin ~]# su -study5
	-s	指定用户的登录Shell，用户的默认Shell为/bin/bash，如果将Shell指定为/sbin/nologin，那么该用户将禁止登录	[root@ justin ~]# useradd -s /sbin/nologin study6 [root@ justin ~]# su -study6 This account is currently not available

📖 使用-d参数指定用户目录时，该路径需事先存在且只能指定到其上一级目录，否则无法复制skel模板。

如上所述，系统添加用户的标准步骤如下。

1）编辑/etc/passwd与/etc/group。

2）创建用户主目录。

3）从/etc/skel复制文件与目录。

4）让新用户获得其主目录与文件的拥有权限。

5）给新用户一个密码。

（2）删除账户

用户不再使用某一账号，其账号会占用资源，且可能会被非法利用，所以应该删除。删除用户账号就是要将/etc/passwd等系统文件中的该用户记录删除，必要时还要删除用户的主目录。删除一个已有的用户账号使用userdel命令，其格式如下：

```
userdel 选项 用户名
```

常用的选项是-r，它的作用是把用户的主目录一起删除。一般情况下，普通用户只对自己的主目录拥有写权限，所以用户的相关文件一般也都是存放在主目录里。多数情况下，我们都希望在删除一个用户账号时，能将其所有相关文件一并删除，这时就需要使用-r选项，将用户账号连同主目录一起删除。

删除账户的命令及使用说明如表9-3所示。

表9-3　删除账户命令与使用实例

	参数	说　明	实　例
命令：userdel 格式：userdel [参数] 用户名		不加参数删除账户后主目录仍然存在	[root@ justin ~]# userdel study6 [root@ justin ~]# ls /home I Justin lost + found study study2 study3 study4 study6

（续）

	参数	说　明	实　例
命令：userdel 格式：userdel ［参数］用户名	－r	删除账户是连同主目录一起删除	[root@ justin ~]# userdel －r study4 [root@ justin ~]# ls /home I Justin lost + found study study2 study 3 study6

（3）修改用户

修改用户账号就是根据实际情况更改用户的有关属性，如用户号、主目录、用户组、登录Shell 等。对于系统中已经存在的用户账号，可以使用 usermod 命令重新设置各种属性。其格式如下：

```
usermod 选项 用户名
```

常用的选项包括－c、－d、－m、－g、－G、－s、－u 以及－o 等，这些选项的意义与 useradd 命令中的选项一样，可以为用户指定新的资源值。

修改账户的命令及使用说明如表 9-4 所示。

📖 添加多个附加组需要添加参数－a。同时，只能在所属组间切换，无法修改为其他组。

表 9-4　修改账户命令与使用实例

	参数	说　明	实　例
	－d	修改用户主目录	[root@ justin ~]# grep ‘study3’ /etc/passwd Study3: x: 523: 523: : /home/study3: /bin/bash [root@ justin ~]# mv /home/study3 [root@ justin ~]# ls/ Bin dev home lost + found misc net proc sbin srv study3 sys usr boot etc lib media mnt opt root selinux study1 study7 tmp var [root@ justin ~]# usermod －d /study3 study3 [root@ justin ~]# grep study3 /etc/passwd Study3: x: 523: 523: : /study3: /bin/bash [root@ justin ~]#
命令：usermod 格式：usermod ［参数］用户名	－l	更改用户账号名称	[root@ justin ~]# usermod －l study33 study3 [root@ justin ~]# grep study 33 /etc/passwd Study33: x: 523: 523: : /study3: /bin/bash
	－g	更改用户的基本组	[root@ justin ~]# id study33 Uid = 523 (study33) gid = 523 (study1) 组 = 523 (study3),500(justin) [root@ justin ~]# usermod －g study1 study33 [root@ justin ~]# id study33 Uid = 523 (study33) gid = 521 (study1) 组 = 521 (study1),500(justin) [root@ justin ~]#
	－G	更改用户的附加组	[root@ justin ~]# usermod －G study3 study33 [root@ justin ~]# id study33 Uid = 523 (study33) gid = 521 (study1) 组 = 521 (study1),523(study3)

（续）

	参数	说　明	实　例
命令：usermod 格式：usermod ［参数］用户名	-c	修改用户账号的备注信息	[root@ justin ~]# usermod -c comment study33 [root@ justin ~]# grep study33 /etc/passwd Study33: x: 523: 521: comment: /study3: /bin/bash
	-e	修改用户账号的有效期限	[root@ justin ~]# usermod -e 12/31/2014
	-s	修改用户登录时使用的 Shell	[root@ justin ~]# usermod -s /bin/bash
	-u	修改用户的 UID	[root@ justin ~]# useradd -u 888
	-L	锁定用户密码	[root@ justin ~]# usermod -L newuser1
	-U	解除用户密码锁定	[root@ justin ~]# usermod -U newuser1

（4）用户密码管理

密码是访问系统的第一道防线，如果被他人非法获取，则用户就会被冒用，不但给用户造成损失，而且对系统的正常运行也是严重威胁。所以应该做好用户密码的管理工作，还要定期更换密码。

通过 useradd 命令新添加的用户账号，还必须为其设置一个密码才能用来登录 Linux 系统。Linux 系统对密码要求非常严格，要求密码应符合下列规则。

1）密码不能与用户账号相同。

2）密码长度最好在 8 位以上。

3）密码最好不要使用字典里面出现的单词或一些相近的词汇，如 password 等。

4）密码最好包含英文大小写、数字、符号等字符。

当以 root 用户的身份为普通用户设置密码时，密码即使不符合规则要求，也可以设置成功。但如果是普通用户修改自己的密码，则必须要符合规则要求。如果是普通用户或者是 root 想要修改自己的密码时，直接输入 password，就能修改了，但普通用户输入密码会经过系统验证。

命令的格式如下：

```
passwd 选项 用户名
```

可使用的选项如下。

-l 锁定口令，即禁用账号。

-u 口令解锁。

-d 使账号无口令。

-f 强迫用户下次登录时修改口令。

用户密码设定命令的具体使用说明如表 9-5 所示。

表 9-5　账户密码设置命令与使用实例

	参数	说　明	实　例
命令：passwd 格式：Passwd ［参数］用户名		不加参数为用户添加密码；设置用户密码还可以通过如下命令实现： [root@ justin ~]# echo “study33” | passed -stdin study3 更改用户 study3 的密码； Pseewd：所有的身份验证令牌已经成功更新	[root@ justin ~]# passwd study 更改用户 study 的密码 新的密码： 无效的密码：过短 无效的密码：过于简单 重新输入新的密码： Passwd：所有的身份验证令牌已经成功更新

	参数	说　明	实　例
命令：passwd 格式：Passwd [参数] 用户名	-d	清空密码：用户的密码被清楚之后，无需使用密码就可以实现在本地登陆，但远程登陆时始终需要密码	[root@ justin ~]# passwd -d study1 清除用户的密码 study Passwd：操作成功
	-l	锁定用户账号，此时适应该账号无法登陆	[root@ justin ~]# passwd -l study1 锁定用户 study1 的密码 Passwd：操作成功
	-u	解锁用户账号，解锁之后账号可以正常登陆	[root@ justin ~]# passwd -u study1 解锁用户 study1 的密码 Passwd：操作成功
	-n	修改密码宽限天数，/etc/shadow 中第四字段	[root@ justin ~]# passwd -n 5 -x 30 -w 6 -i 3 study3 调整用户密码老化数据 study3 Passed：操作成功
	-x	修改密码宽限天数，/etc/shadow 中第五字段	
	-w	修改密码宽限天数，/etc/shadow 中第六字段	
	-i	修改密码宽限天数，/etc/shadow 中第七字段	
	-s	列出用户密码的相关信息；列出状态： PS = passworded，表示已设置密码 LK = Locked，表示已锁住密码 NP = No Password，表示无密码	[root@ justin ~]# passwd -S study3 Study2 PS 2013-10-10 5 30 6 3（密码已设置，使用 SHA512 加密）

在 Linux 系统中可以使用 change 命令管理用户口令的时效，防止用户口令由于长时间使用而导致泄漏，或被黑客攻击。其语法如下：

```
change 选项 用户名
```

可用的选项说明如下。

-m days 两次改变密码之间的最小天数。

-M days 两次改变密码之间的最大天数。

-d days 最近一次修改时间。

-I days 密码实效时间。

-E days 账户过期时间。

-W days 在密码过期之前警告的天数。

密码的时效管理命令及使用如表 9-6 所示。

表 9-6　密码时效管理命令与实例

	参数	说　明	实　例
命令：chage 格式：shage [参数] 用户名	-l	列出用户账号密码的详细时间参数	[root@ justin ~]# userdel -r study4 [root@ justin ~]# chage -d 2013-10-10 -m 5 -M 90 -W 7-13 -E 3013-10-11 study3 [root@ justin ~]# chage -l study3 Last passwoed change:Oct 10,2013 Password expires:Jan 08,2014 Password inactive:Jan 11,2014 Account expires:Oct 11,2013 Minimum number of days between password change:5 Maximum number of days between password change:90 Number of days warning before password expires:7
	-d	修改密码修改日期，/etc/shadow 中第三字段，为 0 表示第一次登陆强制修改密码	
	-m	修改密码冻结天数，/etc/shadow 中第四字段	
	-M	修改密码有效天数，/etc/shadow 中第五字段	
	-W	修改密码警告天数，/etc/shadow 中第六字段	
	-I	修改密码宽限天数，/etc/shadow 中第七字段，为 -1 表示不会失效	
	-E	修改账号失效日期，/etc/shadow 中第八字段	

📖 注意：由于 Linux 并不采用类似 Windows 的密码回显（显示为 * 号），为避免用户输入密码时被其他人窃取，输入的这些字符用户是看不见的。

2. 用户组管理

用户组就是具有相同特征的用户的集合体，将用户进行分类归组，可以增强系统的灵活性，方便用户合作及进行访问控制。用户与用户组属于多对多的关系，一个用户可以同时属于多个用户组，一个用户组可以包含多个不同用户，系统可以对一个用户组中的所有用户进行集中管理。不同 Linux 系统对用户组的规定有所不同，如 Linux 下的用户属于与它同名的用户组，这个用户组在创建用户时同时创建。用户组的管理包括用户组的添加、删除和修改。组的增加、删除和修改实际上就是对/etc/group 文件的更新。

（1）添加用户组

增加一个新的用户组使用 groupadd 命令。其格式如下：

```
groupadd 选项 用户组
```

可以使用的选项如下。

-g GID 指定新用户组的组标识号。

-o 一般与 -g 选项同时使用，表示新用户组的 GID 可以与系统已有用户组的 GID 相同。

例如：

```
# groupadd group1
```

此命令向系统中增加了一个新组 group1，新组的组标识号是在当前已有的最大组标识号的基础上加 1。

```
#groupadd  -g 101 group2
```

此命令向系统中增加了一个新组 group2，同时指定新组的组标识号是 101。

添加用户组的命令及使用如表 9-7 所示。

表 9-7　添加用户组命令与使用实例

	参数	说　明	实　例
命令：groupadd 格式：groupadd [参数] 组名		不加参数默认从 500 开始，这里由于前面创建了 5 个组，group1 的 GID 就为 526	[root@ justin ~]# groupadd group1 [root@ justin ~]# tail -2 /etc/group Study5: x: 525 Group1: x: 526
	-g	指定 GID	[root@ justin ~]# groupadd -g 530 group2 [root@ justin ~]# grep group2 /etc/group Group2: x: 530

（2）删除用户组

如果要删除一个已有的用户组，使用 groupdel 命令，其格式如下：

```
groupdel 用户组
```

例如：

```
#groupdel group1
```

此命令从系统中删除组 group1。

若删除群组为某些用户的基本组，必须先删除这些用户后才能删除群组，如图 9-1 所示。

```
[root@justin ~]# id study
uid=520(study) gid=520(study) 组=520(study)
[root@justin ~]# gpasswd -a study g1
Adding user study to group g1
[root@justin ~]# grep g1 /etc/group
g1:x:526:study
[root@justin ~]# groupdel g1
[root@justin ~]# grep g1 /etc/group
[root@justin ~]# groupadd g1
[root@justin ~]# usermod -g g1 study
[root@justin ~]# id study
uid=520(study) gid=524(g1) 组=524(g1)
[root@justin ~]# groupdel g1
groupdel: cannot remove the primary group of user 'study'
```

图 9-1 删除群组

（3）修改用户组

修改用户组的属性使用 groupmod 命令。其语法如下：

```
groupmod 选项 用户组
```

常用的选项有：

-g GID 为用户组指定新的组标识号。

-o 与 -g 选项同时使用，用户组的新 GID 可以与系统已有用户组的 GID 相同。

-n 新用户组，将用户组的名字改为新名字。

例如：

```
# groupmod  -g 102 group2
```

此命令将组 group2 的组标识号修改为 102。

```
# groupmod Cg 10000  -n group3 group2
```

此命令将组 group2 的标识号改为 10000，组名修改为 group3。

📖 除了传统的命令行方式，Linux 还提供图形化工具对用户和用户组进行管理。相比较 useradd 等命令而言，图形化工具提供了更为友好的用户接口。当然，这是以牺牲一定灵活性为代价的。

9.2.3 用户和组配置文件

1. 用户账号文件

谈到用户，就不得不谈到用户配置文件以及用户查询和管理的控制工具。用户管理主要是通过修改用户配置文件完成的，使用用户管理控制工具的最终目的也是为了修改用户配置文件。相关配置文件有两个：/etc/passwd 和/etc/shadow，如表 9-8 所示。

表 9-8　用户账号配置文件

	配置文件	说　　明
这两个配置文件中，每一行对应一个用户账号，不同的配置项之间用冒号：进行分隔，直接修改这些文件或者使用用户管理命令都可以对用户账号进行管理	/etc/passwd	保存用户名称、主目录、登录 Shell 等基本信息，这是一个文本文件，任何用户都可以读取文件中的内容
	/etc/shadow	保存用户的密码、账号有效期等信息，只有超级用户 root 才有权限读数 shadow 文件中的内容，普通用户无法查看这个文件，即使是 root 用户也不允许直接编辑该文件中的内容

（1）/etc/passwd 文件

/etc/passwd 是系统识别用户的一个文件，Linux 系统中所有的用户都记录在该文件中。假设用户 lydia 登录系统时，系统首先会检查/etc/passwd，看是否有 lydia 这个账户，然后确定 lydia 的 UID，通过 UID 来确认用户的身份，如果存在，则读取/etc/shadow 文件中对应的密码，核实无误后则读取配置文件。/etc/passwd 文件中的每一行定义一个用户账号，一行中又被“：”划分为 7 个不同的配置字段，分别表示用户名、密码、UID、GID、描述、用户、主目录、Shell。

内容：用户名　密码　UID　GID　描述　用户主目录　Shell

实例：　u1　：　x　：0　：0　：　u1　：　/home/u1　:/bin/bash

表 9-9 描述了各个字段的具体含义。

表 9-9　/etc/passwd 文件属性字段含义

字　段	说　　明
用户名	用户登录系统时使用的用户名，在系统中是唯一的
密码	存放加密的口令，所有加密的口令以及和口令有关的设置都保存在/etc/shadow 中
UID	用户标识号，是一个整数，系统内部用它来标识用户，每个用户的 UID 都是唯一的。root 用户的 UID 是 0，从 1 到 999 是系统的标准用户，普通用户的 UID 从 1000 开始
GID	组标识号，是一个整数，系统内部用它来标识用户所属的组。每个用户账户在建立好后都会有一个主组，主组相同的账户其 GID 相同
描述	例如存放用户全名等信息
用户主目录	用户登录系统后所进入的目录
Shell	命令注释器，指示该用户使用的 Shell，Linux 默认为 bash。

系统中新增加的用户账号信息将保存到 passwd 文件的末尾，如图 9-2 所示。

```
[root@justin ~]# tail -5 /etc/passwd
nfsnobody:x:65534:65534:Anonymous NFS User:/var/lib/nfs:/sbin/nologin
abrt:x:173:173::/etc/abrt:/sbin/nologin
sshd:x:74:74:Privilege-separated SSH:/var/empty/sshd:/sbin/nologin
tcpdump:x:72:72::/:/sbin/nologin
justin:x:500:500:justin_peng:/home/justin:/bin/bash
```

图 9-2　passwd 文件示例

以最后一行为例，配置字段说明如图 9-3 所示。

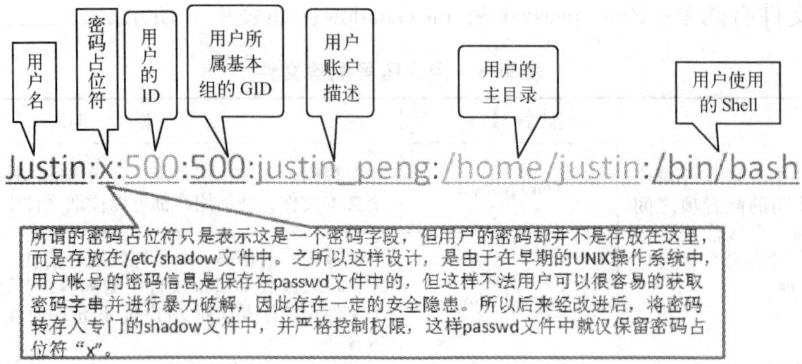

图 9-3　passwd 配置字段说明

（2）/etc/shadow 文件

/etc/shadow 文件是 /etc/passwd 的影子，这两个文件是对应互补的。/etc/shadow 文件包括了很多/etc/passwd 不能包括的信息，如账户的有效期等。/etc/passwd 文件对任何用户而言，均是可读的。为了增加系统的安全性，用户的口令通常用 shadow passwords 保护。/etc/shadow 只对 root 用户可读。在安装系统时，会询问用户是否启用 shadow passwords 功能，在安装好系统后也可以用 pwconv 命令和 pwunconv 命令来启动或取消 shadow passwords 的保护。Linux 系统默认使用 shadow passwords 保护，经过 shadow passwords 保护的账户口令和相关设置信息保存在 /etc/shadow 文件。

/etc/shadow 与/etc/passwd 类似，被“：”分隔成 9 个字段，分别为用户名、口令、最后一次修改时间、最小时间间隔、最大时间间隔、警告时间、不活动时间、失效时间和标志。/etc/shadow实例如下。

功能：存放用户口令（一般采用加密的方式存放口令）

实例：u1 ：bq $#：10750：0：9999 ：7 ：-1： -1 ：12546

说明：u1　　用户名

b1 $#　　加密的口令

10750　　从 1970.1.1 开始计算，该口令修改后已过去了多少天

0　　需要再过多少天这个口令可以被修改

9999　　密码的有效期（-1 代表永不过期）

7　　口令失效多少天前发出警告

-1　　口令失效多少天之后禁用账户

-1　　口令从 1970.1.1 计算，该口令禁用多少天

/etc/shadow 文件字段意义的具体说明如表 9-10 所示。

表 9-10　/etc/shadow 文件属性字段含义

字　段	说　明
用户名	用户的账户名
口令	用户的口令，是加密过的
最后一次修改时间	从 1970 年 1 月 1 日起，到用户最后一次更改口令的天数
最小时间间隔	从 1970 年 1 月 1 日起，到用户可以更改口令的天数
最大时间间隔	从 1970 年 1 月 1 日起，到用户必须更改口令的天数

（续）

字　段	说　明
警告时间	在用户口令过期之前多少天提醒用户更新
不活动时间	在用户口令过期之后到禁用账户的天数
失效时间	从 1970 年 1 月 1 日起，到账户被禁用的天数
标志	保留位

同样，系统中新增加的用户账号信息将保存到 shadow 文件的末尾，如图 9-4 所示。

```
[root@justin ~]# tail -5 /etc/shadow
nfsnobody:!!:15966::::::
abrt:!!:15966::::::
sshd:!!:15966::::::
tcpdump:!!:15966::::::
justin:$6$1mOVh2zDIYrUeSFa$H4rXDmxpE1siGaaRZm8wdhUs/MN0U5lddqg6ltObn4d.JGRWlB4WwiImkGN2cTgxubMl/h
```

图 9-4　shadow 文件示例

以最后一行为例，配置字段说明如图 9-5 所示。

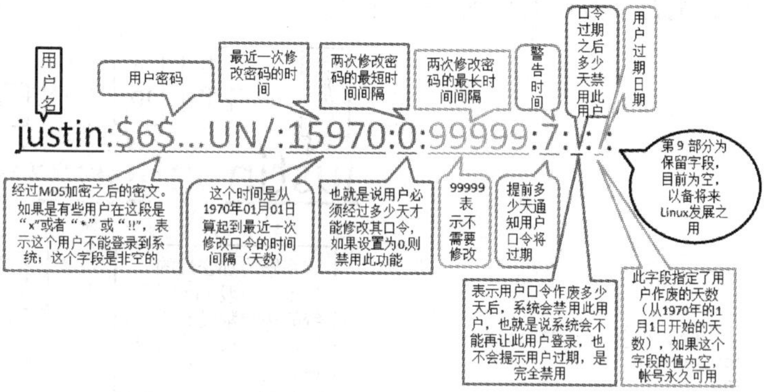

图 9-5　shadow 配置字段说明

2. 用户组账号文件

具有某种共同特征的用户集合起来就是用户组（Group）。用户组（Group）配置文件主要有两个，分别为 /etc/group 和/etc/gshadow，如表 9-11 所示。其中，/etc/gshadow 是/etc/group 的加密信息文件。

表 9-11　组账号配置文件

某一个组账号包含哪些成员，将会在/etc/group 文件内每一行的最后一个字段中体现，多个组成员之间使用逗号，分隔	配 置 文 件	说　明
	/etc/group	保存组账号名称、GID 号、组成员等基本信息
	/etc/gshadow	保存组账号的加密密码字串等信息（很少使用）

（1）/etc/group 文件

/etc/group 文件是用户组的配置文件，内容包括用户和用户组，并且能显示出用户是归属哪个用户组或哪几个用户组，因为一个用户可以归属一个或多个不同的用户组，同一用户组的用户之间具有相似的特征。比如把某一用户加入到 root 用户组，那么这个用户就可以浏览 root 用户组目录的文件；如果 root 用户把某个文件的读写执行权限开放，root 用户组的所有用户都可以修改此文件；如果是可执行的文件（比如脚本），root 用户组的用户也是可以执行的。用户组的特性在系统管理中为系统管理员提供了极大的方便，但安全性也是值得关注的，如某个用户下有对系统管理有最重要的内容，最好让用户拥有独立的用户组，或者把用户下的文件的权限设置为完全私有；另外 root 用户组一般不要轻易把普通用户加入进去。

与/etc/passwd 文件类似，其中每一行记录了一个组的信息。每行包括 4 个字段，不同的字段之间用“:”分隔，各字段的内容说明如表 9-12 所示。

表 9-12 /etc/group 文件属性字段含义

字　段	说　明
用户组名	用户组的名称
用户组密码	用户组口令，由于安全原因，已不使用该字段保存口令，用“x”占位
GID	组的识别号，和 UID 类似，每个组都有自己的识别号，不同组的 GID 不会相同
组成员	属于该组的成员

系统中新增加的用户组账号信息将保存到 group 文件的末尾，如图 9-6 所示。

以最后一行为例，配置字段说明如图 9-7 所示。

```
[root@justin ~]# grep "^justin" /etc/group
justin:x:500:root,justin
[root@justin ~]#
```

图 9-6 group 文件示例

图 9-7 group 配置字段说明

（2）/etc/gshadow 文件

/etc/gshadow 是/etc/group 的加密信息文件，比如用户组管理密码就存放在这个文件。/etc/gshadow和/etc/group 是互补的两个文件。对于大型服务器，针对很多用户和组，定制一些关系结构比较复杂的权限模型，设置用户组密码是极有必要的。比如不想让一些非用户组成员永久拥有用户组的权限和特性，这时可以通过密码验证的方式来让某些用户临时拥有一些用户组特性，这时就要用到用户组密码。

与/etc/group 文件类似，其中每一行记录了一个组的信息。每行包括 4 个字段，不同的字段之间用“:”分隔，各字段的内容说明如表 9-13 所示。

表 9-13 /etc/gshadow 文件属性字段含义

字　段	说　明
用户组名	用户组的名称，该字段与 group 文件中的组名相对应
用户组密码	用户组口令，该字段用于保存已加密的口令
组的管理员账号	组的管理员账号，管理员有权对该组添加删除账号
组成员	属于该组的用户成员列表，列表中多个用户间用“,”分隔

系统中新增加的用户组账号信息将保存到 gshadow 文件的末尾，如图 9-8 所示。
以最后一行为例，配置字段说明如图 9-9 所示。

```
[root@justin ~]# grep "^justin" /etc/gshadow
justin:!!::justin
[root@justin ~]#
```

图 9-8　gshadow 文件示例

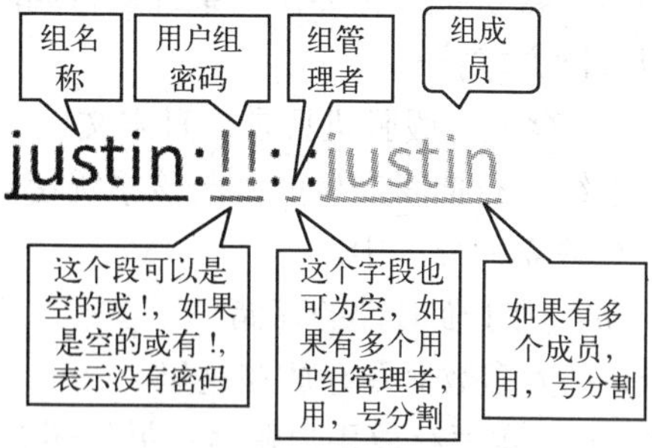

图 9-9　gshadow 配置字段说明

9.3　文件系统管理

无论是 Windows 系统还是 Linux 系统，用户的日常操作与使用几乎都是围绕文件系统而展开的。在 Linux 服务器中，格式化好的文件系统要有一个“挂载”的过程，然后才能通过挂载点文件夹访问该文件系统。本节主要介绍如何挂载各种不同类型的文件系统、如何使服务器开机后或在需要时自动挂载内容。

9.3.1　文件系统的目录结构

Linux 文件系统的目录结构在本书第 7 章已有介绍，是树形可挂装的结构。与同是树型结构的 Windows 文件系统相比，Linux 文件系统具有自身明显的特征。

首先，在 Windows 系统中，不同分区上的文件系统各自是一棵独立的树，用“盘符”代表树根，如：C:\、D:\、E:\等。从一个分区的目录树进入到另一个分区中时，需要先切换盘符。若新添一个本地分区，后面的盘符可能也会跟着改变。与此不同的是，Linux 的目录树是唯一的，所有文件都放在从根目录开始的目录树下。Linux 系统采用了分区挂载的概念，所有分区都要挂到根文件系统下的某个挂载点上，然后通过根目录来访问。不管挂载的是本地磁盘分区还是网络上的文件系统，它们都与根文件系统无缝结合，访问这些分区就如同访问根文件系统所在分区一样。

另外，在 Windows 系统中，文件几乎可以放在任何地方。安装软件时，所有的文件（如可执行文件、配置文件、数据文件、帮助文件等）通常都放在该软件自己的目录下，其存放结构由软件自行组织，而不是由系统设定。而在 Linux 系统中，文件是根据功能而不是按所属的软件来划分的。软件包中的各个文件应安放到哪些目录中是由操作系统决定的。例如，软件的文档应放在/usr/share/doc 目录下，手册页要放在/usr/share/man 目录下，可执行文件要放在/usr/bin 目录下等。所有文件正是以这种方式与系统层次紧密结合，给管理提供了方便。

Linux 的目录系统可以通过 X - Windows 菜单的 File Manager 窗口中看到，一些常用的目录如下。

/：根目录，是在系统启动时建立的，其他目录都可以用挂载的方式挂在根文件系统下的某个位置，根目录下一般不含任何非目录文件。

/etc：包括大多数引导系统或激活系统所需的系统专用数据，如 host. conf、httpd 等。

/lib：包含 c 编译程序需要的函数库，是二进制文件，如 cpp。

/usr：Linux 文件系统中最大的系统目录之一，它存放了所有的命令、运行库等。该目录下的内容与特定系统无关，在系统运行期间保持不变，因而可以建在独立分区中，通过网络共享，以只读方式挂载。

/var：存放有假脱机目录、日志文件、记账信息和其他各种快速增长或变化的信息。这些信息是系统运行期间产生的，与该系统密切相关。所以，如果是一个运营的系统，最好把/var 建在一个独立的分区中。

/tmp：用于临时性的存储。

/bin：大多数命令存放在这里。

/home：主要存放用户账号；另外还有 ftp。系统管理员增加用户时，系统会在这里自动增加与用户同名的目录，此目录下一般默认有 desktop 目录。

/dev：包含称为设备文件的特殊文件，如 fd0、had 等。

/mnt：在 Linux 中系统中，它是专门给挂载的文件系统使用的，里面有两个文件：cdrom 和 floopy，登录光驱、软驱时要用到。

9.3.2 存储设备命名规则

现在常见的磁盘类型有 IDE 并口硬盘、STAT 串口硬盘以及 SCSI 硬盘，不同类型的硬盘在 Linux 下对应的设备文件名称不尽相同，Linux 下磁盘设备常用的表示方案有两种。

● 方案一：主设备号 + 次设备号 + 磁盘分区编号

对于 IDE 硬盘：hd[a - z]x

对于 SCSI 硬盘：sd[a - z]x

● 方案二：主设备号 + [0 - n],y

对于 IDE 硬盘：hd[0 - n],y

对于 SCSI 硬盘：sd[0 - n],y

主设备号代表设备的类型，可以唯一地确定设备的驱动程序和界面，主设备号相同的设备是同类型设备，即，使用同一个驱动程序，比如 hd 表示 IDE 硬盘，sd 表示 SCSI 硬盘，tty 表示终端设备等。次设备号代表同类设备中的序号，“a - z”就表示设备的序号。如/dev/hda 表示第一块 IDE 硬盘，/dev/hdb 表示第二块 IDE 硬盘。同理，/dev/sda 以及/dev/sdb 分别表示第一、第二块 SCSI 硬盘。在有些情况下，系统只有一块硬盘，但是设备文件却显示为 hdb，这与硬盘的跳线有关，知道设备表示的意思就可以了，不必深究。

用“x”表示在每块磁盘上划分的磁盘分区编号。在每块硬盘上可能会划分一定的分区，分区的意思类似与 Windows 中 C 盘、D 盘的概念，针对每个分区，Linux 用/dev/hdax 或者/dev/sdbx表示。这里的“x”代表第一块 IDE 硬盘的第“x”个分区和第二块 SCSI 硬盘的第“x”个分区。除了用“a - z”表示同类硬盘的序号，也可用“0 - n”表示硬盘的序号，第二种方案中的“y”是一个数字，从“1”开始，表示磁盘分区编号。比如，（hd0，8）与 hda7 是等同的，表示第一块 IDE 硬盘的第七个分区，而（sd4，3）等同于 sde2，表示第 5 块 SCSI 硬盘的第二个分区。

分区对于 Linux 系统的稳定和安全非常重要，合理正确的划分磁盘分区有助于系统的稳定运行和数据的安全保障，下面介绍如何合理的划分磁盘分区以及这种划分带来的好处。

磁盘的分区由主分区、扩展分区和逻辑分区组成，在一块硬盘上，主分区的最大个数是 4

个，其中扩展分区也算一个主分区，在扩展分区下可以建立很多逻辑分区，所以主分区（包括扩展分区）范围是1~4。逻辑分区从5开始，对于逻辑分区，Linux规定它们必须建立在扩展分区上，而不是建立在主分区上。

主分区的作用是用来启动操作系统，主要存放操作系统的启动或引导程序，因此建议操作系统的引导程序都放在主分区，比如Linux的/boot分区，最好放在主分区上。扩展分区只不过是逻辑分区的"容器"。实际上只有主分区和逻辑分区是用来进行数据存储的，因而可以将数据集中存放在磁盘的逻辑分区中，由于磁盘分区作用的不同，Linux对主分区大小也有限制，因此，对于大量的数据，一定要存储在逻辑分区中。

经过上面的阐述，一个合理的分区方式为：主分区在前，扩展分区在后，然后在扩展分区中划分逻辑分区；主分区的个数加上扩展分区个数要控制在4个之内。

【例9-1】 通过fdisk -l命令显示当前系统分区的所有信息。

```
[root@ data1 ~]# fdisk -l
Disk /dev/sda: 437.9 GB, 437998583808 bytes
255 heads, 63 sectors/track, 53250 cylinders
Units = cylinders of 16065 * 512 = 8225280 bytes
Device Boot    Start   End     Blocks      Id  System
/dev/sda1 *    1       38      305203 +    83  Linux
/dev/sda2      39      1950    15358140    83  Linux
/dev/sda3      1951    3862    15358140    83  Linux
/dev/sda4      3863    53250   396709110   5   Extended
/dev/sda5      3863    5774    15358108 +  83  Linux
/dev/sda6      5775    7049    10241406    83  Linux
/dev/sda7      7050    8069    8193118 +   82  Linux swap / Solaris
/dev/sda8      8070    9089    8193118 +   83  Linux
/dev/sda9      9090    53250   354723201   83  Linux
Note: sector size is 4096 (not 512)
Disk /dev/sdb: 943.7 GB, 943718400000 bytes
255 heads, 63 sectors/track, 14341 cylinders
Units = cylinders of 16065 * 4096 = 65802240 bytes
Device Boot  Start  End    Blocks     Id  System
/dev/sdb1    1      14341  921552408  83  Linux
```

对于输出每项的含义解释如下。

heads代表磁盘面数；sectors代表扇区数；每个扇区大小为0.5k，cylinders代表柱面数，因此，硬盘空间总大小=磁面个数*（扇区个数*每个扇区的大小512）*柱面个数。

左边第一列"Device"项显示了磁盘分区对应的设备文件名。

第二列"Boot"项显示是否为引导分区，上面的/dev/sda1就是引导分区。

第三列"Start"项表示每个磁盘分区的起始位置，以柱面为计数单位。

第四列"End"项显示了每个磁盘分区的终止位置，以柱面为计数单位。

第五列"Blocks"项显示了磁盘分区的容量，以K为单位。

第六列"Id"项显示了磁盘分区对应的ID，根据分区的不同，分区对应的ID号也不同，Linux下用83代表主分区和逻辑分区，用5代表扩展分区，而用82代表交换分区，用7代表NTFS分区等等。

第七列“System”项的含义与第六列基本相同，都是表示不同的分区类型。

由此可知，此系统从/dev/sda1 到/dev/sda4 为主分区，而/dev/sda4 为扩展分区，在/dev/sda4 下又建立了/dev/sda5 到/dev/sda9 共 5 个逻辑分区，其中/dev/sda7 为交换分区。

9.3.3 文件系统操作

在 Linux 系统下对文件系统进行操作的命令主要有 pwd，cd，ls，touch，mkdir，rmdir，cp，mv，rm 以及 wc 等。本节主要讲述在 Linux 系统下如何使用命令对文件和目录进行操作。

1. ls 命令

ls 命令的功能是显示指定目录下的文件目录清单，相当于 DOS 下的 dir 命令，而且其参数更加丰富多样。

(1) ls 示例一——不带参数

```
[user1@server1 ~]$ ls
abc    host.conf    php.ini
```

功能：显示指定目录中的文件清单，如果没有指定任何目录，则默认为当前目录。

(2) ls 示例二——显示隐含文件

```
[user1@server1 ~]$ ls  -a
.     abc              .bash_profile   .emacs   host.conf   .viminfo
..    .bash_logout     .bashrc         .gtkrc   php.ini     .zshrc
```

参数 -a 的功能：显示隐含文件。

说明：若文件名以“.”开头，则认为是隐含的，进而普通的 ls 命令不显示以“.”开头的文件；所以要完全显示某目录下的文件清单，必须加上 -a 参数才行。

(3) ls 示例三——长格式输出

```
[user1@server1 ~]$ ls  -l
total 60
drwxrwxr-x     2   user1   user1   4096    Aug 17 09:10 abc
-rw-r--r--     1   user1   user1   17      Aug 17 09:04 host.conf
-rw-r--r--     1   user1   user1   38450   Aug 17 09:04 php.ini
```

参数 -l 的功能是：以长格式列表输出指定目录中的文件清单。

以上述输出中文件 abc 为例，长格式输出的内容如下：

文件类型	文件权限	连接数	属主	属组	大小	日期	时间	文件名
d	rwxrwxr-x	2	user1	user1	4096	Aug	17 09:10	abc

(4) ls 示例四——递归显示

```
[user1@server1 ~]$ ls -R
.:
abc    host.conf    php.ini
./abc:
a1.txt   a2.txt
```

参数 -R 的功能是：递归显示指定目录下的文件清单，即会显示指定目录分支内各子目录中的文件清单。

2. pwd 命令

示例：pwd

```
[user1@server1 ~]$ pwd
/home/user1
```

功能：显示当前文件目录。

3. mkdir 命令

（1）mkdir 示例一

```
[user1@server1 ~]$ mkdir  abc
```

功能：在当前文件目录下创建目录 abc。

（2）mkdir 示例二——创建多级目录

```
[user1@server1 ~]$ mkdir -p a/b/c
[user1@server1 ~]$ ls -R a
a:
b
a/b:
c
a/b/c:
```

功能：参数 -p 功能是如果要创建的目录的父目录不存在，则先创建父目录，再创建该目录。

如果指定的目录存在，则不影响原目录，也不会报错。在本示例中会连续创建 a 目录、a/b目录、a/b/c 目录。

4. cd 命令

（1）cd 示例一——切换工作目录

```
[user1@server1 ~]$ cd /var
[user1@server1 var]$ pwd
/var
```

功能：将当前的工作目录切换为/var。

（2）cd 示例二——切换到当前用户的主目录

```
[user1@server1 var]$ cd
[user1@server1 ~]$ pwd
/home/user1
```

功能：不带参数的 cd 命令直接将当前的工作目录切换为该用户的主目录。

主目录又称为家目录，在 RHEL 中是在创建用户时，自动在/home 下为用户创建一个与其用户名同名的目录，并将该目录的所有权划归给该用户所有。

📖 注意：字符“~”代表（当前）用户的主目录。

5. touch 命令

（1）touch 示例一——创建空文件

```
[user1@server1 ~]$ touch myfile
[user1@server1 ~]$ ls -l myfile
-rw-rw-r-- 1 user1 user1 0 Aug 17 11:54 myfile
```

功能：如果 myfile 不存在，则创建一个大小为 0 B 名为 myfile 的空文件。

（2）touch 示例二——改变文件的最后修改时间

再执行一次 touch myfile：

```
[user1@server1 ~]$ touch myfile
[user1@server1 ~]$ ls -l myfile
-rw-rw-r-- 1 user1 user1 0 Aug 17 11:56 myfile
```

功能：如果 myfile 已存在，则将改变 myfile 的最后修改时间。

6. cp 命令

（1）cp 示例一——复制文件

```
[user1@server1 ~]$ cp /etc/php.* abc
```

功能：将/etc/目录下以“php.”开头的文件复制到目录 abc 中。

说明：“*”是通配符，可以匹配多个字符；“?”只能匹配一个字符。

（2）cp 示例二——复制目录

```
[user1@server1 ~]$ cp -R /etc abc
```

功能：增加了参数 -R，将目录/etc 下面的所有子目录和文件都复制到目录 abc 中。

7. mv 命令

（1）mv 示例一——将文件移动到目录中

```
[user1@server1 ~]$ mv myfile mydir1
```

功能：如果 mydir1 存在且是个目录，则将文件 myfile 移动到目录 mydir1 中。

（2）mv 示例二——文件改名

```
[user1@server1 ~]$ mv myfile myfile2
```

功能：将文件（或目录）myfile 改名为 myfile2。

8. rmdir 命令

```
[user1@server1 ~]$ rmdir mydir1
```

功能：删除指定的空目录。

9. rm 命令

（1）rm 示例一——删除文件

```
[user1@server1 ~]$ rm php.ini
```

功能：删除指定的文件 php.ini。

（2）rm 示例二——删除目录

```
[user1@server1 ~]$ rm -rf abc
```

功能：参数 -r 是递归的意思，即可以删除非空目录；参数 -f 是强制的意思。

本例中 abc 为非空目录，读者可以尝试是否可用 rmdir 直接删除。

10. cat 命令

（1）cat 示例一——显示文件内容

```
[user1@server1 ~]$ cat myfile
hello,world
```

功能：显示指定文件 myfile 的内容。

（2）cat 示例二——创建文件

```
[user1@server1 ~]$ cat > myfile2
Welcome to Linux World!
```

按〈Ctrl+D〉组合键结束输入。

功能：利用输出重定向符“>”来创建简短的文本文件 myfile2。

11. more 和 less 命令

```
$ more /etc/httpd/conf/httpd.conf
```

功能：分屏显示指定文件 httpd.conf 的内容，非常适合显示超过一屏的文本文件。每按一下〈Space〉键，向后翻一屏；每按一次〈Enter〉键，向后翻一行。

说明：与 more 功能很相似，只不过 less 功能更强大，支持按〈PageUp〉键向前翻屏，按〈PageDown〉键向后翻屏。

12. head 命令

（1）head 示例一——显示文件前 10 行内容

```
$ head /etc/httpd/conf/httpd.conf
```

功能：默认显示指定文件的前 10 行的内容。

（2）head 示例二——显示文件前 n 行内容

```
$ head -n 19 /etc/httpd/conf/httpd.conf
```

功能：参数 -n 设置显示指定行数。本例会显示文件的前 19 行的内容。

13. tail 命令

（1）tail 示例一——显示文件最后 10 行内容

```
$ tail  /etc/httpd/conf/httpd. conf
```

功能：默认显示指定文件的末尾 10 行的内容。

（2）tail 示例二——显示文件最后 n 行内容

```
$ tail  -n 12  /etc/httpd/conf/httpd. conf
```

功能：参数 -n 设置显示指定行数。本例会显示文件的末尾 12 行的内容。

14. grep 命令

（1）grep 示例一——在指定的文件中查找包含特定字符串的行

```
[user1@server1 ~]$ grep  "bind"  host. conf
```

功能：在文件 host. conf 中查找包含字符串“bind”的行。

```
[user1@server1 ~]$ grep  "network"  /etc/*. conf
```

功能：利用通配符可在多个文件中查找包含特定的字符串的行。本例会在/etc 下扩展名为“conf”文件中查找包含字符串“network”的行。

（2）grep 示例二——查找不包含指定字符串的行

```
$ grep  -v  "network"  /etc/nsswitch. conf
```

功能：查找/etc/nsswitch. conf 文件中不包含字符串“network”的行。

15. wc 命令

（1）wc 示例一——统计指定文件的行数、单词数和字符数

```
[user1@server2 ~]$ wc  /etc/nsswitch. conf
63  272  1718  /etc/nsswitch. conf
```

功能：统计出文件/etc/nsswitch. conf 共有 63 行、272 个单词、1718 个字符。

（2）wc 示例二——参数使用

```
$ wc  -l  /etc/nsswitch. conf
63  /etc/nsswitch. conf
```

功能：参数 -l 的功能是统计出指定文件的行数。另外，可利用参数 -w 统计单词，利用参数 -c 统计字符数。

9.4 系统备份

计算机系统在运行过程中不可避免地会发生各种故障，包括软硬件异常、操作失误和外界环境变化造成的系统崩溃或文件丢失。虽然现在的系统都具有一定的容错和安全措施，但都不

能替代简单可靠的备份操作。备份是指定期地把系统和用户的数据打包复制到脱机的介质上，生成一系列的副本保存。常用的备份介质有磁带、软盘、光盘和移动硬盘。恢复指一旦系统出现故障或其他原因造成数据丢失，就可以从备份介质上把数据复制回硬盘，减小损失。良好的备份措施是保证系统正常运行的必要手段。因此，必须执行严格的备份制度，按时进行数据的备份和转储工作。

9.4.1 备份策略

Linux 是一个稳定而可靠的环境。但是任何计算机系统都有无法预料的事件，比如硬件故障。拥有关键配置信息的可靠备份是管理计划的组成部分。在 Linux 中可以通过各种各样的方法来执行备份。所涉及的技术从非常简单的脚本驱动的方法，到精心设计的商业化软件，备份可以保存到远程网络设备、磁带驱动器和其他可移动媒体上，备份可以是基于文件的或基于驱动器映像的。可用的选项很多，用户可以混合搭配这些技术，为系统环境设计理想的备份计划。

在备份和还原系统时，Linux 基于文件的性质成了一个极大的优点。在 Windows 系统中，注册表与系统是非常相关的，配置和软件安装不仅仅是将文件放到系统上。因此，还原系统就需要有能够处理 Windows 这种特性的软件。在 Linux 中，情况就不一样了，配置文件是基于文本的，并且除了直接处理硬件时以外，它们在很大程度上是与系统无关的。硬件驱动程序的方法是动态加载模块，这样内核就更加变得与系统无关。不同于让备份必须处理操作系统安装到系统和硬件上的细节，Linux 备份处理的是文件的打包和解包。备份的方式可以分为以下几种。

1）完全备份：一次备份所有数据。这是最基本的备份方式，备份的工作量较大，需要的介质也较多，但恢复时比较容易。

2）更新备份：备份上一次完全备份后改变的所有数据。更新备份的备份，恢复工作量居中。恢复时需要先恢复上一次的完全备份，再恢复最近一次的更新备份。

3）增量备份：备份上一次备份后改变的所有数据。增量备份工作量小，但恢复较费力，需要从上一次的完全备份开始，逐级恢复随后的各个增量备份。

9.4.2 备份内容

系统管理员应根据系统的使用情况制订备份方案并对其严格执行。常用的方案是每月 1 ~ 2 次完全备份，每周末做一次更新备份，每个工作日做一次增量备份。系统升级前必须进行完全备份。备份的范围也要根据系统的使用情况来决定，原则是对经常改动的文件应该比改动较少的文件备份更频繁一些。

（1）需要备份的内容

一般情况下，以下这些目录是需要备份的。

1）/etc，包含所有核心配置文件。这其中包括网络配置、系统名称、防火墙规则、用户、组，以及其他全局系统项。

2）/var，包含系统守护进程（服务）所使用的信息，包括 DNS 配置、DHCP 租期、邮件缓冲文件、HTTP 服务器文件、db2 实例配置等。

3）/home，包含所有用户的默认用户主目录。这包括他们的个人设置、已下载的文件和用户不希望失去的其他信息。

4）/root，是根（root）用户的主目录。

5）/opt，是安装许多非系统文件的地方。IBM 软件就安装在这里。OpenOffice、JDK 和其他软件在默认情况下也安装在这里。

（2）不需要备份的内容

有些目录是不需要备份。

1）/proc，永远不要备份这个目录。它不是一个真实的文件系统，而是运行内核和环境的虚拟化视图。它包括诸如/proc/kcore 这样的文件，这个文件是整个运行内存的虚拟视图。备份这些文件只是在浪费资源。

2）/dev，包含硬件设备的文件表示。如果计划还原到一个空白的系统，那么就可以备份/dev。然而，如果计划还原到一个已安装的 Linux 系统，这种情况下备份/dev 就是没有必要的。其他目录包含系统文件和已安装的包。在服务器环境中，这其中的许多信息都不是自定义的，大多数自定义都发生在/etc 和/home 目录中。

在生产环境中，希望确保数据不会丢失，因而会备份除/proc 目录之外的整个系统。如果只希望保留用户设置和配置设置，则仅备份/etc、/var、/home 和/root 目录即可。

9.4.3 备份命令

Linux 系统提供了多种图形化的和命令方式的备份工具，用户可以选择使用。命令方式的备份工具包括归档命令和压缩命令两类。归档命令的功能是将要备份的文件打包成一个档案文件，写到存档介质上或备份目录下。在需要恢复时，用归档命令可以从档案文件中提取出文件，并写回文件系统中。在对文件进行归档和提取操作时，可配合使用压缩命令对文件进行压缩和解压缩。以下仅对最常用于备份和压缩的 tar 、gzip 和 unzip 命令做介绍。

1. tar 命令

tar 可以为文件和目录创建档案。利用 tar，用户可以为某一特定文件创建档案（备份文件），也可以在档案中改变文件，或者向档案中加入新文件。tar 最初被用来在磁带上创建档案，现在，用户可以在任何设备上创建档案，如软盘。利用 tar 命令，可以把一大堆的文件和目录全部打包成一个文件，这对于备份文件或将几个文件组合成为一个文件以便于网络传输是非常有用的。Linux 中的 tar 是 GNU 版本的。

语法：

```
tar [主选项+辅选项] 文件或者目录
```

使用该命令时，主选项是必须要有的，辅选项是辅助使用的，可以选用。

（1）主选项

主选项包括以下几种。

-c 创建新的档案文件。如果用户想备份一个目录或是一些文件，就要选择这个选项。

-r 把要存档的文件追加到档案文件的末尾。例如用户已经作好备份文件，又发现还有一个目录或是一些文件忘记备份了，这时可以使用该选项，将忘记的目录或文件追加到备份文件中。

-t 列出档案文件的内容，查看已经备份了哪些文件。

-u 更新文件。就是说，用新增的文件取代原备份文件，如果在备份文件中找不到要更新的文件，则把它追加到备份文件的最后。

-x 从档案文件中释放文件。

（2）辅选项

辅助选项包括以下几种。

-b 该选项是为磁带机设定的。其后跟一数字，用来说明区块的大小，系统预设值为 20（20×512 bytes）。

-f 使用档案文件或设备，这个选项通常是必选的。

-k 保存已经存在的文件。例如在对文件还原的过程中，遇到相同的文件，不会进行覆盖。

-m 在还原文件时，把所有文件的修改时间设定为现在。

-M 创建多卷的档案文件，以便在几个磁盘中存放。

-v 详细报告 tar 处理的文件信息。如无此选项，则 tar 不报告文件信息。

-w 每一步都要求确认。

-z 用 gzip 来压缩/解压缩文件，加上该选项后可以将档案文件进行压缩，但还原时也一定要使用该选项进行解压缩。

2. gzip 命令

减少文件大小有两个明显的好处，一是可以减少存储空间；二是通过网络传输文件时，可以减少传输的时间。gzip 是在 Linux 系统中经常使用的一个对文件进行压缩和解压缩的命令，既方便又好用。

语法：

```
gzip [选项] 压缩/解压缩的文件名
```

各选项的含义如下。

-c 将输出写到标准输出上，并保留原有文件。

-d 将压缩文件解压。

-l 对每个压缩文件，显示下列字段：

- 压缩文件的大小。
- 未压缩文件的大小。
- 压缩比。
- 未压缩文件的名字。

-r 递归式地查找指定目录，并压缩其中的所有文件或者是解压缩。

-t 测试，检查压缩文件是否完整。

-v 对每一个压缩和解压的文件，显示文件名和压缩比。

-num 用指定的数字 num 调整压缩的速度，-1 或 --fast 表示最快压缩方法（低压缩比），-9 或 --best 表示最慢压缩方法（高压缩比）。系统缺省值为 6。

3. unzip 命令

用 MS Windows 下的压缩软件 winzip 压缩的文件如何在 Linux 系统下展开呢？可以用 unzip 命令，该命令用于解压缩扩展名为“zip”的文件。

语法：

```
unzip [选项] 压缩文件名.zip
```

各选项的含义分别如下。

-x 文件列表解压缩文件，但不包括指定的 file 文件。

-v 查看压缩文件目录，但不解压缩。

-t 测试文件有无损坏，但不解压缩。

-d 目录 把压缩文件解压到指定目录下。

-z 只显示压缩文件的注解。

-n 不覆盖已经存在的文件。

-o 覆盖已存在的文件且不要求用户确认。

-j 不重建文档的目录结构，把所有文件解压到同一目录下。

9.5 系统监控

系统监控的任务是监控登录的用户、进程、内存和文件系统的情况，及时发现系统在安全、性能和资源使用等方面的问题。系统监控的手段是使用专用命令或图形监控工具。

9.5.1 监视用户的登录

root 可以用 last 命令和 w 命令随时了解用户的登录情况以及用户的活动情况。

1. last 命令

功能：列出最近用户登录系统的相关信息。

格式：last [用户名...] [终端名...]

参数：用户名指定要查看某用户的登录信息，默认显示所有登录用户的信息，终端名指定查看在某终端上登录的用户信息，默认显示所有终端上的登录用户的信息。

说明：显示格式如下。

用户名 - 登录终端名 - 登录日期 - 登录时间 - 退出时间（持续时间）

【例 9-2】 显示 root 最近的登录记录。

```
$ last root
root   tty1   Mon   Aug   13   09:39   still logged in
root   tty2   Sun   Aug   12   09:29  - down   (23:25)
root   tty2   Fri   Aug   10   18:17  - down   (1+20:15)
root   pts/0 Sun   Aug    5   10:14  - 10:19   (00:04)
root   tty1   Sun   Aug    5   08:37  - 08:46   (00:08)
...
$
```

last 命令的输出中，退出时间为“down”表示系统关机时间。

2. w 命令

功能：显示目前登录系统的用户以及他们正在执行的程序。

格式：w [-s] [用户名]

说明：用户名指定要查看的用户，未指定用户时显示所有登录用户的活动情况。每个登录用户的信息占一行。-s 选项表示以短格式显示，否则以长格式显示。短格式的输出格式为如下 5 列：

用户名 - 登录的终端名 - 登录的远程主机名 - 空闲时间 - 正执行的命令

【例 9-3】显示所有用户的登录与活动情况。

```
# w  -s
22:19:30 up   3:59,   3 users,   load average: 0.12, 0.09, 0.23
USER    TTY     FROM    IDLE    WHAT
root    tty1    -       0.00s   w -s
cherry  tty7    :0      3.00s   usr/bin/gnome - session
cherry  pts/1   :0.0    7.24s   gnome - terminal
#
```

命令的输出表示，root 在本地 tty1 控制台登录，正在执行 w -s 命令，cherry 在本地 tty7 控制台登录，运行的是 gnome 会话程序，同时 cherry 还在 gnome 虚拟终端登录，运行的是 gnome 终端程序。

9.5.2 监视进程的运行

监控进程的运行包括监视进程的活动状况，以及在必要的时候控制进程的活动，如终止进程、挂起以及恢复进程运行等。

1. 监视进程的运行

监视进程活动情况的常用命令是 ps 和 top 命令。ps 命令提供系统中的进程在当前时刻的一次性“快照”；top 命令展示系统正在发生事情的“全景”，即实时地描述活动进程以及其所使用的资源情况的汇总信息。下面对 top 命令的用法进行说明。

功能：实时显示系统中的进程活动，并提供交互界面来控制进程的活动。

格式：top [选项]

选项：

- d 间隔秒数 以指定的间隔秒数刷新，默认为 10 秒。
- n 执行次数 指定重复刷新的次数，默认为一直执行下去，直到按〈Q〉键退出。

说明：top 命令运行后，将显示屏分为上下两部分，上部分是关于系统内的用户数和进程数的统计，以及 CPU、内存和交换空间的资源占用率的统计；下部分是所有进程的当前信息，通常是按 CPU 使用率排列的，最活跃的进程显示在顶部。这些信息动态地刷新，反映出系统的实时运行状况。中间的分隔行是命令交互行，用户可以在此处输入 top 的命令字符，常用的命令字符如下。

- h 或？显示命令列表。
- k 杀死进程。
- r 改变进程优先级。
- q 退出。

2. 改变进程优先级

进程的优先级取决于它的“谦让数”（Nice Number）。具有较高谦让数的进程对待其他进程较为谦让，因而具有较低的优先级，谦让数低的进程对待其他进程不够谦让，因而具有高优先级。谦让数的范围为 -20 ~ 19，数字越小则优先级越高，也就是被进程调度选中的机会越高。Shell 的默认谦让数是 0。用户可以用一个指定的谦让数来运行进程，不过，只有 root 可以为进程指定负值。

为进程设置优先级的命令是 nice，改变进程优先级的命令是 renice。在 top 命令的界面中也可以调整进程的优先级。

（1）nice 命令

功能：调整程序运行的优先级。

格式：nice [选项] [命令行]

选项：-n 谦让数增量在 Shell 的当前谦让数上加上指定的增量来运行命令。未指定此选项时，默认增量为 +10。只有 root 可以指定负数增量。

说明：未指定命令行时，显示 Shell 的当前谦让数。

【例 9-4】 用 nice 命令指定进程的谦让数。

```
 $ nice                                  #显示当前 nice 数
0
 $ nice -n 5 yes > /dev/null &           #降低优先级运行一个 yes 进程
 $ ps -o pid,ni,args                     #显示进程号、nice 数和命令
PID    NI   COMMAND
1978   0    bash
4907   5    yes
4908   0    ps -o pid,ni,args
 $
```

从上例可以看出，用 nice 命令执行 yes 进程的 nice 数是指定的 5，而直接执行的 ps 进程的 nice 数是默认的 0。

（2）renice 命令

功能：调整正在运行进程的谦让数。

格式：renice 谦让数进程号

说明：进程的属主可以调高谦让数，只有 root 可以调低谦让数。

3. 作业控制

在 Linux 系统中，作业控制指的是由用户来控制作业的行为。由于多数情况下一个作业就对应一个进程，因而控制作业也就是控制进程的行为。比如，挂起一个进程使其暂停运行，或重新恢复进程的运行，以及在前后台之间切换进程等。通常，用户在同一时间只运行一个作业，即最后键入的命令行。若使用作业控制，用户就可以同时运行多个作业，并在需要时在这些作业间进行切换。在一个 Shell 中同时运行多个作业的方法是将某些作业的进程挂起或放在后台运行。这在有些时候很有用，例如，当用 Vi 编辑一个文件时，需要暂时中止编辑工作去做其他事情，如查看一下邮件等。此时，可以先将 Vi 挂起，回到 Shell 做其他的事情，待事情做完后，再恢复 Vi 的运行，恢复后用户将回到与上次离开时完全一样的编辑状态。

（1）显示作业的信息

用 jobs 命令显示当前 Shell 所启动的所有作业及其活动状态，由于 jobs 命令本身占据了前台运行，因此它所显示的是所有挂起的和在后台运行的作业。

功能：显示 Shell 的作业清单。

格式：jobs [-l]

说明：jobs 的输出包括作业号、作业当前状态以及作业执行的命令行，有 -l 选项时还显示作业的进程号 PID。作业的状态可以是 running、stopped、terminated、done 等。

（2）挂起进程

挂起进程就是向它发暂停信号，使其暂停运行，进入暂停态。挂起前台进程的方法是用〈Ctrl + Z〉组合键，挂起后台进程的方法是向它发 SIGSTOP 信号，即：kill -SIGSTOP 进程号。

（3）恢复进程

恢复进程就是向它发 SIGCONT 信号，使其进入可运行态，继续运行。通常用 bg 命令将挂起的进程在后台恢复运行，用 fg 命令将挂起的进程在前台恢复运行，也可以用 kill 命令直接向它发信号，fg 和 bg 命令默认对当前作业进行操作。如果希望恢复其他作业的运行，可以在命令中指定要恢复作业的作业号来恢复该作业。

（4）切换进程

bg 和 fg 命令还用于在前台与后台之间切换的进程。将前台进程切换到后台的方法是先用〈Ctrl + Z〉组合键挂起进程，然后用 bg[%作业号]命令使其在后台运行。将后台进程切换到前台的方法是用 jobs 命令列出当前正在运行的进程的作业号，用 fg[%作业号]命令将其放到前台运行。

（5）终止进程

终止进程即向进程发 SIGTERM 信号，终止它的运行。终止前台进程用〈Ctrl + C〉组合键，终止后台进程用命令 kill ［进程号］ 或 kill ［%作业号］。有些进程会忽略 SIGTERM 信号，此种情况下可向它发 SIGKILL 信号使其终止，即：kill -9 进程号。

需要注意的是，用户挂起或切换的单位应是作业，只不过很多时候一个作业就对应一个进程。但如果一个作业对应了多个进程（比如用管道连接的多个进程），用户则不应单独控制作业中的某个进程。

4. 定时启动进程

有些系统维护工作比较费时而且占用资源较多（比如完全备份），将这些工作放在系统闲暇时进行比较适合。这时可以采用调度运行的手段，事先指定好要完成的任务及其运行的时间，时间一到系统会自动按照调度安排完成这些工作。

调度运行进程的命令主要有 at 和 cron 命令。at 命令用于在指定的时间启动一些任务执行，但只是执行一次。若是需要重复执行任务，比如在每日或每周的某个时候都需要完成一些任务，就要使用 cron 命令，这里只对 at 命令作简单介绍。

功能：从标准输入读入命令行，在指定的时刻运行之。

格式：at ［选项］ 时间

选项：-f 文件名从指定的文件中读取命令，若未指定文件，则读取标准输入。

参数：时间参数用于指定命令的执行时间。at 允许使用一套相当复杂的时间描述方法，它可以接受 12 小时或 24 小时计时制，也可以使用比较模糊的词语，如 midnight、noon、teatime、1：00am 等。日期可以是绝对日期，也可以是相对日期，如 today、tomorrow、2days 等。建议采用绝对日期和 24 小时计时的时间表示法，清楚地表达时间可以避免计时错误。

说明：at 命令将用户预约的作业保存在队列中，在指定的时间启动它并运行。用 arq 命令可以查看还未执行的作业信息，包括作业号、预约执行时间和分类信息。用 atrm ［作业号］ 命令可以删除一个还未执行的作业。

9.5.3 监视内存的使用

用 free 命令可监视内存的使用情况，包括实体内存、虚拟的交换内存以及系统核心使用的缓冲区等。

功能：显示内存的使用情况。

格式：free［选项］

选项：

- -b|-k|-m|-g 以指定的单位显示内存使用情况。
- -s 间隔秒数 持续观察内存使用状况。

【例 9-5】查看内存使用情况。

```
$ free -k        #以 1KB 为单位显示内存的使用
                      total     used     free    shared   buffers   cached
Mem:                 515156   272620   242536       0      14908    192740
-/+ buffers/cache:             64972   450184
Swap:                524280        0   524480
$
```

9.5.4 监视文件系统的使用

用 df 和 du 命令监视文件系统空间的使用情况。

1. df 命令

功能：统计文件系统空间的使用情况。

格式：df［选项］［文件系统］

选项：

- -a 显示所有文件系统的信息。
- -h 用易于阅读的方式显示文件系统的信息。
- -i 显示文件系统的索引结点的信息。
- -k 用 1KB 大小的块为单位显示文件系统的信息。
- -T 显示文件系统的类型。

说明：参数可以是文件系统的名称（通常是分区设备名），也可以是文件名，df 命令将显示该文件系统或该文件所在的文件系统的信息。不带参数时会显示所有已挂装的文件系统的信息，显示格式如下：

文件系统-名类型大小-已用空间大小-未用空间大小-已用空间比例-挂载点

【例 9-6】df 命令用法示例。

```
$ df -kTh #显示所有挂载的文件系统的信息
Filesystem   Type      Size   Used   Avail Use%   Mounted on
/dev/hda2    ext35.1G         2.9G   2.0G  60%    /
/dev/hda1    ext3190M         13M    168M  7%     /boot
tmpfs        tmpfs252M        12K    252M  1%     /dev/shm
/dev/sr0     iso9660 3.2G     3.2G   0     100%   /media/DVD
```

2. du 命令

功能：统计目录和文件占用的磁盘空间，可以递归显示子目录的磁盘使用情况。

格式：du［选项］［文件名/目录名］

选项：

- －a 统计指定目录下的所有目录及文件的块数。
- －s 只产生一个总的统计信息。
- －h 用易于阅读的方式显示文件的大小。
- －k|－m 指定块大小为 KB 或 MB。

参数：指定文件为参数时，显示文件占用的磁盘空间；指定目录为参数时，显示目录占有的磁盘空间，并递归地显示所有子目录占有的磁盘空间，不指定参数时默认为当前目录。

【例 9-7】du 命令用法示例。

```
$ du -hs    /home/cherry    #显示/home/cherry 目录占用的磁盘空间
1.3M        /home/cherry
$ du -h      ~/project/*     #显示 ~/project 目录下所有文件及目录占用的磁盘空间
16K         /home/cherry/project/a.out
0           /home/cherry/project/err.out
1.2M        /home/cherry/project/src
4.0K        /home/cherry/project/bin
...
```

🕮 注意：无论文件或目录的实际长度如何，它所占用的磁盘空间总是磁盘存储块的大小（4 KB）的整数倍，不过在以 －h 方式显示的数字有时会有舍入，如 1.3 MB。

9.6 软件安装

在初次安装 Linux 系统时，系统安装程序完成了基本系统和附加软件的安装。在随后的运行期间，可以根据需要添加或删除某些软件。系统管理员的职责之一是根据需要安装和配置软件，并保持软件的版本更新。

9.6.1 软件打包与安装

软件通常以软件包的形式发行。软件包是将组成一个软件的所有程序和文档打包在一起而形成的一个具有特定格式的文件。软件包中带有安装需要的各种信息，如安装位置、版本依赖关系、安装和卸载时要执行的命令等。与 Windows 系统不同，Linux 系统中并没有专门的“软件安装”这个概念。实际上，对于 Linux 系统来说，软件安装不过就是将程序复制到某目录下，修改配置文件，然后就可以运行了。这些工作完全可以用系统提供的基本命令手工完成，既不需要专门的安装程序和配置程序，也不需要向系统“注册”。

不过，由于系统中安装的各种软件之间往往有复杂的依赖关系，比如一个图形化的应用软件要依赖于 X－Window 软件，一个网络服务软件要依赖于网络协议软件等。因此，安装软件时需要检测和解决软件的版本依赖与冲突等问题，如果用手工方式检测，则操作难度较大。为方便安装，多数发行软件都提供一个安装脚本，它可以自动完成版本依赖检测、解包、解压缩、复制和配置等工作步骤，使安装工作变得轻松。

通常 Linux 软件主要采用以下几种方式发行和安装。

1）采用传统方式打包发行。传统的软件打包方式是用 tar 命令打包软件，安装时用 tar 解开到某个目录下。通常这种软件包解开后都有一个 install 脚本文件，直接运行就可完成安装。另外还会有 readme 之类的帮助文件，提供详细的安装说明。

2）利用专门的软件包工具打包发行。这是现在流行的软件发行方式。大多数 Linux 系统都提供一个专门的软件包管理工具，开发者用这个工具将软件打包，用户则用它来安装软件包。有了软件包管理工具，用户不必再关心安装的细节问题，使得软件包的安装和维护变得非常方便。常用的软件包格式有 Red Hat 的 RPM 软件包和 Debian 的 DEB 软件包，其中 RPM 软件包更为流行。

3）通过网络实现在线更新。目前，越来越多的 Linux 系统都提供了软件自动更新功能，方便了软件的更新和维护操作。例如 Fedora/RedHat 提供了两个强大的在线更新工具 yum 和 apt，它们能自动检索软件的新版本，自动下载安装和处理软件依赖关系。

9.6.2 RPM 软件包管理工具

RPM 是 Red Hat Package Manager 的缩写，本意就是 Red Hat 软件包管理，是最先由 Red Hat 公司开发出来的 Linux 下软件包管理工具，由于这种软件管理方式非常方便，逐渐被其他 Linux 发行商所借用，现在已经成为 Linux 平台下通用的软件包管理方式，例如 Fedora、Red Hat、SUSE、Mandrake 等主流 Linux 发行版本都默认采用了这种软件包管理方式。

RPM 包管理类似于 Windows 下的“添加/删除程序”，但是功能却比“添加/删除程序”强大很多。在 Linux 的系统安装光盘中，有很多以“. rpm”为扩展名的软件包，这些包文件就是我们所说的 RPM 文件。每个 RPM 文件中包含了已经编译好的二进制可执行文件，其实就是将软件源码文件进行编译安装，然后进行封装，就成了 RPM 文件，类似与 Windows 安装包中的“exe”文件。此外 RPM 文件中还包含了运行可执行文件所需的其他文件，这点也和 Windows 下的软件包类似，Windows 程序的安装包中，除了“exe”可执行文件，还有其他依赖运行的文件。

一个 RPM 包文件是能够让应用软件运行的全部文件的一个集合，它记录了二进制软件的内容、安装的位置、软件包的描述信息、软件包之间的依赖关系等信息。RPM 工具对系统中全部 RPM 软件包进行全面管理，因此它能够记住用户添加的软件的具体安装路径，以便用户完全地、彻底地删除。一般来说，RPM 软件包发布的软件比手动编译的软件容易安装和维护，但是有些 RPM 软件包需要大量的依赖包。

RPM 包管理方式的优点是：安装简单方便，因为软件已经编译完成打包完毕，安装只是个验证环境和解压的过程。此外通过 RPM 方式安装的软件，RPM 工具都会记录软件的安装信息，这样方便了软件日后的查询，升级和卸载。RPM 包管理方式的缺点是对操作系统环境的依赖很大，它要求 RPM 包的安装环境必须与 RPM 包封装时的环境相一致或相当。还需要满足安装时与系统某些软件包的依赖关系，例如需要安装 A 软件，但是 A 软件需要系统有 B 和 C 软件的支持，那么就必须先安装 B 和 C 软件，然后才能安装 A 软件。这也是在用 RPM 包方式安装软件需要特别注意的地方。

基于 RPM 的管理工具有很多，分为两类：一类是命令；一类是 GUI 工具。这里只讲命令的使用——rpm 命令。RPM 的使用分为安装、查询、验证、更新、删除等操作，RPM 软件的安装、删除、更新只有 root 权限才能使用，对于查询功能任何用户都可以操作，如果普通用户拥有安装目录的权限，也可以进行安装，下面我们分别介绍。

1. 安装软件包

命令格式：rpm -i [辅助选项] file1. rpm file2. rpm…. . fileN. rpm

主选项说明如下。

-i install 的意思，就是安装软件，也可以使用“--install”。

参数说明：file1. rpm file2. rpm…. . filen. rpm 是指定将要安装 RPM 包的文件名，可以多个文件一起安装。

辅助选项很多，我们只列出常用选项，详细解释如下。

-v 显示附加信息。

-h 安装时输出标记“#”。

--test 只对安装进行测试，并不实际安装。

--nodeps 不检查软件之间的依赖关系，加入此选项可能会导致软件不可用。

--force 忽略软件包以及软件冲突。

--replacepkgs 强制重新安装已经安装的软件包。

--prefix 将软件包安装到指定的路径下。

--percent 以百分比的形式输出安装的进度。

--excludedocs 不安装软件包中的说明文件。

--includedocs 安装软件包，并包含说明文件。

其中，常用参数如表 9-14 所示。如果有依赖关系的，则需要解决依赖关系。其实软件包管理器能很好地解决依赖关系，如果在软件包管理器中也找不到依赖关系的包，那只能通过编译它所依赖的包来解决依赖关系，或者强制安装。

表 9-14 RPM 软件包安装参数说明

参　数	说　明	参　数	说　明
-i 或—install	安装制定软件	-e 或 --erase	卸载制定软件
-v 或—verbose	显示安装过程	-h 或 --hash	显示安装进度
--nodeps	忽略依赖关系	--test	测试安装
-U	升级+安装	--force	有冲突强制升级

安装过程如图 9-10 所示。

```
[root@justin Packages]# rpm -ivh vsftpd-2.2.2-11.el6.i686.rpm
warning: vsftpd-2.2.2-11.el6.i686.rpm: Header V3 RSA/SHA256 Signature, key ID fd431d51: NOK
EY
Preparing...                ########################################### [100%]
   1:vsftpd                 ########################################### [100%]
[root@justin Packages]# rpm -q vsftpd
vsftpd-2.2.2-11.el6.i686
[root@justin Packages]# rpm -e vsftpd
[root@justin Packages]# rpm -q vsftpd
package vsftpd is not installed
[root@justin Packages]#
```

进度条

图 9-10　RPM 软件包安装

2. 查询软件包

RPM 的查询功能是极为强大，是极为重要的功能之一。

命令格式：rpm -q [辅助选项] package1……packageN

主选项说明：

-q：query 的意思，也可以使用“--query”。

参数说明：package1……packageN 为已经安装的软件包名称。

【例 9-8】查询系统是否安装了 gaim

```
[root@ localhost]# rpm -q gaim
gaim-1.3.0-1.fc4
```

此命令表示的是，系统是不是安装了 gaim。如果已安装会有信息输出；如果没有安装，会输出 gaim 没有安装的信息。

查看系统中所有已经安装的包，要加 -a 参数：

```
[root@ localhost RPMS]# rpm -qa
```

如果分页查看，再加一个管道 | 和 more 命令：

```
[root@ localhost RPMS]# rpm - qa|more
```

在所有已经安装的软件包中查找某个软件，比如说 gaim，可以用 grep 抽取出来：

```
[root@ localhost RPMS]# rpm -qa |grep gaim
```

辅助选项说明如下。

-f：查询操作系统中某个文件属于哪个对应的 rpm 软件包。

📖 要指出文件名所在的绝对路径。

常用的软件包信息查看参数如表 9-15 所示。

表 9-15　RPM 软件包信息查看参数说明

参　数	说　明	参　数	说　明
-q 或 --query	查询，需制定软件完整名称	-c	列出配置文件
-a 或 --all	所有的指定软件	-i 或 --info	显示软件的信息
-l 或 --list	显示指定软件的文件列表	-f 或 --file	查询拥有指定文件的套件
-p 或—package	查询指定的 RPM 套件档	-R	显示套件的依赖关系信息

3. 验证软件包

(1) 验证已经安装的软件包

校验已安装软件包比较的是某软件包安装的文件和原始软件包中的同一文件的信息是否一致。它校验每个文件的大小、权限、MD5 值、类型、所有者、以及组群。

命令格式：rpm -V [辅助选项] package1……packageN

主选项说明如下。

-V verify 的意思，也可以用“--verify”代替。此参数主要校验已经安装的软件包内的文件和最初安装时是否一致。

参数说明：package1……packageN 表示需要校验的且已经安装的软件包名。

辅助选项说明如下。

-p 验证软件包文件。

-f 校验文件在所属的软件包的状态，此选项后面跟相应的文件名。

-a 检验所有的软件包。

-g 检验所有属于组的软件包。

【例 9-9】 验证 rsh 包的安装状态。

操作过程如下：

```
[root@ localhost ~]# rpm -V rsh-0.17-25.3
package rsh-0.17-25.3 is not installed
[root@ localhost ~]# rpm -Vp rsh-0.17-25.3.i386.rpm
warning: rsh-0.17-25.3.i386.rpm: V3 DSA signature: NOKEY, key ID db2a6e
missing     /usr/bin/rcp
missing     /usr/bin/rexec
missing     /usr/bin/rlogin
missing     /usr/bin/rsh
missing   d /usr/share/man/man1/rcp.1.gz
missing   d /usr/share/man/man1/rexec.1.gz
missing   d /usr/share/man/man1/rlogin.1.gz
missing   d /usr/share/man/man1/rsh.1.gz
[root@ localhost ~]# rpm -ivh rsh-0.17-25.3.i386.rpm
warning: rsh-0.17-25.3.i386.rpm: V3 DSA signature: NOKEY, key ID db2a6e
Preparing...     ########################### [100%]
1:rsh        ########################### [100%]
[root@ localhost ~]# rpm -Vp rsh-0.17-25.3.i386.rpm
warning: rsh-0.17-25.3.i386.rpm:V3 DSA signature: NOKEY, key ID db2a6e
[root@ localhost ~]# rpm -V rsh-0.17-25.3
```

在上面的操作过程中，首先验证 rsh，结果可知 . rsh 没有在系统中安装。安装 rsh 软件包后，再次查看 rsh 包状态，则没有任何输出了，这表示软件包已安装，文件全部正常。

（2）验证未安装的软件包

发行的 RPM 格式的软件包是否值得信任，是否损坏，可以通过 RPM 提供的选项进行验证。RPM 软件包一般使用 GPG 来签名，从而帮助用户确认下载软件包的可信任性。

命令格式：rpm -K file1.rpm……fileN.rpm

主选项说明如下。

-K checksig 的意思，也可以用“--checksig”代替。这个选项用来检查 RPM 软件包文件的 md5 校验和 GPG 签名。

参数说明：file1.rpm……fileN.rpm 表示需要校验软件包名。

【例 9-10】 校验 nxserver-2.1.0-22.i386 软件包是否被篡改或是否被损坏。

使用如下命令检查：

```
[root@ localhost ~]# rpm -K nxserver-2.1.0-22.i386.rpm
nxserver-2.1.0-22.i386.rpm: md5 OK
```

这里的“md5 OK”表示文件在下载中没有被损坏或者没有被篡改，即这个文件是安全的。

```
[root@ localhost ~]# rpm -K ipvsadm-1.24-6.i386.rpm
```

```
pvsadm - 1.24 - 6.i386.rpm: (SHA1) DSA sha1 md5 (GPG) NOT OK (MISSING KEYS: GPG#443e1821)
```

上面的输出表示这个软件没有被授权签名，在安装未被 Linux 发行商授权的软件包时，务必谨慎，因为这些软件包内可能包含有害的代码。

4. 更新软件包

命令格式：rpm -U［辅助选项］file1.rpm……fileN.rpm

主选项说明如下。

-U upgrade 的意思，可以使用“--upgrade”代替。

参数说明：file1.rpm……fileN.rpm 表示需要升级的 rpm 文件包。

辅助选项说明如下。

--oldpackage 表示允许“升级”到一个老版本，即软件版本降级。

其他选项与安装 RPM 软件包辅助参数完全相同，这里不再讲述。

【例 9-11】 将 rsh 从 rsh-0.17-25.3 升级到 rsh-0.17-37.el5。

操作步骤如下：

```
[root@localhost ~]# rpm -q rsh
rsh-0.17-25.3
[root@localhost ~]# rpm -Uvh rsh-0.17-37.el5.i386.rpm
warning: rsh-0.17-37.el5.i386.rpm: V3 DSA signature: NOKEY, key ID 37017186
Preparing...  ########################### [100%]
1:rsh         ########################### [100%]
[root@localhost ~]# rpm -q rsh
rsh-0.17-37.el5
```

5. 删除软件包

命令格式：rpm -e［辅助选项］package1……packageN

主选项说明如下。

-e erase 的意思，也可以用“--erase”代替。

参数说明：package1……packageN 表示已经安装的软件包名称。

辅助选项说明如下。

--test 只执行删除的测试。

--nodeps 不检查依赖性。

【例 9-12】 删除 rsh 软件包。

使用以下命令：

```
[root@localhost ~]# rpm -q rsh
rsh-0.17-37.el5
[root@localhost ~]# rpm -e rsh-0.17-37.el5
[root@localhost ~]# rpm -q rsh
package rsh is not installed
```

📖 卸载软件时，建议使用 rpm，尽量不使用 yum。因为 yum 卸载时，会把依赖的包一起卸载，可能导致其他软件无法正常使用。

9.7 本章小结

对 Linux 系统进行维护和管理，一方面能够保证系统安全、可靠地运行，同时也能够保证用户能够合理、有效地使用系统资源来完成任务。在 Linux 系统中，对用户的管理非常重要，本章主要介绍了用户和用户组的概念、管理和配置。另外，本章还讨论了系统信息的查看，包括系统进程、内存和磁盘以及硬件信息的获取等问题，还介绍了 Linux 系统的备份和恢复操作，对于维护系统会起到非常大的作用，最后对于软件包的使用也作了介绍。

9.8 思考与练习

（1）简述 RPM 的功能和安装方法。

（2）简述系统备份策略。

（3）系统监控的任务是什么?

（4）如何设置用户登录环境?

第 10 章　Linux 网络配置与管理

Red Hat Enterprise Linux 6 操作系统提供了一套功能强大且操作方便的网络平台和高效的网络配置工具。这些工具可以用来设置网卡的 IP 地址、掩码、路由信息、以及网络服务的配置、网络状态检测和信息跟踪等。本章在介绍 Linux 基本网络配置文件的基础上，重点讲解 Samba 服务器、DHCP 服务器、DNS 服务器的部署、配置与管理。

10.1　网络配置基础

对网络进行初始配置是网络管理的重要基础，要建立一个安全的 Linux 服务器首先要了解 Linux 环境下和网络服务相关的配置文件含义及如何进行安全配置。本节将简单介绍网络的基础知识，只有了解网络结构及其所在结构上的协议内容才能够更好地理解网络配置和管理的相关内容。

10.1.1　网络相关概念

凡将地理位置不同但具备独立功能的多台计算机、终端及其附属设备，用通信设备和通信线路连接起来，并且配有相应的网络软件和应用软件，实现通信、资源共享和协同工作的系统，称为计算机网络。共享的资源包括硬件资源、软件资源和数据资源等。

计算机网络主要完成网络通信和资源共享两种功能，从而可将计算机网络看成一个两级网络，即内层的通信子网和外层的资源子网，如图 10-1 所示。其中，A ~ E 为中间结点，与通信介质构成通信子网；H 为主机，主机或终端构成资源子网。两级计算机子网是现代计算机网络结构的主要形式。

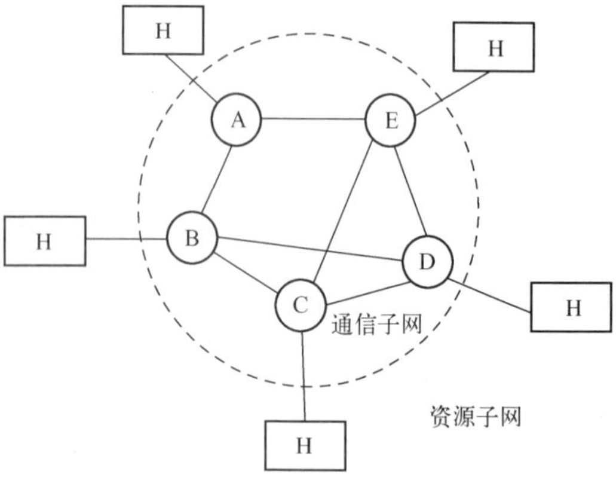

图 10-1　计算机网络的两级子网

通信子网实现网络通信功能，包括数据的加工、变换、传输和交换等通信处理工作，即将一个主计算机的信息传送给另一个主计算机。资源子网实现资源共享功能，包括数据处理、提供网络资源和网络服务。

计算机网络可按不同的标准分类，如按网络的拓扑结构、按地理位置、按网络中的计算机和设备在网络中的地位、按信息交换方式和按网络的应用范围分类等。其中常用的分类方法是按网络的应用范围进行划分。

1）按网络的地理位置划分，计算机网络可分为广域网、城域网和局域网。需要指出的是，广域网、城域网和局域网的划分只是一个相对的分界。而且随着计算机网络技术的发展，三者的界限已经变得模糊了。

2）按照计算机拓扑结构划分。计算机网络的拓扑结构是引用拓扑学中的研究与大小、形状无关的点、线特性的方法，把网络单元定义为节点，两节点间的线路定义为链路，则网络结点和链路的几何位置就是网络的拓扑结构。网络拓扑结构主要有总线型、环型、星型和网状结构。

10.1.2 TCP/IP 协议概述

网络互联是目前网络技术研究的热点之一，并且已经取得了很大的进展。在诸多网络互联协议中，传输控制协议/互联网协议（Transmission Control Protocol/Internet Protocol，TCP/IP）是一个使用非常普遍的网络互联标准协议。目前，众多的网络产品厂家都支持 TCP/IP 协议，并被广泛用于因特网（Internet）连接的所有计算机上，所以 TCP/IP 已成为一个事实上的网络工业标准，建立在 TCP/IP 结构体系上的协议也成为应用最广泛的协议。

TCP/IP 协议模型采用 4 层的分层体系结构，由下向上依次是：网络接口层、网际层、传输层和应用层。TCP/IP 四层协议模型及与开放式系统互联（Open System Interconnection，OSI）参考模型的对照关系如图 10-2 所示。

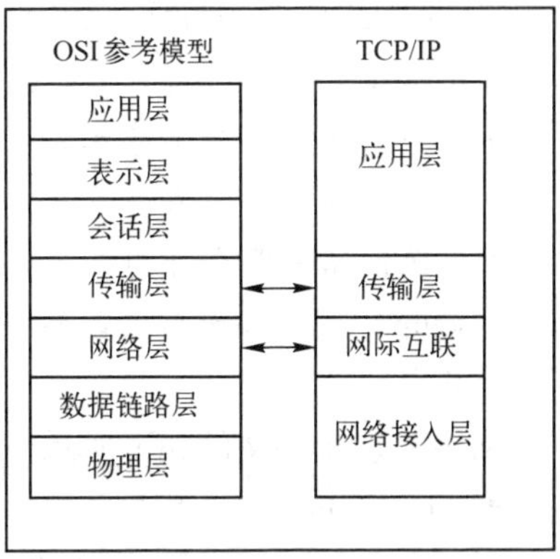

图 10-2 TCP/IP 四层协议模型及与 OSI 参考模型的对照关系

各层的主要功能如下。

（1）网络接口层

TCP/IP 模型的最底层是网络接口层，它相当于 OSI 参考模型的物理层和数据链路层，它包括能使 TCP/IP 与物理网络进行通信的协议。然而，TCP/IP 标准并没有定义具体的网络接口协议，而是旨在提供灵活性，以适应各种网络类型。一般情况下，各物理网络可以使用自己的数据链路层协议和物理层协议，不需要在数据链路层上设置专门的 TCP/IP 协议。

（2）网际互联层

网际互联层是在因特网标准中正式定义的第一层。网际互联层所执行的主要功能是消息寻址以及把逻辑地址和名称转换成物理地址。通过判定从源计算机到目标计算机的路由，该层还控制通信子网的操作。在网际互联层中，最常用的协议是网际协议（IP），此外还包含互联网控制报文协议 ICMP、地址转换协议 ARP 和反向地址转换协议 RARP。

（3）传输层

在 TCP/IP 模型中，传输层的主要功能是提供从一个应用程序到另一个应用程序的通信，常称为端对端的通信。现在的操作系统都支持多用户和多任务操作，一台主机可能运行多个应用程序（并发进程），因此所谓端到端的通信实际是指从源进程发送数据到目标进程的通信过程。传输层定义了两个主要的协议：传输控制协议（TCP）和用户数据报协议（UDP），分别支持两种数据传送方法。

（4）应用层

TCP/IP 模型的应用层是最高层，但与 OSI 的应用层有较大区别。实际上，TCP/IP 模型的应用层的功能相当于 OSI 参考模型的会话层、表示层和应用层 3 层的功能。最常用的协议包括文件传输协议（FTP）、远程登录（Telnet）、域名服务（DNS）、简单邮件传输协议（SMTP）

和超文本传输协议（HTTP）等。

10.2 Linux 网络配置

Linux 作为功能强大的网络操作系统，其网络配置自然是应用的基础也是学习 Linux 必不可少的重要部分。使用 Linux 主机通过网络与其他主机联网通信，必须进行相关的网络配置。网络配置通常包括主机名、网卡的 IP 地址、子网掩码、默认网关（默认路由）、DNS 服务器的 IP 地址等。在 Linux 中，网络配置信息是分别存储在不同的配置文件中的。本节主要介绍通过编辑、修改相关网络配置文件和网络配置的有关命令工具来配置 Linux 网络，从而实现各种网络功能。

10.2.1 网络配置文件

Linux 网络配置的方式大致有以下 3 种。

- 图形窗口和字符窗口填写方式：通过菜单和窗口填写网络配置参数。
- 命令行方式：在字符界面下，通过执行有关网络配置命令实现对网络的配置。此种方式只是临时生效，系统或网络服务重启后则失效。
- 修改网络配置文件的方式：使用 Vi 编辑器直接修改网络配置文件，或用一些工具（如 setup）间接修改网络配置文件。此种方式需要系统或网络服务重启后才能生效，并且长期生效。

网络配置相关文件如下所示。

- /etc/hosts：可以负责一部分域名解析的功能，该文件存储在本地。
- /etc/resolv. conf：设置 DNS 服务器 IP 地址的配置文件。
- /etc/host. conf：用于指定域名解析顺序的配置文件。
- /etc/services：设置主机的不同端口对应的网络服务。
- /etc/sysconfig/network：包含主机最基本的网络信息，如主机名、默认网关等。
- /etc/sysconfig/network - scripts/：网卡的配置文件目录，如第一块网卡文件为 ifcfg - eth0。

1. hosts

使用/etc/hosts 文件解析域名，是网络早期进行主机名称解析的一种方法，可以用在没有域名服务器的小型网络中。其中包含了 IP 地址和主机名之间的对应关系。进行名称解析时系统会直接读取该文件中设置的 IP 地址和主机名的对应记录。文件中除“#”开头的行外，一行为一条记录，IP 地址在左，主机名、主机全域名以及主机的别名在右。不管什么类型的网络，必须有用来指定环回接口的配置行。默认的配置文件如下：

```
# Do not remove the following line, or various programs
# that require network functionality will fail.
127.0.0.1        localhost.localdomain    localhost
::1              localhost6.localdomain6 localhost6
```

其中两个配置行分别用来指定 IPv4 与 IPv6 的环回接口。如果需要添加其他的主机信息，可以按照 IP 地址、主机名的格式添加。

2. /etc/resolv. conf

配置文件/etc/resolv. conf 的主要作用是指定域名服务器的 IP 地址和搜索域名。需要配置项 nameserver，该文件内容如下所示：

```
# more          /etc/resolv. conf
nameserver      192. 168. 252. 253          //此处 IP 地址为 DNS 服务器的地址
search localdomain                          // 设置搜索域名
```

最多可配置 3 个 DNS 服务器的 IP 地址。还可以利用配置项 domain 来指定当前主机所在域的域名。

3. /etc/host. conf

当系统中同时存在 DNS 域名解析和/etc/hosts 文件时，由该/etc/host. conf 确定主机名解析的顺序，如下所示：

```
orderhosts, bind      //名称解释顺序
multi on              //允许主机拥有多个 IP 地址
nospoof on            //禁止 IP 地址欺骗
```

order 是关键字，定义先用本机 hosts 主机表进行名称解释，如果不能解释，再搜索域名服务器（DNS）。

4. /etc/services

Linux 的/etc/services 文件记录网络服务名和它们对应使用的端口号及协议。文件中的每一行对应一种服务，它由 4 个字段组成，中间用制表符（Tab）或空格分隔，分别表示“服务名称”“使用端口”“协议名称”以及“别名”。一般情况下，不要修改该文件的内容，因为这些设置都是 Internet 标准的设置。一旦修改，可能会造成系统冲突，使用户无法正常访问资源。Linux 系统的端口号的范围为 0 ~ 65535，不同范围有不同的意义。

5. /etc/sysconfig/network

/etc/sysconfig/network 是网络配置文件，用于对网络服务进行总体配置。如是否启用网络服务功能，是否开启 IP 数据包转发服务等。在没有配置或安装网卡时，也需要设置该文件，以使本机的回环设备（lo）能够正常工作，该设备是 Linux 内部通信的基础。

常用的设置项主要有以下几种。

- NETWORKING = yes | no

  设置系统是否使用网络服务功能。

- NETWORKING_IPV6 = yes | no

  设置系统是否支持 IPv6 网络。

- FORWARD_IPV4 = false | true

  是否开启 ipv4 的包转发功能。一块网卡时，一般设置为 false；若装有两块网卡，并要开启 IP 数据包的转发功能，则设置为 true，如在利用双网卡代理上网或连接两个网段进行通信时。也可通过编辑修改/etc/sysctl. conf 配置文件，将其中的 net. ipv4. ip_forward = 0 语句，更改为 net. ipv4. ip_forward = 1 来打开内核的包转发功能。还可以在/etc/rc. local 配置文件中添加如下语句来实现开启内核的包转发功能：

```
echo 1 > /proc/sys/net/ipv4/ip_forward
```

- HOSTNAME

  用于设置本机的主机名，/etc/hosts 中设置的主机名要注意与此处的设置相同。
- GATEWAY

  用于设置本机的网关 IP 地址。
- DOMAINNAME

  用于设置本机的域名。

6. /etc/sysconfig/network - scripts

在/etc/sysconfig/network - scripts 目录下，针对每一个网络接口都有一个对应的配置文件，命名方式为 ifcfg - <接口名称>。比如对 eth0 接口，文件名为 ifcfg - eth0。以太网卡的类型为 eth，第一块网卡的配置文件名为 ifcfg - eth0，第二块网卡的配置文件名为 ifcfg - eth1，其余依次类推。这些网卡配置文件用来控制对应网络设备的软件接口，系统启动时将根据这些文件来决定配置哪些接口。

可以使用 system - config - network 配置工具来修改网卡信息，或者直接编辑该网卡的配置文件。如果有多个网卡，其配置文件可用 cp 命令复制 ifcfg - eth0 配置文件获得，然后再根据需要进行适当的修改即可。如果需要绑定 IP 地址，每个绑定的 IP 地址需要一个虚拟网卡，其名称为：ethN：M，对应的配置文件名为：ifcfg - ethN：M。

10.2.2 网络配置实例

1. 设计要求

本节将通过讲解配置网卡的操作步骤以及编辑网卡的配置文件内容来加深对于网络配置的原理和概念的理解。

2. 设计思路

1）使用 ifconfig 命令操作网卡。

2）使用 setup 工具修改网卡配置文件。

3）使用 Vi 命令编辑配置文件。

3. 使用 ifconfig 命令操作网卡

使用 ifconfig 命令查看、配置网卡。

- ifconfig

  显示当前活动网卡（未被禁用）。
- ifconfig - a

  显示系统中所有网卡的设置信息。
- ifconfig 网卡设备名

  显示指定网卡的设置信息。
- ifconfig 网卡设备名 IP 地址 netmask 子网掩码指定的［up | down］

  临时设置网卡的 IP 地址。
- ifconfig 网卡设备名 down

  关闭指定的网卡
- ifdown 网卡设备名

  禁用网卡。
- ifconfig 网卡设备名 up

启动指定的网卡

- ifup 网卡设备名

  启用网卡。

4. 使用 setup 工具修改网卡配置文件

用 setup 工具修改网卡配置文件。setup 配置工具采用基于字符的窗口界面，来完成对用户认证、防火墙、键盘、网络、系统服务启动、时区、和 X 等多个配置。在命令行输入 setup 命令，即可启动该配置工具，如图 10-3 所示。

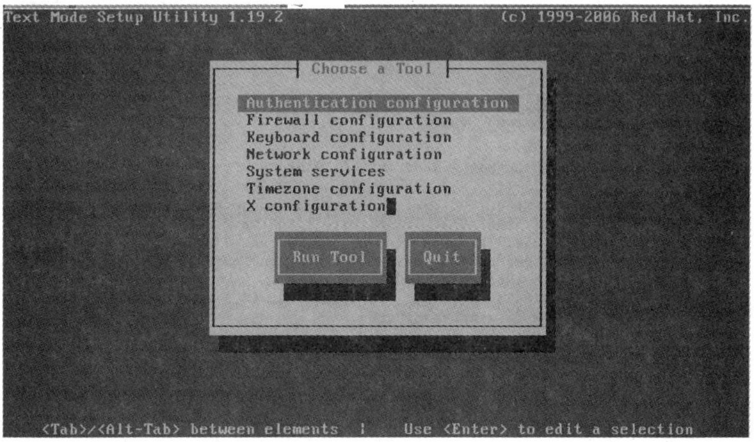

图 10-3　setup 工具

在启动界面选择 “Network Configuration（网络配置）” 项，如图 10-4 所示，按〈Tab〉键将焦点移动到 “Run Tool” 按钮，按〈Enter〉键，即可进入网络配置界面。按〈Enter〉键进入对网卡的配置界面，如图 10-5 所示，输入相应的配置值即可。要使配置生效，需要重新启动网络服务。

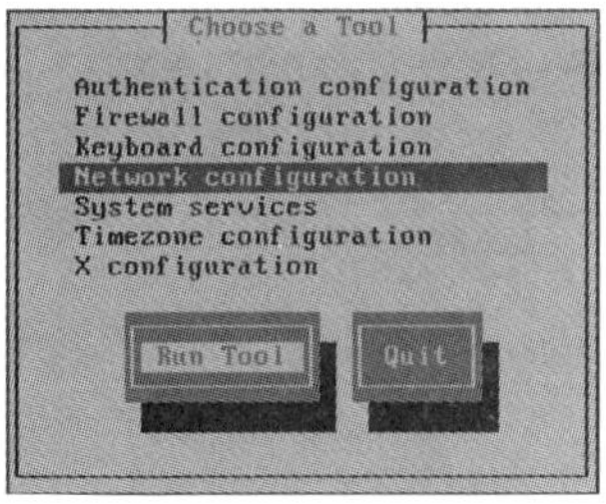

图 10-4　网络配置选项

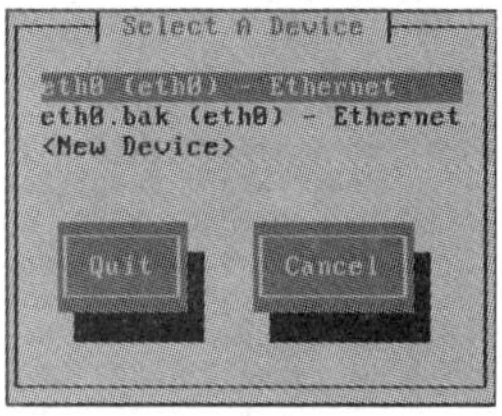

图 10-5　set 选择需要配置的网卡

5. 使用 Vi 命令编辑配置文件

用 Vi 编辑网卡配置文件。若要在 eth0 网卡上再绑定一个 IP 地址，方法如下：

```
# cd  /etc/sysconfig/network - scripts/
# cp  ifcfg - eth0  ifcfg - eth0:0
# vi  ifcfg - eth0:0
    DEVICE = eth0:0
    BOOTROTO = static
    BROADCAST = 172. 16. 102. 255
    IPADDR = 172. 16. 102. 154
    NETMASK = 255. 255. 255. 128
```

```
NETWORK = 172. 16. 102. 128
ONBOOT = yes
```

要使配置生效，需执行如下命令。

```
# service network restart
```

绑定网卡的信息如图 10-6 和图 10-7 所示。为网卡临时绑定一个 IP 地址，可用命令：

```
# ifconfig eth0:1 172. 16. 102. 150   netmask   255. 255. 255. 0
```

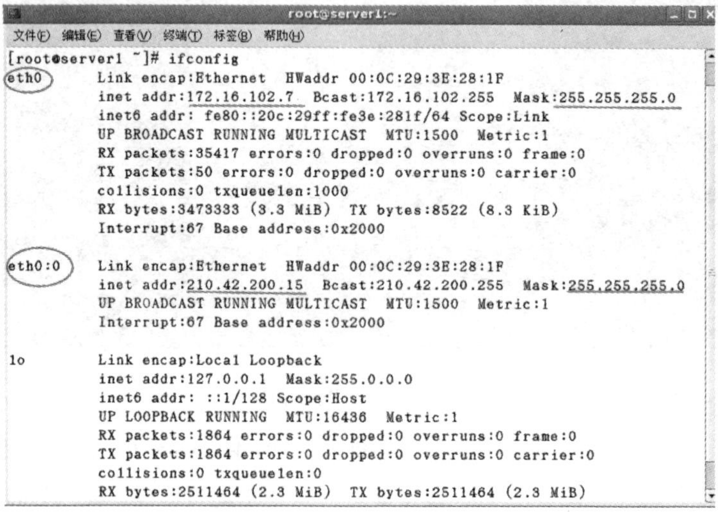

图 10-6　eth0：0 网卡信息

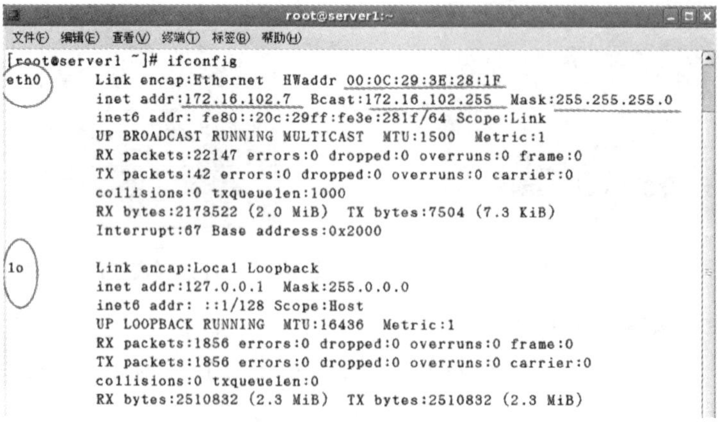

图 10-7　eth0 网卡信息

文件内容说明如下。

- 以 eth0 为首的部分：

  第 1 行——显示了网卡的设备名和硬件的以十六进制表示的 48 位 MAC 地址 00：00：E8：7D：FB：51。

  第 2 行——显示本机的 IP 地址、网络广播地址和子网掩码。

第 3 行——是设备的网络状态：

MTU（最大传输单元）

Metric（度量值）字段显示的是该接口当前的 MTU 和度量值的值。

其他行——显示接口通信的网络统计值。RX 和 TX 分别表示接收和传送的数据包。如果网卡已经完成配置却还是无法与其他设备通信，那么从 RX 和 TX 的显示数据上可以简单地分析一下故障原因。

- 以 lo 为首的部分：

  lo 是 look-back 网络接口，从 IP 地址 127.0.0.1 就可以看出，它代表“本机”。无论系统是否接入网络，这个设备总是存在的，除非在内核编译的时候禁止了网络支持，这是一个称为回送设备的特殊设备，它自动由 Linux 配置以提供网络的自身连接。

  IP 地址 127.0.0.1 是一个特殊的回送地址（即默认的本机地址），可以在系统上用 telnet 对其进行测试。如果有 inetd 进程在运行，则会从机器上获得登录提示符。Linux 可以利用这个特征在进程与仿真网络之间进行通信。

10.3 Samba 服务器

接触 Linux 听得最多的就是 Samba 服务，为什么 Samba 应用这么广泛，原因是 Samba 最先在 Linux 和 Windows 两个平台之间架起了一座桥梁，Samba 服务的主要功能就是实现 Linux 系统和 Windows 系统之间的资源共享，正是由于 Samba 的出现，用户可以实现在 Linux 系统和 Windows 系统之间信息的互通。

10.3.1 了解 Samba

早期网络世界当中，文档数据在不同主机之间的传输大多是使用 FTP 服务器来进行传送的。不过，使用 FTP 传输文档却有个问题，那就是无法直接修改主机上面的文档数据，也就是说要更改 Linux 主机上的某个文档时，必需要从服务器端将该文档下载到客户端后才能修改，因此该文档在服务器端和客户端都会存在，可能导致文件更新不同步。

如果可以在 Client 端直接进行 Server 端文档的存取，那么在 Client 就不需要存储该文档数据。可以使用 NFS，此外微软也有类似的文档系统，那就是通用网络文件系统（Common Internet File System，CIFS），它可以使用户通过“网上邻居”共享提供的资源。但是它们都有各自比较明显的不足，所以我们选择 Samba 服务器作为跨多平台的共享资源的工具。

Samba 也有其发展的历程。1991 年一个名叫 Andrew Tridgwell 的大学生就有这样的困扰，他手上有 3 个机器，分别是配 DOS 系统、DEC 公司的 Digital UNIX 系统以及 Sun 的 UNIX 系统的个人计算机。在当时，DEC 公司又研发出一套称为 PATHWORKS 的软件，这套软件可以用来共享 DEC 的 UNIX 与个人计算机的 DOS 这两个操作系统的文档数据，但是让 Tridgwell 觉得较困扰的是 Sun 的 UNIX 无法使用这个软件来达到数据共享的目的。既然这两个系统可以相互沟通，则可以将这两个系统的运作原理找出来，然后让 Sun 的 UNIX 系统也能够共享文档数据，于是就开发了相应的程序并且基于此找到了通信协议开发 Server Message Block（SMB）这个文档系统，而就是这套 SMB 软件能够让 UNIX 与 DOS 互相共享数据。

10.3.2 Samba 服务工作原理

SMB 一开始的设计是在 NetBIOS 协议上运行的（而 NetBIOS 本身则运行在 NetBEUI、IPX/SPX 或 TCP/IP 协议上），Windows 2000 引入了 SMB 直接在 TCP/IP 上运行的功能。在这里必须区分 SMB 协议和运行在这个协议上的 SMB 业务，以及 NetBIOS 和使用 SMB 作为认证隧道的 DCE/RPC 业务。此外，还要区分直接使用 NetBIOS 数据报的“网络邻居”协议。使用 SMB 协议和 NetBIOS 协议访问共享资源的原理如图 10-8 所示，现在 SMB 可以应用在包括 Linux 在内的许多平台上。

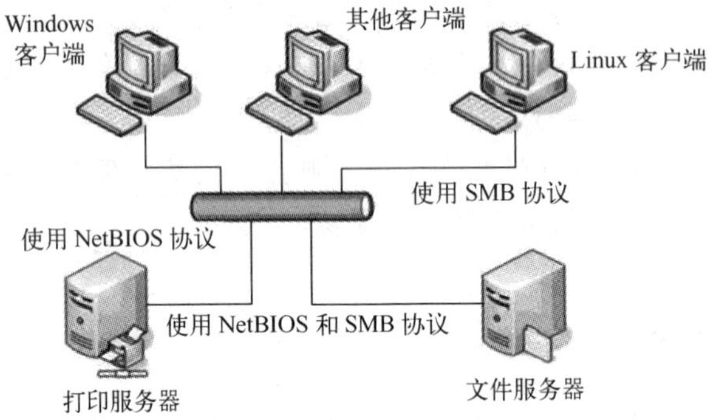

图 10-8　使用 SMB 协议和 NetBIOS 协议访问共享原理图

SMB 是一种客户机/服务器、请求/响应协议。通过 SMB 协议，客户机应用程序可以在各种网络环境下读、写服务器上的文件，以及对服务器程序提出服务请求。SMB 协议可以用在因特网 TCP/IP 协议之上，也可以用在其他网络协议如 IPX 和 NetBEUI 之上。由于 SMB 通信协议采用的是 Client/Server 架构，所以 Samba 软件可以分为客户机端和服务器端两部分。通过执行 Samba 客户端程序，Linux 主机便可以使用网络上 Windows 主机所共享的资源；而在 Linux 主机上安装 Samba 服务器，则可以使 Windows 主机访问 Samba 服务器共享的资源。Red Hat Enterprise Linux 6 内附有 Samba Server，用户可以很方便地将其安装到系统中。

1. Samba 的功能

Samba 提供了以下功能。

1）共享 Linux 的文件系统。

2）共享安装在 Samba 服务器上的打印机。

3）使用 Windows 系统共享的文件和打印机 。

4）支持 Windows 域控制器和 Windows 成员服务器对使用 Samba 资源用户进行认证 。

5）支持 WINS 名字服务器解析及浏览。

6）支持 SSL 安全套接层协议。

Samba 服务是由两个进程组成，分别是 nmbd 和 smbd。

- smbd：是 Samba 的核心服务进程，主要负责建立 Linux Samba 服务器与 Samba 客户机之间的对话，验证用户身份并提供对文件和打印机的资源访问，只有 SMB 服务启动，才能实现文件的共享，监听 139 TCP 端口。
- nmbd：是负责 NetBIOS 名解析的，并提供浏览服务显示网络上的共享资源列表。也就是令客户端可以通过计算机名的方式访问服务器。可以把 Linux 系统共享的工作组名称与其 IP 对应起来，如果 nmbd 服务没有启动，就只能通过 IP 来访问共享文件，监听 137 和 138 UDP 端口。

2. Samba 的工作过程

当客户端访问服务器时，信息通过 SMB 协议进行传输，其工作过程可以分成 4 个步骤。

（1）协议协商

首先客户端发送一个 SMB negprot 请求数据报，并列出了它所支持的所有 SMB 协议版本。服务器收到请求信息后响应请求，并列出希望使用的协议版本。如果没有可使用的协议版本则返回 0xFFFFH，结束通信。

（2）建立连接

协议确定后，客户端进程向服务器发起一个用户或共享的认证，这个过程是通过发送 SesssetupX 请求数据报实现的。客户端发送一对用户名和密码或一个简单密码到服务器，然后服务器通过发送一个 SesssetupX 应答数据报来允许或拒绝本次连接。

（3）访问共享资源

当客户端和服务器完成了磋商和认证之后，它会发送一个 Tcon 或 SMB TconX 数据报并列出它想访问的网络资源的名称，之后服务器会发送一个 SMB TconX 应答数据报以表示此次连接是被接受或拒绝。

（4）断开连接

连接到相应资源后，SMB 客户端就能够通过 open SMB 打开一个文件，通过 read SMB 读取文件，通过 write SMB 写入文件，通过 close SMB 关闭文件。

Samba 服务的具体工作流程如图 10-9 所示。

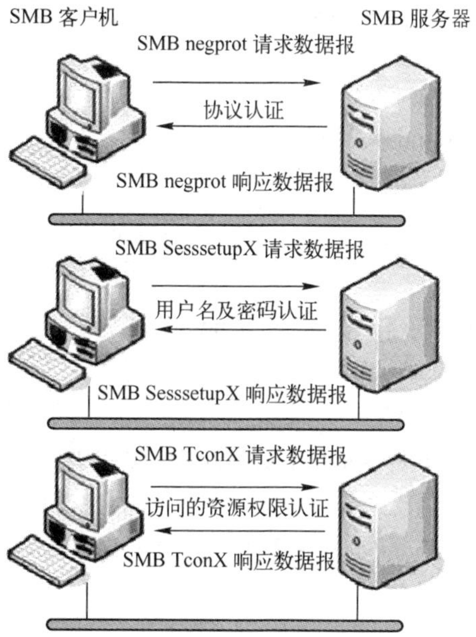

图 10-9　SMB 工作过程

📖 negprot 是 negotiate protocol（磋商协议）的简写。SesssetupX 是 Session setup and X（会话建立和 X）的简称。

10.3.3 安装 Samba 服务器

1. 安装包组件

- Samba 服务主程序包

```
samba - 3. 5. 10-125. el6. i686. rpm
```

Samba 服务器安装完毕后会生成配置文件目录/etc/samba 和其他一些 samba 可执行命令工具，/etc/samba/smb. conf 是 Samba 的主配置文件，/etc/init. d/smb 是 samba 的运行文件。

- samba 的配置程序及语法检查程序包

```
samba - common - 3. 6. 9 - 151. el6. i686. rpm
```

包含 Samba 服务器的设置文件与设置文件语法检验程序 testparm。

- 客户端软件包

```
samba - client - 3. 6. 9 - 151. el6. i686. rpm
```

主要提供 Linux 主机作为客户端时，所需要的工具指令集。

- samba - winbind 安装包

```
samba - winbind - 3. 6. 9 - 151. el6. i686s. rpm
```

Winbind 是 Samba 套件的功能之一。使 Samba 服务器能成为 Windows 域的成员服务器，它允许 UNIX 系统利用 Windows 的用户账号信息。

- samba - winbind 客户端安装包

```
samba - winbind - clients - 3. 6. 9 - 151. el6. i686. rpm
```

使 Linux 主机加入到 Windows 域，并使 Windows 域的用户能在 Linux 主机上以 Linux 用户身份方式进行操作。

2. 查看已安装的 samba 相关包

在命令终端输入 rpm －qa | grep samba，结果如图 10-10 所示。

```
[root@rhel6 桌面]# rpm -qa|grep samba
samba-winbind-clients-3.6.9-151.el6.i686
samba-common-3.6.9-151.el6.i686
samba-client-3.6.9-151.el6.i686
samba-winbind-3.6.9-151.el6.i686
samba4-libs-4.0.0-55.el6.rc4.i686
```

图 10-10 查询 samba 安装包

RHEL6 系统中默认未安装 Samba 的主程序包，需要安装这个包。

3. 安装 Samba 软件包

（1）设置虚拟机

首先进入虚拟机的设置界面，单击工具栏最右侧按钮，显示界面如图 10-11 所示。

（2）挂载镜像文件

然后在列表框中单击“CD/DVD”，之后选择右侧“Use ISO image file”单选按钮，选择

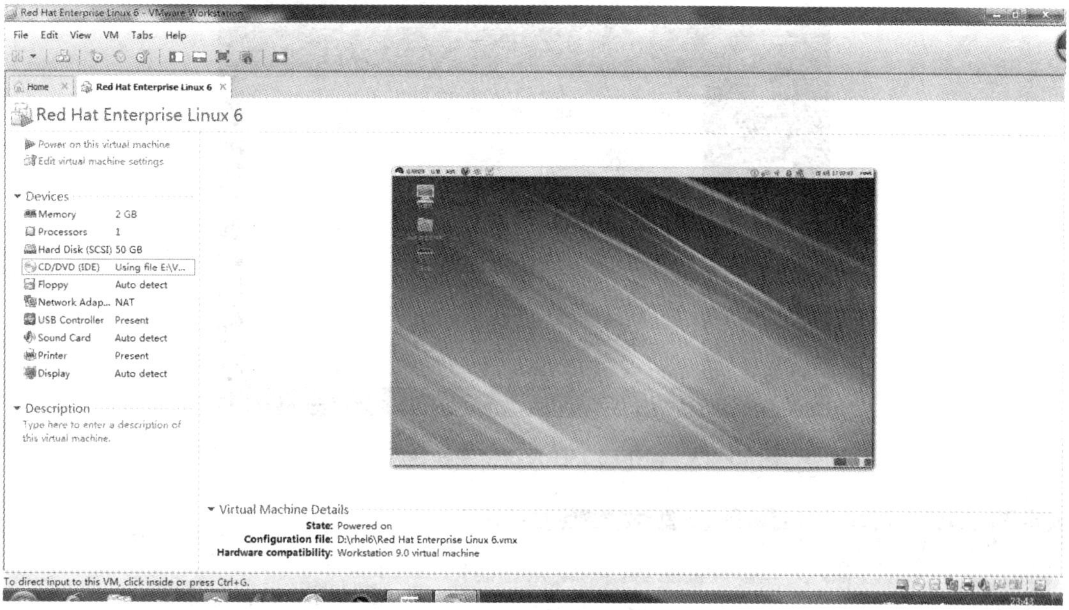

图 10-11　虚拟机设置界面

ISO 镜像文件的所在路径。并且选中“Connected”复选框，如图 10-12 所示。

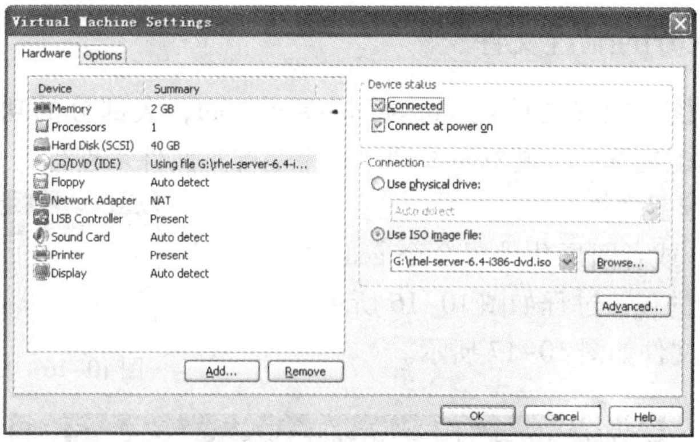

图 10-12　选择镜像文件

（3）返回 Linux 系统

设置结束后返回 Linux 系统桌面，会自动显示光驱盘符，打开其目录，如图 10-13 所示。

（4）安装软件包

进入 Packages 目录选择所需的安装包，在当前目录下单击右键，在弹出的快捷菜单中选择“终端”命令，操作如下指令：rpm - ivh samba 按〈Tab〉键，后续版本号会自动补齐，操作如图 10-14 所示。

（5）查询已安装软件包

查询一下 Samba 服务器包的安装结果，如图 10-15 所示。

Samba 服务器安装完毕，会生成配置文件目录/etc/samba 和其他一些 Samba 可执行命令工具。

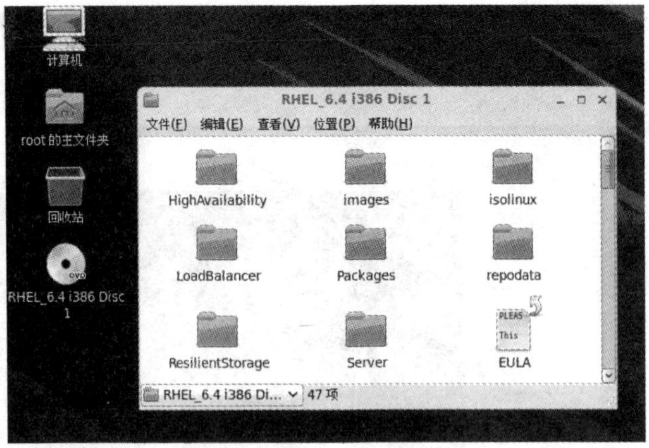

图 10-13　RHEL6 ISO 光盘镜像挂载后弹出的界面

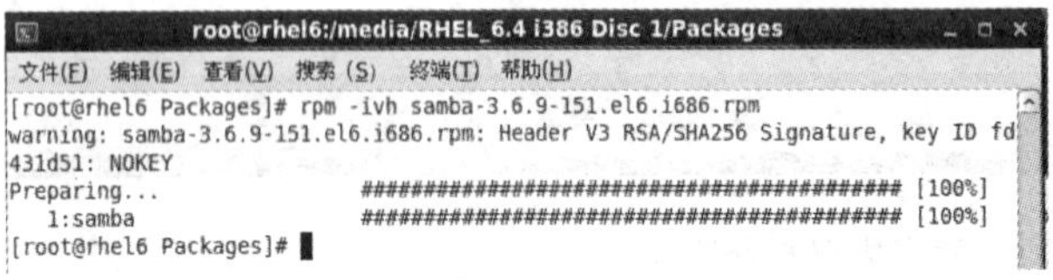

图 10-14　安装包的安装过程

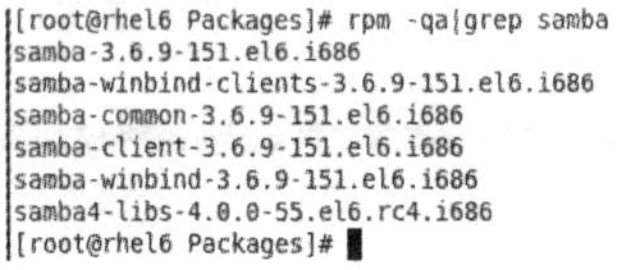

图 10-15　SMB 与 查询已安装的包

10.3.4　Samba 服务的配置文件

Samba 服务器的核心配置文件是/etc/samba/smb.conf，大部分的功能配置都在这个文件中，它有许多不同的配置选项。配置主要通过这个主配置文件来进行。

1. smb.conf 主配置文件

使用 Vi 编辑器，或者图形化编辑命令 gedit 打开主配置文件，查询已安装的包，过程如图 10-16 所示。

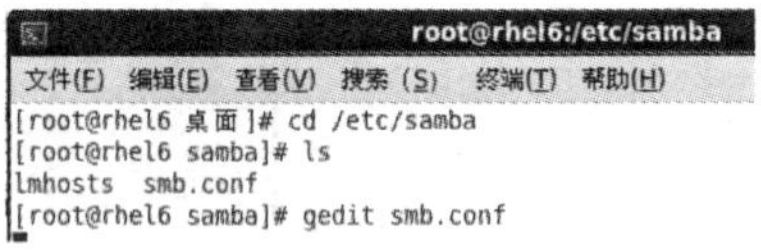

图 10-16　打开 Samba 主配置文件

Samba 的主配置文件如图 10-17 所示。

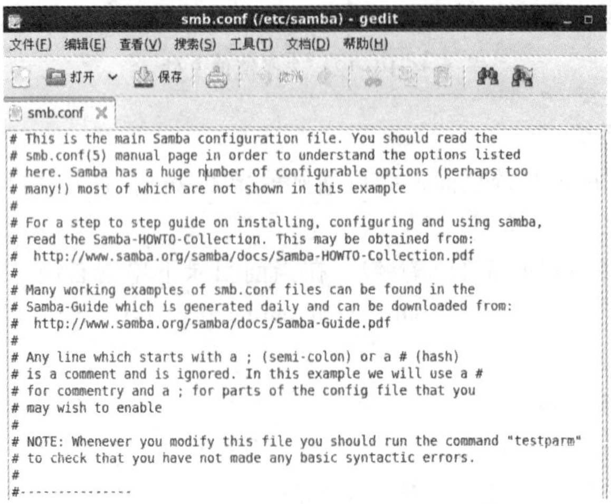

图 10-17　Samba 的主配置文件

在/etc/samba/smb. conf 中，以分号“;”和井号“#”作为注释符。如果该行以这些符号开头，则该行的内容会被忽略而不会生效。此类样例行是对配置内容的举例，用户可以参考样例行进行配置。无论是注释行还是样例行，Samba 服务器都将予以忽略。

Samba 服务的主配置文件由两部分构成。

（1）“Global Settings”全局设置部分

该设置都是与 Samba 服务整体运行环境有关的选项，它的设置项目是针对所有共享资源的。Global Settings 字段[global]，用于定义 Samba 服务器的总体特性，其配置项对所有共享资源生效，如图 10-18 所示。

```
#--------------
#
#======================= Global Settings
=====================================

[global]

# ---------------------- Network Related Options -------------------------
#
# workgroup = NT-Domain-Name or Workgroup-Name, eg: MIDEARTH
#
# server string is the equivalent of the NT Description field
#
# netbios name can be used to specify a server name not tied to the hostname
#
# Interfaces lets you configure Samba to use multiple interfaces
# If you have multiple network interfaces then you can list the ones
# you want to listen on (never omit localhost)
#
# Hosts Allow/Hosts Deny lets you restrict who can connect, and you can
# specifiy it as a per share option as well
#
```

图 10-18　全局设置部分

（2）“Share Definitions”共享定义部分

共享定义部分的字段有［homes］、［printes］，［myshare］，用于设置用户宿主目录的共享属性和打印机共享资源的属性。用于用户自定义的共享目录的共享属性的设置，需按需要手动添加。共享定义部分如图 10-19 所示，该部分针对的是共享目录个性化的设置，只对当前的共享资源起作用。

```
#============================ Share Definitions ==============================

[homes]
        comment = Home Directories
        browseable = no
        writable = yes
;       valid users = %S
;       valid users = MYDOMAIN\%S

[printers]
        comment = All Printers
        path = /var/spool/samba
        browseable = no
        guest ok = no
        writable = no
        printable = yes

# Un-comment the following and create the netlogon directory for Domain Logons
;       [netlogon]
;       comment = Network Logon Service
;       path = /var/lib/samba/netlogon
;       guest ok = yes
;       writable = no
;       share modes = no


# Un-comment the following to provide a specific roving profile share
```

图 10-19　共享定义部分

配置文件的格式是以“设置项目 = 设置值”的方式来表示的，具体操作如图 10-20 所示。

2. /etc/samba/lmhosts 主机配置文件

/etc/samba/lmhosts 主机配置文件用于本地解析 NetBIOS 名与对应的 IP，功能同/etc/hosts 类似。在启动 Samba 服务进程时能自动捕捉到网络中相关 IP 地址对应的 NetBIOS 名，并自动在 lmhosts 文件中添加这些映射关系，所以通常不需专门配置该文件，具体操作如图 10-21 和

图 10-22 所示。

```
#============================ Share Definitions ==============================

[homes]
        comment = Home Directories
        browseable = no
        writable = yes
;       valid users = %S
;       valid users = MYDOMAIN\%S

[printers]
        comment = All Printers
        path = /var/spool/samba
        browseable = no
        guest ok = no
        writable = no
        printable = yes

# Un-comment the following and create the netlogon directory for Domain Logons
;       [netlogon]
;       comment = Network Logon Service
;       path = /var/lib/samba/netlogon
;       guest ok = yes
;       writable = no
;       share modes = no


# Un-comment the following to provide a specific roving profile share
# the default is to use the user's home directory
;       [Profiles]
;       path = /var/lib/samba/profiles
```

图 10-20　配置文件格式

```
[root@rhel6 samba]# ls
lmhosts  smb.conf  smbusers
[root@rhel6 samba]# gedit lmhosts
[root@rhel6 samba]# 
```

图 10-21　打开 lmhosts 文件

```
smb.conf ✕ | lmhosts ✕
127.0.0.1 localhost
```

图 10-22　lmhosts 文件内容

3. Samba 服务的密码文件

与 Samba 服务相关的密码文件有如下两个。

（1）/etc/samba/smbpasswd

Samba 服务为了实现客户身份验证功能，将用户名和密码的信息存放在/etc/samba /smbpasswd 中。在客户端访问时，将用户提交资料与 smbpasswd 存放信息进行比对。

RHEL6 中的新版 Samba 默认将密码存放在：/var/lib/samba/private/passdb. tdb 文件中，而不是 RHEL5 的/etc/samba/smbpasswd。/etc/samba 目录下没有 smbpasswd 文件的原因是“passdb backend = tdbsam”启用了验证，如果需要使用/etc/samba/smbpasswd 进行验证，可以编辑文件/etc/samba/smb. conf。

```
;passdb backend = tdbsam                          #注释此行
smb passwd file = /etc/samba/smbpasswd            #添加此行
```

Samba 中添加账号的命令为 smbpasswd - a 用户名，在建立 samba 账号之前应该先建立与之对应的 Linux 账号，Samba 的账号和 Linux 用户账号的密码可以不相同。

（2）/etc/samba/smbusers 用户文件

该文件是用于控制用户映射的。/etc/samba/smbusers 用户文件提供了外部登录名与本地用户名的映射关系，便于 Windows 账户直接访问 Samba 服务器 。全局参数“username map”用来控制用户映射，它允许管理员指定一个映射文件，该文件包含了在客户机和服务器之间进行用户映射的信息。如“username map = /etc/samba/smbuser”，如图 10-23 所示。

```
smbusers ✕
# Unix_name = SMB_name1 SMB_name2 ...
root = administrator admin
nobody = guest pcguest smbguest
```

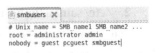

图 10-23　用户映射

用户映射通常是在 Windows 和 Linux 主机之间进行。两个系统拥有不同的用户账号，用户映射的目的就是将不同的用户映射成为一个用户便于共享文件。做了映射后的 Windows 账号，在使用 Samba 服务器上的共享资源时，就可以直接使用 Windows 账号进行访问。

全局参数“username map”就是用来控制用户映射的，它允许管理员指定一个映射文件，该文件包含了在客户机和服务器之间进行用户映射的信息，默认情况下/etc/samba/smbusers 文件为指定的映射文件。要使用用户映射，只需将 smb. conf 配置文件中“username map =/etc/samba/smbusers”前的注释符号（分号）去除。然后编辑文件/etc/samba/smbusers，将需要映射的用户添加到文件中。参数格式为：

```
单独的 Linux 账号 = 要映射的 Windows 账号列表
```

🕮 注意，账号列表内如有多个用户账号，则各用户账号间用空格隔开。

账号映射，需要编辑主配置文件/etc/samba/smb. conf，在 global 下添加一行字段“username map =/etc/samba/smbusers”开启用户账号映射功能，然后编辑/etc/samba/smbusers 文件：

```
samba 账号 = 虚拟账号
```

4. /var/log/samba/目录用于存放 Samba 的日志文件

Samba 服务的日志默认存放在/var/log/samba 中，Samba 服务为所有连接到 Samba 服务器的计算机建立日志，同时也将 nmb 服务和 smb 服务的运行日志分别写入 nmbd. log 和 smbd. log 日志文件中，如图 10-24所示。

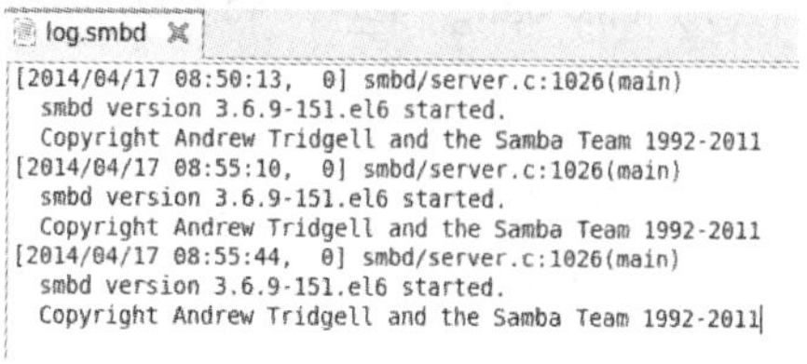

log.smbd
[2014/04/17 08:50:13, 0] smbd/server.c:1026(main)
smbd version 3.6.9-151.el6 started.
Copyright Andrew Tridgell and the Samba Team 1992-2011
[2014/04/17 08:55:10, 0] smbd/server.c:1026(main)
smbd version 3.6.9-151.el6 started.
Copyright Andrew Tridgell and the Samba Team 1992-2011
[2014/04/17 08:55:44, 0] smbd/server.c:1026(main)
smbd version 3.6.9-151.el6 started.
Copyright Andrew Tridgell and the Samba Team 1992-2011

图 10-24　日志文件

管理员可以根据这些日志文件查看用户的访问情况和服务的运行状态。

10.3.5　启动和测试 Samba 服务

1. Samba 服务器的启动

1）执行下面的命令来查询 Samba 服务器状态：

```
/etc/rc. d/init. d/smb status 或者
service smb status
```

执行结果如图 10-25 所示。

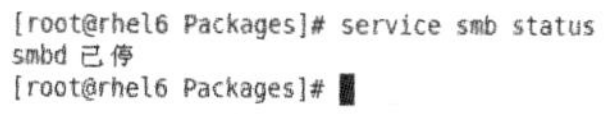

[root@rhel6 Packages]# service smb status
smbd 已停
[root@rhel6 Packages]#

图 10-25　查询 samba 服务器状态

2）执行下面的命令来启动 Samba 服务器：

```
/etc/rc. d/init. d/smb start 或者
service smb start
```

命令执行后出现如图 10-26 所示的提示，就表示启动 Samba 服务成功。

2. Samba 服务器的停止

停止 Samba 服务的命令如下：

```
/etc/rc. d/init. d/smb stop 或者
servicesmb stop
```

命令执行后出现如图 10-27 所示的提示，表示停止 Samba 服务成功。

```
[root@rhel6 Packages]# service smb start
启动 SMB 服务：                                    [确定]
[root@rhel6 Packages]# █
```

图 10-26　启动服务器

```
[root@localhost 桌面]# service smb stop
关闭 SMB 服务：                                    [确定]
[root@localhost 桌面]#
```

图 10-27　停止服务器

3. 重新启动 Samba 服务

重新启动 Samba 服务的命令如下：

```
/etc/rc. d/init. d/smb restart 或者
service nmb restart
```

命令执行后出现如图 10-28 所示的提示，表示重新启动 Samba 服务成功。

4. 设置 Samba 服务器开机自运行

开机自动启动或者关闭 Samba 服务，可以使用的方式有：

（1）chkconfig—level 345 smb on | off，如图 10-29 所示

```
[root@rhel6 Packages]# service smb restart
关闭 SMB 服务：                                    [确定]
启动 SMB 服务：                                    [确定]
[root@rhel6 Packages]# █
```

图 10-28　重启服务器

```
[root@rhel6 Packages]# chkconfig smb on
[root@rhel6 Packages]# chkconfig smb --list
smb        0:关闭  1:关闭  2:启用  3:启用  4:启用  5:启用  6:关闭
[root@rhel6 Packages]# chkconfig smb off
[root@rhel6 Packages]# chkconfig smb --list
smb        0:关闭  1:关闭  2:关闭  3:关闭  4:关闭  5:关闭  6:关闭
[root@rhel6 Packages]# █
```

图 10-29　指令设置服务器自启动

要配置 Samba 随系统启动，在终端输入：

```
chkconfig smb on              #自动启动 smb
chkconfig smb  -- list        #查看配置结果
```

（2）使用 ntsysv 工具配置开机自动启动

或者使用 Red Hat 的配置工具 setup 进行服务配置，在系统启动里勾选两个服务：smb 和 nmb。如果需要让 Samba 服务随系统启动而自动加载，可以执行“ntsysv”命令启动服务配置程序，找到“smb”服务，在其前面加上“ * ”号，然后单击“确定”按钮即可，如图 10-30 所示。

5. 主配置文件的测试

在完成 smb. conf 文件的所有配置后，可使用 testparm 命令测试配置文件中的语法是否正确。若显示“Loaded services file OK.”信息，表示配置文件的语法是正确的。再按〈Enter〉键，会显示主配置文件当前有效的配置清单。如图 10-31 所示，表示配置内容正确。

检查正常后，需要配置内容生效就要重新启动 Samba 服务器，如图 10-32 所示。

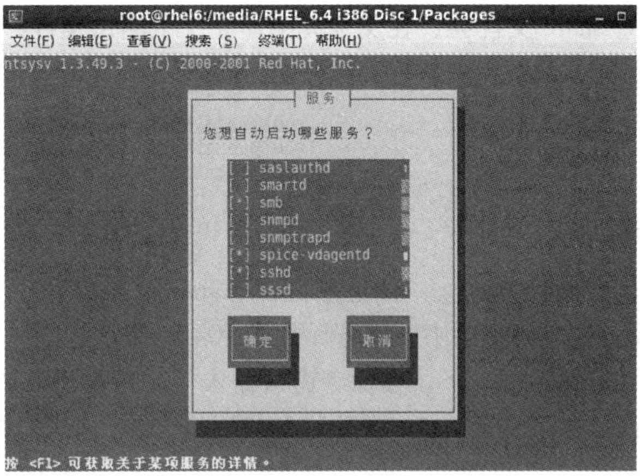

图 10-30　图形设置服务器自启动

```
[root@rhel6 samba]# testparm
Load smb config files from /etc/samba/smb.conf
rlimit_max: increasing rlimit_max (1024) to minimum Windows limit (16384)
Processing section "[homes]"
Processing section "[printers]"
Loaded services file OK.
Server role: ROLE_STANDALONE
Press enter to see a dump of your service definitions
```

图 10-31　检验主配置文件语法

```
[root@rhel6 桌面]# service smb restart
关闭 SMB 服务：                                        [确定]
启动 SMB 服务：                                        [确定]
[root@rhel6 桌面]#
```

图 10-32　重新启动服务器

10.3.6　Samba 服务器配置案例

1. 匿名共享登录

（1）服务器设计要求

公司现有一个工作组 workgroup，需要添加 Samba 服务器作为文件服务器，并发布共享目录/share，共享名为 public，此共享目录允许所有员工访问。

（2）配置思路

1）编辑主配置文件 smb. conf，设置全局参数等。

2）在 smb. conf 文件中指定日志文件名称和存放路径，并设置权限。

3）设置共享目录的本地系统文件及文件夹。

4）重新启动 smb 服务，使配置生效。

5）客户机访问测试服务器，检验配置是否正确。

（3）具体配置步骤

1）修改 samba 的主配置文件，修改 global 的设置，如图 10-33 所示。

2）设置安全级别为 share，允许匿名访问，如图 10-34 所示。

```
#======================= Global Settings =====================================

[global]

        workgroup = WORKGROUP
        server string = file Server
```

图 10-33　修改工作组名称

```
# ----------------------- Standalone Server Options ------------------------
#
# Scurity can be set to user, share(deprecated) or server(deprecated)
#
# Backend to store user information in. New installations should
# use either tdbsam or ldapsam. smbpasswd is available for backwards
# compatibility. tdbsam requires no further configuration.

        security = share
```

图 10-34　修改共享安全级别

3）在配置文件中的“share definitions”下添加下面的字段，设置共享目录为根目录下的share，且允许匿名访问，如图 10-35 所示。

4）在根目录下建立 share 文件夹，在文件夹中建立一个测试文件，如图 10-36 所示。

```
[public]
        comment = public
        path = /share
        public = yes
```

图 10-35　设置共享目录

```
[root@localhost /]# mkdir share
[root@localhost /]# cd share
[root@localhost share]# touch file
```

图 10-36　创建共享内容

5）重新加载配置，有两种方式，一种是重新启动 smb 服务，另外一种是重新加载 smb 服务，建议使用重新加载，这样就不会中断服务，如图 10-37 所示。

6）在 Windows 7 客户端验证一下，在命令窗口输入“\\192.168.1.1”，按〈Enter〉键后无需用户名和密码，可以直接访问 Samba 服务器上共享的资源，如图 10-38 所示。

```
[root@localhost share]# service  smb reload
重新载入 smb.conf 文件：                                    [确定]
```

图 10-37　重新加载服务器

```
\\192.168.1.1                                  ×
```

图 10-38　Windows 客户端测试

2. 用户口令登录

（1）设计要求

公司现有多个部门，因工作需要，将销售部的资料存放在 Samba 服务器的/sales 目录中，集中管理，以便销售人员浏览，并且该目录只允许销售部员工访问。需要把安全级别设置为 user，并且在配置文件中设置的共享目录/sales 下设置“valid users”字段。

（2）设计思路

1）添加销售部用户和组，在根目录下建立/sales 文件。

2）将建立的账户添加到 Samba 的账户中。

3）修改 Samba 主配置文件 smb. conf。

4）重新加载配置，使系统生效。

5）登录客户机验证。

（3）环境设置

1）创建用户及用户组

添加销售部用户和组，在根目录下建立/sales 文件，建立用户的同时加入到相应的组中。命令：useradd －g 组名 用户名。

创建用户及用户组：

```
#groupadd sales
#useradd - g sales sale1
#useradd - g sales sale2
#passwd sale1
…
#passwd sale2
…
```

创建共享目录及共享资源：

```
#mkdir sales
#cd sales
#touch file2
```

2）创建 Samba 账号。

将创建的两个账户添加到 Samba 的账户中：

```
#smbpasswd -a sale1
...
#smbpasswd -a sale2
...
```

3）修改 Samba 主配置文件 smb. conf。

首先设置安全级别：

```
security = user
```

然后设置共享目录：

```
[sales]
comment = sales
path = /sales
valid users = @ sales
```

4）重启服务器。

重新启动服务器，使得配置生效：

```
# service smb reload
```

5）客户机登录。

在 Windows 客户机的命令窗口或者网上邻居中输入“\\192. 168. 1. 1”，输入用户名和密码即可登录服务器。

10. 4 DHCP 服务器

DHCP（Dynamic Host Configuration Protocol）称为动态主机配置协议，可以自动配置主机的 IP 地址、子网掩码、网关及 DNS 等网络信息，从而减少网络管理的复杂性。如果路由器能够转发 DHCP 请求，只需要在一个子网中配置 DHCP 服务器就可以向其他子网提供 TCP/IP 配置的服务支持。

10. 4. 1 DHCP 概述

动态主机配置协议主要用来为网络中的各计算机动态分配 IP 地址，这些被分配的 IP 地址都是在 DHCP 服务器中预先保留的地址集。使用 DHCP 在管理网络配置方面很有作用，特别是当一个网络的规模较大时，使用 DHCP 可极大减轻网络管理员的工作量。另外，对于移动设备（如笔记本或计算机或者其他手持设备），由于使用的环境经常变动，所处内网的 IP 地址也就可能需要经常变动，若每次都需要手工修改其 IP 地址，使用起来就很麻烦。这时，若客户端设置使用 DHCP，则当移动设备接入不同环境的内网时，只要该网络有 DHCP 服务器，就可获取对应的 IP 地址，自动接入网络。

DHCP 的前身是 BOOTP，它工作在 OSI 的应用层，是一种帮助计算机从指定的 DHCP 服务器获取配置信息的自举协议。DHCP 使用客户机/服务器模式，请求配置信息的计算机叫作“DHCP 客户端”，而提供信息的叫作“DHCP 服务器”。DHCP 为客户机分配地址的方法有 3 种，即手工配置、自动配置和动态配置。DHCP 最重要的功能就是动态分配，除了 IP 地址，DHCP 还为客户机提供其他的配置信息，如子网掩码，网关等，从而使得客户端用户无须动手即可自动配置并连接网络。

🕮 提示：DHCP 服务器在很多设备中都已经内置，例如，现在家庭上网用的宽带 Modem、宽带路由器等都内置了 DHCP 服务器程序，通过这些设备可为内网中的计算机进行动态 IP 地址的分配。

10.4.2 DHCP 工作原理

使用 DHCP 时，在网络上首先必须有一台 DHCP 服务器，首先要搞清楚 DHCP 的实际的工作过程及原理，下面就对此做简单介绍。DHCP 是一个基于广播的协议，它的操作可以归结为以下各个阶段，如图 10-39 所示。

1. 寻找 DHCP Server

当 DHCP 客户机第一次登录网络的时候（此时客户机上没有任何 IP 地址信息），它会通过 UDP 67 端口向网络上发出一个 DHCP DISCOVER 数据包（包中包含客户机的 MAC 地址和计算机名等信息）。因为客户机还不知道自己所在网络的信息，所以数据包的源地址为 0.0.0.0，目标地址为 255.255.255.255，然后再附上 DHCP DISCOVER 的信息，向网络进行广播。网络上每一台安装了 TCP/IP 协议栈的主机都会接收到这种广播信息，但只有 DHCP 服务器才会做出响应。广播 DHCP DISCOVER 的等待时间预设为 1 秒，也就是当客户机将第一个 DHCP DISCOVER 消息送出去之后，在 1 秒之内没有得到回应的话，就会进行第二次 DHCP DISCOVER 广播。若一直没有得到回应，客户机会将这一广播包重新发送若干次，如图 10-40 所示。如果都没有得到 DHCP 服务器的回应，客户机则会显示错误信息，宣告 DHCP DISCOVER 的失败。之后基于使用者的选择系统会继续在 5 分钟之后再重发一次 DHCP DISCOVER 的要求，客户机会从 169.254.0.0/16 这个自动保留的私有 IP 地址中选用一个 IP 地址，并且每隔 5 分钟重新广播一次。很多用户在实际应用获取地址的过程中，得不到预期的网段地址而是得到一个 169.254.0.0 网段的地址原因就在于此。

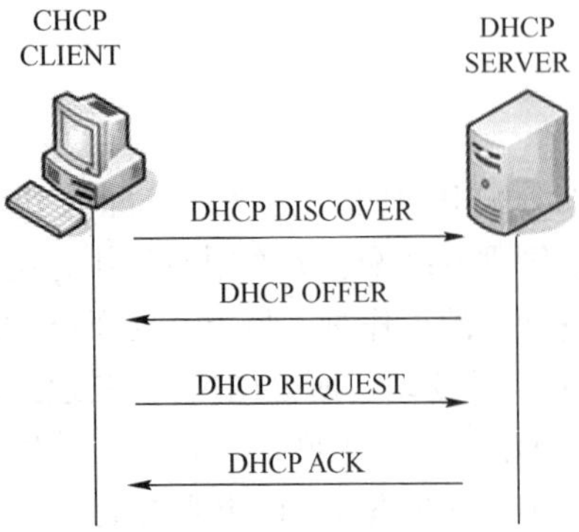

图 10-39 DHCP 工作流程

```
Listening on LPF/eth2/00:0c:29:16:6b:2d
Sending on   LPF/eth2/00:0c:29:16:6b:2d
Sending on   Socket/fallback
DHCPDISCOVER on eth2 to 255.255.255.255 port 67 interval 5 (xid=0x58390327)
DHCPDISCOVER on eth2 to 255.255.255.255 port 67 interval 8 (xid=0x58390327)
DHCPDISCOVER on eth2 to 255.255.255.255 port 67 interval 8 (xid=0x58390327)
DHCPDISCOVER on eth2 to 255.255.255.255 port 67 interval 11 (xid=0x58390327)
DHCPDISCOVER on eth2 to 255.255.255.255 port 67 interval 20 (xid=0x58390327)
DHCPDISCOVER on eth2 to 255.255.255.255 port 67 interval 9 (xid=0x58390327)
```

图 10-40 DHCP DISCOVER 数据包

2. 提供 IP 地址

当 DHCP 服务器监听到客户机发出的 DHCP DISCOVER 广播后，则会从还没有分配出去的地址中，选择最前面的空置 IP，连同其他 TCP/IP 设定，通过 UDP 68 端口响应分配给客户机一个 DHCP OFFER 数据包（包中包含 IP 地址、子网掩码、地址租期等信息）。此时还是使用广播进行通讯，源 IP 地址为 DHCP 服务器的 IP 地址，目标地址为 255. 255. 255. 255。同时，DHCP 服务器为此客户保留它提供的 IP 地址，从而不会为其他 DHCP 客户分配此 IP 地址。由于客户端在开始的时候还没有 IP 地址，所以在其 DHCP DISCOVER 封包内会带有其 MAC 地址信息，并且有一个 XID 编号来辨别该封包，DHCP 服务器响应的 DHCP OFFER 封包则会根据这些资料传递给要求租约的客户。

3. 接受 IP 租约

如果客户机收到网络上多台 DHCP 服务器的响应，只会挑选其中一个 DHCP OFFER（一般是最先到达的那个），并且会向网络发送一个 DHCP REQUEST 广播数据包（包中包含客户端的 MAC 地址、接受的租约中的 IP 地址、提供此租约的 DHCP 服务器地址等），告诉所有 DHCP 服务器它将接受哪一台服务器提供的 IP 地址，所有其他的 DHCP 服务器撤销它们的提供以便将 IP 地址提供给下一次 IP 租用请求。此时，由于还没有得到 DHCP 服务器的最后确认，客户机仍然使用 0. 0. 0. 0 为源 IP 地址、255. 255. 255. 255 为目标地址进行广播。

事实上，并不是所有 DHCP 客户机都会无条件接受 DHCP 服务器的 OFFER，特别是如果这些主机上安装有其他 TCP/IP 相关的客户机软件。客户机也可以用 DHCP REQUEST 向服务器提出 DHCP 选择，这些选择会以不同的号码填写在 DHCP Option Field 里面。客户机可以保留自己的一些 TCP/IP 设定。

4. 租约确认

当 DHCP 服务器接收到客户机的 DHCP REQUEST 之后，会广播返回给客户机一个 DHCP ACK 消息包，表明已经接受客户机的选择，并将这一 IP 地址的合法租用以及其他的配置信息都放入该广播包发给客户机。

客户机在接收到 DHCP ACK 广播后，会向网络发送 3 个针对此 IP 地址的 ARP 解析请求，以执行冲突检测，查询网络上有没有其他机器使用该 IP 地址；如果发现该 IP 地址已经被使用，客户机会发出一个 DHCP DECLINE 数据包给 DHCP 服务器，拒绝此 IP 地址租约，并重新发送 DHCP DISCOVER 信息。此时，在 DHCP 服务器管理控制台中，会显示此 IP 地址为 BAD_ ADDRESS。如果网络上没有其他主机使用此 IP 地址，则客户机的 TCP/IP 使用租约中提供的 IP 地址绑定完成初始化，从而可以和其他网络中的主机进行通信。另外，除 DHCP 客户机选中的服务器外，其他的 DHCP 服务器都将收回曾提供的 IP 地址。

以上步骤使用 Linux 系统指令 dhclient -d eth0 可查看详细的执行过程，如图 10-41 所示。

```
Internet Systems Consortium DHCP Client 4.1.1-P1
Copyright 2004-2010 Internet Systems Consortium.
All rights reserved.
For info, please visit https://www.isc.org/software/dhcp/

Listening on LPF/eth0/00:0c:29:16:6b:19
Sending on   LPF/eth0/00:0c:29:16:6b:19
Sending on   Socket/fallback
DHCPDISCOVER on eth0 to 255.255.255.255 port 67 interval 7 (xid=0x6366f254)
DHCPOFFER from 192.168.50.10
DHCPREQUEST on eth0 to 255.255.255.255 port 67 (xid=0x6366f254)
DHCPACK from 192.168.50.10 (xid=0x6366f254)
bound to 192.168.50.51 -- renewal in 10177 seconds.
```

图 10-41　交互流程

5. 重新登录

以后 DHCP 客户机重新登录网络时，不需要发送 DHCP DISCOVER 信息，而是直接发送包含前一次所分配的 IP 地址的 DHCP REQUEST 信息。当 DHCP 服务器收到这一信息后，它会尝试让 DHCP 客户机继续使用原来的 IP 地址，并回答一个 DHCP ACK 信息。如果此 IP 地址已无法再分配给原来的 DHCP 客户机使用（比如此 IP 地址已分配给其他 DHCP 客户端使用），则 DHCP 服务器给 DHCP 客户机回答一个 DHCP NACK 信息。当原来的 DHCP 客户机收到此信息后，必须重新发送 DHCP DISCOVER 信息来请求新的 IP 地址。

6. 更新租约

客户机会在租期过去 50% 时，向为其提供 IP 地址的 DHCP 服务器发送 DHCP REQUEST 消息包。如果客户机接收到该服务器回应的 DHCP ACK 消息包，客户机就根据包中所提供的新的租期以及其他已经更新的 TCP/IP 参数，更新自己的配置，IP 租用更新完成。如果在租期过去 50% 的时候没有更新，则客户机将在租期过去 87.5% 的时候再次向为其提供 IP 地址的 DHCP 联系。如果还不成功，到租约的 100% 时，客户机必须放弃这个 IP 地址，重新申请。

10.4.3　安装 DHCP 服务器

目前支持网络的操作系统都内置了 DHCP 客户机程序，因此，要使用 DHCP，首先必须考虑在网络中的 Linux 服务器中安装 DHCP 服务器程序。

1. RHEL6.4 自带 DHCP 安装软件包

- DHCP 服务主程序

  dhcp - 4.1.1 - 34.P1.el6.i686.rpm

  该程序包中包括 DHCP 服务和中继代理程序，安装该软件包进行相应配置，即可以为客户机动态分配 IP 地址及其他 TCP/IP 信息。

- 客户机软件

  dhclient - 4.1.1 - 34.P1.el6.i686.rpm

  包含客户机运行所需要的软件。

- DHCP 服务开发工具

  dhcp - common - 4.1.1 - 34.P1.el6.i686.rpm

  DHCP 服务器开发工具软件包，为 DHCP 开发提供库文件支持。

2. 查询 DHCP 服务

DHCP 安装包可通过 RPM 或 YUM 安装，首先查看 DHCP 的安装情况，使用指令：

```
#rpm  - qa | grep dhcp 或者 #rpm  -  qa "hdcp * "
```

查询结果如图 10-42 所示。

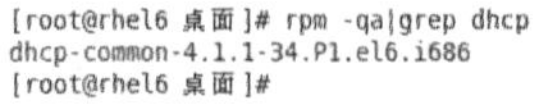
[root@rhel6 桌面]# rpm -qa|grep dhcp
dhcp-common-4.1.1-34.P1.el6.i686
[root@rhel6 桌面]#

图 10-42　查询 DHCP 安装情况

结果显示系统默认只安装了一个安装包，其他的两个包需要自己手动安装。

3. 安装 DHCP 服务器软件包

进入安装盘（即 ISO 镜像文件）的 Packages 目录，通过输入查询安装指令及 DHCP 的前缀，按〈Tab〉键，显示出有 3 个 DHCP 安装包。安装其余的两个包，详细过程如图 10-43 所示。

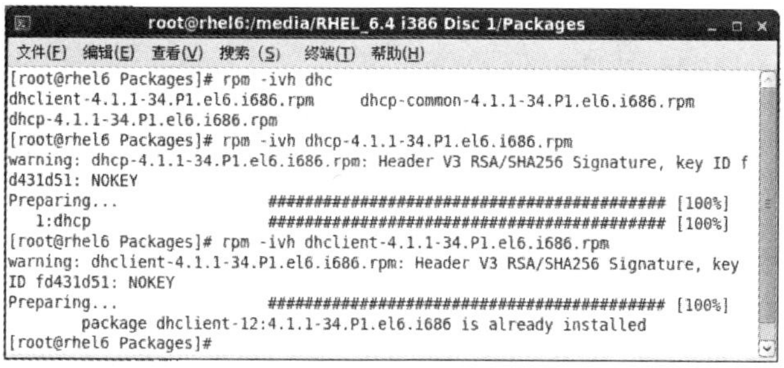

图 10-43　安装软件包

安装进度为 100% 则说明安装成功，接下来可以进行服务器的配置了。

10.4.4　DHCP 服务的配置文件

DHCP 服务器有如下几个主要文件及命令。

- 主配置文件

  /etc/dhcp/dhcpd. conf

- 客户机租约信息

  /var/lib/dhcpd/dhcpd. leases

  这个文件记录用户的租约信息无需配置，查询的时候可以使用。

- 命令程序

  /usr/sbin/dhcpd、/usr/sbin/dhcrelay

- 服务脚本

  /etc/init. d/dhcpd、/etc/init. d/dhcrelay

- 执行参数配置

  /etc/sysconfig/dhcpd

- DHCP 中继配置

  /etc/sysconfig/dhcrelay

1. 主配置文件

DHCP 的主配置文件是/etc/dhcp/dhcpd. conf。DHCP 服务所有参数都是通过修改 dhcpd. conf 文件来实现，安装后 dhcpd. conf 是没有做任何配置的，所在目录为/etc/dhcp/。DHCP 的主配置文件中默认是空的，需要用户手动创建。但事实上 DHCP 软件在安装时都会附上 dhcpd. conf. sample 样本文件，可以将此文件复制为/etc/dhcpd/dhcpd. conf，再修改即可。我们可以使用 #cat dhcpd. conf 命令来查看一下文件内容：

```
# DHCP Server Configuration file.
#   see /usr/share/doc/dhcp*/dhcpd.conf.sample
#   see 'man 5 dhcpd.conf'
```

上文表明该文件是一个 dhcp 服务器的配置文件，需要参考 dhcpd. conf. sample 文件来配置。接下来将/usr/share/doc/dhcp-4. 1. 1/dhcpd. conf. sample 文件复制并修改为 dhcpd. conf 文件，从而进行配置，如图 10-44 所示。

```
[root@rhel6 Packages]# cp /usr/share/doc/dhcp-4.1.1/dhcpd.conf.sample /etc/dhcp/d
hcpd.conf
cp：是否覆盖"/etc/dhcp/dhcpd.conf"？ y
```

图 10-44　创建主配置文件

📖 在 RHEL5 中，主配置文件的位置是/etc/dhcpd. conf，而 RHEL6 有变化此处为/etc/dhcp/dhcpd. conf。

#cat dhcpd. conf 主配置文件的部分内容如图 10-45 所示。

```
# dhcpd.conf
#
# Sample configuration file for ISC dhcpd
#

# option definitions common to all supported networks...
option domain-name "example.org";
option domain-name-servers ns1.example.org, ns2.example.org;

default-lease-time 600;
max-lease-time 7200;

# Use this to enble / disable dynamic dns updates globally.
#ddns-update-style none;

# If this DHCP server is the official DHCP server for the local
# network, the authoritative directive should be uncommented.
#authoritative;

# Use this to send dhcp log messages to a different log file (you also
# have to hack syslog.conf to complete the redirection).
log-facility local7;

# No service will be given on this subnet, but declaring it helps the
# DHCP server to understand the network topology.

subnet 10.152.187.0 netmask 255.255.255.0 {
}

# This is a very basic subnet declaration.

subnet 10.254.239.0 netmask 255.255.255.224 {
  range 10.254.239.10 10.254.239.20;
  option routers rtr-239-0-1.example.org, rtr-239-0-2.example.org;
}

# This declaration allows BOOTP clients to get dynamic addresses,
# which we don't really recommend.

subnet 10.254.239.32 netmask 255.255.255.224 {
  range dynamic-bootp 10.254.239.40 10.254.239.60;
```

图 10-45　主配置文件部分内容

主配置文件分为两个部分，即全局配置信息和局部配置信息。

（1）全局配置信息

全局配置信息是作用于整个配置内容的，每行必须以分号“;”结尾（如不用分号结尾，在启动 dhcpd 时是不会报错的，只能通过查看日志文件/var/log/message 得知）。

（2）局部配置信息

配置文件中，子网声明以“subset”关键字开始，所有子网信息包括在{}中。{}中的配置信息只对该子网有效。局部配置必须包含在一对中括号之间，且对该作用域有效。

“#”：该符号为注释符号表示所在行不运行。不需要运行的行建议使用此符号，不建议删除，以备以后修改使用。

/etc/dhcp/dhcpd. conf 文件的配置语句通常分为 3 类：参数、选项和声明，各自的功能及内容在下面分别介绍。

2. 常用参数

参数：表明如何执行任务，是否要执行任务，或将哪些网络配置选项发送给客户。

- ddns – update – style interim;

配置 DHCP - DNS 互动更新模式（必选），且放在第一行，其中“类型”可取 none/interim/ad - hoc，分别表示不支持动态更新/互动更新模式/特殊 DNS 更新模式。

- ignore | allow client - updates；

  忽略/允许客户机更新 DNS 记录。

- default - lease - time ；

  指定默认租赁时间的长度，单位是秒。

- max - lease - time；

  指定最大租赁时间长度，单位是秒。

- hardware 网卡类型　MAC 地址；

  指定网卡接口类型和 MAC 地址，常用类型为以太网（Ethernet），该参数只能用于 host 声明中。

- fixed - address　IP address；

  分配给 DHCP 客户机一个固定的 IP 地址，该选项只能用于 host 声明中。

- server - name　hostname；

  通知 DHCP 客户机服务器的名称。

- get - lease - hostnames flag；

  检查客户机使用的 IP 地址。

- authoritative；

  拒绝不正确的 IP 地址的要求。

3. 常用声明

声明：用来描述网络布局，描述客户，提供客户的地址，或把一组参数应用到声明中。

- shared - network 名称 {…}

  定义超级作用域，用来告知是否一些子网络共享相同网络设置，通常用于包含多个 subnet 声明。

- subnet 网络号 netmask 子网掩码 {选项/参数；…}

  定义作用域（或 IP 子网）。

- range dynamic - bootp 起始 IP　终止 IP

  定义作用域范围，一个 subnet 中可以有多个 range，但多个 range 所定义 IP 范围不能重复。

- group {…}

  为一组参数提供声明。

- host hostname {选项/参数；…}

  为某主机定义保留地址，通常放在 subnet 声明中。

- allow unknown - client ； deny unknown - client

  是否动态分配 IP 给未知的使用者。

- allow bootp；deny bootp

  是否响应激活查询。

- allow booting ； deny booting

  是否响应使用者查询。

- filename

开始启动文件的名称，应用于无盘工作站。

● next - server

设置服务器从引导文件中装入主机名，应用于无盘工作站。

4. 常用选项

选项：用来配置 DHCP 的可选参数，以 option 关键字开头，如表 10-1 所示。

表 10-1 常用选项

选　　项	说　　明
option routers　默认网关：	设置客户机的网关地址或路由 IP 地址
option subnet - mask　子网掩码：	为客户端设定子网掩码
option nis - domain　“名称”：	设置客户端所属的 NIS 域的名称
option domain - name　“域名”：	设置客户端指定 DNS 域名后缀名
option domain - name - servers　ip 地址[，ip 地址 ...]	设置 DNS 服务器的 IP 地址
option time - offset　偏移差：	设置与格林尼治时间的偏移差
option ntp - server　IP 地址：	设置网络时间服务器的 IP 地址
option netbios - name - servers　ip 地址[，ip 地址，...]：	设置 WINS 服务器的 IP 地址
option netbios - node - type 节点类型：	为客户端指定节点类型
option host - name　“主机名”：	为客户端指定主机名
option broadcast - address　广播地址：	设置广播地址
option nis - servers　IP 地址：	NIS 域服务器的地址

5. 租约数据库文件

运行 DHCP 服务器还需要一个名为“dhcpd. leases”的文件，其中保存所有已经分发的 IP 地址。第一次运行 DHCP 服务器时，dhcpd. leases 是一个空文件，也不用手动建立，只有简单的注释信息，如图 10-46 所示：

```
# The format of this file is documented in the dhcpd.leases(5) manual page.
# This lease file was written by isc-dhcp-4.1.1-P1
```

图 10-46　首次运行 DHCP

如果不是通过 RPM 安装 DHCP，或者 dhcpd 已经安装，那么应该确定 dhcpd. leases 文件是否存在。也可以使用 touch 命令手动建立一个空文件：#touch /var/lib/dhcpd/dhcpd. leases。dhcpd. leases 的文件格式为：Leases address {statement}，以下为本系统内的租约文件的一个样例，如图 10-47 所示。

内容说明：

```
lease 192.168.154.10 {                              #DHCP 服务器分配的 IP 地址#
  starts 4 2014/05/22 09:14:38;                     # lease 开始租约时间#
  ends 4 2014/05/22 15:14:38;                       # lease 结束租约时间#
  cltt 4 2014/05/22 09:14:38;
  binding state active;
  next binding state free;
  hardware ethernet 00:50:56:c0:00:08;              #客户机网卡 MAC 地址#
  uid "\001\000PV\300\000\010";                     #用来验证客户机的 UID 标志#
  client - hostname "zzn";}                         #客户机名称#
```

📖 注意：lease 开始租约时间和 lease 结束租约时间是格林威治标准时间（GMT），不是本地时间。

```
# The format of this file is documented in the dhcpd.leases(5) manual page.
# This lease file was written by isc-dhcp-4.1.1-P1

server-duid "\000\001\000\001\033\020zQ\000\014)\026k\031";

lease 192.168.154.10 {
  starts 4 2014/05/22 09:14:38;
  ends 4 2014/05/22 15:14:38;
  cltt 4 2014/05/22 09:14:38;
  binding state active;
  next binding state free;
  hardware ethernet 00:50:56:c0:00:08;
  uid "\001\000PV\300\000\010";
  client-hostname "zzn";
}
lease 192.168.154.10 {
  starts 4 2014/05/22 09:14:38;
  ends 4 2014/05/22 09:15:13;
  tstp 4 2014/05/22 09:15:13;
  cltt 4 2014/05/22 09:14:38;
  binding state free;
  hardware ethernet 00:50:56:c0:00:08;
  uid "\001\000PV\300\000\010";
}
lease 192.168.154.10 {
  starts 4 2014/05/22 09:15:40;
  ends 4 2014/05/22 15:15:40;
  cltt 4 2014/05/22 09:15:40;
  binding state active;
  next binding state free;
  hardware ethernet 00:50:56:c0:00:08;
  uid "\001\000PV\300\000\010";
  client-hostname "zzn";
}
lease 192.168.154.10 {
  starts 4 2014/05/22 09:18:07;
  ends 4 2014/05/22 15:18:07;
  cltt 4 2014/05/22 09:18:07;
  binding state active;
  next binding state free;
  hardware ethernet 00:50:56:c0:00:08;
```

图 10-47　租约信息

10.4.5　DHCP 服务的启动与停止

（1）启动 DHCP 服务器

启动 DHCP 服务器指令如下：

```
#/etc/init.d/dhcpd  start 或者 service dhcpd start,
```

如图 10-48 所示。

```
[root@rhel6 Packages]# service dhcpd start
正在启动 dhcpd：                                          [确定]
```

图 10-48　启动服务器

📖 DHCP 服务器在未配置之前无法启动，可以等到配置完毕之后再尝试启动。

（2）停止 DHCP 服务器

关闭 DHCP 服务器指令如下：

```
#/etc/init.d/dhcpd stop 或者 service dhcpd stop,
```

如图 10-49 所示。

```
[root@rhel6 Packages]# service dhcpd stop
关闭 dhcpd：                                               [确定]
```

图 10-49　停止服务器

(3) 重新启动 DHCP 服务器

重新启动 DHCP 服务器指令如下：

```
#/etc/init. d/dhcpd restart 或者 service dhcpd restart,
```

如图 10-50 所示。

```
[root@rhel6 Packages]# service dhcpd restart
关闭 dhcpd：                                               [确定]
正在启动 dhcpd：                                           [确定]
```

图 10-50　重新启动服务器

(4) 开机自动加载 DHCP 服务

开机自动加载 DHCP 服务器指令如下：

```
# chkconfig -- level 35 dhcpd    on
```

如图 10-51 所示。

```
[root@rhel6 Packages]# chkconfig --level 35 dhcpd on
[root@rhel6 Packages]# chkconfig --list dhcpd
dhcpd           0:关闭  1:关闭  2:关闭  3:启用  4:关闭  5:启用  6:关闭
```

图 10-51　查询自启动配置

也可以图形化设置。在命令行输入 ntsysv，打开界面如图 10-52 所示，选中 dhcpd 选项即可。设置完毕后，可以查询设置结果，使用以下指令查看服务是否启动：

```
#chkconfig -- list dhcpd
```

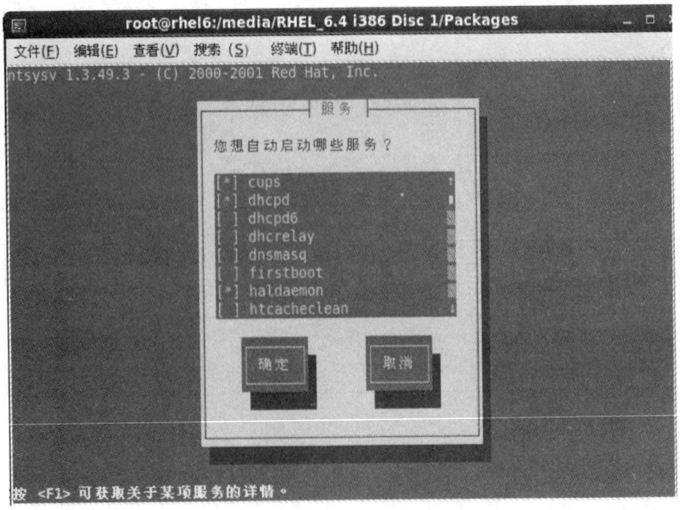

图 10-52　图形设置自启动服务

(5) 查询 DHCP 服务器是否开启

启动 dhcpd 服务器指令如下：

```
#/etc/init. d/dhcpd   status 或者 service dhcpd status,
```

如图 10-53 所示。

```
[root@rhel6 Packages]# service dhcpd status
dhcpd 已停
```

图 10-53　查询状态

(6) 使用 ps 命令检查 dhcpd 进程，如图 10-54 所示。

```
[root@rhel6 Packages]# ps -ef|grep dhcpd
root      3269     1  0 11:30 ?        00:00:11 gedit /etc/dhcp/dhcpd.conf
dhcpd     6939     1  0 17:11 ?        00:00:00 /usr/sbin/dhcpd -user dhcpd -gro
up dhcpd
root      6947  6235  0 17:11 pts/1    00:00:00 grep dhcpd
```

图 10-54　ps 命令

(7) 使用 netstat 查看 dhcpd 运行的端口，如图 10-55 所示。

```
[root@rhel6 Packages]# netstat -nutap|grep dhcpd
udp        0      0 0.0.0.0:67                  0.0.0.0:*
        6939/dhcpd
```

图 10-55　查看端口

10.4.6　配置 DHCP 客户端

本节以 Windows 和 Linux 两个平台为例，说明 DHCP 客户端具体的设置方法及步骤。

1. 配置 Linux 平台的 DHCP 客户端

Linux 客户端配置有两种方式进行。

(1) 手动修改 Linux 客户端的网卡配置文件

通常选择手工配置 DHCP 客户端，需要修改/etc/sysconfig/network - scripts 目录中每个网络设备的配置文件，在该目录中的每个设备都有一个叫作“ifcfg - eth?”的配置文件。“?”代表网络设备的序号，如 eth0 等。

修改配置文件：

```
# vi/etc/sysconfig/network - cripts/ifcfg - eth0
```

将“BOOTPROTO = none”修改为“BOOTPROTO = dhcp”，启用客户端 DHCP 功能，重启网卡：

```
# ifdown eth0;ifup eth0
```

(2) 使用 dhclient 命令重新发送广播，申请 IP 地址

如果不使用手动编辑配置文件，也可以直接通过 dhclient 指令更新网络地址。

- 参数 -d 可以显示详细的申请过程

```
# dhclient  -d  eth0
```

- 参数 -r 可以释放地址

```
# dhclient -reth0
```

- 直接使用 dhclient 可以获得地址

```
#dhclient eth0
```

2. 配置 Windows 平台的 DHCP 客户端

Windows 各个版本的配置方法基本相同，只需要在“控制面板”中双击“网络连接”图标，然后在“本地连接属性”对话框中选择“Internet 协议（TCP/IP）”属性。“常规”选项卡中选择“自动获取 IP 地址”和“自动获取 DNS 服务器地址”单选按钮。

在 DOS 提示符下执行以下操作。

1）清除已有的 IP 地址信息，执行命令：

```
ipconfig/release
```

2）请求一个新的 IP 地址，执行命令：

```
ipconfig/renew
```

3）显示从 DHCP 服务器获得的信息。要求加参数 all，否则信息显示不全。

```
ipconfig/all
```

此时若能看到所分配到的 IP 地址、默认网关和 DNS 服务器地址，则说明 DHCP 服务器工作正常，配置成功。

10.4.7 DHCP 服务器配置案例

1. 设计要求

本节将通过讲解 DHCP 服务器的基本配置与测试实例，来加深对服务器配置的基本操作方法与步骤的理解。

2. 设计思路

1）安装服务器。

2）创建主配置文件。

3）编辑主配置文件。

4）启动服务器。

5）配置客户机，进行测试。

6）查看服务器的租约文件，了解客户机的地址租用信息。

配置步骤

（1）安装 DHCP 服务器软件

首先查看是否安装 DHCP。执行指令：rpm -qa | grep dhcp，如果未安装则进入光盘镜像文

件的 packages 目录，安装“dhcp - 4. 1. 1 - 34. P1. el6. i686. rpm”“dhclient - 4. 1. 1 - 34. P1. el6. i686. rpm”以及“dhcp - common - 4. 1. 1 - 34. P1. el6. i686. rpm”软件包。

（2）创建主配置文件

主配置文件为：/etc/dhcp/dhcpd. conf，配置参数可以通过 DHCP 的模板配置文件生成，执行指令：

```
# cp /usr/share/doc/dhcp - 4. 1. 1/dhcpd. conf. sample/ etc/dhcp/dhcpd. conf
```

然后，根据需要在此基础上进行修改。

（3）编辑主配置文件

```
ddns - update - style interim;
ignore client - updates;
default - lease - time 21600;
max - lease - time 43200;
option domain - name “example. com”
option domain - name - servers 192. 168. 0. 1

subnet 192. 168. 168. 0 netmask 255. 255. 255. 0 {
option routers                192. 168. 168. 1;
option subnet - mask          255. 255. 255. 0;
range dynamic - bootp         192. 168. 168. 100        192. 168. 168. 200;

host rhel6 {
    hardware ethernet    00:50:56:c0:00:04;
    fixed - address          192. 168. 168. 168;
    }
}
```

如图 10-56 所示。

```
ddns-update-style interim;
ignore client-updates;
default-lease-time 21600;
max-lease-time 43200;

option domain-name "example.com";
option domain-name-servers 192.168.0.1;

subnet 192.168.168.0 netmask 255.255.255.0 {
        option routers 192.168.168.1;
        option subnet-mask 255.255.255.0;
        range dynamic-bootp 192.168.168.100 192.168.168.200;
}

host rhel6 {
        hardware ethernet 00:50:56:c0:00:04;
        fixed-address 192.168.168.168;
}
```

图 10-56　编辑主配置文件

其中，00：50：56：c0：00：04 为想要设置的客户端的 MAC 地址。

（4）启动 DHCP 服务器

首先启动 eth0：

```
ifdown eth0, ifup eth0
```

然后启动服务器：

```
service dhcpd start
```

查看服务端口是否开启：netstat -anpu | grep dhcpd，如图 10-57 所示。

```
[root@rhel6-3 桌面]# netstat -anpu|grep dhcpd
udp        0      0 0.0.0.0:67                  0.0.0.0:*
       4912/dhcpd
```

图 10-57　查看端口

（5）DHCP 客户端，如图 10-58 所示。

首先释放旧地址：

```
ipconfig/release *net4
```

```
以太网适配器 VMware Network Adapter VMnet4:

   连接特定的 DNS 后缀 . . . . . . . :
   本地链接 IPv6 地址. . . . . . . . : fe80::f027:5c13:8a4d:2877%23
   默认网关. . . . . . . . . . . . . :
```

图 10-58　释放地址

然后重新获取新地址，如图 10-59

```
ipconfig/renew *net4
```

```
以太网适配器 VMware Network Adapter VMnet4:

   连接特定的 DNS 后缀 . . . . . . . : example.com
   本地链接 IPv6 地址. . . . . . . . : fe80::f027:5c13:8a4d:2877%23
   IPv4 地址 . . . . . . . . . . . . : 192.168.168.168
   子网掩码  . . . . . . . . . . . . : 255.255.255.0
   默认网关. . . . . . . . . . . . . : 192.168.168.1
```

图 10-59　更新地址

因为本例中 DHCP 服务器的网卡为 VMnet4，所以对应 Windows 也要匹配相同的适配器。测试结果表明，所设定的 MAC 地址的网卡的 IP 为：192. 168. 168. 168。

（6）查看 DHCP 服务器上的租约文件

通过以下指令可以查询客户端地址的租用情况：

```
cat /var/lib/dhcpd/dhcpd. leases
```

10.5　DNS 服务器

网络中为了区别各个主机，必须为每台主机分配一个唯一的地址，这个地址即称为 IP 地址。但这些由数字构成的地址难于记忆，所以就采用域名的方式来取代这些数字，不过最终还是必须将域名转换为对应的 IP 地址才能访问主机，所以提出了域名系统（Domain Name System，DNS）的概念。域名系统是互联网的一项服务，它作为将域名和 IP 地址相互映射的一个分布式数据库，能够使用户更方便地访问互联网。

10.5.1 DNS 概述

DNS 帮助用户在互联网上寻找资源提供有效的路径。在互联网上的每一个计算机都拥有一个唯一的 IP 地址，由于 IP 地址不便记忆，DNS 允许用户使用一串常见的字母（即域名）取代。DNS 作为因特网服务的一部分，它是由解析器以及域名服务器组成的。域名服务器是指保存有该网络中所有主机的域名和对应 IP 地址，并具有将域名转换为 IP 地址功能的服务器。DNS 使用 TCP 与 UDP 端口号都是 53，主要使用 UDP，服务器之间备份使用 TCP。通过建立 DNS 数据库，记录主机名称与 IP 地址的对应关系，驻留在服务器端，为客户端的主机提供 IP 地址解析服务。当某台主机要与其他主机通信时，就可以利用主机名称向 DNS 服务器查询该主机的 IP 地址。DNS 域名系统具有以下特点。

1）具备递归查询和迭代查询。

2）分布式数据库。

3）将域名解析为 IP。

4）全球共 13 台根域名服务器。

完整的 DNS 系统由域名空间（Name Space）、资源记录（Resource Record）以及解析器（Resolver）组成，并且需要进行正确的配置。同时 DNS 协议采用 UDP/TCP 53 端口进行通信：DNS 服务器侦听 UDP/TCP 53 端口，DNS 客户端通过向服务器的这两个端口发起连接进行 DNS 协议通信。其中，UDP 53 端口主要用于答复 DNS 客户端的解析请求，而 TCP 53 端口用于区域复制。

10.5.2 DNS 查询模式

互联网上的每一台计算机都被分配一个 IP 地址，数据的传输实际上是在不同 IP 地址之间进行的。包括我们在家上网时使用的计算机，在连上网以后也被分配一个 IP 地址，这个 IP 地址绝大部分情况下是动态的。也就是说关掉调制解调器，在重新打开上网，网络服务提供商会随机分配一个新的 IP 地址。DNS 服务器使用固定 IP 地址连入互联网。一个域名解析到某一台服务器上，并且把网页文件放到这台服务器上，用户的计算机才知道去哪一台服务器获取这个域名的网页信息。这是通过域名服务器来实现的，到底 DNS 服务器是如何工作的呢？

1. DNS 查询流程

DNS 查询的具体步骤如下所示。

1）客户端提出域名解析请求，并将该请求发送或转发给本地的 DNS 服务器。

2）本地 DNS 服务器收到请求后首先去查询自己的缓存，如果有该条记录，则会将查询的结果返回给客户端。反之，如果 DNS 服务器本地没有搜索到相应的记录，则会把请求转发到根 DNS（13 台根域名 DNS 服务器的 IP 信息默认均存储在 DNS 服务器中，当需要时就会去有选择性地连接）。

3）根域名 DNS 服务器收到请求后会判断这个域名是谁来授权管理，并会返回一个负责该域名子域的 DNS 服务器地址。比如，查询 www.example.com 的 IP，根域名 DNS 服务器就会在负责 .com 顶级域名的 DNS 服务器中选一个（并非随机，而是根据空间、地址、管辖区域等条件进行筛选），返回给本地 DNS 服务器。可以说根域对顶级域有绝对管理权，自然也知道它们的全部信息。

4）本地 DNS 服务器收到这个地址后，就开始联系对方并将此请求发给他。负责 . com 域名的某台服务器收到此请求后，如果自己无法解析，就会返回一个管理 . com 的下一级的 DNS 服务器地址给本地 DNS 服务器，也就是负责管理 example. com 的 DNS。

5）当本地 DNS 服务器收到这个地址后，就会重复上面的动作，继续往下联系。不断重复这样的轮回过程，直到有一台 DNS 服务器可以顺利解析出 www. example. com 这个地址为止。在这个过程中，客户端一直处理等待状态，不需要做任何事。

6）直到本地 DNS 服务器获得 IP 时，才会把这个 IP 返回给客户端，到此在本地的 DNS 服务器取得 IP 地址后，递归查询就算完成了。本地 DNS 服务器同时会将这条记录写入自己的缓存，以备后用。

7）客户端拿到这个地址后，就可以顺利往下进行了。但假设客户端请求的域名根本不存在，解析自然不成功，DNS 服务器会返回此域名不可达，在客户端的表现就是网页无法浏览或网络程序无法连接等。

DNS 查询过程如图 10-60 所示。

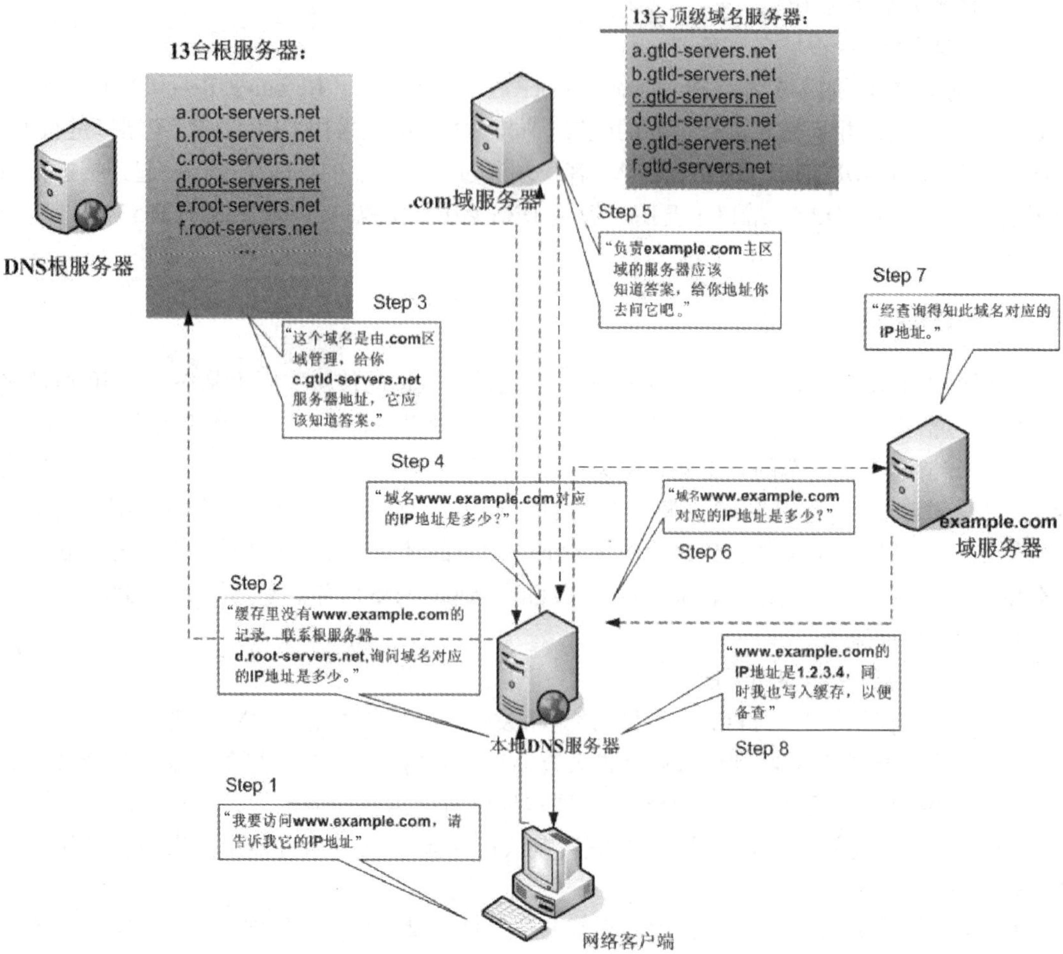

图 10-60　DNS 查询流程图

2. DNS 递归解析原理

在域名解析的过程中，有两种查询方式：一种是递归，一种是迭代。递归查询是默认的查询方式。在这种方式中，如果客户端配置的本地域名服务器不能解析的话，则后面的查询全由本地域名服务器代替 DNS 客户端进行查询，直到本地域名服务器从权威域名服务器得到了正确的解析结果，然后由本地域名服务器告诉 DNS 客户端查询的结果。

在查询过程中，一直是以本地域名服务器为中心的，DNS 客户端只是发出原始的域名查询请求报文，然后就一直处于等待状态的，直到本地域名服务器发来了最终的查询结果。此时的本地域名服务器就相当于中介代理的作用。

3. DNS 迭代解析原理

另一种查询方式是迭代查询，当服务器使用迭代查询时能够使其他服务器返回一个适合的查询点提示或主机地址，若此最佳的查询点中包含需要查询的主机地址，则返回主机地址信息，若此时服务器不能够直接查询到主机地址，则按照提示的指引依次查询，直到服务器给出的提示中包含所需要查询的主机地址为止。一般情况，当本地域名服务器无法解析的时候就会查找根域服务器，查寻到根域名服务器后，则会根据提示向下查找。从图 10-60 中可以知道，本地域名服务器访问其他各级域名服务器都是迭代查询，首先 B 访问 C，得到了提示访问 D 的提示信息后，开始访问 D，这时因为是迭代查询，D 又返回给 B 提示信息，告诉 B 应该访问 E，依次类推。

4. 域名服务器查询设置

在默认情况下 DNS 服务器既接受来自其他客户端（或者其他 DNS 服务器）的迭代查询也接受其他客户端（或者其他 DNS 服务器）的递归查询。但是通常情况下，在 DNS 服务器属性中的服务器选项会选择“禁止递归查询”。通常根服务器或者流量较大的域名服务器都不使用递归查询，因此域名服务器之间的大量递归查询会导致服务器过载，所以只会选择迭代查询方式。递归方式仅限于本地客户端向本地权威域名服务器发出的查询请求使用。

10.5.3 DNS 服务器的类别

DNS 域名服务器分为主 DNS 服务器、辅助 DNS 服务器、高速缓存域名服务器以及转发域名服务器。

1. 主 DNS 服务器（Primary Name Server）

主 DNS 服务器是特定域所有信息的权威性信息源。它从域管理员构造的本地磁盘文件中加载域名信息，该文件（区文件）包含着该服务器具有管理权的所在域的最精确信息。主服务器是一种权威性服务器，因为它以绝对的权威去回答对其管辖域的任何查询。主域名服务器得到授权来响应对该域的查询，同时，它也是提供所有域区地址的来源。注意有时一个主域名服务器也被称为一个主服务器。

2. 辅助 DNS 服务器（Secondary Name Server）

辅助 DNS 服务器可从主服务器中复制一整套域名信息。区文件是从主服务器中复制出来的，并作为本地磁盘文件存储在辅助服务器中，这种复制称为“区文件复制”。在辅助域名服务器中有一个所有域信息的完整复制，可以权威地回答对该域的查询。因此，辅助域名服务器也称为权威性服务器。配置辅助域名服务器不需要生成本地区文件，因为可以从主服务器中下载该区文件。辅域名服务器是备份服务器，它们不是域源数据存放的地方，但它们也授权响应域名的查询。辅域名服务器通常从域的主 DNS 服务器获得域区数据。注意辅服务器也称为从属服务器。

3. 高速缓存服务器（Caching - Only Server）

在高速缓存服务器上可运行域名服务器软件，但是不能运行域名数据库软件。它从某个远程服务器取得每次域名服务器查询的结果，一旦取得一个，就将它放在高速缓存中，以后查询相同的信息时就用它予以回答。高速缓存服务器不是权威性服务器，因为它提供的所有信息都是间接信息。对于高速缓存服务器只需要配置一个高速缓存文件，但最常见的配置还包括一个回送文件。

高速缓存服务器可以改进网络中 DNS 服务器的性能。当 DNS 经常查询一些相同的目标时，安装高速缓存服务器可以对查询提供更快速的响应，而不需要通过主服务器或辅助服务器。缓存服务器的配置文件中只包括目录、回环域（0. 0. 127. in - addr. arpa）和 cache 语句本身。对缓存服务器的唯一要求是应有一个包含域名服务器本身在内的根缓存文件。因为缓存服务器是没有授权的，所以它也不能对域进行委托授权。缓存服务器可以配置为可转发查询，然后将结果存储起来，以便为响应今后的查询所用。

缓存服务器最主要的优点是系统的性能提高了，否则的话，用户的查询还必须转发到另外的服务器来完成。缓存服务器也有缺点，如它所存储的信息不一定是最新的。不过可以设置信息的有效时间，以便控制缓存服务器在到达设置的时限时放弃相应的缓存数据。

4. 转发域名服务器（Fowarding Name Server）

转发器标签允许当本地 DNS 服务器无法对 DNS 客户端的解析请求进行本地解析时（DNS 服务器无法权威地解析客户端的请求，即没有匹配的主要区域和辅助区域，并且无法通过缓存信息来解析客户端的请求，配置本地 DNS 服务器转发 DNS 客户端发送的解析请求到上游 DNS 服务器。此时本地 DNS 服务器又称为转发服务器。

所有 DNS 服务器都可以使用 DNS 缓存机制响应解析请求，以提供解析效率。一些域的主 DNS 服务器可以是另一些域的辅助 DNS 服务器。一个域只能部署一个主 DNS 服务器，它是该域的权威信息源，另处至少应部署一个辅助 DNS 服务器，将作为主服务器的备份。配置缓存 DNS 服务器可以减轻主 DNS 服务器和辅助 DNS 服务器的负载，从而减少网络传输。

10. 5. 4　安装 BIND 软件包

配置 DNS 服务器需要运行解析域名的软件，经常使用的一款软件是 BIND。BIND 是一款开放源码的 DNS 服务器软件，支持 Linux 和 Windows 等各种平台，可以通过它来配置各种 DNS 服务器。

1. BIND 软件包

获取 BIND 软件可以到 https://www. isc. org 下载，或者从系统光盘里面直接安装。RHEL6. 4 自带有版本号为 9. 8. 2 的 BIND。熟悉 RHEL 之前版本的用户需要注意的是，在此版本中已经没有了 caching - nameserver - * 的安装包，所以方法稍有不同。需要安装的包有以下几个。

- DNS 的主程序包

```
bind - 9. 8. 2 - 0. 17. rc1. el6. i686. rpm
```

- chroot 安装包

```
bind - chroot - 9. 8. 2 - 0. 17. rc1. el6. i686. rpm
```

为 BIND 提供另外一个目录作为根目录以增强安全性，将/var/named/chroot/作为 BIND 的根目录。

- 测试工具安装包

  bind - utils - 9. 8. 2 - 0. 17. rc1. el6. i686. rpm

  提供了对 DNS 服务器的测试工具程序，包括 dig、host 与 nslookup 等。

- 库文件包

  bind - libs - 9. 8. 2 - 0. 17. rc1. el6. i686. rpm

  进行域名解析必备的库文件，系统默认安装。

注意：bind - chroot 软件包最好最后一个安装，否则会报错。

---

2. 查询是否安装了 BIND 软件

```
#rpm  - qa   bind * "
bind - libs - 9. 8. 2 - 0. 17. rc1. el6. i686
bind - utils - 9. 8. 2 - 0. 17. rc1. el6. i686
```

3. 安装软件包

以 Red Hat Enterprise Linux 6 下自带的 BIND 为例来介绍 RPM 软件包安装。进入光盘镜像所在的目录进行安装，过程如图 10-61 ~ 图 10-63 所示。

```
[root@rhel6 media]# rpm -ivh /media/RHEL_6.4\ i386\ Disc\ 1/Packages/bind-9.8.2-0.17.rc1.el6.i686.rpm
warning: /media/RHEL_6.4 i386 Disc 1/Packages/bind-9.8.2-0.17.rc1.el6.i686.rpm: Header V3 RSA/SHA256 S
ignature, key ID fd431d51: NOKEY
Preparing...                ########################################### [100%]
   1:bind                   ########################################### [100%]
[root@rhel6 media]# 
```

图 10-61　安装软件包一

```
[root@rhel6 桌面]# rpm -ivh /media/RHEL_6.4\ i386\ Disc\ 1/Packages/bind-utils-9.8.2-0.17.rc1.el6.i686.rpm
warning: /media/RHEL_6.4 i386 Disc 1/Packages/bind-utils-9.8.2-0.17.rc1.el6.i686.rpm: Header V3 RSA/SHA256 Signature, key ID fd431d51: NOKEY
Preparing...                ########################################### [100%]
        package bind-utils-32:9.8.2-0.17.rc1.el6.i686 is already installed
[root@rhel6 桌面]# 
```

图 10-62　安装软件包二

```
[root@rhel6 桌面]# rpm -ivh /media/RHEL_6.4\ i386\ Disc\ 1/Packages/bind-chroot-9.8.2-0.17.rc1.el6.i686.rpm
warning: /media/RHEL_6.4 i386 Disc 1/Packages/bind-chroot-9.8.2-0.17.rc1.el6.i686.rpm: Header V3 RSA/SHA256 Signature, key ID fd431d51: NOKEY
Preparing...                ########################################### [100%]
   1:bind-chroot            ########################################### [100%]
[root@rhel6 桌面]# 
```

图 10-63　安装软件包三

查询安装结果：

```
rpm - qa | grep bind
```

如图 10-64 所示。

还可以选择查询语句：

```
rpm -qa "bind*"
```

此查询语句比较直观，如图 10-65 所示。

```
[root@rhel6 Packages]# rpm -qa|grep bind
rpcbind-0.2.0-11.el6.i686
bind-utils-9.8.2-0.17.rc1.el6.i686
samba-winbind-clients-3.6.9-151.el6.i686
ypbind-1.20.4-30.el6.i686
bind-libs-9.8.2-0.17.rc1.el6.i686
bind-chroot-9.8.2-0.17.rc1.el6.i686
PackageKit-device-rebind-0.5.8-21.el6.i686
bind-9.8.2-0.17.rc1.el6.i686
samba-winbind-3.6.9-151.el6.i686
```

图 10-64　确认软件包安装

```
[root@rhel6 Packages]# rpm -qa "bind*"
bind-utils-9.8.2-0.17.rc1.el6.i686
bind-libs-9.8.2-0.17.rc1.el6.i686
bind-chroot-9.8.2-0.17.rc1.el6.i686
bind-9.8.2-0.17.rc1.el6.i686
```

图 10-65　查询软件包

查询结果表明，所有需要的软件包已经安装到系统上。

📖 RHEL 6 中，bind-chroot 已经包含了缓存服务器所需的必要文件，无需安装 caching-nameserver 这个 RPM 软件包。

10.5.5　BIND 服务的配置文件

BIND 文件是根据 DNS 数据库的结构设置的。DNS 数据库可分成不同的相关资源记录集，其中的每个记录集称为一个“区”。“区”可以包含整个域、部分域、一个或几个子域的资源记录。管理某个“区”的 DNS 服务器称为该区的权威域名服务器，一个权威域名服务器可以管理一个或者多个区。在域中划分多个区的主要目的是为了简化 DNS 的管理任务，即委派权威域名服务器来管理每个区。这也是根据 DNS 分布式数据库的结构来组织的，随着信息量的加大，可以通过各个权威域名服务器对所在区进行管理。一般来说，区是域的子集，可以从分布式数据库的拓扑结构来理解。

BIND 服务的配置文件主要有两种类型：主配置文件和区数据文件。其中，主配置文件是/etc/named.conf，主要用于配置全局选项。区数据文件默认都保存在/var/named/中，用来存放 DNS 服务所要负责解析的区的相关数据。要为每个区生成一个区数据文件，每个区中的 DNS 记录也就存放在相应的区数据文件里。

1. 主配置文件

系统默认的主配置文件的结构和内容主要包括全局配置和区配置两部分。

（1）全局配置

全局配置部分包含在“options{}”的部分当中，如图 10-66 所示。

以下为全局配置中比较重要的一些选项。

- listen-on port 53 {127.0.0.1;}

  设置 named 守护进程监听的端口号以及 IP 地址。对于端口号不建议修改，但是 IP 地址默认是 127.0.0.1，这个回环地址不能作为系统侦听的地址，无法接受任何客户端请求，因而这里需要改成 DNS 服务器的 IP 地址，例如：listen-on port 53 {192.168.91.128;} 或者是改成“any”，如“listen-on port 53 {any;}”，表示可以从该服务器的任何一个 IP 地址上进行监听。

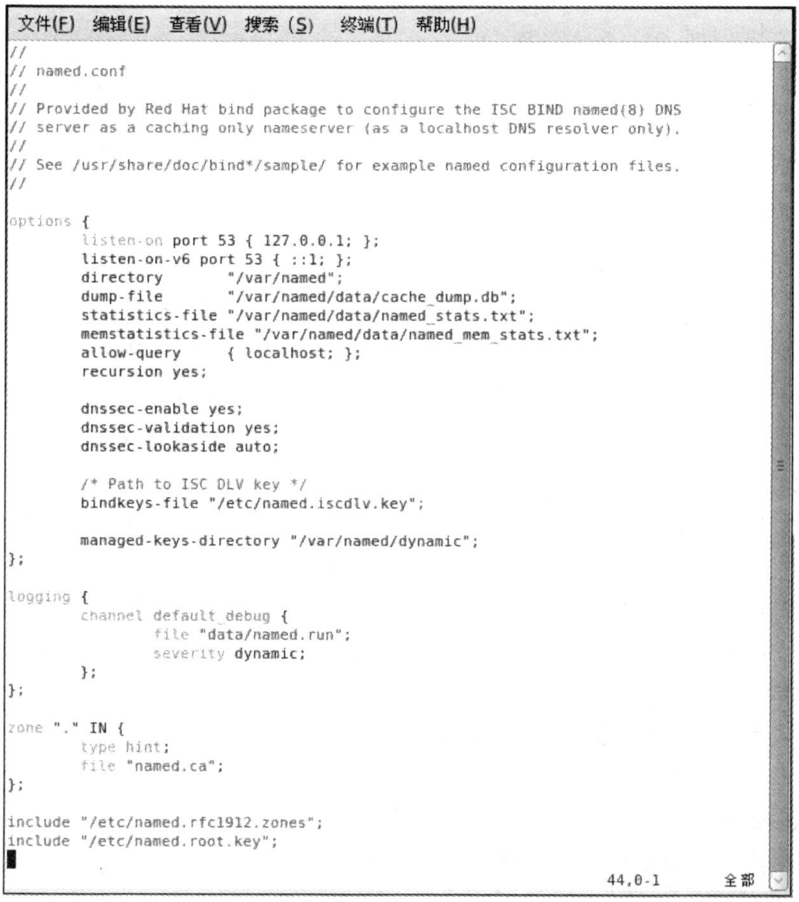

文件(F) 编辑(E) 查看(V) 搜索(S) 终端(T) 帮助(H)

```
//
// named.conf
//
// Provided by Red Hat bind package to configure the ISC BIND named(8) DNS
// server as a caching only nameserver (as a localhost DNS resolver only).
//
// See /usr/share/doc/bind*/sample/ for example named configuration files.
//

options {
        listen-on port 53 { 127.0.0.1; };
        listen-on-v6 port 53 { ::1; };
        directory       "/var/named";
        dump-file       "/var/named/data/cache_dump.db";
        statistics-file "/var/named/data/named_stats.txt";
        memstatistics-file "/var/named/data/named_mem_stats.txt";
        allow-query     { localhost; };
        recursion yes;

        dnssec-enable yes;
        dnssec-validation yes;
        dnssec-lookaside auto;

        /* Path to ISC DLV key */
        bindkeys-file "/etc/named.iscdlv.key";

        managed-keys-directory "/var/named/dynamic";
};

logging {
        channel default_debug {
                file "data/named.run";
                severity dynamic;
        };
};

zone "." IN {
        type hint;
        file "named.ca";
};

include "/etc/named.rfc1912.zones";
include "/etc/named.root.key";
```

44,0-1　　全部

图 10-66　主配置文件

📖 注意，句末的引号是不能省略的。

- directory "/var/named"

  配置文件存放的目录。

- dump - file "/var/named/data/cache_dump. db"

  解析过的内容的缓存。

- allow - query { localhost; }

  允许 DNS 查询的客户端地址。默认值 localhost 表示只接受本地查询，需要将之修改成指定的 IP 网段，如“allow - query { 192. 168. 91. 0/24; }”，或是改成“any”，如“allow - query { any; }”，表示可以接收所有主机的 DNS 查询请求。

```
recursion yes;
```

表示允许递归查询，该项一般不用修改。

- dnssec - enable yes

  允许 DNS 加密。

```
dnssec-validation yes;
```

在 DNS 查询的过程是否加密，为了提高效率，这一项可以改为 no，如“dnssec-validation no;”。如果有需要不做修改默认处理也可以。

- bindkeys-file " /etc/named.iscdlv.key"

  加密使用的密钥文件。

- forward first

  默认情况下主配置文件中无此项。forward 指令用户设置 DNS 转发的工作方式，可设置“first”或“only”。“first”设置优先使用 forwarders DNS 服务器进行域名解析，若查询不到再使用本地 DNS 服务器作域名解析；“only”设置只使用 forwarders DNS 服务器做域名解析，若查询不到则返回 DNS 客户端查询失败，没有需要可以不添加此项。

(2) 区配置

区配置部分使用“zone {}”的形式，如图 10-67 所示。

```
zone "." IN {
        type hint;
        file "named.ca";
};
```

图 10-67　区域定义

- zone “.”

  表示这个区域的名称是“.”，“.”就是根域，它代表域名检索的最高层。

- type hint

  表示区域类型。hint 表示根域，master 表示主域，slave 表示从域。对于用户自己创建的区域类型一般都是 master。

- file “named.ca”

  指定根域的区域配置文件。区域配置文件默认保存在/var/named/目录中，所以这里的配置文件就是/var/named/named.ca。

2. 区域配置文件

系统默认的区域文件有如下几个。

- 区配置文件

```
/var/named/chroot/etc/named.rfc1912.zones
```

默认用于定义各解析区域信息的文件。

- 正向解析数据库文件

```
/var/named/chroot/var/named/named.localhost
```

默认将域名映射为 IP 地址的文件，此文件为系统提供的样本。

- 反向解析数据库文件

```
/var/named/chroot/var/named/named.lookback
```

将 IP 地址映射为域名的文件，此文件为系统提供的样本。

- 根域数据库文件

```
/var/named/chroot/var/named/named.ca
```

根域名服务器文件。记录了互联网中根域服务器的 IP 地址等相关信息。

(1) /etc/named.rfc1912.zones 文件解析

该文件中是系统默认定义区域的文件，该文件的内容如图 10-68 所示。

```
// named.rfc1912.zones:
//
// Provided by Red Hat caching-nameserver package
//
// ISC BIND named zone configuration for zones recommended by
// RFC 1912 section 4.1 : localhost TLDs and address zones
// and http://www.ietf.org/internet-drafts/draft-ietf-dnsop-default-local-zones-02.txt
// (c)2007 R W Franks
//
// See /usr/share/doc/bind*/sample/ for example named configuration files.
//

zone "localhost.localdomain" IN {
        type master;
        file "named.localhost";
        allow-update { none; };
};

zone "localhost" IN {
        type master;
        file "named.localhost";
        allow-update { none; };
};

zone "1.0.0.0.0.0.0.0.0.0.0.0.0.0.0.0.0.0.0.0.0.0.0.0.0.0.0.0.0.0.0.0.ip6.arpa" IN {
        type master;
        file "named.loopback";
        allow-update { none; };
};

zone "1.0.0.127.in-addr.arpa" IN {
        type master;
        file "named.loopback";
        allow-update { none; };
};

zone "0.in-addr.arpa" IN {
        type master;
        file "named.empty";
        allow-update { none; };
};
```

图 10-68　named.rfc1912.zones 内容

内容说明如下：

```
zone "localhost.localdomain" IN {          #解析本地默认域
    type master;                           #类型为主域
    file "named.localhost";                #该域的配置文件(在/var/named 目录中)
    allow-update { none; };                #不允许客户端更新
};
zone "localhost" IN {                      #本地主机名解析
    type master;
    file "named.localhost";
    allow-update { none; };
};
zone "1.0.0.0.0.0.0.0.0.0.0.0.0.0.0.0.0.0.0.0.0.0.0.0.0.0.0.0.0.0.0.0.ip6.arpa" IN {
```

```
        type master;
        file "named. loopback";
        allow - update { none; };
};                                                #ipv6 本地地址反向解析
zone "1. 0. 0. 127. in - addr. arpa" IN {        #本地地址反向解析
        type master;
        file "named. loopback";
        allow - update { none; };
};
zone "0. in - addr. arpa" IN {                    #本地域地址反向解析
        type master;
        file "named. empty";
        allow - update { none; };
};
```

（2）/var/named/named. localhost 文件解析

该文件定义了正向解析的数据内容。文件的内容如图 10-69 所示。

```
$TTL 1D
@       IN SOA  @ rname.invalid. (
                                        0       ; serial
                                        1D      ; refresh
                                        1H      ; retry
                                        1W      ; expire
                                        3H )    ; minimum
        NS      @
        A       127.0.0.1
        AAAA    ::1
```

图 10-69　named. localhost 文件内容

- $TTL 1D

  更新为最长 1 天。
- @

  表示默认域。
- IN

  代表将该记录标识为一条 Internet DNS 资源记录。
- SOA

  起始授权机构资源记录指明区域的源名称，每个 zone 仅有一个 SOA 记录。
- @

  代表 DNS 服务器主机名
- rname. invalid.

  为邮件地址。rname@ invalid，第一个"."代替"@"，尾部的"."代表根域。
- 0　; serial

  域名版本号。主域版本号要比辅域版本号大，辅域才会进行同步。
- 1D ; refresh

  辅助域名服务器刷新时间。
- 1H ; retry

辅助域名服务器重新检测时间。

- 1W ; expire

  辅助域名服务器放弃检测时间。

- 3H ; minimum

  有效的最小生存期限

  以上这五个参数是控制辅助域名服务和主域名服务通信用的

- NS @

  域名服务器名称

- A 127.0.0.1

  正向解析 Ipv4 的地址。

- AAAA ::1

  正向解析 IPv6 的地址。

(3) /var/named/chroot/var/named/named.lookback

记录反向解析的资源记录。

(4) /var/named/chroot/var/named/named.ca

根域数据文件。该文件如图 10-70 所示。

```
[root@rhel6 桌面]# cat /var/named/named.ca
; <<>> DiG 9.5.0b2 <<>> +bufsize=1200 +norec NS . @a.root-servers.net
;; global options:  printcmd
;; Got answer:
;; ->>HEADER<<- opcode: QUERY, status: NOERROR, id: 34420
;; flags: qr aa; QUERY: 1, ANSWER: 13, AUTHORITY: 0, ADDITIONAL: 20

;; OPT PSEUDOSECTION:
; EDNS: version: 0, flags:; udp: 4096
;; QUESTION SECTION:
;.                              IN      NS

;; ANSWER SECTION:
.                       518400  IN      NS      M.ROOT-SERVERS.NET.
.                       518400  IN      NS      A.ROOT-SERVERS.NET.
.                       518400  IN      NS      B.ROOT-SERVERS.NET.
.                       518400  IN      NS      C.ROOT-SERVERS.NET.
.                       518400  IN      NS      D.ROOT-SERVERS.NET.
.                       518400  IN      NS      E.ROOT-SERVERS.NET.
.                       518400  IN      NS      F.ROOT-SERVERS.NET.
.                       518400  IN      NS      G.ROOT-SERVERS.NET.
.                       518400  IN      NS      H.ROOT-SERVERS.NET.
.                       518400  IN      NS      I.ROOT-SERVERS.NET.
.                       518400  IN      NS      J.ROOT-SERVERS.NET.
.                       518400  IN      NS      K.ROOT-SERVERS.NET.
.                       518400  IN      NS      L.ROOT-SERVERS.NET.

;; ADDITIONAL SECTION:
A.ROOT-SERVERS.NET.     3600000 IN      A       198.41.0.4
A.ROOT-SERVERS.NET.     3600000 IN      AAAA    2001:503:ba3e::2:30
B.ROOT-SERVERS.NET.     3600000 IN      A       192.228.79.201
C.ROOT-SERVERS.NET.     3600000 IN      A       192.33.4.12
D.ROOT-SERVERS.NET.     3600000 IN      A       128.8.10.90
E.ROOT-SERVERS.NET.     3600000 IN      A       192.203.230.10
F.ROOT-SERVERS.NET.     3600000 IN      A       192.5.5.241
F.ROOT-SERVERS.NET.     3600000 IN      AAAA    2001:500:2f::f
G.ROOT-SERVERS.NET.     3600000 IN      A       192.112.36.4
H.ROOT-SERVERS.NET.     3600000 IN      A       128.63.2.53
H.ROOT-SERVERS.NET.     3600000 IN      AAAA    2001:500:1::803f:235
I.ROOT-SERVERS.NET.     3600000 IN      A       192.36.148.17
J.ROOT-SERVERS.NET.     3600000 IN      A       192.58.128.30
J.ROOT-SERVERS.NET.     3600000 IN      AAAA    2001:503:c27::2:30
K.ROOT-SERVERS.NET.     3600000 IN      A       193.0.14.129
K.ROOT-SERVERS.NET.     3600000 IN      AAAA    2001:7fd::1
L.ROOT-SERVERS.NET.     3600000 IN      A       199.7.83.42
M.ROOT-SERVERS.NET.     3600000 IN      A       202.12.27.33
M.ROOT-SERVERS.NET.     3600000 IN      AAAA    2001:dc3::35

;; Query time: 147 msec
;; SERVER: 198.41.0.4#53(198.41.0.4)
;; WHEN: Mon Feb 18 13:29:18 2008
;; MSG SIZE  rcvd: 615
```

图 10-70 根域数据文件

其中，主要列出了19台根域服务器的地址，是在原来的13台根服务器基础上，又增加了6台使用Ipv6地址的根域服务器。需要说明的是，这些根域服务器绝大多数都在美国，我国只有根域镜像服务器。

说明：在bind - chroot 软件包安装后，/var/named/chroot/etc/目录下有3个文件，如图10-71所示。

```
[root@rhel6 桌面]# cd /var/named/chroot/etc
[root@rhel6 etc]# ls
localtime  named  pki
```

图10-71　chroot目录

当DNS服务启动之后系统会向该目录写入一些文件，如图10-72所示。

```
[root@rhel6 etc]# pwd
/var/named/chroot/etc
[root@rhel6 etc]# ls
localtime  named.conf         named.rfc1912.zones  pki
named      named.iscdlv.key   named.root.key       rndc.key
```

图10-72　chroot目录内容的变化

可以看到启动后配置文件/var/named/chroot/etc/named. conf已经存在了。

🕮 如果安装了bind - chroot文件，启动named服务之后，系统会自动将bind的配置文件、数据库等自动挂载到/var/named/chroot/目录下，然后DNS读取的是/var/named/chroot中的文件。

10.5.6　BIND的启动和停止

BIND包安装完成之后，提供的主程序默认位于/usr/sbin/named中，系统中会自动增加一个名为named的系统服务，通过脚本/etc/init. d/named可以控制域名服务的运行。可以使用service来控制启动和关闭，也可以使用rndc命令来控制bind服务的启动和关闭。

1）查询DNS服务，如图10-73所示。

```
#service named status
```

```
[root@rhel6 桌面]# service named status
rndc: neither /etc/rndc.conf nor /etc/rndc.key was found
named 已停
```

图10-73　查询状态

2）启动DNS服务，如图10-74所示。

```
#service named start
```

```
[root@rhel6 桌面]# service named start
Generating /etc/rndc.key:                                  [确定]
启动 named:                                                [确定]
```

图10-74　启动DNS

3）停止 DNS 服务，如图 10-75 所示。

```
#service named stop
```

```
[root@rhel6 桌面]# service named stop
停止 named：.                                              [确定]
```

图 10-75　停止 DNS

4）重启 DNS 服务，如图 10-76 所示。

```
#service named restart
```

```
[root@rhel6 桌面]# service named restart
停止 named：.                                              [确定]
启动 named：                                               [确定]
```

图 10-76　重启 DNS

5）自启动 DNS 服务。如果需要让 DNS 服务随系统启动而自动加载，可以执行 ntsysv 命令启动服务配置程序，找到“named”服务，在其前面加上“＊”号，然后选择“确定”按钮即可，如图 10-77 所示。

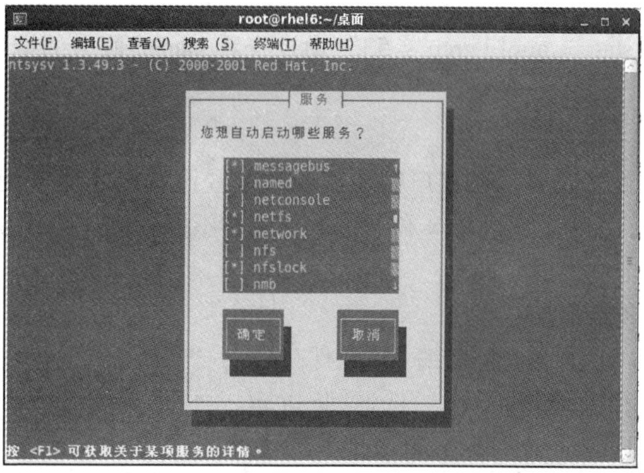

图 10-77　自启 DNS

还可以通过命令设定开机自动启动 DNS 服务器，如图 10-78 所示。

```
[root@rhel6 桌面]# chkconfig --level 35 named on
[root@rhel6 桌面]# chkconfig --list named
named          0:关闭  1:关闭  2:关闭  3:启用  4:关闭  5:启用  6:关闭
```

图 10-78　命令自启 DNS

还可以还用 rndc 命令，“rndc start | stop | reload | status”启动、停止、重新加载、查看状态等。

📖 rndc 命令的作用：rndc 命令是 Bind 9 远程名称守护进程配置工具（在 Bind 8 中称为 ndc），它可以用来启动、停止、重载配置文件，转储其状态，转入调试模式和获得服务器状态信息等。rndc 的“r”是 remote 的简写，这意味着 rndc 还可以管控远程的 DNS 服务器。

（6）服务端口。

named 默认监听 TCP、UDP 协议的 53 端口。

- UDP 53 端口一般对所有客户机开放，以提供解析服务。
- TCP 53 端口一般只对特定从域名服务器开放，提高解析记录传输通道。

如需打开防火墙 iptables 的 53 端口。可以执行命令：

```
system - config - firewall - tui
```

然后在防火墙中同时打开 TCP 与 UDP 的 53 端口，如图 10-79 所示。

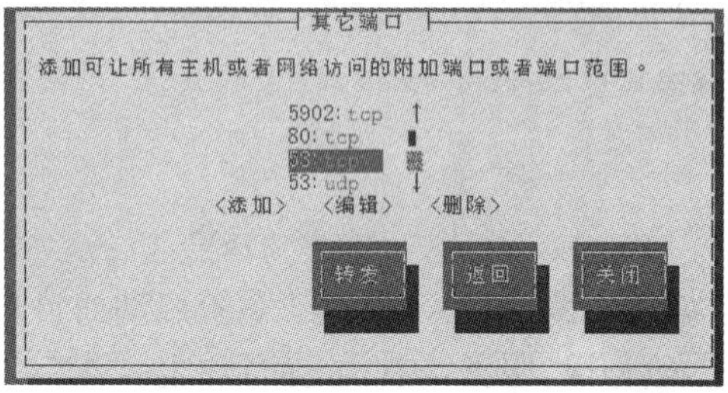

图 10-79　防火墙中打开 TCP 与 UDP 的 53 端口

也可以通过“netstat - anpl | grep : 53”命令查看 named 服务的端口监听状态。

10.5.7　DNS 客户端的配置

DNS 服务器端设置完成后，在客户端还需要做一些设置，才能使用 DNS 服务。针对不同平台配置方法的不同，分别选择 Linux 和 Windows 两种不同的操作系统说明如何配置 DNS 客户端。

1. Linux 客户端的配置

Linux 客户端的设置可直接编辑文件/etc/resolv. conf，然后使用“nameserver”选项来指定 DNS 服务器的 IP 地址。/etc/resolv. conf 文件内容如图 10-80所示。

```
[root@rhel6 桌面]# cat /etc/resolv.conf
; generated by /sbin/dhclient-script
search localdomain
nameserver 192.168.154.2
```

图 10-80　设置 DNS 服务器 IP 地址

可以使用“nameserver”选项来指定最多 3 台 DNS 服务器。如果指定了 3 台以上的 DNS 服务器，则只有前 3 台 DNS 服务器有效。客户端按照 DNS 服务器在文件中的顺序进行查询。如果没有接收到 DNS 服务器的响应，就去尝试向下一台服务器查询，直到试完所有的服务器为止，所以应该将速度最快、最可靠的 DNS 服务器列在最前面，从而提高查询效率。

如果需要设置不同文件的 DNS 解析顺序，可以修改 /etc/host. conf 文件，内容如下：

```
[root@ localhost /]    # vi /etc/host. conf
order hosts, bind      #解析器查询顺序是文件/etc/hosts,然后是 DNS
multi on               #允许主机拥有多个 ip 地址
nospoof on             #禁止 ip 地址欺骗
```

如果需要验证 DNS 服务器，可以使用 nslookup 等工具。

2. Windows 客户端的配置

Windows 7/8/XP 中 DNS 客户端的设置方法基本相同，下面就以配置 Windows XP 的 DNS

客户端为例来说明具体的操作步骤。

右击“网上邻居”图标，在快捷菜单中选择“属性”命令，在弹出的“网络连接”窗口中，右击“本地连接”图标，在快捷菜单中选择“属性”按钮，系统弹出的“本地连接 属性”对话框如图 10-81 所示。选中“Internet 协议（TCP/IP）”复选框，然后单击“属性”按钮，系统会弹出“Internet 协议（TCP/IP）属性”对话框，如图 10-82 所示。选中“使用下面的 DNS 服务器地址”单选按钮，然后在“首选 DNS 服务器”和“备用 DNS 服务器”中输入 DNS 服务器的 IP 地址，然后单击“确定”按钮即可完成 Windows XP 下的 DNS 客户端的配置。

图 10-81 Windows 客户端设置

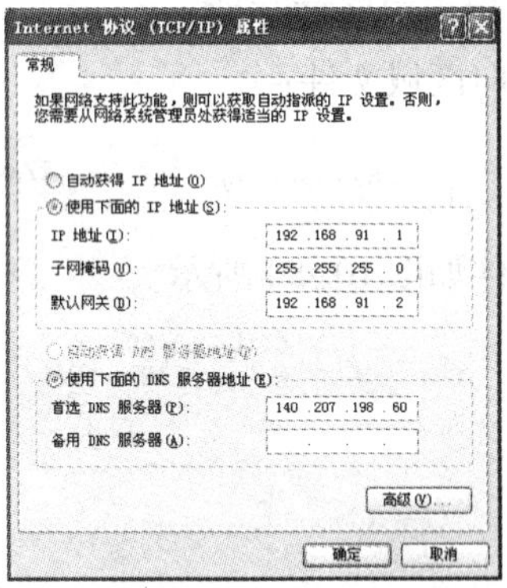

图 10-82 Windows 客户端设置

10.5.8 DNS 服务器配置案例

本节通过一个完整的实例来说明 DNS 服务器配置内容以及步骤。

【例 10-1】 完整 DNS 服务器配置实例。

(1) 编辑主配置文件 named. conf

```
#vi /var/named/chroot/etc/named. conf
```

添加如图 10-83 所示配置内容。

```
options {
        listen-on port 53 { 192.168.154.154; };
        listen-on-v6 port 53 { ::1; };
        directory       "/var/named";
        dump-file       "/var/named/data/cache_dump.db";
        statistics-file "/var/named/data/named_stats.txt";
        memstatistics-file "/var/named/data/named_mem_stats.txt";
        allow-query     { any; };
        recursion yes;
};

zone "." IN {
        type hint;
        file "named.ca";
};

zone "example.com" IN {
        type master;
        file "example.com.zone";
        allow-update {none;};
};

zone "154.168.192.in-addr.arpa" IN {
        type master;
        file "154.168.192.rev";
        allow-update { none; };
};
```

图 10-83 编辑主配置文件

在默认内容基础上做以下修改，该文件中添加了 3 个域，分别是根域、example. com 和 154. 168. 192. in - addr. arpa。

（2）创建根域文件

复制根域文件：

```
#cp  -p /var/named/named. ca /var/named/chroot/var/named/named. ca
```

因为主配置文件涉及对根域的设置，所以此处必须添加根域的数据文件。

（3）创建正向区域文件

创建正向区域文件：

```
#vi /var/named/chroot/var/named/example. com. zone
```

配置文件如图 10-84 所示。

```
$TTL  86400
@       IN   SOA       example.com.      root (
                                         42       ; serial
                                         3H       ; refresh
                                         15M      ; retry
                                         1W       ; expire
                                         1D )     ; minimum

        IN  NS   dns.example.com.
dns     IN  A    192.168.154.154
www     IN  A    192.168.154.10
mail    IN  A    192.168.154.11
ftp     IN CNAME www

mail    IN MX    10 mail.example.com.
```

图 10-84　正向数据文件

📖 说明：由于 MX 资源记录只登记了邮件服务器的域名，而邮件服务器是通过 IP 地址进行通信的，所以邮件服务器还必须有一条 A 资源记录，以指明邮件服务器的 IP 地址。

（4）创建反向区域文件

创建反向区域文件：

```
#vi /var/named/chroot/var/named/192. 168. 154. rev
```

配置文件如图 10-85 所示：

```
$TTL 1D
@       IN   SOA  example.com.     root.example.com. (
                                          0        ; serial
                                          1D       ; refresh
                                          1H       ; retry
                                          1W       ; expire
                                          3H)      ; minimum
@       IN   NS         dns.example.com.
154     IN   PTR        dns.example.com.
10      IN   PTR        www.example.com.
10      IN   PTR        ftp.example.com.
11      IN   PTR        mail.example.com.
```

图 10-85　反向数据文件

（5）DNS 测试

DNS 测试是检测 DNS 主配置文件和区域数据文件的语法的正确性，如图 10-86 所示。

```
[root@rhel6 桌面]# named-checkconf /var/named/chroot/etc/named.conf
[root@rhel6 桌面]# named-checkzone example.com /var/named/chroot/var/named/example
.com.zone
zone example.com/IN: loaded serial 42
OK
[root@rhel6 桌面]# named-checkzone 154.168.192.in-addr.arpa /var/named/chroot/var/
named/154.168.192.rev
zone 154.168.192.in-addr.arpa/IN: loaded serial 0
OK
```

图 10-86　测试 DNS

设置所配置的 DNS 作为本机的首选 DNS 服务器。执行语句：

```
#vi /etc/resolv. conf
```

编辑文件内容，具体修改内容如图 10-87 所示。

（6）重新启动服务器，使得配置生效，如图 10-88 所示

```
; generated by /sbin/dhclient-script
search localdomain
nameserver 192.168.154.154.
```

图 10-87　编辑 resolv. conf 文件

```
[root@rhel6 桌面]# service named restart
停止 named:                                                [确定]
启动 named:                                                [确定]
```

图 10-88　重新启动服务器

（7）使用 nslookup 命令测试 DNS 域名解析，如图 10-89 所示

```
[root@rhel6 桌面]# nslookup
> 192.168.154.154
Server:         192.168.154.154
Address:        192.168.154.154#53

154.154.168.192.in-addr.arpa    name = dns.example.com.
> 192.168.154.10
Server:         192.168.154.154
Address:        192.168.154.154#53

10.154.168.192.in-addr.arpa     name = www.example.com.
10.154.168.192.in-addr.arpa     name = ftp.example.com.
> 192.168.154.11
Server:         192.168.154.154
Address:        192.168.154.154#53

11.154.168.192.in-addr.arpa     name = mail.example.com.
> dns.example.com
Server:         192.168.154.154
Address:        192.168.154.154#53

Name:   dns.example.com
Address: 192.168.154.154
> www.example.com
Server:         192.168.154.154
Address:        192.168.154.154#53

Name:   www.example.com
Address: 192.168.154.10
> ftp.example.com
Server:         192.168.154.154
Address:        192.168.154.154#53

ftp.example.com canonical name = www.example.com.
Name:   www.example.com
Address: 192.168.154.10
> mail.example.com
Server:         192.168.154.154
Address:        192.168.154.154#53

Name:   mail.example.com
Address: 192.168.154.11
```

图 10-89　nslookup 测试域名服务

📖 说明：区域文件中的主机号（末尾没有“.”号）资源记录使用了相对名称，BIND 会自动在其后面加上“. example. com”。在完整的主机地址末尾加上一个“.”号，表示这是一个完整的主机名，这是因为任何末尾没加句点号“.”的名称都会被视为本区域内的相对域名，如“www. example. com”（末尾没有句点号）会当成“www. example. com. example. com”解析。

（8）根据需要设置防火墙

开始配置服务器的时候可以关闭防火墙，以后如果需要开启，可以根据 DNS 服务器要求打开防火墙 iptables 的 TCP 与 UDP 的 53 端口。可以使用以下指令，如图 10-90 所示。

```
#system - config - firewall - tui
```

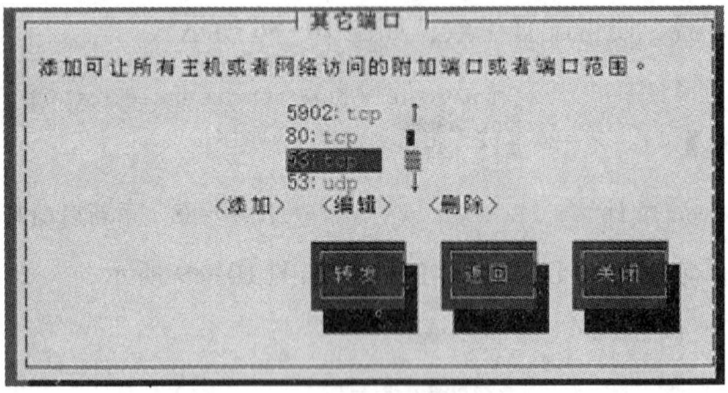

图 10-90　设置防火墙端口

10.6　本章小结

本章首先简要地介绍网络相关概念，然后针对 Linux 系统对几个重要的网络配置文件进行了分析；最后重点讲解了 Samba、DHCP、DNS 服务器的工作原理和配置方法。学习本章内容之后，读者可以顺利地获取 Linux 系统网络相关信息，进行相关的设置工作，能够熟练 Samba、DHCP、DNS 等服务器端以及客户端配置的操作过程，本章是 Linux 网络管理的基础和核心，主要内容包括：

- Linux 网络配置基础。
- Samba 服务器的配置与应用。
- DHCP 服务器的配置与应用。
- DNS 服务器的配置与应用。

10.7　思考与练习

（1）如果 Linux 系统不能识别计算机所安装的网卡，该如何解决？

（2）如何使用 ifconfig 命令为系统的某一个网卡配置多个 IP 地址？

（3）Linux 中实现与 Windows 主机之间的文件及打印共享使用是什么命令？

（4）在 smb. conf 中设置 Linux 主机的 netbios 名称是什么？

（5）简述 DHCP 服务的工作过程。

（6）如何查看系统的中 dhcpd 服务器的配置文件样例？

（7）安装基于 chroot 的 DNS 服务器，并根据以下要求配置辅助域名服务器：

- 定义服务器的版本信息为“4.9.11”。
- 建立 xyz.com 从区域，设置主要域名服务器的地址为 192.168.16.177。
- 建立反向解析区域 16.168.192.in-addr.arpa，设置主要名称服务器的地址为 192.168.16.177。

第 11 章　Linux 操作系统安全管理

Linux 作为一种优秀的网络操作系统，在实际的系统和网络应用中也将会面临层出不穷的黑客攻击、网络威胁。并且，在遇到这些问题的时候，用户需要根据一定的原则和基础知识对问题进行清晰地判定、分析。因此，Linux 安全基础是用户了解 Linux 安全机制的第一步，也是非常关键的一步。基于这个原因，本章将详细介绍当前 Linux 系统面临的常见安全威胁及相应的解决方法与策略，本章还将介绍与 Linux 安全相关的网络基础知识。

11.1　操作系统安全性概述

随着计算机应用的日益广泛和深入，人们对计算机的依赖越来越大。通常政府机关和企事业单位，都将大量的重要信息存储在计算机系统中，随着计算机网络应用的普及，人们在日常的工作、生活中越来越多地通过计算机网络来交流信息、处理事务以及处理其他各项活动，如商品交易、游戏、电子支付等。人们在享用计算机带来的工作和生活便利的同时，要求计算机系统安全可靠，这是人们使用计算机的一个前提条件。人们要求存储在计算机系统中的大量重要信息是安全的、信息在计算机网络上的传输是安全的。在计算机系统中，操作系统是控制中心，所以操作系统的安全性是其他软件职能的根基，缺乏这个安全的根基，构筑在其上的应用系统的安全性就得不到保证。一个有效可靠的操作系统应具有良好的安全性能，可提供必要的安全保障措施。

11.1.1　计算机系统安全性的威胁和特性

1. 计算机系统安全性的威胁

计算机系统安全性的威胁有以下内容。

1）自然灾害。计算机本身不能承受强烈的震荡和强力冲击，另外，设备对环境如温度、湿度的要求也较高。如停电、火灾、洪水，地震、战争或者计算机系统所处的其他恶劣环境等都会对计算机造成一定的损害。

2）计算机系统自身的软硬件故障。如软盘或者硬盘的损坏导致数据无法读出、网络通信错误、程序设计中的缺陷等。

3）合法操作的使用不当。如数据输入错误、软硬件安装、设置错误、丢失保存数据的介质等。

4）非法用户对计算机系统的攻击。非法用户往往利用计算机的弱点来达到自己的目的。如各种行业的间谍可能对系统的安全性造成威胁；有一些恶作剧者可能编制一些病毒等，也会对系统的安全造成一定的威胁。

2. 计算机系统安全性的特性

不同的系统对操作系统的安全性有着不同的要求，但一般来说，一个安全的计算机系统应具备下面 3 个特性。

1）保密性。指系统不受外界破坏、无泄露，对各种非法进入和信息窃取具有防范能力。只有授权用户才能存取系统的资源和信息。

2）完整性。指信息必须按照其原型保存，不能被有意或者无意的更改，只有授权用户才可以修改（对软件或数据未经授权的修改都可能导致系统的致命错误）。完整性分为软件完整性和数据完整性。

3）可用性。指对合法用户而言，无论何时只要需要，信息必须是可用的。授权用户的合法请求，能准确及时地得到服务或响应，不能对合法授权用户的存取权限进行额外的限制。

11.1.2 操作系统的安全性

（1）有选择的访问控制

有选择的访问控制包括使用多种不同的方式来限制计算机环境对特定对象的访问。对计算机级的访问可以通过用户名和密码组合及物理限制来控制，对目录或文件级的访问则可以由用户和组策略来控制。在操作系统设计的初期，定义有选择的访问控制是很重要的。

（2）内存管理和内存重用

在复杂的虚拟内存管理出现之前，将含有机密信息的内容保存在内存中风险较大。系统的内存管理器必须能够离开每个不同的进程所使用的内存。在进程终止且内存将被重用之前，必须在再次访问它之前，将其内容清空。

（3）审计能力

安全系统应具备审计能力，可测试其完整性，并可追踪任何可能的安全破坏行动。审计功能至少包括可配置的事件跟踪能力、事件浏览和报表功能，以及审计事件、日志访问等。

（4）加密的数据传送

数据传送的加密保证了在网络传送时所截获的信息不能被未经身份验证的代理访问。针对窃听和篡改，加密密钥具有很强的保护作用。

（5）加密的文件系统

对文件系统加密保证了数据只能被具有正确选择访问权限的用户所访问。数据的加密和解密的方式对用户来说应该是透明的。

（6）安全的进程间通信机制

进程间通信也是给系统安全带来威胁的一个主要因素，应对进程间的通信机制做一些必要的安全检查，禁止高安全等级进程通过进程间通信的方式传递信息给低安全等级进程。

11.1.3 计算机系统安全性评价的标准

美国可信计算机安全评价标准（Trusted Computer System Evaluation Criteria，TCSEC）是计算机系统安全评估的第一个正式标准，具有跨时代的意义。该标准于 1970 年由美国国防科学委员会提出，并于 1985 年 12 月由美国国防部公布。TCSEC 最初只是军用标准，后来扩大至民用领域。现在操作系统研究领域的最新成果大都以该标准进行衡量和评测，不同操作系统提供不同的安全机制以保证系统安全。

TCSEC 将计算机系统的安全划分为 4 个等级，细化为 7 个级别。由低至高（越高表明操作系统越安全）排列如下。

（1）D 类安全等级

D 类安全等级只包括 D1 个级别，D1 的安全等级最低。D1 系统只为文件和用户提供安全保护。D1 系统最普通的形式是本地操作系统，或者是一个完全没有保护的网络。该安全级别典型的操作系统有 MS - DOS、MS - Windows 和 Apple Macintosh 8. x 系列。

（2）C 类安全等级

C 类安全等级能够提供审慎的保护，并为用户的行动和责任提供审计能力，C 类安全等级可划分为 C1 和 C2 两类。

- C1 系统的可信任计算基础（Trusted Computing Base，TCB）通过将用户和数据分开，来达到安全的目的。在 C1 系统中，所有的用户以同样的灵敏度来处理数据，即用户认为 C1 系统中的所有文档都具有相同的机密性。该安全级别典型的操作系统有标准 UNIX。
- C2 系统相比 C1 系统加强了可调的审慎控制。在连接到网络时，C2 系统的用户分别对各自的行为负责。C2 系统通过登录过程、安全事件和资源隔离来增强这种控制。C2 系统具有 C1 系统中所有的安全性特征，安全高于 C1。SCO UNIX、Linux 和 Windows NT 属于这个级别。

（3）B 类安全等级

B 类安全等级可分为 B1、B2 和 B3 共 3 类。B 类系统具有强制性保护功能。强制性保护意味着如果用户没有与安全等级相连，系统就不会让用户存取对象。

1）B1 系统满足下列要求。

- 系统对网络控制下的每个对象都进行灵敏度标记。
- 系统使用灵敏度标记作为所有强迫访问控制的基础。
- 系统在把导入的、非标记的对象放入系统前标记它们；灵敏度标记必须准确地表示其联系对象的安全级别。
- 当系统管理员创建系统或者增加新的通信通道或 I/O 设备时，管理员必须指定每个通信通道和 I/O 设备是单级还是多级，并且管理员只能手动改变指定。
- 单级设备并不保持传输信息的灵敏度级别；所有直接面向用户位置的输出（无论是虚拟的还是物理的）都必须产生标记来指示关于输出对象的灵敏度。
- 系统必须使用用户的口令或证明来决定用户的安全访问级别。
- 系统必须通过审计来记录未授权访问的企图。

2）B2 系统首先必须满足 B1 系统的所有要求。另外，B2 系统的管理员必须使用一个明确的、文档化的安全策略模式作为系统的可信任运算基础体制。B2 系统必须满足下列要求。

- 系统必须立即通知系统中的每一个用户所有与之相关的网络连接的改变。
- 只有用户能够在可信任通信路径中进行初始化通信。
- 可信任运算基础体制能够支持独立的操作者和管理员。

3）B3 系统必须符合 B2 系统的所有安全需求。B3 系统具有很强的监视委托管理访问能力和抗干扰能力，且其必须设有安全管理员。B3 系统应满足以下要求。

- 除了控制对个别对象的访问外，B3 必须产生一个可读的安全列表。
- 每个被命名的对象提供对该对象没有访问权的用户列表说明。
- B3 系统在进行任何操作前，要求用户进行身份验证。
- B3 系统验证每个用户，同时还会发送一个取消访问的审计跟踪消息。
- 设计者必须正确区分可信任的通信路径和其他路径。
- 可信任的通信基础体制为每一个被命名的对象建立安全审计跟踪。
- 可信任的运算基础体制支持独立的安全管理。

（4）A 类安全等级

A 系统的安全级别最高。目前，A 类安全等级只包含 A1 一个安全类别。A1 类与 B3 类相似，对系统的结构和策略不作特别要求。A1 系统的显著特征是系统的设计者必须按照一个正式的设计规范来分析系统。分析后，设计者必须运用核对技术来确保系统符合设计规范。A1 系统必须满足下列要求。

- 系统管理员必须从设计者那里接收到一个安全策略的正式模型。
- 所有的安装操作都必须由系统管理员进行。
- 系统管理员进行的每一步安装操作都必须有正式文档。

由上述介绍可知，Linux 操作系统的安全级别为 C2 级，安全级不高，很重要的一个原因就是超级用户具有所有特权，而普通用户不具有任何特权。操作系统的这种特权管理机制便于系统的维护和配置，但是不利于保证系统的安全性。一方面，一旦超级用户的口令丢失或者口令被非法用户获取，那么将会对系统造成极大的损失；另一方面，超级用户的误操作以及权限的滥用也对系统的安全构成了极大的威胁。因此，必须针对该操作系统实行最小特权管理机制。最小特权管理的主要思想比当前 Linux 系统的机制更为安全，它指的是系统不赋予用户超过执行任务所需特权之外的特权，也就是说，不存在具有所有权限的用户。例如，可以将超级用户的特权划分为一组细粒度的特权，分别授予不同的系统管理员或者是相关的操作人员，使得系统中的这些人员只能够使用自己的特权完成相应的属于自己的工作，从而减少了由于特权用户的口令丢失或者是误操作所引起的不必要的损失。

并且，为了保证系统的安全性，不应当将特权集于某个用户，且对其赋予一个以上的职责，这样就不会出现由于一权独揽而造成权限滥用的不良后果。当然，根据实际的应用，还是可以按情况对某个用户的权限进行必要的改变和增加，但是在执行这种变化时必须充分考虑到这些改变和权限的增加对系统安全性造成的影响，因此，可以在具体的设计过程中根据实际应用情况进行细致的考虑。

11.2 操作系统的安全机制

操作系统安全机制的功能是防止非法用户登录计算机系统，防止合法用户非法使用计算机系统资源，以及在网络上传输的加密信息被恶意攻击。总之是防止对计算机系统本地资源和网络资源的非法访问。

Linux 网络操作系统提供了用户账号、文件系统权限和系统日志文件等基本安全机制，如果这些安全机制配置不当，就会使系统存在一定的安全隐患。因此，网络系统管理员必须小心地设置这些安全机制。我们知道，网络操作系统是用于管理计算机网络中的各种软硬件资源，实现资源共享，并为整个网络中的用户提供服务，保证网络系统正常运行的一种系统软件。如何确保网络操作系统的安全，是网络安全的根本所在。只有网络操作系统安全可靠，才能保证整个网络的安全。因此，详细分析 Linux 系统的安全机制，找出它可能存在的安全隐患，给出相应的安全策略和保护措施是十分必要的。

11.2.1 内存保护机制

内存的保护相对来说是一个比较特殊的问题，在多道程序中，一个重要的安全问题是防止一道程序在存储和运行时影响到其他程序。操作系统可以在硬件中有效地使用硬保护机制进行存储器的安全保护，现在比较常用的有界址、界限寄存器、重定位、特征位、分段、分页和段页式机制等。

为将进程的内存空间分开，许多系统采用虚拟内存策略来实现。分段、分页或两者相结合，可提供一个管理内存的有效方法。如果进程完全分开，那么操作系统必须确保每段或每页只被其所属进程存取，这可以通过在页表或段表中无重复项来实现。如果允许共享，那么同一段或页可在不止一个表中出现。这种共享在分段或段页结合的系统中最容易实现。在这种情况下，段结构对应用程序可见，应用程序可将段说明成共享或非共享。在分页环境中，由于内存结构对用户透明，因此区别共享和非共享内存很困难。

11.2.2 用户身份认证机制

操作系统的许多保护措施大都基于鉴别系统的合法用户。身份鉴别是操作系统中相当重要的一个方面，也是用户获取权限的关键。为防止非法用户存取系统资源，许多操作系统采取了切实可行的、极为严密的安全措施。目前最常用的用户身份认证机制是口令，此外，数字签名、指纹识别、声音识别等操作系统安全机制也逐渐在投入使用。

1. 口令

口令是计算机系统和用户双方都知道的某些关键字，相当于是一个约定的编码单词或“暗号”。它一般由字母、数字和其他符号组成，在不同的系统中，其长度和格式也可能不同（例如大小写是否敏感等）。口令的产生既可以由系统自动产生，也可以由用户自己设置。

口令在使用时一般和另一个标识——用户 ID 一起使用。用户 ID 是可以公开的，但口令是保密的，否则就失去了口令的意义。当系统要求输入用户 ID 和口令时，就可以根据要求在适当的位置进行输入。输入完毕确认后，系统就会与口令文件中的口令进行比较匹配，若一致，则通过验证；否则拒绝登录或再次提供机会让用户进行登录。

2. 口令使用的安全性

由于口令的位数是有限的，而组成口令的字符也是有限的，所以在理论上，任何的口令都可以破解。因此，口令作为保护是有限的。另外，许多非法入侵者会采用各种手段窃取用户口令，如攻击口令文件，或者用特洛伊木马伪装成登录界面骗取用户的口令等。所以，用户在设置和使用口令时要注意以下问题。

1）口令要尽可能长，这样要破解口令就需要很长时间，其可能性就小。操作系统在这方面也有要求，如要求口令的长度至少为 8 位等。

2）多用混合型的口令，即其中同时有字母、数字和其他字符。

3）不要用自己或家人的生日、姓名、常用单词等作为口令。许多非法入侵者破解口令时会首先使用这些具有强烈特征的字符串作为口令来尝试。

4）经常更换口令。许多操作系统也有要求，在规定的时间内更改口令，否则口令失效。最极端的方法是使用一次性口令。这时，用户有一本口令书，记着一长串口令，登录时每次都采用书中的下一个口令。如果入侵者破译出口令，也没有什么用，因为用户下一次就会用另一个口令。这种做法的前提是用户必须防止口令书的丢失。

5）设置错误口令注册次数（如许多操作系统允许的错误次数为 3 次），一旦超过这个次数就无法注册登录，只有系统管理员才能使之恢复正常。

6）用户在使用系统前，要确认系统的合法性，以免被骗取口令。现在的操作系统都提供了一些手段以确保用户是在真实系统中进行登录，如 Windows NT 中按〈Ctrl + Alt + Del〉组合键才开始登录。

3. 系统口令表的安全性

1）限制明文系统口令表的存取。为了验证口令，系统必须采用将用户输入的口令和保存在系统中的口令相比较的方式，攻击者可能攻击的目标是口令文件，借助于系统口令表可以正确无误地获取口令。

在某些系统中口令表是一个文件，实际上是一个由用户标识及相应口令组成的列表。显然，不能让任何人都能访问到该表，为此，系统采用了不同的安全方法来保证。保护口令表的安全机制是使用强制存取控制，限制它仅可为操作系统所存取。更进一步的是，只允许那些需要存取该表的操作系统模块存取。

2）加密口令文件。加密口令文件表较为安全，读文件内容必须经过解密，增加了破解的难度，一般使用传统加密及单向加密这两种加密口令的方法。

使用传统加密方法，整个口令表被加密，或只加密口令部分。当接收到用户输入的口令时，所存取的口令被解密。使用这种方法在某一瞬间会在内存中得到用户口令的明文，有可能被人窃取，显然这是一个缺陷。另一个较安全的方法是使用单向加密，加密方法相对简单，解密则是用加密函数。在用户输入口令时，口令被加密，然后将两种加密形式进行比较，若相同，则成功通过验证。以一种伪装的形式保存口令表可以进一步提高安全性，当然存取的方式仍然限制为具有合法需要的进程。

4. 物理鉴定

检查用户是否有某些特定的“证件”是另一种不同的认证方法，一般用磁卡或 IC 卡。卡片插入终端，系统可以查出卡片所有者，卡片一般和口令一起配合工作，用户要登录成功。必须有卡片，并且知道密码，银行的 ATM 就是这样工作的。

核对那些难以伪造的特征也是一种方法。如终端上的指纹或声波波纹读取机可验证用户身份，还可直接用视觉辨认，当然这种认证方法对于终端设备的要求比较高。

签名分析是另一种技术，用户采用与终端相连的特殊笔签名后，计算机与在线已知样本进行比较。更好的方法是不比较签名，而是比较笔签名时笔的移动情况，模仿者或许可以模仿签名，但在签名时确切的行笔顺序，他就不了解了。

目前一般是在比较重要、保密要求较高的系统中才会采用物理鉴别手段。

11.2.3 访问控制技术

访问控制（Access Control）指系统对用户身份及其所属的预先定义的策略组限制其使用数据资源能力的手段。通常用于系统管理员控制用户对服务器、目录、文件等网络资源的访问。其目的是限制主体对客体的访问，从而保障数据资源在合法范围内得以有效使用和管理。访问控制包括 3 个要素。

- 主体 S（Subject），是指提出访问资源具体请求。
- 客体 O（Object），是指被访问资源的实体。
- 控制策略 A（Attribution）。

访问控制的主要功能包括：保证合法用户访问受权保护的网络资源，防止非法的主体进入受保护的网络资源，或防止合法用户对受保护的网络资源进行非授权的访问。访问控制的内容包括认证、控制策略实现和安全审计，如图 11-1 所示。

访问控制类型有 3 种模式。

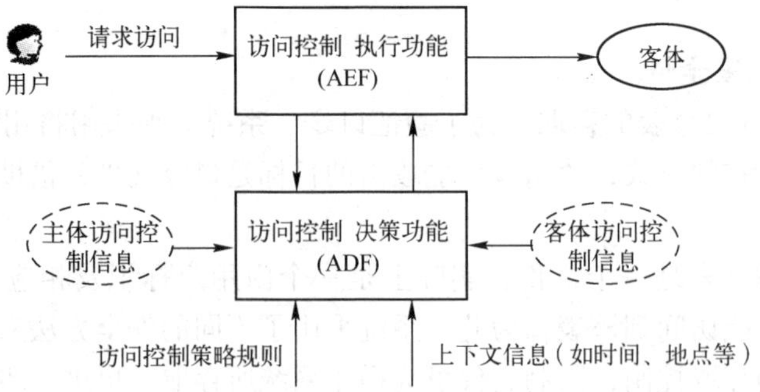

图 11-1　访问控制功能及原理

（1）自主访问控制

自主访问控制（Discretionary Access Control，DAC）是一种接入控制服务，执行基于系统实体自身及其对其他系统的接入授权。包括在文件、文件夹和共享资源中设置许可。

（2）强制访问控制

强制访问控制（Mandatory Access Control，MAC）是系统强制主体服从访问控制策略。是由系统对用户所创建的对象，按照规则控制用户权限及操作对象的访问。主要特征是对所有主体及其所控制的进程、文件、段、设备等客体实施强制访问控制。

（3）基于角色的访问控制

角色（Role）是一定数量的权限的集合，指完成一项任务必须访问的资源及相应操作权限的集合。角色作为一个用户与权限的代理层，表示为权限和用户的关系，所有的授权应该给予角色而不是直接给用户或用户组。基于角色的访问控制（Role - Based Access Control，RBAC）是通过对角色的访问所进行的控制。使权限与角色相关联，用户通过成为适当角色的成员而得到其角色的权限，可极大地简化权限管理。

访问控制机制是检测和防止系统未授权访问，并对保护资源所采取的各种措施。它是在文件系统中广泛应用的安全防护方法，一般是在操作系统的控制下，按照事先确定的规则决定是否允许主体访问客体，贯穿于系统全过程。访问控制矩阵（Access Control Matrix，ACM）是最初实现访问控制机制的概念模型，以二维矩阵规定主体和客体间的访问权限，主要采用以下两种方法。

1）访问控制列表（Access Control List，ACL）：是应用在路由器接口的指令列表，用于路由器利用源地址、目的地址、端口号等的特定指示条件对数据包的抉择。

2）能力关系表（Capabilities List）：是以用户为中心建立访问权限表。与 ACL 相反，表中规定了该用户可访问的文件名及权限，利用此表可方便地查询一个主体的所有授权。相反，检索具有授权访问特定客体的所有主体，则需查遍所有主体的能力关系表。

11.2.4　加密技术

加密技术是将信息编码成如密码文本一样含义模糊的形式。在现代计算机系统中，加密技术越来越重要，是最为常用的安全保密手段。由于技术的发展，随之而来的安全性及对网络活动的保密性要求也越来越高，所以将信息加密成另一种形式，如果没有解密，即使访问到它，其内容也是不可识别的。加密技术的关键是能够有效地生成密码，使它基本上不可能被未授权的用户解密。

数据加密的模型基本上由以下 4 部分构成。

1）明文。需要被加密的文本，称为明文 P。

2）密文。加密后的文本，称为密文 Y。

3）加密、解密算法 E、D。用于实现从明文到密文，或从密文到明文的转换公式、规则或程序。

4）密钥 K。密钥是加密和解密算法中的关键参数。

加密过程可描述为：明文 P 在发送方经加密算法 E 变成密文 Y。接收方通过密钥 K，将密文转换为明文 P。

加密具体有很多种实现方法，如简单的易位法、置换法、对称加密算法和非对称加密算法等。数据加密技术从技术上的实现分为在软件和硬件两方面，按作用不同，数据加密技术主要分为数据传输、数据存储、数据完整性的鉴别以及密钥管理技术 4 种。在网络应用中一般采取两种加密形式：对称密钥和公开密钥，采用何种加密算法则要结合具体应用环境和系统，而不能简单地根据其加密强度来判断。

11.2.5 病毒及其防治机制

计算机病毒是一种可传染其他程序的程序，它通过修改其他进程使之成为含有病毒的版本或可能的演化版本。病毒可经过计算机系统或计算机网络进行传播。一旦病毒进入了某个程序，就将影响该程序的运行，并且这个受感染的程序可以作为传染源，继续感染其他程序，甚至对系统的安全性造成威胁。计算机病毒大致由 3 部分构成。

1）引导模块：负责将病毒引导到内存，对相应的存储空间实施保护，以防止其他程序覆盖，并且修改一些必要的参数，为激活病毒做准备工作。

2）传染模块：主要负责将病毒传染给其他计算机程序，它是整个病毒程序的核心。传染模块由两部分构成，一部分判断是否具备传染条件，一部分具体实施传染。

3）发作模块：主要包括两部分，一部分负责病毒触发条件的判断，另一部分负责病毒危害的实施。

病毒对计算机系统的安全造成极大的威胁，它的传染性主要与操作系统有关。病毒可在不同介质之间传播，一个比较普遍的例子是通过磁盘传播。病毒嵌入某个合法程序隐藏起来，当这个程序存入磁盘时，病毒也就随之被复制到了磁盘。由于这个磁盘存储的过程一般是通过操作系统的磁盘操作功能来实现的，不同操作系统的磁盘操作功能并不相同。所以一般情况下，针对某种操作系统的病毒不能感染其他互不兼容的操作系统。

病毒防御措施通常将系统的存取控制、实体保护等安全机制结合起来，通过专门的防御程序模块为计算机建立病毒的免疫系统和报警系统。防御的重点在操作系统敏感的数据结构、文件系统数据存储结构和 I/O 设备驱动结构上。这些敏感的数据结构包括系统进程表、关键缓冲区、共享数据段、系统记录、中断向量表和指针表等。很多病毒试图修改甚至删除其中的数据和记录，这样会使得系统运行出错。针对病毒的各种攻击，病毒防御机制可采取存储映像、数据备份、修改许可、区域保护、动态检疫等方式来保护敏感数据结构。

11.2.6 监控和审计日志

1. 监控

监控可以检测和发现那些可能的违反系统安全的活动。例如，在分时系统中，记录一个用户登录时输入的不正确的口令的次数，当超过一定的数量时，那就表示有人在猜测口令，可能就是非法的用户，这是一种实时的监控活动。另一种监控活动是周期性的对系统进行全面的扫描，这种扫描一般在系统比较空闲的时间段内进行，这样就不会影响系统的工作效率。可以对系统的以下各个方面进行扫描。

1）对用户口令进行扫描，找出那些太短的、易于猜测的口令，以提示用户及时改正。

2）系统目录中是否存在未经授权的程序。

3）是否存在不是预期的、长时间运行的进程。

4）用户目录和系统目录是否处于适当的保护状态。

5）系统的数据文件是否处于一种适当的保护状态。这些文件包括口令文件、设备驱动程序以及操作系统的内核本身。

6）是否存在危险的程序搜索路径入口（如特洛伊木马程序）。

由系统安全扫描发现的问题可以由系统自动修复，也可以报告给系统管理员由其来解决。

2. 日志

日志文件是安全系统的一个重要组成部分，它记录计算机系统所发生的情况：何时由谁做了一件什么样的事，结果如何，等等。日志文件可以帮助用户更容易跟踪间发性问题或一些非法侵袭，可以利用它综合各方面的信息，去发现故障的原因、侵入的来源以及系统被破坏的范围。对于那些不可避免的事故，也至少对事故有一个记录。因此，日志文件对于重新建立用户的计算机系统、进行调查研究、提供证据以及获得准确及时的现场服务都是必须的。但是，日志文件有一个致命的弱点：它通常记录在自身系统上，会遭受到修改或删除。有些技术方法可以帮助缓解这种问题，但无法完全消除隐患。有些系统支持将日志文件存到不同的机器上，这样对于日志文件的安全就有了很好的保证。

对各种网络系统应采用不同的日志记录机制，记录方式有 3 种，由操作系统完成，也可以由应用系统或其他专用记录系统完成。日志分析的主要目的是在大量的记录日志信息中找到与系统安全相关的数据，并分析系统运行情况。主要任务包括以下内容。

1）潜在威胁分析。

2）异常行为检测。

3）简单攻击探测。

4）复杂攻击探测。

日志对于 Linux 系统安全来说非常重要，它记录了系统每天发生的各种各样的事情，包括哪些用户曾经或者正在使用系统。可以通过日志来检查错误发生的原因，更重要的是在系统受到黑客攻击后，日志可以记录下攻击者留下的痕迹，通过查看这些痕迹，系统管理员可以发现黑客攻击的某些手段以及特点，从而能够进行处理工作，为抵御下一次攻击做好准备。因此，保护系统日志安全，不被内部用户或外部入侵者修改或删除显得尤为重要。

11.3 Linux 系统的安全设置

Linux 操作系统是一种多用户、多任务的操作系统，它的基本功能就是防止使用同一台计算机的不同用户互相之间产生干扰以及安全危害，因此，Linux 在设计之初就考虑了安全问题。当然，如同前面所讲述的，Linux 操作系统并不是一个十全十美、非常安全的系统，它仍然存在不少安全问题，还需要在不断的发展中加入新的功能和安全特性。

11.3.1 系统记录文件的安全性管理

Linux 文件系统是 Linux 系统的心脏部分，提供了层次结构的目录和文件。Linux 文件系统中的文件是数据的集合，文件系统不仅包含着文件中的数据而且还有文件系统的结构，所有 Linux 用户和程序看到的文件、目录、软连接及文件保护信息等都存储在其中。

在 Linux 系统下，一切皆文件，就连光盘也看作文件。使用光盘首先要先建立一个目录文件，然后挂载，通过操作这个目录来操作光盘。鼠标、键盘都是被看作文件。文件的类型主要分为 5 种：普通文件、目录文件、设备文件、连接文件和管道文件。其中前 3 者是 3 种基本文件。这么多的文件如何有效地管理和组织它们？给用户提供一个有效的接口是文件系统的主要任务，于是出现了树形目录结构，整个文件系统有一个根，层层往下分叉，然后长出叶子，叉就是目录，叶子就是文件。

Linux 系统与本系统上的各种设备之间的通信，通过特别文件来实现。就程序而言，磁盘是文件，调制解调器是文件，甚至内存也是文件。所有连接到系统上的设备都在/dev 目录中有一个文件与其对应。当在这些文件上执行 I/O 操作时，由 Linux 系统将 I/O 操作转换成实际设备的动作。例如，文件/dev/mem 是系统的内存，如果使用 cat 命令显示这个文件，实际上是在终端显示系统的内存。为了安全起见，这个文件对普通用户是不可读的。因为在任一给定时间，内存区可能含有用户登录口令或运行程序的口令，某部分文件的编辑缓冲区，缓冲区可能含有用 ed - x 命令解密后的文本，以及用户不愿让其他人存取的种种信息。从安全的观点来看这样处理很好，因为任何设备上进行的 I/O 操作只经过了少量的渠道（即设备文件），用户不能直接存取设备。所以如果正确设置了磁盘分区的存取许可，用户就只能通过 Linux 文件系统存取磁盘，文件系统有内部安全机制（文件许可）。

系统管理员可以通过 secure 程序定期检查系统中的系统文件，包括检查设备文件和 SUID 和 SGID 程序，尤其要注意检查 SUID 和 SGID 程序，检查/etc /passwd 和/etc/group 文件，寻找久未登录的账户和校验各重要文件是否被修改。ncheck 命令则可用于检查文件系统，只用一个磁盘分区名作为参数，将列出 i 结点号及相应的文件名。

Linux 系统中有许多文件和目录不允许用户写，如：/bin、/usr/bin、/usr/lbin、/etc/passwd、/usr /lib/crontab、/Linux、/etc/rc、/etc/inittab，可写的目录也允许移动文件，这样会引起安全问题。系统管理员应经常检查系统文件和目录的许可权限和所有者。根据系统提供的规则文件（在/etc/permlist 文件中）所描述的文件所有者和许可权规则，可编制一个程序检查各文件。

📖 如果系统的安全管理不好，或系统是新安装的，其安全程序不够高，可以用 make 方式在安全性强的系统上运行上述程序，将许可规则文件复制到新系统中，再以设置方式在新系统上运行上述程序，就可提高本系统的安全程序。但要记住，两个系统必须运行相同的 Linux 版本。

11.3.2 启动和登录系统的安全性设置

在 Linux 系统中，用户账号是用户的身份标志，它由用户名和用户口令组成。在 Linux 系统中，系统将输入的用户名存放在/etc/passwd 文件中，而将输入的口令以加密的形式存放在/etc/shadow 文件中。在正常情况下，这些口令和其他信息由操作系统保护，能够对其进行访问的只能是超级用户（root）和操作系统的一些应用程序。但是如果配置不当或在一些系统运行出错的情况下，这些信息可以被普通用户得到。进而，不法用户就可以使用一类被称为“口令破解”的工具得到加密前的口令。

Linux 系统中的/etc/passwd 文件含有全部系统需要知道的关于每个用户的信息（加密后的口令也可能存于/etc/shadow 文件中）。/etc/passwd 中包含用户登录名、加密口令、用户号、用户组号、用户注释、用户主目录和用户所用的外壳程序。其中用户号（UID）和用户组号（GID）是 Linux 系统中唯一地标识用户和同组用户及用户的访问权限。/etc/passwd 中存放的加密口令用于与用户登录时输入的口令经计算后相比较，符合则允许登录，否则拒绝用户登录。用户可以使用 passwd 命令修改自己的口令，但不能直接修改/etc/passwd 中的口令部分。

一个好的口令应当至少有 8 个字符，不要取用个人信息（如生日、名字、反向拼写的登录名等），普通的英语单词（因为可用字典攻击法），口令中最好有一些非字母（如数字、标点符号、控制字符等），还要好记一些，不能写在纸上或计算机中的文件中，选择口令的一个好方法是将两个不相关的词用一个数字或控制字符相连，并截断为 8 个字符。当然，如果能采用 8 位乱码自然更好。

不应使用同一个口令在不同机器中使用，特别是在不同级别的用户上使用同一口令，会引起全盘崩溃。用户应定期改变口令，至少 6 个月要改变一次，系统管理员可以强制用户定期进行口令修改。为防止他人窃取口令，在输入口令时应注意遮挡，避免被他人窃取。

11.3.3 限制网络访问的设置

Linux 操作系统是一种公开源码的操作系统，因此比较容易受到来自底层的攻击，系统管理员一定要有安全防范意识，对系统采取一定的安全措施，这样才能提高 Linux 系统的安全性。对于系统管理员来讲特别是要了解对 Linux 网络系统可能的攻击方法，并采取必要的措施保护自己的系统。

（1）慎用 Telnet 服务

在 Linux 下，用 Telnet 进行远程登录时，用户名和用户密码是明文传输的，这就有可能被在网上监听的其他用户截获。另一个危险是黑客可以利用 Telnet 登入系统，如果他又获取了超级用户密码，则对系统的危害将是灾难性的。因此，如果不是特别需要，不要开放 Telnet 服务。如果一定要开放 Telnet 服务，应该要求用户用特殊的工具软件进行远程登录，这样就可以在网上传送加密过的用户密码，以免密码在传输过程中被黑客截获。

（2）合理设置 NFS 服务和 NIS 服务

NFS 服务允许工作站通过网络共享一个或多个服务器输出的文件系统。但对于配置不好的 NFS 服务器来讲，用户不经登录就可以阅读或者更改存储在 NFS 服务器上的文件，使得 NFS 服务器很容易受到攻击。如果一定要提供 NFS 服务，要确保基于 Linux 的 NFS 服务器支持安全远程程序调用（Secure Remote Procedure Call，Secure RPC），以便利用数据库加密标准（Data Encryption Standard，DES）加密算法和指数密钥交换（Exponential Key Exchange，EKE）技术验证每个 NFS 请求的用户身份。

网络信息服务（Network Information System，NIS）是一个分布式数据处理系统，它使网络中的计算机通过网络共享 passwd 文件、group 文件、主机表文件和其他可共享的系统资源。通过 NIS 服务和 NFS 服务，在整个网络中的各个工作站上操作网络中的数据就像在操作和使用单个计算机系统中的资源一样，并且这种操作过程对用户是透明的。但是 NIS 服务也有漏洞，在 NIS 系统中，不法用户可以利用自己编写的程序来模仿 Linux 系统中的 ypserv 响应 ypbind 的请求，从而截获用户的密码。因此，NIS 的用户一定要使用 ypbind 的 secure 选项，并且不接受端口号小于 1024（非特权端口）的 ypserv 响应。

（3）合理配置 FTP 服务

FTP 服务与前面讲的 Telnet 服务一样，用户名和用户密码也是明文传输的。因此，为了系统的安全，必须通过对/etc/ftpusers 文件的配置，禁止 root、bin、daemon、adm 等特殊用户对 FTP 服务器进行远程访问，通过对/etc/ftphosts 的设定限制某些主机不能连入 FTP 服务器，如果系统开放匿名 FTP 服务，则任何人都可以下载文件（有时还可以上载文件），因此，除非特殊需要，一般应禁止匿名 FTP 服务。

（4）合理设置 POP－3 和 Sendmail 等电子邮件服务

对一般的 POP－3 服务来讲，电子邮件用户的口令是按明文方式传送到网络中的，黑客可以很容易截获用户名和用户密码。要想解决这个问题，必须安装支持加密传送密码的 POP－3 服务器（即支持 Authenticated POP 命令），这样用户在传送密码前，可以先对密码加密。老版本的 Sendmail 邮件服务器程序存在安全隐患，为了确保邮件服务器的安全，应尽可能安装已消除安全隐患的最新版的 Sendmail 服务器软件。

（5）加强对 WWW 服务器的管理，提供安全的 WWW 服务

当一个基于 Linux 系统的网站建立好之后，绝大部分用户是通过 Web 服务器和 WWW 浏览器对网络进行访问的，因此必须特别重视 Web 服务器的安全，无论采用哪种基于 HTTP 协议的 Web 服务器软件，都要特别关注公共网关接口（Common Gateway Interface，CGI）脚本，这些 CGI 脚本是可执行程序，一般存放在 Web 服务器的 CGI－BIN 目录下，在配置 Web 服务器时，要保证 CGI 可执行脚本只存放于 CGI－BIN 目录中，这样可以保证脚本的安全，且不会影响到其他目录的安全。

（6）最好禁止提供 finger 服务

在 Linux 系统下，使用 finger 命令可以显示本地或远程系统中目前已登录用户的详细信息，黑客可以利用这些信息，增大侵入系统的机会。为了系统的安全，最好禁止提供 finger 服务，即从/usr/bin 下删除 finger 命令。如果要保留 finger 服务，应将 finger 文件换名，或修改权限为只允许 root 用户执行 finger 命令。

11.3.4　增强系统的安全性设置

Linux 不论在功能上、价格上或性能上都有很多优点，然而，作为开放式操作系统，它不可避免地存在一些安全隐患。Linux 是一种类 UNIX 的操作系统。从理论上讲，UNIX 本身的设计并没有什么重大的安全缺陷。多年来，绝大多数在 UNIX 操作系统上发现的安全问题主要存在于个别程序中，所以大部分 UNIX 厂商都声称有能力解决这些问题，提供安全的 UNIX 操作系统。但 Linux 有些不同，因为它不属于某一家厂商，没有厂商宣称对它提供安全保证，因此用户只有自己解决安全问题。Linux 是一个开放式系统，可以在网络上找到许多现成的程序和工具，这既方便了用户，也方便了黑客，因为他们也能很容易地找到程序和工具来潜入 Linux 系统，或者盗取 Linux 系统上的重要信息。不过，只要我们仔细地设定 Linux 的各种系统功能，并且加上必要的安全措施，就能让黑客们无机可乘。一般来说，对 Linux 系统的安全设定包括取消不必要的服务、限制远程存取、隐藏重要资料、修补安全漏洞、采用安全工具以及经常性的安全检查等。

（1）取消不必要的服务

早期的 UNIX 版本中，每一个不同的网络服务都有一个服务程序在后台运行，后来的版本用统一的/etc/inetd 服务器程序担此重任。inetd 是 internetdaemon 的缩写，它同时监视多个网络端口，一旦接收到外界传来的连接信息，就执行相应的 TCP 或 UDP 网络服务。由于受 inetd 的统一指挥，因此 Linux 中的大部分 TCP 或 UDP 服务都是在/etc/inetd. conf 文件中设定的。所以取消不必要服务的第一步就是检查/etc/inetd. conf 文件，在不要的服务前加上“#”号。一般来说，除了 http、smtp、telnet 和 ftp 之外，其他服务都应该取消，诸如简单文件传输协议 tftp、网络邮件存储及接收所用的 imap/ipop 传输协议、寻找和搜索资料用的 gopher 以及用于时间同步的 daytime 和 time 等。还有一些报告系统状态的服务，如 finger、efinger、systat 和 netstat 等，虽然对系统查错和寻找用户非常有用，但也给黑客提供了方便之门。例如，黑客可以利用 finger 服务查找用户的电话、使用目录以及其他重要信息。因此，很多 Linux 系统将这些服务全部取消或部分取消，以增强系统的安全性。inetd 除了利用/etc/inetd. conf 设置系统服务项之外，还利用/etc/services 文件查找各项服务所使用的端口。因此，用户必须仔细检查该文件中各端口的设定，以免有安全上的漏洞。在 Linux 中有两种不同的服务形态：一种是仅在有需要时才执行的服务，如 finger 服务；另一种是一直在执行的永不停顿的服务。这类服务在系统启动时就开始执行，因此不能靠修改 inetd 来停止其服务。提供文件服务的 NFS 服务器和提供 NNTP 新闻服务的 news 都属于这类服务，如果没有必要，最好取消这些服务。

（2）限制系统的出入

在进入 Linux 系统之前，所有用户都需要登录，也就是说，用户需要输入用户账号和密码，只有它们通过系统验证之后，用户才能进入系统。与其他 UNIX 操作系统一样，Linux 一般将密码加密之后，存放在/etc/passwd 文件中。Linux 系统上的所有用户都可以读到/etc/passwd 文件，虽然文件中保存的密码已经经过加密，但仍然不太安全。因为一般的用户可以利用现成的密码破译工具，以穷举法破解出密码。比较安全的方法是设定影子文件/etc/shadow，只允许有特殊权限的用户阅读该文件。在 Linux 系统中，如果要采用影子文件，必须将所有的公用程序重新编译，才能支持影子文件。这种方法比较麻烦，比较简便的方法是采用插入式验证模块（PAM）。很多 Linux 系统都带有 Linux 的工具程序 PAM，它是一种身份验证机制，可以用来动态地改变身份验证的方法和要求，而不要求重新编译其他公用程序。这是因为 PAM 采用封闭包的方式，将所有与身份验证有关的逻辑全部隐藏在模块内，因此它是采用影子档案的最佳帮手。此外，PAM 还有很多安全功能：它可以将传统的 DES 加密方法改写为其他功能更强的加密方法，以确保用户密码不会轻易地遭人破译；它可以设定每个用户使用计算机资源的上限；它甚至可以设定用户的上机时间和地点。Linux 系统管理人员只需花费几小时去安装和设定 PAM，就能大大提高 Linux 系统的安全性，把很多攻击阻挡在系统之外。

（3）保持最新的系统核心

由于 Linux 流通渠道很多，而且经常有更新的程序和系统补丁出现，因此，为了加强系统安全，一定要经常更新系统内核。Kernel 是 Linux 操作系统的核心，它常驻内存，用于加载操作系统的其他部分，并实现操作系统的基本功能。由于 Kernel 控制计算机和网络的各种功能，因此它的安全性对整个系统安全至关重要。早期的 Kernel 版本存在许多安全漏洞，且不太稳定，只有 2. 0. x 以上的版本才比较稳定和安全，新版本的运行效率也有很大改观。在设定 Kernel 的功能时，只选择必要的功能，千万不要所有功能照单全收，否则会使 Kernel 变得很大，既占用系统资源，也给黑客留下可乘之机。在因特网上常常有最新的安全修补程序，Linux 系统管理员应该经常浏览安全新闻组，查阅新的修补程序。

（4）检查登录密码

设定登录密码是一项非常重要的安全措施，如果用户的密码设定不合适，就很容易被破译，尤其是拥有超级用户使用权限的用户，如果没有良好的密码，将给系统造成很大的安全漏洞。在多用户系统中，如果强迫每个用户选择不易猜出的密码，将大大提高系统的安全性。但如果 passwd 程序无法强迫每个上机用户使用恰当的密码，要确保密码的安全度，就只能依靠密码破解程序了。实际上，密码破解程序是黑客工具箱中的一种工具，它将常用的密码或者英文字典中所有可能用来作密码的字都用程序加密成密码字，然后将其与 Linux 系统的/etc/passwd 密码文件或/etc/shadow 影子文件相比较，如果发现有吻合的密码，就可以求得明码了。在网络上可以找到很多密码破解程序，比较有名的程序是 crack。用户可以自己先执行密码破解程序，找出容易被黑客破解的密码，然后设置密码时，避开这些即可。

11.3.5 防止攻击的设置

1. 攻击的类型

Linux 系统可能受到的攻击类型如下。

（1）“拒绝服务”攻击

“拒绝服务”攻击是指黑客采取具有破坏性的方法阻塞目标网络的资源，使网络暂时或永久瘫痪，从而使 Linux 网络服务器无法为正常的用户提供服务。例如黑客可以利用伪造的源地址或受控的其他地方的多台计算机同时向目标计算机发出大量、连续的 TCP/IP 请求，从而使目标服务器系统瘫痪。

（2）“口令破解”攻击

口令安全是保卫自己系统安全的第一道防线。“口令破解”攻击的目的是为了破解用户的口令，从而可以取得已经加密的信息资源。例如黑客可以利用一台高速计算机，配合一个字典库，尝试各种口令组合，直到最终找到能够进入系统的口令，打开网络资源。

（3）“欺骗用户”攻击

“欺骗用户”攻击是指网络黑客伪装成网络公司或计算机服务商的工程技术人员，向用户发出呼叫，并在适当的时候要求用户输入口令，这是用户最难对付的一种攻击方式，一旦用户口令失密，黑客就可以利用该用户的账号进入系统。

（4）“扫描程序和网络监听”攻击

许多网络入侵是从扫描开始的，利用扫描工具黑客能找出目标主机上各种各样的漏洞，并利用之对系统实施攻击。网络监听也是黑客们常用的一种方法，当成功地登录到一台网络上的主机，并取得了这台主机的超级用户控制权之后，黑客可以利用网络监听收集敏感数据或者认证信息，以便日后夺取网络中其他主机的控制权。

2. 采用的安全策略

纵观网络的发展历史，可以看出，对网络的攻击可能来自非法用户，也可能来自合法的用户。因此作为 Linux 网络系统的管理员，既要时刻警惕来自外部的黑客攻击，又要加强对内部网络用户的管理和教育，具体可以采用以下的安全策略以防止攻击。

（1）仔细设置每个内部用户的权限

为了保护 Linux 网络系统的资源，在给内部网络用户开设账号时，要仔细设置每个内部用户的权限，一般应遵循“最小权限”原则，也就是仅给每个用户授予完成他们特定任务所必需的服务器访问权限。这样做会大大加重系统管理员的管理工作量，但为了整个网络系统的安全还是应该坚持这个原则。

（2）确保用户口令文件/etc/shadow 的安全

对于网络系统而言，口令是较易出问题的地方，系统管理员应告诉用户在设置口令时要使用安全口令（在口令序列中使用非字母，非数字等特殊字符）并适当增加口令的长度（大于6个字符）。系统管理员要保护好/etc/passwd 和/etc/shadow 这两个文件的安全，不让无关人员获得这两个文件，这样黑客利用 John 等程序对/etc/passwd 和/etc/shadow 文件进行字典攻击获取用户口令的企图就无法进行。系统管理员要定期用 John 等程序对本系统的/etc/passwd 和/etc/shadow 文件进行模拟字典攻击，一旦发现有不安全的用户口令，要强制用户立即修改。

（3）加强对系统运行的监控和记录

Linux 网络系统管理员应对整个网络系统的运行状况进行监控和记录，这样通过分析记录数据，可以发现可疑的网络活动，并采取措施预先阻止今后可能发生的入侵行为。如果进攻行为已经实施，则可以利用记录数据跟踪和识别侵入系统的黑客。

（4）合理划分子网和设置防火墙

如果内部网络要进入互联网，必须在内部网络与外部网络的接口处设置防火墙，以确保内部网络中的数据安全。对于内部网络本身，为了便于管理，合理分配 IP 地址资源，应该将内部网络划分为多个子网，这样做也可以阻止或延缓黑客对整个内部网络的入侵。

（5）定期对 Linux 网络进行安全检查

Linux 网络系统的运转是动态变化的，因此对它的安全管理也是变化的，没有固定的模式，作为 Linux 网络系统的管理员，在为系统设置了安全防范策略后，应定期对系统进行安全检查，并尝试对自己管理的服务器进行攻击，如果发现安全机制中的漏洞应立即采取措施补救，不给黑客以可乘之机。

（6）加强对 Linux 网络服务器的管理，合理使用各种工具

利用记录工具可以记录对 Linux 系统的访问。Linux 系统管理员可以利用前述记录文件和工具记录事件，可以每天查看或扫描记录文件，这些文件记录了系统运行的所有信息。如果需要，还可以把高优先级事件提取出来传送给相关人员处理，若发现异常可以立即采取措施。

11.4 Linux 系统的防火墙管理

Linux 操作系统的安全性是众所周知的，所以，现在很多企业的服务器，如文件服务器、Web 服务器等，都采用的是 Linux 的操作系统。Linux 内置防火墙通过包过滤手段来加强对网络的访问控制，从而提高网络与服务器的安全。

11.4.1 防火墙简介

防火墙技术，最初是针对网络中不安全因素所采取的一种保护措施。顾名思义，防火墙就是用来阻挡外部不安全因素影响的内部网络屏障，其目的就是防止外部网络用户未经授权的访问。防火墙技术是一种计算机硬件和软件的结合，使网络之间建立起一个安全网关（Security Gateway），从而保护内部网免受非法用户的侵入。

防火墙主要由服务访问政策、验证工具、包过滤和应用网关 4 部分组成，是一个位于计算机和它所连接的网络之间的软件或硬件（其中硬件防火墙用的很少，因为它价格昂贵），流入/

流出的所有网络通信均要经过防火墙。在网络中，防火墙是指一种将内部网和外部网分开的方法，它实际上是一种隔离技术。防火墙是在两个网络通信时执行的一种访问控制尺度，它允许经过“同意”的人和数据进入网络，同时将未经“同意”的人和数据拒之门外，最大限度地阻止网络中的黑客来访问你的网络。换句话说，如果不通过防火墙，公司内部的人就无法访问互联网，互联网上的人也无法和公司内部的人进行通信。随着互联网规模的迅速扩大，安全问题也越来越重要，而构建防火墙是保护系统免受侵害的最基本的一种手段。虽然防火墙并不能保证系统绝对的安全，但由于它简单易行、工作可靠、适应性强，还是得到了广泛的应用。

11.4.2 防火墙的类型和设计策略

从实现原理上分，防火墙的技术包括 4 大类：网络级防火墙（也叫包过滤型防火墙）、应用级网关、电路级网关和规则检查防火墙。它们之间各有所长，具体使用哪一种或是否混合使用，要看具体需要。

（1）网络级防火墙

网络级防火墙一般是基于源地址和目的地址、应用、协议以及每个 IP 包的端口来做出通过与否的判断。一个路由器便是一个“传统”的网络级防火墙，大多数的路由器都能通过检查这些信息来决定是否将所收到的包转发，但它不能判断出一个 IP 包来自何方，去向何处。防火墙检查每一条规则直至发现包中的信息与某规则相符。如果没有一条规则能符合，防火墙就会使用默认规则，一般情况下，默认规则就是要求防火墙丢弃该包。其次，通过定义基于 TCP 或者 UDP 的端口号，防火墙能够判断是否允许建立特定的连接，如 Telnet、FTP 连接。

（2）应用级网关

应用级网关能够检查进出的数据包，通过网关复制传递数据，防止在受信任服务器和客户端与不受信任的主机间直接建立联系。应用级网关能够理解应用层上的协议，能够做复杂一些的访问控制，并做精细的注册和稽核。它针对特别的网络应用服务协议即数据过滤协议，并且能够对数据包分析并形成相关的报告。应用网关对某些易于登录和控制所有输出/输入的通信的环境给予严格的控制，以防有价值的程序和数据被窃取。在实际工作中，应用网关一般由专用工作站系统来完成。但每一种协议需要相应的代理软件，使用时工作量大，效率不如网络级防火墙。应用级网关有较好的访问控制，是目前最安全的防火墙技术，但实现困难，而且有的应用级网关缺乏“透明度”。在实际使用中，用户在受信任的网络上通过防火墙访问互联网时，经常会发现存在延迟并且以致进行多次登录才能访问互联网。

（3）电路级网关

电路级网关用来监控受信任的客户或服务器与不受信任的主机间的 TCP 握手信息，这样来决定该会话（Session）是否合法，电路级网关是在 OSI 模型中会话层上来过滤数据包，比包过滤防火墙要高两层。电路级网关还提供一个重要的安全功能——代理服务器（Proxy Server）。代理服务器是设置在网络防火墙网关的专用应用级代理，这种代理服务准许网络管理员允许或拒绝特定的应用程序或一个应用程序的特定功能。包过滤技术和应用网关是通过特定的逻辑判断来决定是否允许特定的数据包通过，一旦判断条件满足，防火墙内部网络结构和运行状态便“暴露”在外来用户面前，这就引入了代理服务的概念，即防火墙内、外计算机系统应用层的“链接”由两个终止于代理服务的“链接”来实现，这就成功地实现了防火墙内、外计算机系统的隔离。同时，代理服务还可用于实施较强的数据流监控、过滤、记录和报告等功能。代理服务技术主要通过专用计算机硬件（如工作站）来承担。

(4）规则检查防火墙

该防火墙结合了包过滤防火墙、电路级网关和应用级网关的特点。它同包过滤防火墙一样，规则检查防火墙能够在OSI网络层上通过IP地址和端口号，过滤进出的数据包。它也像电路级网关一样，能够检查SYN和ACK标记和序列数字是否逻辑有序。当然它也像应用级网关一样，可以在OSI应用层上检查数据包的内容，查看这些内容是否能符合企业网络的安全规则。规则检查防火墙虽然集成前三者的特点，但是不同于一个应用级网关的安全规则。规格检查防火墙虽然集成前三者的特点，但是不同于一个应用级网关，它并不打破客户机/服务器模式来分析应用层的数据，它允许受信任的客户端和不受信任的主机建立直接连接。规则检查防火墙不依靠与应用层有关的代理，而是依靠某种算法来识别进出的应用层数据，这些算法通过已知合法数据包的模式来比较进出数据包，这样从理论上就能比应用级代理在过滤数据包上更有效。

防火墙的设计策略是具体地针对防火墙，制定相应的规章制度来实施网络服务访问策略。在制定这种策略之前，必须了解这种防火墙的性能以及缺陷、TCP/IP自身所具有的易攻击性和危险。防火墙一般执行以下两种基本策略中的一种。

- 除非明确不允许，否则允许某种服务。
- 除非明确允许，否则将禁止某项服务。

执行第一种策略的防火墙在默认情况下允许所有的服务，除非管理员对某种服务明确表示禁止。执行第二种策略的防火墙在默认情况下禁止所有的服务，除非管理员对某种服务明确表示允许。防火墙可以实施一种宽松的策略（第一种），也可以实施一种限制性策略（第二种），这就是制定防火墙策略的入手点。

11.4.3 Linux常用的网络命令

1. sudo

sudo是系统管理员用来允许某些用户以root身份运行部分/全部系统命令的程序。一个明显的用途是增强了站点的安全性，如果你需要每天以root身份做一些日常工作，经常执行一些固定的几个只有root身份才能执行的命令，那么用sudo是非常适合的。

sudo的主页是http://www.courtesan.com/courtesan/products/sudo/，以Redhat为例，下面介绍一下安装及设置过程：首先，从sudo主页上下载forRedhatLinux的rpmpackage。执行#rpm -ivhsudo * 进行安装；然后用/usr/sbin/visudo编辑/etc/sudoers文件。如果系统提示找不到/usr/bin/vi，但实际上在目录/bin下有Vi程序，则需要使用“In - sf/bin/vi/usr/bin/vi”命令为Vi在/usr/bin下创建符号链接。另外，如果出现某些其他错误，可能还需要执行“# chmod700/var/run/sudo”操作。下面是一个/etc/sudoers文件例子：

```
[root@ sh - proxy/etc]#moresudoers
Host_AliasSERVER = sh - proxy
#Useraliasspecification
User_AliasADMIN = jephe,tome
#Cmndaliasspecification
Cmnd_AliasSHUTDOWN = /etc/halt,/etc/shutdown,/etc/reboot
ADMINSERVER = SHUTDOWN
jepheSERVER = /usr/bin/tail - f/var/log/maillog
jepheSERVER = /usr/bin/tail - f/var/log/messages
#Userprivilegespecification
rootALL = (ALL)ALL
```

既然经常需要远程登录到服务器观察 emaillog 文件的变化，因此加了这一行到/etc/sudoers，这样不需要经常登录作为 root 来完成日常工作，改善了安全性。

2. sniffit

sniffit 是一个有名的网络端口探测器，用户可以配置它在后台运行以检测哪些 TCP/IP 端口上用户的输入/输出信息。最常用的功能是攻击者可以用它来检测攻击对象的 23（Telnet）和 110（Pop3）端口上的数据传送，之后轻松得到登录口令和邮箱账号密码，sniffit 基本上是被破坏者所利用的工具。

sniffit 的主页是 http://reptile. rug. ac. be/ ~ coder/sniffit/sniffit. html，可从中下载最新的版本，安装是非常容易的，就在根目录运行“tar xvfz sniff *”命令解开所有文件到对应目录。运行 sniffit - i 命令以交互式图形界面查看所有在指定网络接口上的输入/输出信息。如：为了得到所有用户通过某接口 a. b. c. d 接收邮件时所输入的 pop3 账号和密码，可以运行：

```
#sniffit - p110 - ta. b. c. d&
#sniffit - p110 - sa. b. c. d&
```

logfile 根据访问者的 IP 地址，随机端口号和用来检测的网络接口 IP 地址和检测端口来命名。它利用了 TCP/IP 协议天生的“虚弱性”，因为普通的 Telnet 和 Pop3 所传的用户名和密码信息都是明文，不带任何方式的加密。因此对 telnet/ftp. 你可以用 ssh/scp 来替代。sniffit 检测到的 ssh/scp 信息基本上是一堆乱码，因此你不需要担心 ssh 所传送的用户名和口令信息会被第三方所窃取。

3. ttysnoop(s)

ttysnoop 是一个重定向，对一个终端号的所有输入/输出转到另一个终端的程序。目前所知道的它的所在网站为 http://uscan. cjb. net。从其他途径也可以得到 ttysnoop - 0. 12c - 5，地址是 http://rpmfind. net/linux/RPM/contrib/libc6/i386/ttysnoop - 0. 12c - 5. i386. html，这个版本还不能支持 shadowpassword，安装后需要手动创建目录/var/spool/ttysnoop。测试这个程序是有趣的，下面是相关指令：首先修改/etc/inetd. conf 中的 in. telnetd 文件，默认调用 login 登录程序为/sbin/ttysnoops，具体如下。

```
[root@ jephe/etc]#moreinetd. conf | grep in. telnetd
telnetstreamtcpnowaitroot/usr/sbin/tcpdin. telnetd - L/sbin/ttysnoops
```

更改后一定要运行 kill all - HUPinetd 使之生效，确保不要使用阴影口令，用 pwunconv 禁止阴影口令，再编辑文件/etc/snooptab，保持默认配置即可。

```
[root@ jephe/etc]#moresnooptab
ttyS1/dev/tty7login/bin/login
ttyS2/dev/tty8login/bin/login
* socketlogin/bin/login
```

最后，如果在某个终端上有其他用户登录进来（可以用 w 命令查看它在哪个终端），如登录终端设备为 ttyp0，则可以使用#/bin/ttysnoopttyp0 命令登录进服务器（提示输入 root 口令，再次，上面提到的这个版本不支持阴影口令）以监视用户的登录窗口。

4. nmap

nmap 是用来对一个比较大的网络进行端口扫描的工具，它能检测该服务器有哪些 TCP/IP

端口目前正处于打开状态。用户可以运行它来确保已经禁止不该打开的不安全的端口号。

nmap 的主页是 http://www.insecure.org/nmap/index.html，下面给出一个简单的例子：

```
[root@ sh - proxy/etc]#/usr/local/bin/nmappublic. sta. net. cn
StartingnmapV. 2. 12byFyodor(fyodor@ dhp. com,www. insecure. org/nmap/)
Interestingportsonpublic. sta. net. cn(202. 96. 199. 97):
PortStateProtocolService
21opentcpftp
23opentcptelnet
25opentcpsmtp
109opentcppop - 2
110opentcppop - 3
143opentcpimap2
513opentcplogin
514opentcpshell
7000opentcpafs3 - fileserver
Nmapruncompleted - - 1IPaddress(1hostup) scannedin15seconds
```

5. Johntheripper

在 Linux 中，密码以 Hash 格式存储，虽然不能反向从该 Hash 数据表中分析出密码，但可以以一组单词经过 Hash 算法散列之后和它进行比较，如相同则就猜测出密码。故设一个很难被猜测的密码是非常关键的。一般地，不能用字典存在的某个单词作为密码，那是相当容易被猜测出来的。另外也不能用一些常见的有规则性的字母数字排列来作为密码，如 123abc 等。

Johntheripper 是一个高效的易于使用的密码破译程序，其主页在 http://www.openwall.com/john/，下载 tar.gz 格式的 for UNIX 的程序，然后用“tar xvfz john *.tar.gz”命令解压到任一目录下。进入 src 目录，输入“make linux - x86 - any - elf”后会在 run 目录下生成几个执行文件，包括主程序 john。现在要破译密码，运行./john/etc/passwd 即可。

John 也可以破译由 htpasswd 生成的用于验证 apache 用户的密码，如果你用 htpasswd - capachepasswduser 创建了一个用户 user，并生成了密码。也可以用 johnapachepasswd 来进行。John 把密码的过程输出在终端上，并把破译出的密码存于 john.pot 文件中。

6. Logcheck

Logcheck 是用来自动检查系统安全入侵事件和非正常活动记录的工具，它分析各种 Linux-log 文件，如/var/log/messages，/var/log/secure，/var/log/maillog 等，然后生成一个可能有安全问题的问题报告自动发送给管理员。可设置它基于小时或天的时间间隔用 crond 程序来自动运行。

logcheck 工具的主页在 http://www.psionic.com/abacus/logcheck/，下载后用“tar xvfz logcheck *”命令解压到一临时目录如/tmp 下，然后用./makelinux 命令自动生成相应的文件到/usr/local/etc/usr/local/bin/等目录下，可以更改设置如发送通知到邮件，默认发送给 root，你能设置 root 的邮件别名账号到一批人，更改设置让其忽略某些类型的消息如邮件记录文件中的 plug - gw，因为 plug - gw 做反向 IP 查找，若找不到则记录一个警告消息到/var/log/maillog，logcheck 默认记录下所有这些警告，可以通过设置忽略掉它们。

利用 logcheck 工具分析所有日志文件，避免了用户每天手动检查它们，节省了时间，提高了效率。

7. Tripwire

Tripwire 是一个用来检验文件完整性的非常有用的工具。用户定义哪些文件或目录需要被检验，默认设置能满足大多数的要求，它运行在 4 种模下：数据库生成模式、数据库更新模式、文件完整性检查、互动式数据库更新。当初始化数据库生成的时候，它生成对现有文件的各种信息的数据库文件，如果系统文件或者各种配置文件被意外地改变、替换、删除，它将每天基于原始的数据库对现有文件进行比较发现哪些文件被更改，用户可根据对比的结果判断是否有系统入侵等意外事件。

Tripwire 的主页在 http://www.tripwiresecurity.com，tripwire-1.2.3 的版本可免费使用。如果使用 Red Hat Linux 6.1，也能得到最新的为 6.1 重建的 Tripwire-1.2.3（http://rufus.w3.org/linux/RPM/powertools/6.1/i386/tripwire-1.2-3.i386.html）版本。手动更改了系统中的配置文件或程序时，可再次手动生成一次数据库文件；运行 tripwire-initialize，在当前目录下创建 databases 目录，并在该目录下生成新的系统数据库文件，然后复制到/var/spool/tripwire 目录中覆盖旧的。

```
while(! Search(MeiMei))
printf(";)");
printf(":)");
```

11.4.4 配置 Linux 防火墙

对于连接到网络上的 Linux 系统来说，防火墙是必不可少的防御机制，因为它只允许合法的网络流量进出系统，而禁止其他任何网络流量。为了确定网络流量是否合法，防火墙依靠它所包含的由网络或系统管理员预定义的一组规则。这些规则告诉防火墙某个流量是否合法、来自哪个源、至哪个目的地等。

1. 启动关闭防火墙的命令

Linux 系统启动关闭防火墙的命令如下。

（1）重启后生效

- 开启：

```
chkconfig iptables on
```

- 关闭：

```
chkconfig iptables off
```

（2）即时生效，重启后失效

- 开启：

```
service iptables start
```

- 关闭：

```
service iptables stop
```

（3）修改/etc/sysconfig/iptables 文件

在开启了防火墙时，做如下设置开启相关端口：

```
-A RH-Firewall-1-INPUT -m state --state NEW -m tcp -p tcp --dport 80 -j ACCEPT
-A RH-Firewall-1-INPUT -m state --state NEW -m tcp -p tcp --dport 22 -j ACCEPT
```

（4）查看 iptables 服务的当前状态

```
service iptables status
```

（5）防火墙规则的设置

```
iptables -L
```

同时，伴随着网络攻击的日益增多，我们可以利用 Linux 系统防火墙功能来防御。

2. 抵御 SYN

SYN 攻击是利用 TCP/IP 协议 3 次握手的原理，发送大量的建立连接的网络包，但不实际建立连接，最终导致被攻击服务器的网络队列被占满，无法被正常用户访问。

Linux 内核提供了若干 SYN 相关的配置，使用命令：

```
sysctl -a | grep syn
```

看到：

```
net.ipv4.tcp_max_syn_backlog = 1024 net.ipv4.tcp_syncookies = 0
net.ipv4.tcp_synack_retries = 5 net.ipv4.tcp_syn_retries = 5
```

tcp_max_syn_backlog 是 SYN 队列的长度；tcp_syncookies 是一个开关，打开 SYN Cookie 功能，该功能可以防止部分 SYN 攻击；tcp_synack_retries 和 tcp_syn_retries 定义 SYN 的重试次数。加大 SYN 队列长度可以容纳更多等待连接的网络连接数，打开 SYN Cookie 功能可以阻止部分 SYN 攻击。降低重试次数也有一定效果。调整上述设置的方法是：

1）增加 SYN 队列长度到 2048：

```
sysctl -w net.ipv4.tcp_max_syn_backlog = 2048
```

2）打开 SYN COOKIE 功能：

```
sysctl -w net.ipv4.tcp_syncookies = 1
```

3）降低重试次数：

```
sysctl -w net.ipv4.tcp_synack_retries = 3 sysctl -w net.ipv4.tcp_syn_retries = 3
```

为了系统重启动时保持上述配置，可将上述命令加入到/etc/rc.d/rc.local 文件中。

3. 抵御 DDoS

分布式拒绝访问攻击（Distributed Denial of Service，DDoS），是指黑客组织用来自不同来源的许多主机，向常见的端口（如80，25等）发送大量连接，但这些客户端只建立连接，不是正常访问。由于一般网络配置的接受连接数有限（通常为256），这些“假”访问会把队列占满，正常访问无法进行。

Linux 提供了 ipchains 的防火墙工具，可以屏蔽来自特定 IP 或 IP 地址段的对特定端口的连接。使用 ipchains 抵御 DDoS，就是首先通过 netstat 命令发现攻击来源地址，然后用 ipchains 命令阻断攻击，发现一个阻断一个。

打开 ipchains 功能，首先查看 ipchains 服务是否设为自动启动：

```
chkconfig --list ipchains
```

输出一般为：

```
ipchains 0:off 1:off 2:on 3:on 4:on 5:on 6:off
```

如果345列为 on，说明 ipchains 服务已经设为自动启动，如果没有，可以用命令将 ipchains 服务设为自动启动：

```
chkconfig --add ipchains
```

其次，察看 ipchains 配置文件/etc/sysconfig/ipchains 是否存在。如果这一文件不存在，ipchains 即使设为自动启动，也不会生效。

11.5 本章小结

由于 Linux 操作系统使用广泛，又公开了源代码，因此是被广大计算机用户研究得最彻底的操作系统，而 Linux 本身的配置又相当复杂，按照前面的安全策略和保护机制，可以将系统的风险降到最低，但不可能彻底消除安全漏洞。本章首先介绍了操作系统的安全性标准和安全机制，然后从用户、网络及文件系统等方面详尽地论述了 Linux 系统的安全问题，同时介绍了 Linux 系统的防火墙管理及其配置命令，从而更好地保护系统安全。

11.6 思考与练习

（1）简述操作系统的安全机制。

（2）Linux 系统的安全级别有哪些？

（3）Linux 系统用户账户的安全要点有哪些？

（4）Linux 系统中如何限制网络访问的权限？

（5）练习配置 Linux 防火墙。